新编矿业工程概论

主　编　唐敏康
副主编　邓衍义　何桂春　丁元春　何锦龙

北　京
冶　金　工　业　出　版　社
2011

内 容 简 介

本书从采矿工程、矿物加工工程、矿山安全及矿业经济四大方面全面系统地介绍了矿业工程学科领域内的基本知识和学科发展的最新信息，全书分为4篇25章。主要内容包括采矿基础知识、矿山工程地质工作、凿岩爆破技术、井巷掘进与支护、固体矿地下开采技术及工艺、地下矿山主要生产系统、固体矿露天开采技术及工艺、矿物加工基础知识、粉碎技术与设备、矿物加工方法、精矿、尾矿处理、矿物粉体造块工艺、设备及粉体材料、矿山安全管理、矿井通风与安全、矿山爆破安全、矿山地压控制、矿山火灾控制、矿井水灾控制、尾矿库的安全管理、矿业与国民经济、矿业生产与矿产供需、矿产市场及价格、矿产资源资产与矿业权评估、矿业投资决策与风险分析、矿业与环境。

本书可供高等院校采矿工程、矿物加工工程、安全工程、环境工程、工程管理、防灾减灾工程及防护工程等相关学科师生阅读参考。也可作为矿山企业及各级相关职能部门管理人员的培训教材。

图书在版编目(CIP)数据

新编矿业工程概论/唐敏康主编．—北京：冶金工业出版社，2011.7

ISBN 978-7-5024-5613-9

Ⅰ.①新…　Ⅱ.①唐…　Ⅲ.①矿业工程　Ⅳ.①TD

中国版本图书馆CIP数据核字(2011)第108481号

出 版 人　曹胜利

地　　址　北京北河沿大街嵩祝院北巷39号，邮编100009

电　　话　(010)64027926　电子信箱　yjcbs@cnmip.com.cn

责任编辑　李　雪　美术编辑　彭子赫　版式设计　孙跃红

责任校对　王永欣　责任印制　张祺鑫

ISBN 978-7-5024-5613-9

北京百善印刷厂印刷；冶金工业出版社发行；各地新华书店经销

2011年7月第1版，2011年7月第1次印刷

787mm×1092mm　1/16；21.75印张；523千字；330页

59.00元

冶金工业出版社发行部　电话:(010)64044283　传真:(010)64027893

冶金书店　地址:北京东四西大街46号(100010)　电话:(010)65289081(兼传真)

前 言

矿产资源是人类社会赖以生存和发展的重要物质基础，是国民经济重要的原材料之一，任何国家的经济发展都高度依赖矿产资源，正处于工业化快速发展时期的中国对矿产资源的依赖更为突出。随着我国经济的快速发展，矿产资源的需求量与日俱增，其开发和利用已引起了社会各界的广泛关注，需要了解矿产资源开发、应用等相关知识的人群也越来越多。

矿产资源在开采过程中的安全问题是近些年来日益突出的问题。矿井通风与安全，矿山防、排水，矿山防、灭火，爆破安全，地压安全，提升运输安全以及尾矿库安全等都严重影响着矿山企业的生产和经济效益。矿山安全，不可掉以轻心。

随着矿业的迅速发展，如何高效、经济、有效地开发利用有限的矿产资源是摆在人们面前的新问题，如矿业投资、项目评价、资源评估、矿产品贸易、矿业法规等矿业经济问题。

目前已有的关于矿业工程概论方面的书籍存在一些明显不足，如以单学科内容形式出版的“采矿概论”、“选矿概论”等书籍，内容过于单一；以“采选概论”或“矿业工程概论”等综合内容出版的书籍都是老版的，内容过于陈旧，对矿山的安全生产问题、矿业经济问题以及近些年发展起来的新技术几乎没有涉及。

作者长期从事矿业工程专业的教学，《新编矿业工程概论》是作者根据现代矿业的发展和社会对矿产资源开发、利用和管理技术越来越迫切的需求而编写的。全书分为4篇25章，唐敏康编写第一篇，何桂春编写第二篇，丁元春编写第三篇，邓衍义编写第四篇，唐敏康、何锦龙负责统稿审定。

第一篇“采矿工程概论”共7章，主要介绍采矿基础知识、矿山工程地质工作、凿岩爆破技术、井巷掘进与支护、固体矿地下开采技术及工艺、地下矿山主要生产系统、固体矿露天开采技术及工艺。第二篇“矿物加工工程概论”

共5章，主要介绍矿物加工基础知识、粉碎技术与设备、矿物加工方法、精矿、尾矿处理、矿物粉体造块工艺、设备及粉体材料。第三篇“矿山安全概论”共7章，主要介绍矿山安全管理、矿井通风与安全、矿山爆破安全、矿山地压控制、矿山火灾控制、矿井水灾控制、尾矿库的安全管理。第四篇“矿业经济概论”共6章，主要介绍矿业与国民经济、矿业生产与矿产供需、矿产市场及价格、矿产资源资产与矿业权评估、矿业投资决策与风险分析、矿业与环境。

本书可用于高等院校的采矿工程、矿物加工工程、安全工程、环境工程、工程管理、防灾减灾工程及防护工程等相关学科专业；也可供矿山企业及各级相关职能部门的管理人员参考；可以作为“矿业工程”的培训教材。

本书在编写过程中，江西理工大学的熊正明教授、赵奎教授、饶运章教授等都给予了极大的支持和帮助。研究生郭海萍、马艳玲、李永兵等也为本书的出版付出了辛勤的劳动。在此，作者一并表示诚挚的谢意。

最后，要感谢江西理工大学在各方面所提供的支持和帮助。

由于本书内容涉及领域广泛，矿业生产和科学技术发展迅速，加之编者水平有限，书中不妥之处，敬请读者不吝指教。

编　者
2011年3月

目　　录

第一篇　采矿工程概论

第二篇 矿物加工工程概论

第一篇

采矿工程概论

在人类现代文明的进程中，采矿业是最先兴起的工业。18 世纪中叶产业革命以来，矿业就成为国民经济的基础产业，它推动着近代工业文明的兴起。它的发展与国家工业现代化的进程紧密相关。但是，矿产开发是双刃剑。在持续挖掘地下矿床，为工业提供各种原料的同时，也给人类的生存环境带来严重影响。20 世纪以来，矿业已成为地球的主要污染源、灾害源。矿产资源被持续、大规模、掠夺性地开发，引起了严重的全球性环境负效应与环境生态问题。但是，不管是过去、现在还是将来，任何国家的工业现代化都离不开矿业的开发和发展，因为矿业是国民经济基础产业。矿业工作者的责任就在于如何更科学、合理、可持续发展地开采矿业。

1　采矿基础知识

1.1　概述

1.1.1　矿产资源与采矿

自然资源是人类可以直接或间接利用的存在于自然界的物质或环境。与人类生存直接相关的自然资源有土地资源、水资源、气象资源、森林资源、海洋资源和矿产资源。

矿产资源是由存在于地壳中的矿物组成的可利用物质。矿产资源依其在地壳中富集的物质形态的不同，可分为气态矿产（如天然气）、液态矿产（如石油）和固态矿产（如煤、铁等）三大类。固态矿产依其用途可分为能源矿产（如煤、铀）和非能源矿产（如铁、铜等）两大类。固态非能源矿产依其特性又可分为金属矿产（如铁、铜等）和非金属矿产（如石灰石、磷、金刚石等）。

在正常的市场经济条件下，矿产资源必须同时具有可获取性和可盈利性，即矿物的存在形式、存在环境及其富集程度与数量，能够使人类在现有的和潜在的技术条件下将其从地层中挖掘出来，并从中提取出有用的矿产品以及从地壳中获取的矿产品，在现有的或潜在的经济环境中可为获取者带来盈利。显然，矿产资源是个动态的概念，随着开采、提取和利用技术即经济环境的变化而变化。

采矿是从地壳中将可利用物质开采出来的行为、过程或作业。采矿范围包括黑色金属、有色金属、放射性元素、化学工业原料与建筑材料等金属和非金属可利用物质的开采。矿山是采矿作业的载体，包括开采形成的开挖体、运输通道和辅助设施等。开挖体暴露在地表的矿山称为露天矿山，开挖体在地下的矿山称为地下矿山。

1.1.2 采矿工业的特点

采矿工业是一种最基础的原材料工业，与国民经济其他工业类型相比，有以下特点：

(1) 矿产资源的赋存量决定了矿山的开采年限。矿山开采的对象是矿产资源，矿产资源均有一定的数量。因此，矿山也存在有一定的服务年限。资源开采完了，矿山的服务年限也就结束了。

(2) 矿产资源的赋存条件决定了矿山的建设条件。矿山建设受矿产资源赋存条件的限制，不能自由选择矿址，往往要在交通、动力、水源、生活等外部条件不利的情况下建设矿山，从而使建设施工工程量加大，投资增多，建设周期增长。

(3) 采矿生产过程是一个动态的变化过程。由于矿床类型和性质的不同，地质情况千差万别，开采技术条件千变万化，采矿工作的地点也随着工作面的推进而变换，显然，采矿作业具有多样性。矿山开采的方法和工艺也要随着矿床的变化和采矿工作的推进而变化。因此，加强生产矿山的地质勘探，加强矿山管理，及时调整生产进度与强度尤为重要。

(4) 采矿生产过程中不可避免地会出现矿石损失和贫化。开采过程中，部分矿石由于技术或经济方面的原因不能采出而造成损失；同时，在开采和运输过程中也不可避免地会混入废石而使矿石品位降低，即贫化。因此，降低采矿工作的贫化率和损失率，是采矿工作中重要的质量要求。

(5) 采矿作业环境差，安全性极为重要。采矿作业受客观条件限制，特别是地下采矿，劳动强度大，工作面空间狭小、条件恶劣，安全性差，不易实现机械化和自动化作业。同时，生产过程中还产生大量粉尘和有毒有害气体污染工作面。因此，采矿工作应特别注意生产安全和劳动保护工作。

1.2 矿物与岩石

1.2.1 矿物

把地壳中由于地质作用形成的自然元素和自然化合物统称为矿物。矿物是组成岩石和矿石的基本单位。地壳中含有各种各样的化学元素，这些元素经过各种地质作用，形成了各种化合物，如黄铜矿（$CuFeS_2$）、磁铁矿（$FeO \cdot Fe_2O_3$）、萤石（CaF_2）等，也形成了极少的单质，如自然金（Au）、自然铜（Cu）、硫黄（S）等。

矿物种类繁多，其中有许多有用的矿物，是发展工业、农业、国防和科学技术不可缺少的原料。矿物绝大多数是固态，但也有液态（如石油、盐溶液）和气态（如天然瓦斯）。目前自然界中已知的矿物约有3000多种，能被工农业利用的约200多种，比较重要的有100多种，其中最常见的矿物有黄铁矿、黄铜矿、方铅矿、闪锌矿、磁铁矿、赤铁矿、石英、长石、云母、方解石等。

在自然界中，矿物集合体的形态反映了生成环境，所以常按集合体的形态来识别矿物。自然界中矿物集合体的形态很多，常见的有如下 8 种：

（1）晶簇状。一种或多种矿物的晶体，其一端固定在共同的基底之上，另一端则自由发育成比较完好的晶形，显示它是在岩石的空洞内生成的，这种集合体的形态，称之为晶簇，如石英、方解石的晶簇。

（2）粒状。由各向均等发育的矿物晶粒集合而成的。按粒度的大小可分为粗粒、中粒和细粒三种，当颗粒过于细小，以致肉眼无法分辨其界限时，一般称为致密块状，如块状磁铁矿。按颗粒集结的紧密与否又可分为三种，即集结紧密者称致密状，集结疏松者称疏松状，松散未被胶结者称散粒状。

（3）鳞片状。由细小的薄片状矿物集合而成，如辉钼矿、石墨。

（4）纤维状和放射状。由针状或柱状矿物集合而成。如果晶体彼此平行排列，称为纤维状，如蛇纹石、石棉；如果晶体大致围绕一个中心向四周散射者，则称为放射状，如电气石。

（5）结核状。集合体呈球状、透镜状或瘤状者，称为结核状。它是晶质或者胶体围绕某一核心逐渐向外沉淀而成，因而其横断面上常出现放射状或同心圆状，如沉积形成的黄铁矿和菱铁矿结核。

（6）钟乳状。溶液或胶体因失去水分而逐渐凝聚所形成，因此它往往具有同心层状（即皮壳状）构造，如钟乳状方解石、孔雀石等。

（7）树枝状。它有时是由于矿物晶体沿一定方向连生而成的，如自然铜；有时是由于胶体沿岩石微小裂隙渗入凝聚而成的，如氧化锰。

（8）土状。集合体疏松如土，是由岩石或矿石风化而成的，如高岭石。

1.2.2 岩石及其结构

凡是由一种或数种矿物聚积构成的，近于均质的矿物体，叫做岩石。如玄武岩、花岗岩、石灰岩等。岩石有其自身的矿物成分、结构和构造，是构成地壳的物质基础。

岩石分为原生岩和疏松覆土层两大类，其中原生岩又分为火成岩、沉积岩和变质岩三种。

火成岩是由地球深处上升的熔融岩浆侵入地壳裂缝后凝固生成的岩石。

沉积岩是由细小的矿物颗粒和有机物在集水地区沉积生成的岩石。

变质岩是由古代火成岩或沉积岩受高温、高压和化学作用变化生成的岩石。

凡是由原生岩受地面水、风和温度变化等作用破坏形成的碎屑堆积体，叫做疏松覆土层或冲击层。

岩石的结构是指岩石在生成时和生成后受动力地质作用所形成的一种宏观状态，主要指层理、片理和裂隙。层理表现在垂直方向上岩石的成分发生变化。片理则是岩石沿平行的平面分裂成薄片的能力。

1.3 矿石及品位

1.3.1 矿石

各种矿物在地壳中并不是均匀分布的，它们各自在一定的地质条件下可能相对富集。

当矿物集合体中某一种矿物富集到一定程度时，人们能用开采、洗选和冶炼等现代技术提取国民经济和国防建设所需的金属或矿物产品的，都叫矿石。从中提取金属的矿石叫金属矿石，如铁矿石、铜矿石等；从中提取非金属元素、矿物或直接利用的矿石叫非金属矿石，如磷、石棉、云母、石灰石等。

矿石通常可分为矿石矿物和脉石矿物。矿石矿物又称有用矿物，它是矿石中能直接被利用的矿物或能从中提取一种或多种元素的矿物。脉石矿物也叫无用矿物，它是与有用矿物伴生的，目前尚没有工业利用价值的矿物，如钨矿多生成在石英脉中，这种石英脉就叫做脉石矿物。

1.3.2 品位

通常，把矿石中可供利用的元素或矿物称为有用成分。矿石含有用成分的多少用品位来表示。

品位是指矿石中有用成分的重量与矿石重量之比，常用百分数（%）表示。

一般金属矿石（如铁、铜、锌等矿石）的品位是指矿石中该种金属元素含量的百分数；少数矿石的品位则是指矿石中所含某种有用矿物的百分数，如铬矿石的品位就指矿石中三氧化二铬含量的百分数；对于金、铂等贵金属矿石，因矿石中金、铂等含量甚微，其品位则用“克/吨”来表示。

矿石的质量，特别是金属矿石的质量很大程度上取决于矿石品位的高低。矿石按其品位的高低分为富矿石和贫矿石；按其能利用的有用成分种类的多少分为简单矿石和综合矿石。

1.4 矿体和围岩

矿体是指在地壳中矿石的天然集聚体。它是一个独立的地质体，具有一定的质量界限、一定的空间位置和几何形状。无论矿体的形状如何、数目多少，只要它们生成在一起就总称为矿床。

矿体周围的岩石称为围岩。矿体的上部围岩叫上盘围岩或顶盘；矿体的下部围岩叫下盘围岩或底盘。夹在矿体中的岩石称为夹石。围岩和夹石都不含有用成分或有用成分含量未达到可利用的要求，故称为废石。

1.5 损失和贫化

1.5.1 损失

在开采过程中，损失在采场中的未采下和采下未运出的工业矿石或金属含量，称为损失。损失分为开采损失和非开采损失。

开采损失是指在采矿过程中与采矿方法、采矿和放矿作业质量有关的矿石损失。它包括回采范围内未能采下和不能回收的残矿及各种矿柱的矿石损失；已落矿但未能放出或运出采场的矿石损失。

非开采损失是指与开采方法及开采条件无关的矿石损失，主要包括因地质、水文条件、开采技术条件、安全条件等不能开采的矿石损失，或因保护地表和地下工程而留下的永久保安矿柱损失。

矿石损失的大小用损失率表示，与损失率相对应的是回收率，两者之和为100%。

设计采区的工业储量 Q 与开采后所得的矿石量 Q' 之差叫做矿石的损失量。损失量与工业储量的百分比，叫做损失率。

1.5.2 贫化

采矿过程中，由于地质条件和采矿技术等方面的原因，使采下的矿石中混入了废石，或部分有用组分溶解和散失而引起工业矿石品位降低的现象称为贫化。

贫化的程度通常用贫化率来表示。采下矿石的品位降低数与原矿体平均品位的百分比，称为贫化率。

废石混入量与采下的毛矿石量（工业矿石与混入废石的总称）的百分比，称为废石混入率。

1.6 边界品位和最低工业品位

矿体与围岩之间的界限是按有用成分的含量来划分的，边界品位和最低工业品位就是划分矿石和废石、圈定矿体、衡量矿体是否合乎工业开采要求的两个重要指标。

边界品位是可采矿石有用成分含量的最低界限。它是矿体边界上矿石的最低品位，是划分矿石和废石、圈定矿体的标准。在圈定的矿体范围内，任意取样点的品位一般都不应小于边界品位。

最低工业品位是在边界品位圈定的矿体范围内，合乎工业开采要求的平均品位的最低值。也就是说，用边界品位圈定的矿体或矿体中某个块段的平均品位必须高于最低工业品位才有开采价值，否则仍无开采价值。

边界品位、最低工业品位等工业指标是有条件的、可变动的。因此，工业矿床和非工业矿床、矿石和废石、矿石矿物和脉石矿物等概念也是相对的，它与一个国家的社会制度、发展国民经济的路线和政策、矿床开采和矿石加工的技术水平、已掌握的资源情况和需求量等密切相关。

1.7 金属矿床的工业特性

1.7.1 矿床及其分类

矿床是在某种地质作用下形成的矿石天然集合体，在现有的经济技术条件下可以开采和利用的矿床叫工业矿床，否则叫非工业矿床。随着科学技术的发展，以及全球的资源紧张，曾经一度被认为是难以开采和利用的非工业矿床已经被人们开采和综合利用，变成了工业矿床。

通常把矿床按产状来分类。

（1）按厚度分。1）极薄矿体：厚度在0.6～0.8m的矿体；2）薄矿体：厚度在0.8～2m的矿体；3）中厚矿体：厚度在2～5m的矿体；4）厚矿体：厚度在5～20m的矿体；5）极厚矿体：厚度大于20m的矿体。

（2）按倾角来分。1）水平矿床：倾角为0°~3°之间；2）缓倾斜矿床：倾角为3°~30°之间；3）倾斜矿床：倾角为30°~50°之间；4）急倾斜矿床：倾角大于50°的矿床。

（3）按形态来分。1）层状矿床：由于沉积原因形成；2）脉状矿床：由于热液作用，充填于缝隙中形成；3）块状矿床：由于充填、交代及汽化形成。

1.7.2 矿体埋藏要素

矿体埋藏要素反映了矿体的空间位置及尺寸。主要有走向长度、倾斜、厚度、延深及埋藏深度等。

（1）走向长度。走向是矿体在空间的水平延伸方向，用走向线与正北方向的夹角来表示。所谓走向线是指矿体层面与水平面的交线，如图1-1所示。矿体沿走向的长度称为走向长度。

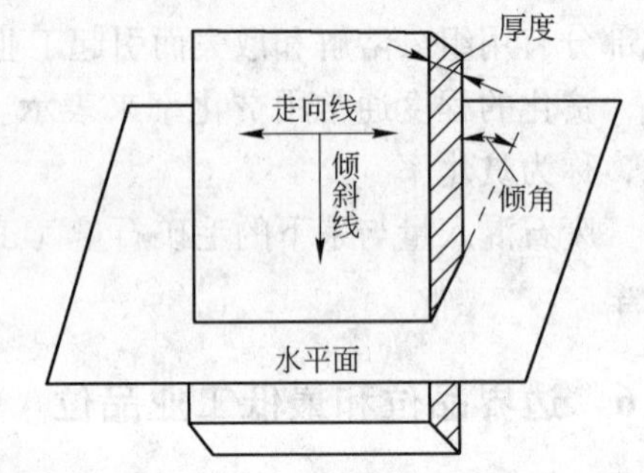

图1-1 矿体埋藏要素示意图

（2）倾斜。倾斜或倾向是矿体向深部延伸的方向。用倾斜线的水平投影与正北方向的夹角来表示。所谓倾斜线是垂直走向线沿矿体层面下坡所引的直线，如图1-1所示。倾斜线与水平面所成的夹角叫倾角。它实际表明了矿体层面与水平面所夹的角。矿体与下盘围岩接触面的倾角对开采影响较大，所以通常说倾角是指矿体下盘接触面的倾角。

（3）厚度。指矿体的上盘接触面与下盘接触面间的垂直距离或水平距离，前者叫垂直厚度或真厚度，后者叫水平厚度，它们之间有如下关系：

$$d_{垂} = d_{平} \cdot \sin\alpha$$

式中 α——矿体的倾角；

$d_{垂}$，$d_{平}$——分别表示矿体垂直与水平厚度。

（4）延深。指矿体在深度上的分布情况，可用埋藏深度和赋存深度来表示。

（5）埋藏深度。指地表至矿体上部界限的深度。

必须指出，金属矿床的埋藏要素一般都是变化的，有时在同一区段内变化也很大。因此，描述埋藏要素时，应指出平均值、变化范围及规律等。

1.7.3 矿岩的物理力学性质

矿岩的物理力学性质主要有硬度、容重、块度、含水性、结块性、氧化性、自燃性、碎胀性、自然安息角、坚固性、稳固性和强度等。

（1）硬度。矿岩抵抗工具入侵的性能叫做硬度。硬度对凿岩有很大影响，硬度愈大，凿岩愈困难。

（2）容重。容重是指单位体积中原岩的重量。一般岩石的容重约在2.3~3.0t/m^{3}之间；有色金属矿石中金属含量较少，其容重与岩石差不多或稍大些；黑色金属矿石中金属含量较高，容重可达3.5t/m^{3}左右。

（3）块度。原岩崩落后即成块，其尺寸的大小称为块度。常用三个相互垂直方向的平均尺寸（或最大方向的尺寸）来表示。一定的装运、破碎等设备对矿岩的最大块度有一定的要求，矿石块度超过最大块度要求则需进行二次破碎。

（4）含水性。含水性是指矿岩裂缝和孔隙中含水的性质。矿岩含水过多，会使排水费用增加。

（5）结块性。结块性是指采下矿岩受湿后在一定时间内结成整块的性能。矿岩结块的原因在于矿岩中含有一定数量的黏土、滑石及其他黏结性的细小物质，它们遇水后则成为胶结物而造成结块现象。结块会给放矿、装运等带来一定困难。

（6）氧化性。硫化矿石在水和空气的作用下，因时间过久而发生氧化的性质称氧化性。硫化矿石氧化后能降低选矿回收率，还可能导致矿石的结块和自燃。

（7）自燃性。矿岩具有自燃的性质叫自燃性。含硫在18%～20%以上的硫化矿石就有可能自燃，引起火灾。

（8）碎胀性。碎胀性是矿岩崩落后的体积因破碎而比原体积增大的性质。矿岩碎胀的程度常用碎胀系数（松散系数）来表示，它表示碎胀后的体积与原矿岩体积之比。一般来说，硬岩和极硬岩为1.45～1.8；中硬岩石为1.4～1.6；砂质黏土为1.2～1.25。

（9）自然安息角。松散矿岩自然堆积时，其四周将形成倾斜的堆积坡面，自然堆积坡面与水平面相交的最大角称为该矿岩的自然安息角。自然安息角是反映松散矿岩自然堆积特性的一个重要指标，对于确定放矿底部结构尺寸、矿岩搬运、漏斗口装置的参数等有重要意义。一般自由松散状态的矿岩自然安息角为30°～45°。

（10）坚固性。一种抵抗外力的性能。这种外力不是一种简单的外力，而是一种综合的外力，即锹、镐、机械破碎、炸药爆炸等作用下的力。坚固性用 f 来表示，称为普氏系数。

它表示矿岩极限抗压强度、凿岩速度、炸药消耗量等值的平均值。用矿岩的极限抗压强度的百分数表示：

$$f = \frac{R}{100}$$

式中 R——矿岩极限抗压强度。

（11）稳固性。稳固性是指矿岩在一定暴露面积下和一定时间内不自行垮落的性能。它对选择开采方法和支护方法有很大的关系。通常将矿岩的稳固性分为5级：

1）极不稳固。没有支架或超前支架的支护，顶板和侧帮都不能有暴露面。

2）不稳固。允许有不大的暴露面（$50m^2$ 以内），但随工作面的推进需要立即支护。

3）中等稳固。允许有一定的暴露面（$50 \sim 200m^2$），随工作面的推进可以不立即支护。

4）稳固。允许有比较大的暴露面（$200 \sim 800m^2$），一般不用支护，仅极个别地方需要支护。

5）极稳固。允许有很大暴露面（$800m^2$ 以上），在相当长时间内不垮落。

（12）强度。强度是指矿岩抵抗各种外力破坏的能力。其大小是用矿岩从完整性开始破坏时的极限应力值来表示。一般矿岩的抗压强度介于20～30MPa至200～300MPa，抗拉强度只有抗压强度的1/10～1/50，抗剪强度只有抗压强度的1/8～1/12，因此，要使岩石破坏，应尽可能使它处于拉伸或剪切状态。

2 矿山工程地质工作

2.1 概述

地质工作是指利用地质学的理论和方法，对地质体进行调查、研究的工作。

矿山的开发和建设，依据矿产资源的保证程度。矿产资源的情况，是决定矿山规模、能力、年限、开拓方式和开采方法等的先决条件，为保证矿山基建和生产的顺利进行，还要将地质工作贯穿于矿床开采整个过程的始终，因此，地质工作是矿山生产建设的保证。

矿山地质工作包括生产地质工作、矿山生产的地质管理与监督及矿体深部和外围找矿等工作。

生产地质工作是在地质勘探基础上结合采掘工程进行的，对矿床做进一步的调查和研究，它包括生产勘探，探采过程中的地质调查、取样及原始编录，综合地质编录以及储量计算等工作。

地质管理工作是指矿山从生产至结束期间，从地质角度参加矿山生产管理的各项工作。包括：矿产储量管理、统计、上报以及保有程度的分析和检查；储备矿量的管理及保有情况检查；矿石质量均衡管理、损失贫化管理、采掘（剥）计划编制、现场施工管理以及采掘单元停采或报废的管理等工作。

矿区深部和外围找矿是地质勘探工作的深入，是为了扩大矿产储量以延长矿山服务年限所投入的工作。

2.2 找矿和探矿

矿床埋藏在地下，只有找到了矿床并对其工业特性有了比较详细的了解，才能进行矿床开采。因此首先要进行找矿和探矿工作，为矿山设计及开采提供原始资料。

2.2.1 找矿

找矿是在较大范围内进行的区域地质调查，测绘地质图，利用各种地质学、地球物理（物探）方法、地球化学（化探）方法及航空地质调查法（航测）和少量的探矿工程（探槽与钻探）等来寻找矿产资源，查明矿床分布和埋藏的大致状况，对矿床作出估计评价，查明其远景，为进一步认识矿床提供依据。

一般地质方法是根据某地区的成矿地质环境和地质条件结合找矿标志（如矿产的碎块或碎屑、特种共生矿物、露头等）寻找矿床。

地球物理探矿是利用矿体与围岩在物理性质上的差异来寻找矿床。这些物理性质主要有磁性、电阻或电化学性质、容重、地震波传播速度、放射性等。

地球化学探矿是通过地球化学异常来寻找矿床。即在元素一般正常含量的地段中找寻元素相对集中的区段，最后找到高度富集的部分。

当用以上方法发现矿床后，常用探槽和浅井揭露矿体露头和靠近地表部分，以大致了解矿床分布的范围、形状、大小、走向、倾斜以及矿石类型、有益和有害成分含量等。此外，为了可靠地评价矿床远景，还辅以少量的控制性钻孔，以大致了解矿床深部情况和轮廓。

找矿阶段的成果反映在普查报告中，它必须对矿床远景作出评价。矿床远景评价是确定矿区是否进行探矿工作的依据。

2.2.2 探矿

探矿又称勘探，是在普查找矿的基础上，对已找到的矿床运用槽探、钻探、坑探等手段，对矿体进行全面勘探，进一步调查研究矿床的变化规律、矿床中矿体规模、产状及空间分布、矿石储量、质量、矿床开采技术条件、选冶条件等，对矿床作业确切地进行工业评价，以提供矿山设计和开采必需的地质资料。

勘探可分为地质勘探和生产勘探两个阶段。

地质勘探的技术手段主要有坑探和钻探。坑探易在地表或地下挖掘各种坑道以揭露和研究矿床。钻探是利用地质钻机向矿床钻孔并提取岩心，揭露和研究矿床。为了获得全面、系统和准确的资料，各种勘探技术手段和工程应总体规划、统一布置、密切配合。地质勘探的成果反映在最终地质报告中，它是矿床设计及开采的依据。

生产勘探是在矿床开采生产过程中进行的勘探工作。矿床在地质勘探阶段，一般对矿床上部认识比较可靠，矿床的下部及中部勘探仍不够详细。因此，在矿床开采过程中，利用生产坑道接近或进入矿体的有利条件，进一步对矿床进行圈定和研究，为采矿提供准确可靠的地质资料。生产勘探的手段主要是坑道，配合一定数量的坑内钻孔。布置生产探矿工程时应遵循探采结合的原则。

生产勘探贯穿于整个矿床开采过程中，从矿床投入开采时起，就应结合开采工作进行，随开采工作结束而告终。所以生产勘探一般由矿山企业进行，而找矿和地质勘探工作则由地质部门来完成。

2.3 矿山地质图件

地质图件是指导矿山设计和生产的重要依据，是综合地质编录的重要成果之一。

(1) 矿区地形地质图。是反映矿区地形及地质情况的图件，它是在地形图上，用不同的颜色、花纹符号，把地表上各种地质体按比例尺缩小并垂直投影到水平面上的一种图件。

地形地质图是研究矿床赋存条件、成矿规律、合理布置生产勘探工程、进行矿山设计建设或技术改造、开拓延伸设计、编制矿山远景规划所必需的图件。

(2) 矿床地质横剖面图。是垂直矿体或主要构造走向切割，并反映其沿倾向方向的变化规律及地质特征的图件。

矿山最常用的横剖面图是勘探线横剖面图，它是反映矿区地质全貌、矿床地质构造特征、矿体出露及埋藏情况、矿体厚度和品位沿倾向变化规律的重要图件，是绘制水平地质断面图和投影图、矿层底板等高线图的重要依据，是储量计算、矿山设计与生产的必用图件。

（3）矿床地质纵剖面图。是沿矿体平均走向切割，用以了解矿床沿走向延长及延深变化情况及其成矿地质条件的图件。

（4）矿体投影图。是在一个投影面上，表示矿体总的分布轮廓及各级储量范围的图件。当矿体总倾角大于60°时，一般采用垂直纵投影图，小于60°则采用水平投影图。60°~45°之间，为某种需要也可采用倾斜投影图。

矿体投影图是进行储量计算、编制采掘计划和远景规划的基础图件。矿山设计时，各种开拓系统要投影在此图上，矿山生产中常用该图编制采掘计划。

（5）开采阶段地质平面图。是表示矿体、围岩、构造、矿石质量等在某一标高水平面上地质特征及变化的图件，是地下开采编制生产勘探设计、采掘技术计划、确定开采顺序、布置开采块段的重要依据。

（6）开采平盘地质平面图。是表现露天开采平盘的矿床矿化情况、分布规律、产状构造、围岩条件及岩石类型等地质现象的平面图件。它是编制采掘计划、计算地质储量的重要依据。

（7）等值线图。用一系列的等值曲线分别表明矿体各种地质特征的图件。通常有矿体顶（底）板等高线图、矿石品位等值线图、矿体等厚线图等。

（8）矿块三面图。矿块三面图是比较完整反映一个或几个开采矿块内地质构造特征和矿体空间位置形态的一组图件，包括块段地质平面图、地质横剖面图、纵投影图等，是研究回采矿块矿体赋存条件、开采技术条件、采场设计施工、计算损失贫化的必备图件。

2.4 矿床储量

2.4.1 矿床储量基础及矿产储量

矿床储量基础是指品位、质量、厚度及深度等能满足现行采矿和生产实践所要求的最低标准的资源。包括目前经济上可利用的资源（储量）、经济上处于边界条件的资源（边界储量）和某些目前属于潜在的资源。

矿产储量是指经地质勘查工作证实存在的矿床的矿量，准确或大致查明其空间分布、产状、形态、规模和质量符合当前工业生产技术经济条件，或政策允许开发利用，呈自然状态赋存于地表或地下的资源。

2.4.2 储量计算及其级别

储量计算是指确定矿床中矿产储存数量的过程。

矿产储量是矿产资源评价的重要依据。储量计算的结果是评价矿床工业意义、确定矿山企业生产规模、投资规模、服务年限的重要依据。合理地对储量进行分类和分级是衡量矿床勘探程度和生产准备程度的重要依据，是矿山编制勘探与生产设计、制订生产计划、储量管理和生产技术经济管理的重要依据。

可采边界线圈定的矿体储量叫表内储量。边界品位圈定的矿体界线与可采边界线之间的储量称表外储量。

储量级别是反映所探明储量精确程度或可靠性的分级，是衡量矿床勘探程度的重要标志之一。按我国现行规定，在全矿区勘探研究的基础上，根据对矿体不同部位的控制程度，将矿产储量分为 A、B、C、D 四个等级，各级储量的工业用途和所要求的条件如下：

A 级储量。是矿山编制采掘作业计划所依据的储量，由矿山地质部门探求，其条件是：

（1）准确控制矿体的产状、形态和空间位置；

（2）对影响开采的断层、褶皱、破碎带已准确控制，对夹石和破坏体的岩浆岩体的岩性、产状及分布情况已经确定；

（3）对矿石工业品级和类型的种类、比例和变化规律已完全确定，在需要分采和地质条件可能的情况下，应圈出矿石工业品级和自然类型。

B 级储量。是矿山建设设计依据的储量，又是地质勘探阶段探求的高级储量，并可起到验证 C 级储量的作用，一般分布在矿体的浅部，即矿山初期开采地段。其条件是在 C 级储量的基础上：

（1）详细控制矿体的形状、产状和空间位置；

（2）在 B 级范围内对破坏和影响矿体较大的断层、褶皱、破碎带的性质、产状已详细控制，对夹石和破坏主要矿体的主要火成岩的岩性、产状和分布情况已基本确定；

（3）对矿石工业类型和品级的种类及其比例和变化规律已详细确定，在需要分采和地质条件可能的情况下，应圈出主要矿石工业类型和品级。

C 级储量。是矿山建设设计依据的储量，其条件是：

（1）基本控制矿体的形状、产状和空间位置；

（2）对破坏和影响主要矿体的较大断层、褶皱、破碎带的性质和产状基本控制，对夹石和破坏主要矿体的主要火成岩岩性、产状及分布规律已大致了解；

（3）基本确定矿石工业类型和品级的种类及其比例和变化规律。

D 级储量。D 级储量的用途有：进一步布置地质勘探和矿山建设远景规划的储量；对于复杂的、较难求得 C 级储量的矿床，一定数量的 D 级储量可作为设计依据；对一般矿床，部分 D 级储量也可为矿山建设设计所利用，其条件是：

（1）大致控制矿体的形状、产状和分布范围；

（2）大致了解破坏和影响矿体的地质构造特征；

（3）大致确定矿石的工业类型和品级。

2.4.3 矿山储量管理的任务

矿山储量管理的目的是通过总结分析矿产储量的变化情况，为生产勘探工作和采掘计划编制工作及远景规划工作提供可靠的储量依据。

储量管理的基本任务是：

（1）对生产勘探、探采工程引起的储量变动进行统计；

（2）根据矿山储量保有程度，研究如何增加储量的储量升级方案；

（3）查清储量变动地段及原因，根据《中华人民共和国矿产资源法》，保证矿产资源的合理开发，从地质的角度提出减少损失与贫化的意见；

（4）完善储量管理的图纸与台账，适时测定与修正储量计算的参数；

（5）准确地按国家有关布置编报矿产储量表，正确履行矿产储量报销手续。

2.4.4　三级矿量

三级矿量是指矿山在采掘过程中，依据不同的开采方式和采矿方法的要求，用不同的采掘工程所固定的矿量，它包括：

（1）开拓矿量。开拓矿量是工业储量的一部分，是指已全部或部分完成开拓工程量和达到一定勘探程度的开拓水平以上的工业储量。

（2）采准矿量。采准矿量是开拓矿量的一部分，露天矿是指矿体上部已经揭露，储量达到相应勘探类型，设备占用最小工作平盘宽度以外的工业储量；地下矿是按设计完成全部采准及辅助工程，储量达到相应勘探类型最高级别，并符合开采顺序的工业矿量。

（3）备采矿量。备采矿量是采准矿量的一部分，露天矿是指按开采顺序，矿体上部及侧面已揭露，在台阶外侧一次采掘带的可采矿量；地下矿是指已完成设计的全部采准和切割工程，并符合开采顺序的可采矿量。

3 凿岩爆破技术

3.1 概述

凿岩爆破也称打眼放炮，它是在矿岩里钻凿出若干个一定深度和直径的炮孔，在孔内装入炸药并使炸药爆炸，利用炸药爆炸所放出的巨大能量使炮孔周围的矿岩从原岩体上破落下来的过程。

应用凿岩爆破开采矿石，已有几百年的历史，随着科学技术的发展，人们曾用高频电磁波、高压水流、激光等破碎岩石，都展示了可喜的前景，但迄今为止，不论是从操作技术的方便，还是从生产的经济性来说，传统的凿岩爆破方法仍然是当前金属矿山采矿和井巷掘进最基本的和不可替代的矿岩破碎方法。

3.2 矿岩影响凿岩爆破的主要因素

矿岩都属于非均质体，具有节理、裂隙以及其他各种物理力学性质，影响凿岩爆破作业。现分述如下：

（1）硬度。矿岩抵抗尖锐工具凿入的能力叫硬度。矿岩的硬度直接影响凿岩方法和落矿手段。开采高岭土等松软矿石，用机械如风镐直接落矿即可；开采石膏，用回转式凿岩，爆破落矿；坚硬矿岩，用冲击式凿岩，爆破落矿。

（2）矿岩的层理、节理和裂隙。矿岩的层理、节理和裂隙是矿岩结合的薄弱面，使矿岩的坚固性大大削弱，有利于矿岩破碎，但对凿岩爆破却会产生夹钎、影响爆炸波的传播以及使爆破产生的高温高压气体沿节理、裂隙逸出的现象，导致凿岩效率降低，炸药能量不能充分利用。

（3）矿岩的孔隙。矿岩中有孔隙，组成矿岩颗粒之间的联结力削弱，其强度降低，利于破碎，但阻碍爆炸波传播，导致爆破效果恶化。

（4）矿岩的波阻抗。矿岩的密度与纵波在矿岩中的传播速度的乘积叫矿岩的波阻抗。矿岩愈致密，其波阻抗也愈大，抵抗外力破坏的能力就愈强。破碎这种矿岩，要消耗较大的能量。

（5）矿岩的弹性、塑性和脆性。矿岩在外力作用下发生变形，当外力撤除后，能完全恢复原来形状和体积的性能叫弹性；当外力撤除后，不能恢复原来形状和体积而发生残余变形的性能叫塑性。矿岩的弹、塑性，对凿岩爆破影响很大，弹塑性变形过程中，凿岩爆破能量只是消耗在矿岩变形上，而没有用于破碎矿岩。矿岩的弹性越大，凿岩越困难。

矿岩受力后无明显塑性变形而发生破坏的性能叫脆性。脆性矿岩，很容易被冲击力破坏，故在实际工作中，坚硬岩石，多采用冲击式凿岩。塑性松软矿岩，抗剪切能力较差，多用回转式凿岩。

（6）矿岩的强度。矿岩的强度，系指矿岩抵抗外力破坏的能力。矿岩的强度，分抗压强度、抗拉强度和抗剪强度。抗压强度最大，抗剪强度次之，抗拉强度最小。尽量使凿岩爆破作业处于拉伸和剪切状态，能提高破碎效果。

3.3　凿岩方法及凿岩机械

3.3.1　现代凿岩技术

现代凿岩技术可分为借助机械能和热能两大类。

(1) 借助机械能的方法：传统的方法主要有机械式钻孔法、常规爆破法、全断面掘进(平巷、天井)；现代的方法主要有超声波法、水射流法（高压水法)、爆钻孔法、射弹冲击法、水电效应法和火花放电法。

(2) 借助热能的方法：常规火焰射法；表面热射法主要有等离子法、激光法、红外线法、电子束法（聚能电子束、脉冲电子束、高能加速器)、热熔法（电能、核能)；内燃热核法主要有高频法、电热核法和微波法。

3.3.2　风动冲击式凿岩机

(1) 分类。风动式凿岩机按重量、冲击频率、回转方式和配气机构分成若干种类型。常用的分类标准为以凿岩机的支持方式分类，可分为手持式、气腿式和导轨式三种。

手持式凿岩机由操作者抱持机体在岩壁上或岩石中钻凿浅孔，竖井掘进中使用的下向式凿岩机也是手持式，这种凿岩机冲击频率小于2000次/min，重量限制在30kg以下，否则有害工人健康。

气腿式凿岩机是一种重量较轻的凿岩机，用气腿子支持和推进，适用于打水平和倾斜眼，也可不安装气腿子用于钻凿下向炮眼。打眼深度一般为2～3m，不超过5m，打眼直径小于45cm。气腿式凿岩机的冲击频率达到2600次/min，包括气腿约重50kg，如图3-1所示。

导轨式凿岩机冲击频率达到3000次/min以上，重量达100～200kg，由钢绳、链条或柱塞式推进器提供凿岩推力和实现机体的空转进退，推进器和凿岩机共同安装在台车的钻臂上。

(2) 原理。如图3-2所示，钎子在冲击力作用下，凿到岩石上，钎子下方和旁侧的岩石被破碎，形成一条沟槽Ⅰ—Ⅰ，这个动作称为“冲击”，是形成炮眼的主要动作。随后将钎子转动一个角度，准备承受下一次冲击，这个动作就是“转动”，它使眼底各部分岩

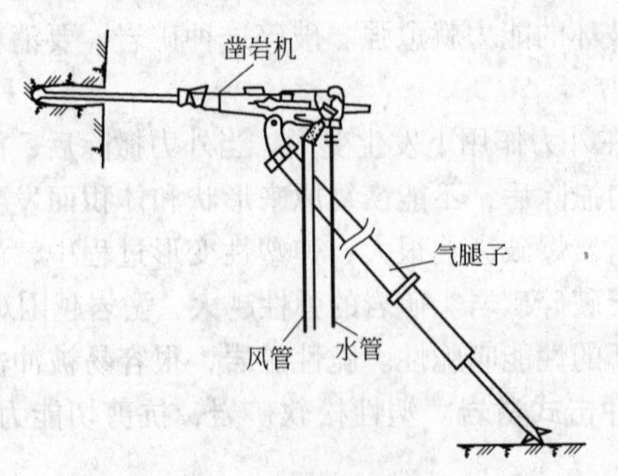

图3-1　气腿式凿岩机

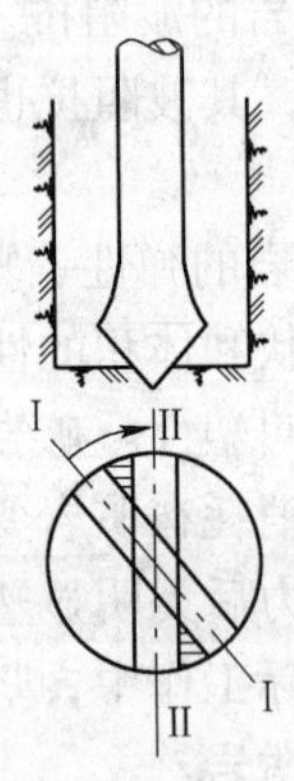

图3-2　冲击凿岩原理

石能较容易而均匀地被破碎。当再次进行冲击时，在炮眼底又形成一条沟槽Ⅱ—Ⅱ，如果钎子受的冲击力足够大，则两条沟槽之间的扇形岩石，在形成Ⅱ—Ⅱ沟槽的同时就会被剪碎或震碎。破碎的岩粉用压气、压力水等将其排出眼外，这个过程称为“排粉”，它使钎子能经常顶在炮眼底新的岩石面之上。冲击、转动、排粉不断循环的结果，就形成所需的圆形炮眼。

3.3.3 凿岩台车

凿岩台车可以提高凿岩效率，减轻工人劳动强度，提高凿岩机械化水平，在平巷掘进和采矿中都有应用。

凿岩台车按用途可分为掘进台车、锚杆台车和采矿台车。按行走方式分为轨轮式、履带式和轮胎式三种。一般普遍认为自行式，四轮驱动，轮胎行走，铰接车身的无轨凿岩台车较好。

平巷凿岩台车应具备的几个基本功能：

（1）推进功能。凿岩机能沿钻孔轴线前进或后退；

（2）行走功能。整个台车便于进出工作面；

（3）倾斜功能。凿岩机应能与工作面成任意角度；

（4）平动功能。凿岩机应能凿平行钻孔或各种直线掏槽炮孔；

（5）变幅功能。支臂上下、左右摆动，能按设计要求确定孔位。

图 3-3 是 CGJ-2 型台车的示意图。

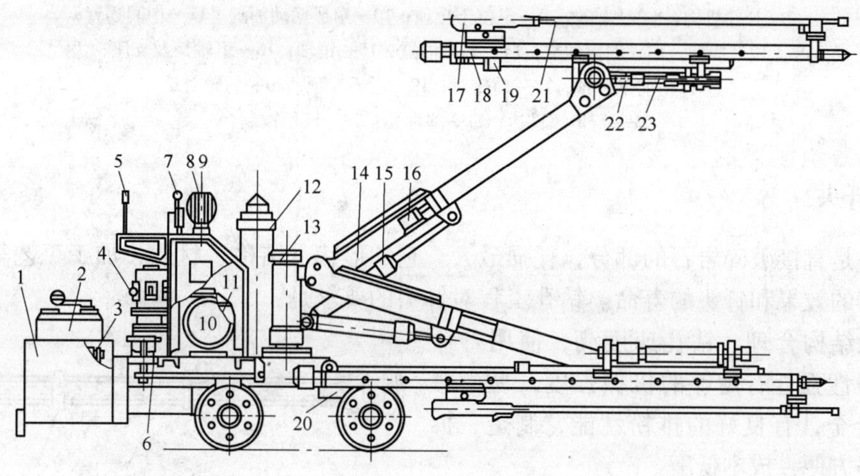

图 3-3 CGJ-2 型双机平巷凿岩台车结构示意图

1—挂斗；2—控制器；3—电阻器；4—风马达；5—液压操纵手柄；6—制动器；7—供风操纵手柄；8—照明灯；9—操纵台；10—电动机；11—减速器；12—固定气筒；13—转柱；14—钻臂；15—支承油缸；16—俯仰角油缸；17—凿岩机；18—推进器；19—补偿油缸；20—车架；21—钎杆；22—回转油缸；23—摆角油缸

采矿凿岩台车的应用可以加快矿石的回采，促进采矿工艺的发展。在现场使用的中国产 CTC-700 型采矿凿岩台车，配 YGZ-90 或 YG-80 等导轨凿岩机，可以打上向扇形孔或上向平行孔，孔深可达25～30m，台班工作能力150～200m，劳动强度大大降低，劳动效率大大提高。现场也有用双机、三机的凿岩台车，效率成倍增加。

图3-4为CTC-700型采矿凿岩台车示意图。该车属单机折叠式，风动轮胎行走中深孔凿岩台车，该车工作时先利用前后液压千斤顶将车体找平，对准孔位，开动补偿油缸，使顶尖顶住顶板，开动凿岩机及推进器即可以工作。

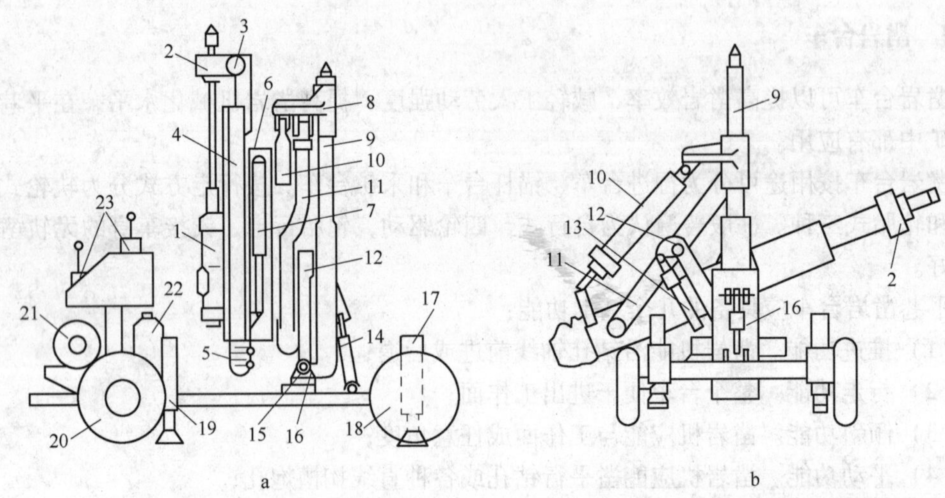

图3-4 CTC-700型采矿凿岩台车结构示意图

1—凿岩机；2—托钎器；3—托钎器油缸；4—滑轨座；5—推进风马达；6—托架；7—补偿机构；8—上轴架；9—定位千斤顶；10—扇形摆动油缸；11—中间拐臂；12—摆臂；13—侧摆油缸；14—起落油缸；15—销轴；16—下轴架及支座；17—前千斤顶；18—前轮对；19—后千斤顶；20—后轮对；21—行走风马达；22—注油器；23—液压控制台

3.3.4 钎头

钎头是直接破碎岩石的部分，耗损最大。它的形状、结构、材质、加工工艺等都直接影响破碎的效果和钎头的寿命。钻孔工程对钎头的要求是：

形状结构合理，钻孔速度高，使用寿命长，耐磨性强，有足够的机械强度，易于镶嵌硬质合金，有良好的排粉性能，制造、拆装和修磨方便，成本低廉。

钎头有整体钎头和活动钎头两种。整体钎头也叫自刃钎头，钎头和钎杆不可分；活动钎头可以和钎杆分开，以便于制作、修磨和更换，这类钎子称为活头钎子。

金属矿山广泛使用活头钎子，整体钎子使用甚少（图3-5）。

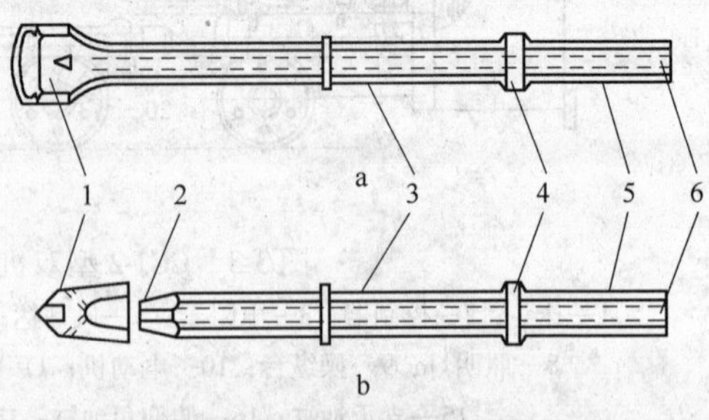

图3-5 钎子

a—整体钎子；b—活动钎头

1—钎头；2—钎梢；3—钎杆；4—钎肩；5—钎尾；6—中心水孔

活钎头的钎刃部位一般都镶焊耐磨、抗热、硬度大的硬质合金片。按钎刃的排列方式不同，钎头形式可分为一字形、十字形、X 形等。由于一字形钎头制作简单、修磨方便，故在金属矿山获得广泛的使用。在节理和裂隙比较发育、易于夹钎和岩石极坚硬时，常采用十字形钎头或其他形式钎头。图 3-6 为各类钎头示意图。

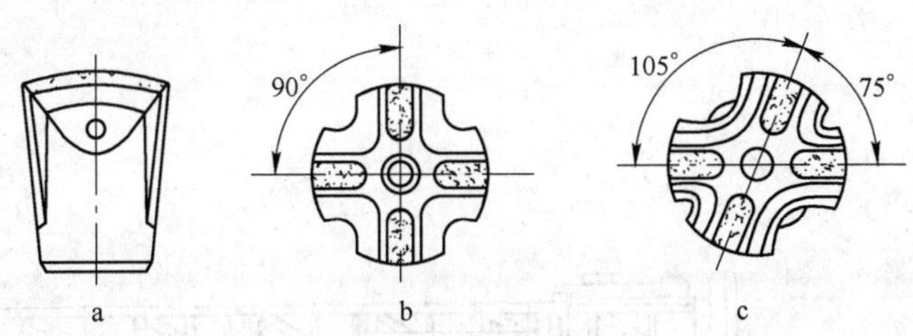

图 3-6 常用的三种钎头示意图

a— 一字形钎头；b—十字形钎头；c—X 形钎头

在井巷掘进中，钎头与钎杆一般采用锥形连接。钎杆的作用是传递冲击功和扭矩。冲击式浅眼凿岩用的钎杆，大多是中空六角钢，内接圆直径为 25.4mm 和 22.2mm 两种。

钎尾的作用是直接承受冲击功和扭矩。钎尾的规格及特性应与所用的凿岩机要求相符，做到长短适合，端面平整、光洁，并与钎子中心孔垂直，端面硬度适中等。

钎杆和钎尾之间有一个钎肩，钎肩的作用是保持钎尾在凿岩机中的相对位置，有的凿岩机因有垫锤，故钎子可无钎肩。

从钎头到钎肩为钎杆的长度。井巷掘进中一般均是一根钎子打到底，因此钎杆长度应比炮眼深度大 10 ~ 20cm 左右。有时由于钎头的磨损和工作空间的限制，随着炮眼的加深需几根钎头直径和钎子长度不同的钎子完成一个炮眼的钻凿工作，这些钎子组成钎子组。钎子组中相邻钎子长度差为 400 ~ 600mm，钎头直径差为 1 ~ 2mm，钎子长度递增时，相应的钎头直径递减。

3.3.5 牙轮钻具

牙轮钻具是由钻头和钻杆组成的。牙轮钻头按其牙轮数目分为单牙轮、双牙轮、三牙轮和多牙轮四种。钻杆也有主、副钻杆之分。由于轴推力和回转力矩大，钻杆的材质要好。管壁较厚，内径能使足够的排粉介质（压缩空气）通过，为了避免卡钻，其外径须比孔径小 35 ~ 50mm。钻杆与钻头则用锥管螺纹连接。

按照牙齿的形状，牙轮钻具又可分为钢齿牙轮钻头和硬质合金柱齿牙轮钻头两种。前者适用于软岩；后者强度大、耐磨，适用于中硬和坚硬岩矿。

牙轮钻机是一种回转钻机，钻孔时，由回转机构带动钻具回转，由加压机构向孔底施加轴压力，由回转供风机构将压气引入中空钻杆，然后由钻头的喷嘴喷向孔底，将牙轮钻头破碎下来的岩碴沿杆与孔壁之间的环形空间吹至孔外。当钻完一个炮孔后，开动行走机构使钻机移位，再钻凿另一炮孔。

从牙轮钻机的工作原理可以看出，牙轮钻机必须具备回转、加压、提升、行走、接卸钻具等主要机构和液压、压气、电气等系统。因此，它的组成与重型露天钻孔机类似。钻机整体安装在履带车上，机体由钻架、机架和机棚等组成。除钻具的回转、接卸机构，钻杆架、液压卡头、加压张紧均衡装置等安装在钻架上外，钻机的其他机构和装置均安装在机架的平台上，如传动机构、主辅空压机及散热器、油泵站及注油装置、电磁气阀站、机棚净化装置、油压千斤顶及除尘装置等，如图 3-7 所示。

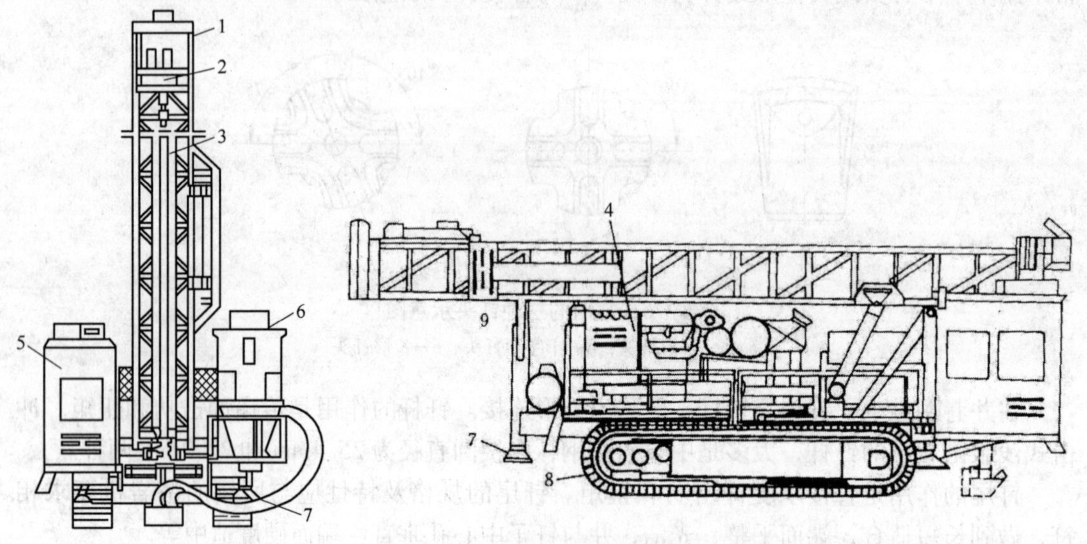

图 3-7 KY-250 型牙轮钻机外形示意图

1—钻架；2—回转机构；3—钻杆架；4—机棚；5—司机室；6—除尘装置；7—油压千斤顶；8—履带行走机构；9—托架

3.4 爆破

爆破是指把炸药及起爆器材装入炮眼内，使其爆炸，将指定部位的岩石或其他爆破对象崩塌或松动。爆破是利用炸药爆炸所释放的能力来破碎岩石或其他介质。

3.4.1 炸药

(1) 炸药爆炸。炸药是一种固体或液体的化合物或混合物，这种物质受到一定的外界能量（热、冲击、摩擦等）作用时，就能迅速分解，同时产生大量的气体和热量。在炸药迅速分解的过程中，由于气体的膨胀作用对周围介质产生突然的冲击压力，致使介质破坏，同时发生巨大的音响和振动，这种现象称为爆炸。炸药爆炸的实质是固体状态的物质，经过短时剧烈的反应，骤然变成气态，放出高能量。

炸药爆炸的主要特点：

1）反应的快速性。一般炸药的爆速为 3000 ~ 8500m/s。

2）反应的放热性。常用炸药爆炸时产生的热量约为 1680 ~ 6300kJ/kg，温度可达 2800 ~ 4500℃。

3）产生气体。炸药在瞬间由固体变为气体，这些气体的体积相当于炸药爆炸前体积的几百倍，这种骤然升起的压力，约高达十万个大气压。

炸药的敏感度或称炸药感度，是指炸药在外能作用下起爆的难易程度。炸药感度高，则其能起爆所需的外能小，反之则其所需外能大。对炸药来讲，不同形式的外能对其起爆作用并不是相同的，为全面评价一种炸药的感度，需分别测定其对各种外能作用的感度。常用的炸药感度有：热感度、撞击感度、摩擦感度、爆炸冲能感度、爆炸冲击波感度。

（2）炸药分类

1）炸药按用途可分为：起爆药、猛炸药和火药。

起爆药。是一种对外界特别敏感的炸药，特点是受较小的作用均易激发爆轰，而且反应速度极快。常用的有氯化铅、雷汞、二硝基重氮酚等。

猛炸药。通常要在一定的起爆源作用下才能爆轰，能对周围介质产生强烈的破坏作用，又称为高级炸药。常用猛炸药有梯恩梯、黑索金、奥克托金、泰安及混合型工业炸药等。

火药。这是一种反应速度较慢，只能进行燃烧反应和推进作用的化合物。常用的有黑火药、无烟火药等。

2）按炸药的组成可分为：单体炸药及混合炸药。

单体炸药。由单一化合物组成，多数是分子内部含有氧的有机化合物，在一定的外界条件作用下，能导致分子内键断裂，发生高速化学反应，进行分子内的燃烧和爆轰。如梯恩梯、黑索金、奥克托金、泰安、特屈儿等。

混合炸药。本身含有两种组分以上的混合物，这类炸药有气态、液态及固态的。工业炸药属于混合炸药。

（3）矿用炸药。矿用炸药是泛指各类矿山井巷工程掘进及矿山采剥作业爆落岩石所应用的炸药。其特点是原料来源广泛，成本低，价格廉价，保证在制造、运输、保管和使用中的安全，即物理、化学性质稳定。

根据炸药的组成，矿用炸药可分为硝酸铵炸药、含水炸药和硝化甘油炸药。

1）硝酸铵炸药

铵梯炸药：露天硝铵炸药、岩石硝铵炸药、煤矿硝铵炸药。

廉价炸药：铵油炸药、铵沥蜡炸药、铵松蜡炸药。

粉状高威力炸药：铵梯黑高威力炸药、铵梯铝高威力炸药。

2）含水炸药

浆状炸药：露天浆状炸药、小直径浆状炸药、水胶炸药、乳化炸药。

3）硝化甘油类炸药

普通硝化甘油炸药、耐冻硝化甘油炸药。

目前，矿山生产中采用较多的是铵梯炸药、铵油炸药、铵松蜡炸药等，都以硝酸铵为基本成分。以硝化甘油为主的胶质炸药应用也较多。

铵梯炸药由硝酸铵、梯恩梯、木粉组成。梯恩梯是一种烈性炸药，它使铵梯炸药的威力和敏感度都比铵油炸药高，在坚固的岩石中爆破效果较好。同时铵梯炸药中梯恩梯含量不多，因此其敏感度仍符合安全要求。由于铵梯炸药还是以硝酸铵为主要成分，所以仍有抗水性差、吸湿、结块等缺点。

铵油炸药是硝酸铵加燃料油（如柴油）和木粉混合而成。铵油炸药加工简单，便于各矿山自制，原料来源丰富，成本低，安全性好，不含军工原料（梯恩梯）。但铵油炸药贮存期短、易吸湿结块，不抗水，威力和敏感度也较低。

3.4.2 起爆器材和起爆方法

3.4.2.1 起爆器材

炸药虽为不稳定物质，但没有一定外界能量的作用是不能引起爆炸的。供给炸药一定外界能量以引起爆炸称为起爆。起爆器材就是能引起炸药爆炸的器材，按其作用可分为起爆材料和传爆材料。各种雷管属于起爆材料，导火索、导爆管属于传爆材料。

A 雷管

雷管是最常用的起爆器材，它是用来起爆炸药和导爆索的。按点火方式的不同，雷管可分为火雷管和电雷管；按雷管里装药量的多少可分为10个号，号数越大，起爆能力越强，矿山常用的是6号和8号雷管。

a 火雷管

火雷管是用导火线产生的火焰来引爆的。它由管壳、起爆药和加强帽三部分组成。结构如图3-8所示。

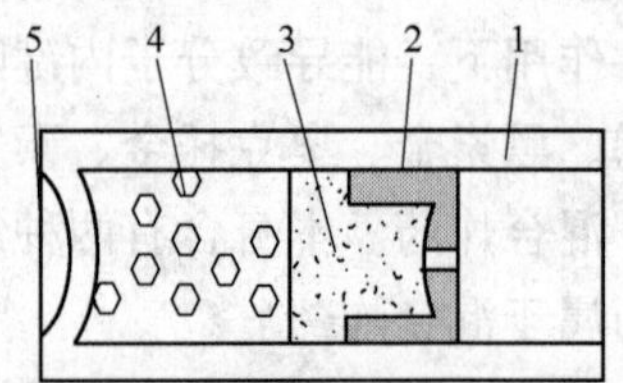

图3-8 火雷管结构示意图

1—管壳；2—加强帽；3—正起爆药；4—副起爆药；5—聚能穴

管壳是用纸、铜、铝等材料制成，一端封闭做成聚能穴，一端开口，开口端留有不小于15mm的长度，以便插入导火索。

火雷管采用复式装药，正起爆药用雷汞、叠氮铅、二硝基重氮酚等，用来直接接受导火线传来的火舌；副起爆药用来加强雷管的起爆能力和减小雷管使用的危险性，常用的有黑索金、特屈儿、梯恩梯等。

加强帽为中心带孔的金属罩，多为铜制，用以减少起爆药的外露，起安全保护和加强起爆能力及防潮作用。

当管壳内的导火线燃烧时，导火线产生的火焰，通过加强帽中心的小孔，引起敏感度极高的正起爆药爆炸。正起爆药的爆炸又引起敏感度稍低但威力高的副起爆药爆炸，从而引起炸药药包的爆炸。

在金属矿山的井巷掘进中，火雷管被广泛地使用，但火雷管不能在有瓦斯、矿尘爆炸危险的矿井中使用。

b 电雷管

电雷管是用电能来引爆的雷管，它由一个电点火装置和一个火雷管组合而成，其他部分的结构与火雷管相同。

电力点火装置通电后，桥丝灼热使发火药球发火，从而引爆雷管起爆炸药药包。电雷管分瞬发电雷管和延期电雷管，瞬发电雷管通电后立即爆炸，延期电雷管通电后经一定时间才爆炸，按延期时间分为秒延期电雷管和毫秒延期电雷管，如图3-9~图3-11所示。

电雷管起爆法起爆网络可用仪表检查，因而可靠，能远距离起爆，延时精确度高，可准确控制发爆时间，缺点是网路计算复杂，要求操作水平高，受雷电、静电和杂散电流的影响有可能引起网路意外起爆事故。

目前世界上最先进、最安全的电雷管叫做无起爆药毫秒电雷管。由于取消雷管中的正起爆药，实现整个雷管只有单一猛炸药或混合炸药，并解决了无起爆药电雷管的群爆问

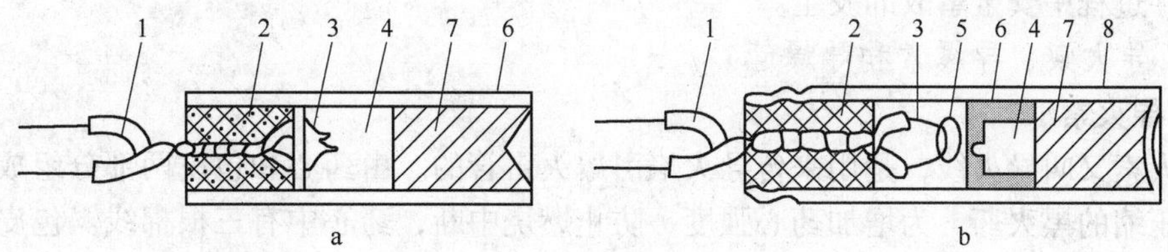

图 3-9 瞬发电雷管

a—直插式；b—药头式

1—脚线；2—密封塞；3—桥丝；4—起爆药；

5—引火药头；6—加强帽；7—加强药；8—管壳

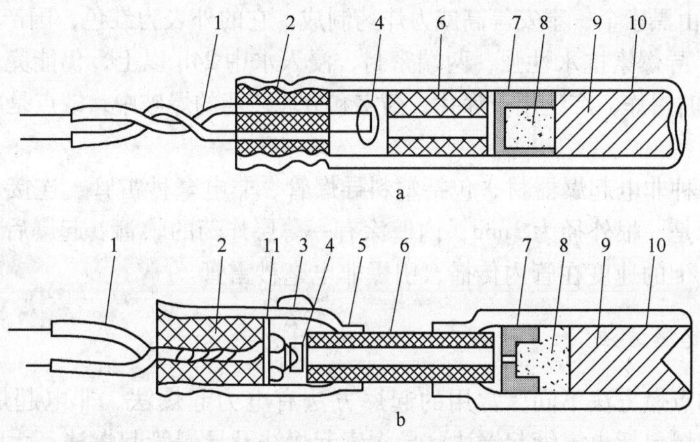

图 3-10 秒延期电雷管

a—整体管壳式；b—两段管壳式

1—脚线；2—密封集；3—排气孔；4—引火药头；5—点火部分管壳；

6—精制导火索；7—加强帽；8—起爆药；9—加强药；

10—普通雷管部分管壳；11—纸垫

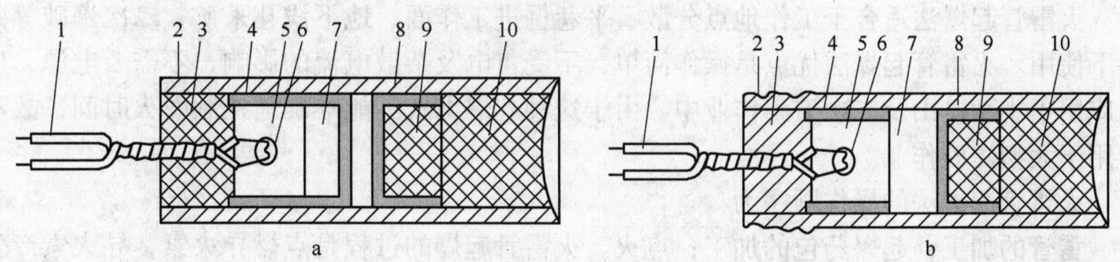

图 3-11 毫秒延期电雷管

a—装配式；b—直填式

1—脚线；2—管壳；3—塑料塞；4—长内管；5—气室；6—引火药头；

7—压装延期药；8—加强帽；9—起爆药；10—加强药

题。这种雷管的电性能和爆炸威力与普通毫秒雷管相同，冲击感度低于普通雷管，耐火性能比普通雷管要好。由于这种雷管取消了起爆药，因而使生产过程非常安全，减少了运输、贮存过程中安全事故的发生。

B 导火索、导爆索和导爆管

a 导火索

导火索又叫导火线，是用来传导火焰引爆火雷管的。由药心和包皮两部分组成。药心是稍加压缩的黑火药，为增加药心强度、防止燃烧中断，药心中有三根棉线。包皮是几层棉纱线和牛皮纸，并涂有沥青等防水剂。导火线直径 5 ~ 6mm，喷火舌长度不小于 40mm，有正常燃速导火线（120m/s）和缓燃导火线（24m/s）两种，前者外皮全白色，后者外皮通常有三根红色棉纱。

b 导爆索

导爆索也叫导爆线，是用来传递爆轰波，并直接引爆炸药的爆破器材。它本身需要雷管引爆。它的药心由黑索金、泰安等高威力炸药制成，它的外表为红色，国产导爆索的爆速为 6500 ~ 7200m/s。导爆索抗水性强，两端密封，浸入水中 24h 以上，仍能完全起爆。导爆索能使大量炸药同时爆炸，广泛用于深孔、药室和分段装药的爆破中，缺点是成本较高。

c 导爆管

导爆管是一种非电起爆器材，包括塑料导爆管、非电毫秒雷管、连接传爆元件和起爆枪等。塑料导管是一根外径为 3mm，内壁涂有一薄层炸药的软管。起爆后，将一个冲击波以 2000 ~ 3000m/s 的速度在管内传播，引爆非电毫秒雷管。

3.4.2.2 起爆方法

根据雷管的点燃方法不同，常用的起爆方法有电力起爆法、非电起爆法及无线起爆法。其中非电起爆包括火雷管起爆法、导爆索起爆法及导爆管起爆法；无线起爆法包括电磁波起爆法和水下声波起爆法。

A 非电力起爆法

a 火雷管起爆法

利用导火索传递火焰引爆火雷管进而起爆炸药的起爆方法。火雷管起爆法所需的起爆材料有火雷管、导火索和点火材料。

火雷管起爆法适合于工作地点分散、平巷掘进工作面、地下浅孔采矿、二次爆破等条件下使用。火雷管起爆法优点是操作简单，不受雷电及杂散电流的影响，不需要电源，广泛应用于小型矿山及二次破碎作业中。由于这种起爆方式不能准确地控制发火时间，故不适用于大型爆破作业。

火雷管起爆法的操作顺序为：

雷管的加工；起爆药包的加工；点火。火雷管起爆的过程是点燃导火索，导火索产生的火焰使火雷管起爆，从而引起炸药包爆轰。常用的点燃导火索的方法有：火柴点火、导火索段法和点火筒一次点火法。

b 导爆索起爆法

用导爆索爆炸产生的能量去引爆药包，而导爆索本身需要用雷管将其引爆。这种起爆方法所需用的起爆器材有雷管、导爆索和继爆管等。

导爆索起爆法的优点是安全性好，传爆可靠；操作简单，使用方便，可以使成组装药的深孔或药室同时起爆；由于导爆索的爆速高，可以提高弱性炸药的爆速和传爆可靠性；

能实现延期时间不长的微差起爆；能抗杂散电流危害。其主要缺点是成本高，不能用仪表检查网络质量，实现多段微差起爆比较困难。

常用的导爆索起爆网络有：

（1）簇并联。将所有炮孔中引出的支导爆索的末端捆扎成一束或几束，然后再与一根主导爆索相连。这种起爆网络可使各炮孔几乎同时起爆，但导爆索消耗很大，这种爆破方法一般用于炮孔数不多而又较集中的情况。

（2）分段并联。在炮孔或药室外敷设一条主导爆索，将各炮孔或药室中引出的支导爆索分别依次与主导爆索相连。如果想实现微差爆破，可以在网络中安装继爆管。这种网络导爆索消耗少，适应性强，因此得到广泛的应用，如图 3-12 所示。

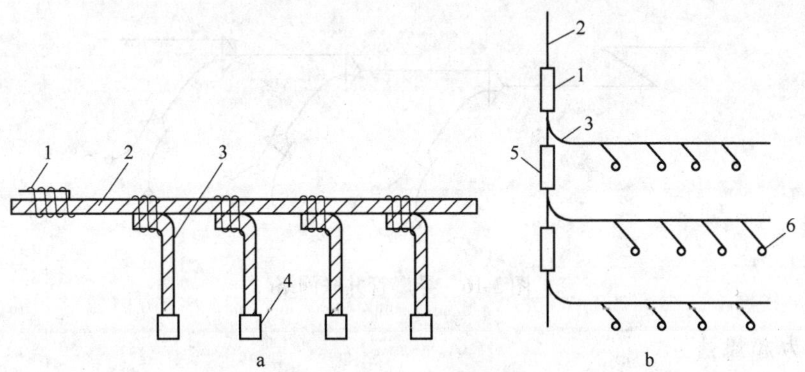

图 3-12　导爆索分段并联起爆网络示意图

a—普通分段并联；b—微差分段并联

1—雷管；2—主导爆索；3—支导爆索；4—装药炮孔；5—继爆管；6—炮孔

（3）双向分段并联。这种网络各个炮孔或药室中引出的支导爆索可以同时接受两个方向传来的爆炸能作用，起爆非常可靠。这种方法采用 T 型或三角连接，导爆索消耗量较大。其连接方式如图 3-13 所示。

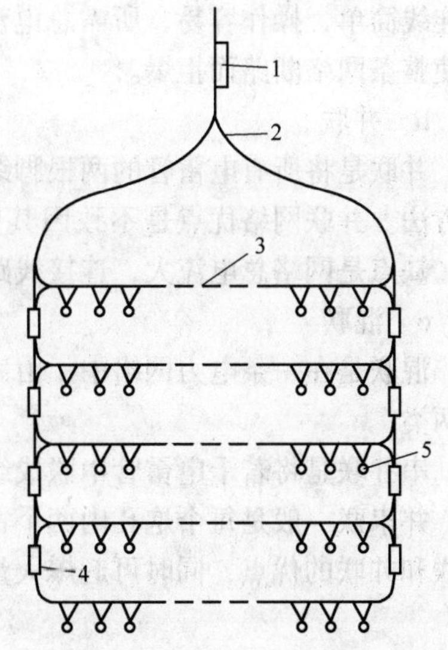

图 3-13　导爆索双向分段并联网络示意图

1—雷管；2—主导爆索；3—支导爆索；4—继爆管；5—炮孔

c　导爆管起爆法

利用塑料导爆管来传递冲击波引爆雷管进而起爆工业炸药的一种起爆方法。

导爆管起爆系统由击发、传爆、起爆和连接元件组成。击发元件的作用是用来击发导爆管，矿山多用普通雷管。传爆元件是由导爆管和非电雷管组成。导爆管是内壁涂有高能炸药薄层的塑料中空管，导爆管被击发后，管内产生冲击波，沿管传播引爆雷管。起爆元件用于起爆炸药，一般选用 8 号即发雷管或微差雷管。由塑料连接块来连接传爆元件与起爆元件。现场多用工业胶布，方便、经济。

导爆管通过连接元件组成起爆网络，连接方法用胶布捆扎，橡皮筋捆扎，塑料联结块和导爆四通连接。导爆四通是导爆管起爆网络中使用的微差延期导爆装置。导爆管起爆网络基本形式有簇联法、串联法和并联法等，如图 3-14 ~ 图 3-16 所示。

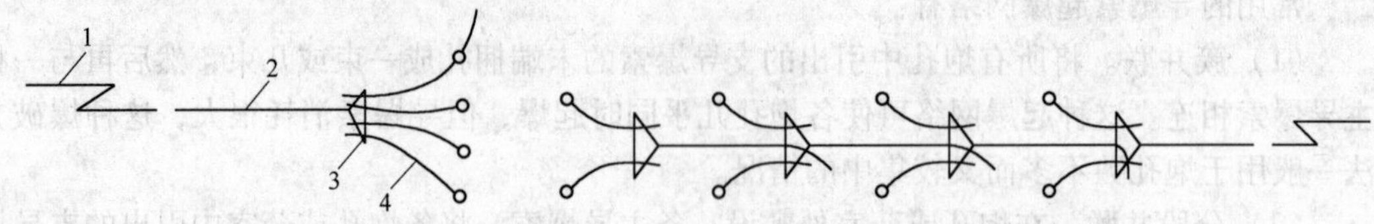

图 3-14　导爆管簇联网络

1—击发；2—导爆管；
3—分流传爆元件；4—药包

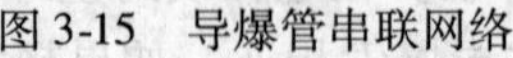

图 3-15　导爆管串联网络

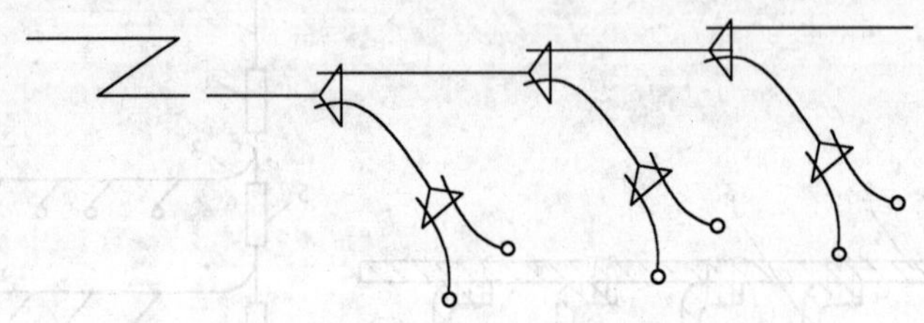

图 3-16　导爆管并联网络

B　电力起爆法

电力起爆法就是利用电能引爆电雷管进而起爆炸药的起爆方法，它所需要的器材有电雷管、导线和起爆电源等。

电力起爆网络按雷管连接方式不同可分为串联、并联和混联。

a　串联

串联是将电雷管一个个互相成串地连接起来，再与电源连接的方法。这种方法的优点是连线简单，操作容易，所需总电流小，导线消耗少，缺点是网络中若有一个雷管断路，会使整条网络断路而拒爆。

b　并联

并联是将所有电雷管的两根脚线分别联在两条导线上，然后把这两条导线与电源相连的方法。并联网络优点是不致因其中一个雷管断路而引起其他雷管的拒爆，网络总电阻小，缺点是网络总电流大，连接线路导线消耗多，若有少量雷管漏接时，检查不易发现。

c　混联

混联是在一条电力网络中，由串联和并联组合的混合连接方法。可分为串并联和并串联两类。

串并联是将若干电雷管串联成组，然后将若干串联组并联在两根导线上，再与电源连接。并串联一般是每个炮孔内两个雷管并联，将所有并联组串联。混联网络的优点是具有串联和并联的优点，同时可起爆大量电雷管。

4　井巷掘进与支护

4.1　概述

为了勘探和把矿藏开采出来，必须从地表向地下开掘各种地下通道。直立的通道称为竖井，倾斜的通道称为斜井，水平或近似水平的称为平巷，以上统称为井巷。井巷工程是矿山开采的基本建设工程，也是生产矿山进行采矿准备和生产探矿的主要工程。

井巷掘进就是矿山井巷的开掘工作，它要超前于采矿工作。当必要的超前关系形成后，掘进与采矿还应同时并进，以保证矿井持续地进行生产。通常把掘进与采矿这种关系概括为“采掘并举，掘进先行”。这是矿井生产的基本规律和必须遵循的一条技术方针。

矿山井巷工程施工的主要特点：

(1) 巷道通过各种不同的岩石，地质条件复杂，有时会出现冒顶、片帮或涌水等现象，给施工造成困难。

(2) 工作空间狭小，只能投入有限的人力和设备，限制了掘进速度。

(3) 工作量大，持续时间较长，通风比较困难，工作条件差，劳动强度大等。

井巷掘进与支护的基本问题是破碎岩石以获得矿山地下开采所需的井巷空间，防止井巷围岩破坏以保证正常生产和安全。目前，破岩的主要方法是凿岩爆破，而防止井巷围岩破坏的方法是支护。

4.2　掘进

4.2.1　平巷掘进

4.2.1.1　平巷断面及特点

按构成巷道轮廓线的不同，平巷断面形状可划分为折线形和曲线形两大类。折线形（梯形、矩形）巷道的特点是断面利用率高。开拓工程量最省，支架架设容易；缺点是木材或金属作支架，不能抵抗较大的围岩压力。曲线形，特别是拱形，现在被冶金矿山普遍采用。拱形以圆弧形拱、半圆拱和三心拱用得最多，似椭圆拱现在使用得不多，但由于它自身的优越性，是一种很有前途的拱形。

金属矿山的平巷一般为梯形或直壁拱形断面。断面形状的选择主要取决于支架类型，而巷道支架类型又取决于岩石稳固性及使用年限的长短。岩石较稳固、使用年限短，一般多用木材支架，因而断面形状常为梯形，如图 4-1 所示；岩石不稳固，或使用年限长，采用混凝土支架，巷道断面为直壁拱形，如图 4-2 所示；岩石很稳固，使用年限又不长时，则可不支护，巷道断面为自然拱形。

巷道断面尺寸主要根据巷道的用途及运输、凿岩等设备要求尺寸大小来确定，并需根

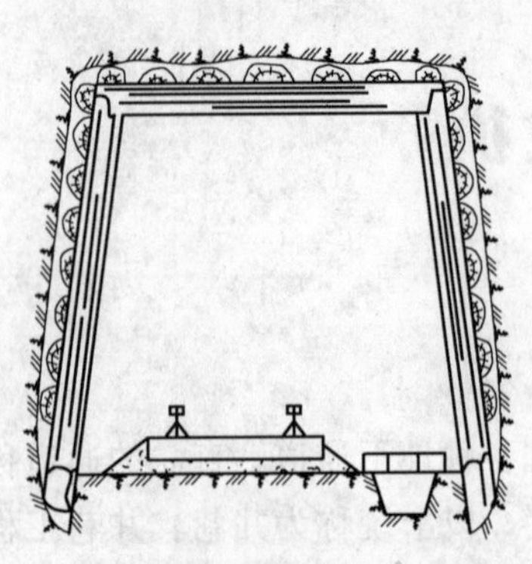

图 4-1 梯形断面及木材支架

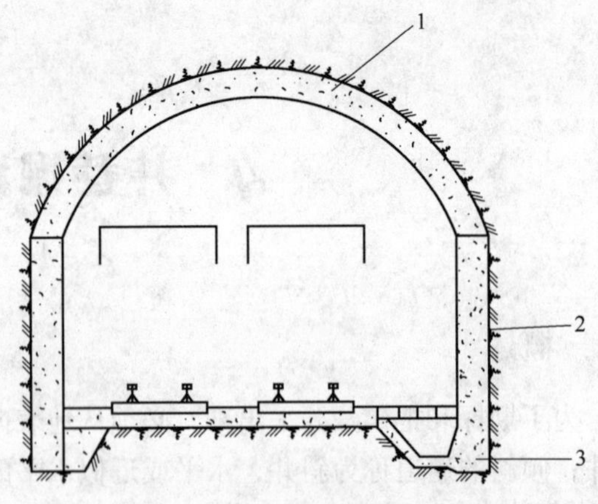

图 4-2 拱形断面及混凝土支架

1—拱；2—墙；3—基础

据通风要求加以校正。

4.2.1.2 掘进工序

平巷掘进主要包括凿岩、爆破、通风、装岩、支护等工序；辅助工序主要有撬浮石、通风、铺轨和接长管等。

（1）凿岩。凿岩通常用气腿式凿岩机，也可以采用凿岩台车作业。炮眼直径为 38 ~ 46mm，深度为 1.2 ~ 2.5m，炮孔在 20 ~ 40 个之间。

（2）爆破。炸药一般采用硝铵类炸药、导火线起爆法，每个炮孔的装药深度是眼深的 2/5 ~ 2/3，掏槽眼装药量要比其他炮眼多 15% ~ 20%。为了减少巷道表面凹凸不平的现象发生，减少对围岩过多的破坏，减少支护费用，达到光滑的要求，现场现在多采用光面爆破，其基本特点是密集布置周边眼，减少周边眼的装药量以及严格控制边眼的起爆等。

（3）通风。爆破后必须及时进行通风，以便能迅速排除掘进工作面的有害气体及粉尘，一般通风时间为 20min 左右，采用轴流式局扇完成，如图 4-3 所示。

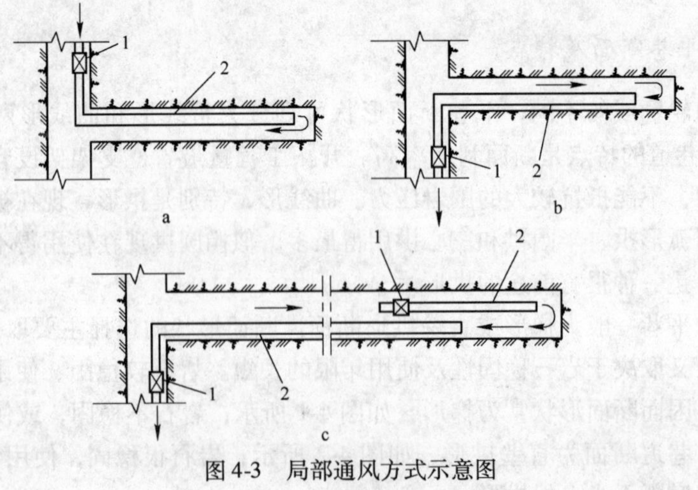

图 4-3 局部通风方式示意图

a—压入式；b—抽出式；c—混合式

1—扇风机；2—风筒

（4）装岩。装岩工作占掘进循环的35% ~50% 的时间，因此，提高装岩机机械化水平对提高掘进速度显得尤为重要。目前广泛使用的装岩机械有：铲斗后卸式装岩机、耙斗式装岩机、扒抓式连续装岩机。使用较多的是第一种，这种装岩机有气动和电动两种，如图 4-4 所示。

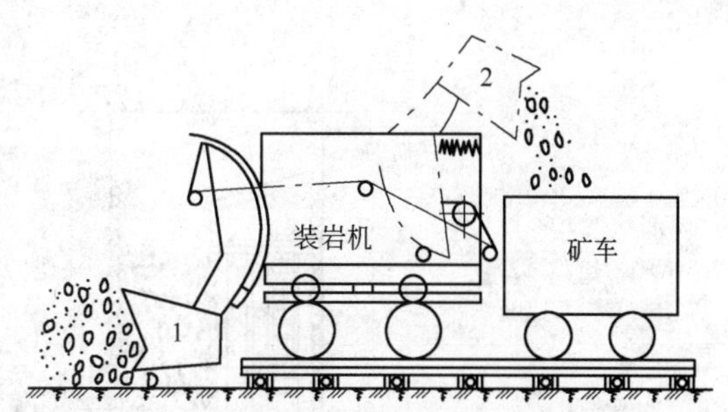

图 4-4 装岩机装岩示意图
1—铲斗装岩位置；2—铲斗卸载位置

（5）支护。支护是指在巷道内安设支架。支架有临时支架和永久支架两种。永久支架主要有木材支架、混凝土支架、石材支架、锚杆和喷射混凝土支架。永久支架的架设可以落后于掘进工作面一定距离但又与掘进工作平行作业，也可以在掘进工作结束后再架设。只有极不稳固的岩石，随掘进工作的进行，才必须安设临时支架，以保证掘进工作安全而正常地进行。掘进完毕后，再把临时支架换成永久支架。

长期以来，巷道的掘进方法多为钻眼爆破。这种掘进方法工序多，劳动强度大，工效低，掘进速度不高。因此，科研人员一直试图想用其他办法代替该法，于是便出现了平巷一次成巷掘进机。

1965 年我国制成了第一台直径 3. 5m 的 SJ-34 型岩石掘进机，后又改装成直径为 5. 3m 的 SJG53-12 型。20 世纪 70 年代前后，我国冶金、煤炭、铁道、水电、国防系统相继研制成了各种型号的掘进机，直径最小的 2. 5m，最大的 6. 8m，一般多为 3m。

4.2.2 天井掘进

天井掘进法多采用普通掘进法、吊罐掘进法和爬罐掘进法，少数矿山还采用天井全断面钻凿若干个贯穿天井全高的深孔，然后自下而上逐步爆破成井。

天井的断面尺寸和形状主要取决于其用途和格间数目。断面形状通常为矩形，溜矿井和通风井常为圆形。圆形天井直径一般 2m 左右，矩形天井常以梯子间的长度作为天井断面的短边，一般是 1. 5 ~2m，矩形天井的长边按格间数目、排列及大小来确定，一般为 2. 0 ~2. 5m 左右，梯子间尺寸按安全规程的要求确定，放矿间的最短边应大于所放矿岩最大块度的 3 倍，提升间应保证材料设备顺利通过。

（1）普通掘进法。该方法是由下而上架设梯子和工作平台，如图 4-5 所示。

在距工作面 1. 5 ~2m 处搭工作台，在工作台上凿岩，随着向上掘进，跟着安装梯子，架设支架，工作台上移。用 YS-45 型等伸缩式凿岩机钻凿上向眼，每个炮眼均需一组钎子来钻凿。采用电雷管起爆法或电阻灼热导火线起爆法。爆破前必须在梯子间和提升间顶部架设倾斜的落矿台，以防止梯子间被破坏，并使崩落的矿岩借自重溜入放矿间。天井采取向上反掘的方式掘进，因而通风比较困难，需要的通风时间也较长，必须采用抽出式机械通风。

普通法掘进天井缺点比较多，工作台架设劳动强度较大，掘进速度慢，效率低，通风时间长，材料消耗也多，成本高，操作不太安全。在不稳固岩石或短天井掘井时，还使用这种方法，在其他条件下已被吊罐法取代。

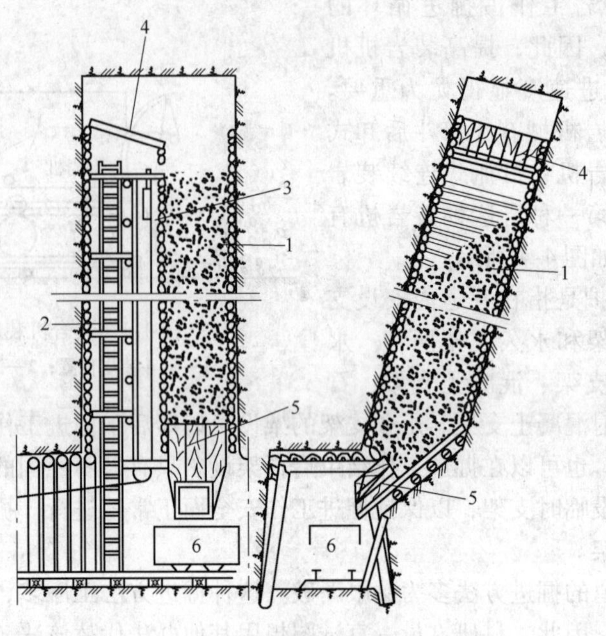

图 4-5　普通掘进法掘进天井示意图

1—放矿格；2—梯子格；3—提升格；4—落矿格；5—溜子口；6—矿车

（2）吊罐掘进法。吊罐掘进法是在天井全高上沿中心安一直径为 100 ~ 150mm 的钻孔，在天井上部水平安设游动绞车，通过中央钻孔用钢丝绳沿天井升降吊罐，如图 4-6 所示。

操作人员可以站在吊罐上进行凿岩、装药。爆破时将吊罐下放到下部水平，距天井 4 ~ 5m 处。

吊罐法的掘进工序与普通法基本相同，但有如下特点：

1）由于中心钻孔的存在，改善了通风条件，缩短了通风时间。

2）爆破下来的矿岩借自重落至下部水平巷道地板上，然后用装岩机装入矿车。

3）不架设梯子和工作台，工作简单。

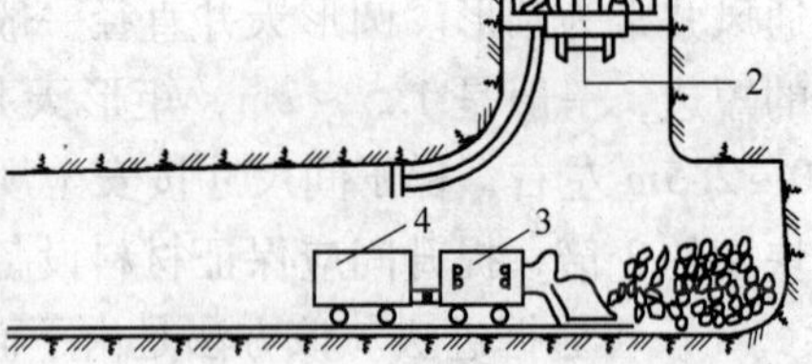

图 4-6　吊罐法掘进天井示意图

1—游动绞车；2—折叠式吊罐；
3—装岩机；4—矿车

4.2.3　竖井掘进

竖井断面形状和尺寸的确定原则与平巷大致相同，其形状决定于井筒的用途、岩石的性质和井筒的服务年限。常见的多为圆形和矩形。矩形断面的竖井多用木材支护，抵抗地压能力较差，一般开掘在坚硬的岩层中，服务年限为 15 年以下，断面不大。圆形断面的竖井一般用石材或混凝土支护，井壁承受地压能力较大，且有封水性，能适应地质条件复杂的地层，服务年限在15~20年以上。

竖井井筒断面的形状结构示意图如图4-7所示。

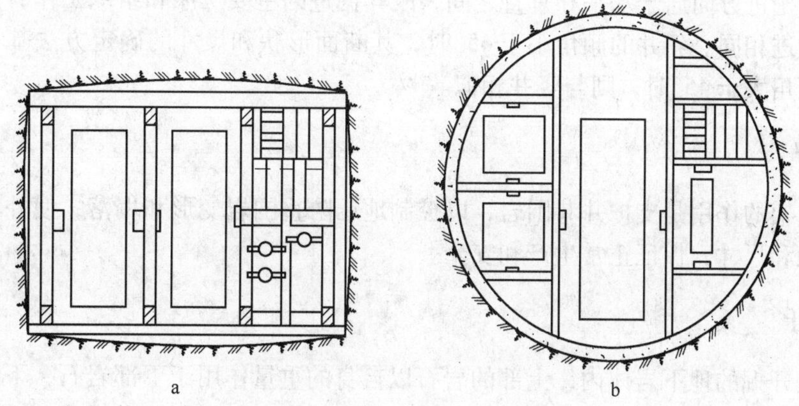

图4-7　竖井断面形状示意图

a—矩形断面木材支护；b—圆形断面混凝土支护

竖井断面的尺寸决定于井筒内提升容器的类型、尺寸和数目及其布置方式，各种装备排列方式及其安全间隙、梯子间、管的尺寸。通过井筒的风流速度，不应超过安全规程的规定。决定净断面后，再加上支架所占有的面积，就得出井筒掘进断面面积。

竖井掘进一般采用01-30型、YT-25型或7655型凿岩机进行凿岩作业，掘进圆形断面时，炮眼呈同心圆状排列。为提高凿岩机械化水平，可用带有环形式伞形钻架的凿岩机组。如果井筒掘进涌水量较大，采用胶质炸药或采用防水硝铵类炸药。一般采用电雷管起爆法。竖井掘进通风比较容易，一般通风时间为15~30min，常用局部扇风机进行压入式通风。装岩工作一般常用抓岩机装入吊桶，装满后由绞车提升至地表。工作面的积水利用吊桶或吊泵排至地表。每次爆破的岩石装完后，为防止井壁岩石塌落，应及时进行临时支护，一般采用支架支护，如图4-8所示。

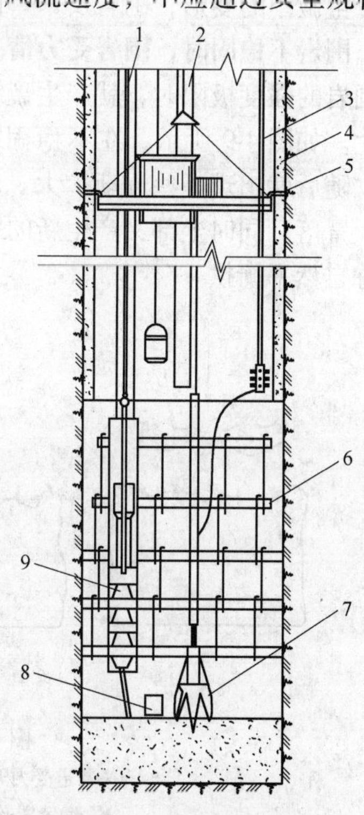

图4-8　竖井掘进示意图

1—排水管；2—风筒；3—压气管；
4—永久支架；5—吊盘；
6—临时支架；7—抓岩机；
8—吊桶；9—吊泵

竖井普通掘进法不仅工序繁杂，而且效率很低。为了改革竖井掘进工作，加快竖井掘进速度，国内外已采用竖井钻进法。利用钻进设备的钻头回转，依靠钻头上的刀齿不断切削岩石进行破岩，并采用泥浆循环、风力或液压管路运输及抓斗提升等方法，将岩屑排至地表。目前这种钻进法用于软岩掘进是有效的，但在较硬的岩石中钻进竖井尚未推广。

4.2.4 斜井掘进

斜井的掘进方向居于水平和垂直之间，故其掘进的主要工序和组织工作有许多与平巷和竖井的掘进相同。斜井的倾角小于45°时，其断面形状和尺寸的确定方法基本上与平巷相同；当倾角大于45°时，则与竖井相似。

4.3 支护

井巷支架的作用是支护井巷围岩，以控制地压防止围岩变形和塌落，使井巷保持一定的断面形状和尺寸，保证正常生产和安全。

4.3.1 地压

在未经开掘的地下岩体内，上部的岩石以自身的重量作用于下部岩石，下部岩石也以相等的反力作用于上部岩石，岩石处于一种应力平衡状态。开掘巷道后，巷道周围的岩石失去支撑，原有的平衡状态即被破坏，巷道围岩中应力重新分布，有的升高，有的降低。这种应力的不平衡，促使围岩产生变形以达到新的平衡。

围岩稳固时，围岩本身具有足够的强度，围岩受力情况的变化，仅引起围岩及其暴露面产生微小的变形，围岩及暴露面仍然保持原有稳固状态。

围岩不稳固时，围岩受力情况的变化，将引起围岩及其暴露面产生较大的变形，当超过围岩的强度极限时，就产生裂缝而被破坏。对于水平巷道，这种变形和破坏首先在顶板产生。如图4-9所示，在不稳固的岩石中开掘平巷，如不进行支护，顶板就逐渐向下弯曲，随后就出现一些逐渐扩大、增多的纵横交错的裂缝，接着，原来的整体顶板岩石破坏、冒落。同时上部又产生新的裂缝并逐渐扩大直至冒落，最后冒落成拱形，这样形成的拱称自然平衡拱。

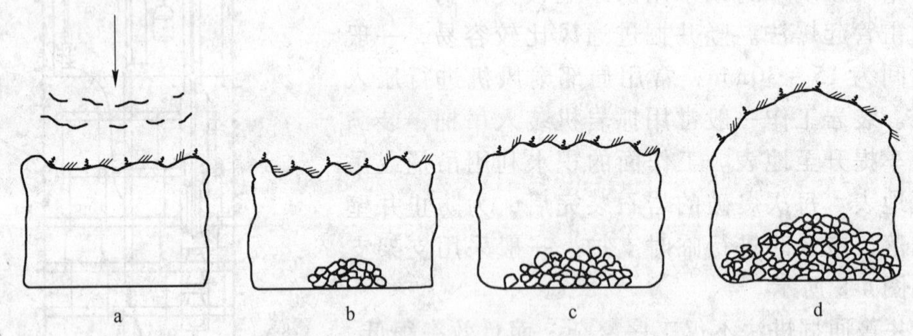

图4-9 自然平衡拱形成过程示意图

a—巷道受力开始变形；b—变形加剧，裂缝增大，开始冒落；
c—继续冒落，出现拱形顶；d—冒落停止形成自然平衡拱

自然平衡拱形成以后，拱上部的压力就由巷道两侧的岩石来支承。如果两帮岩石支承的压力没有超过岩石本身的强度，两帮岩石就不会被压坏，自然平衡拱保持稳定。如果支承的压力超过岩石的强度，则两帮就会逐渐产生裂缝并塌落，使巷道宽度增大，引起顶板

岩石又一次冒落，最后再次形成新的自然平衡拱。

从以上可以看出，当巷道围岩不稳固时，为防止围岩的变形和塌落，保持一定的巷道断面形状及尺寸，就必须进行支护。在巷道中架设的支架上就会受到因围岩变形、破坏乃至冒落等所产生的压力，我们把这种来自巷道围岩的作用力称为地压或矿山压力。

4.3.2 井巷支架

矿井支架按支架材料分为木材支架、混凝土支架、装配式钢筋混凝土支架、石材支架、金属支架、喷射混凝土和杆柱等，其中以木材支架、混凝土支护、喷射混凝土和锚杆支护应用较多。

4.3.2.1 木材支架

木材支架大致可分为4种，即横撑和立柱、木棚子、方框、垛积支柱。矿井支架的木料以松木使用最多。木材具有一定的强度和可缩性、重量轻、容易加工和架设，但耐火性差、易腐朽、使用年限短、强度也小。一般用在地压小、服务年限短的井巷中。

木材支架通常为梯形或矩形。垂直巷通常用的矩形井框支架如图4-10所示，水平巷道普通梯形棚子如图4-1所示。根据地压的大小来确定棚子（或井框）的间距。地压较小时，0.5～1.0m一架，称为间隔棚子支架；地压较大时，所有支架紧密相接，称为密集棚子支架。

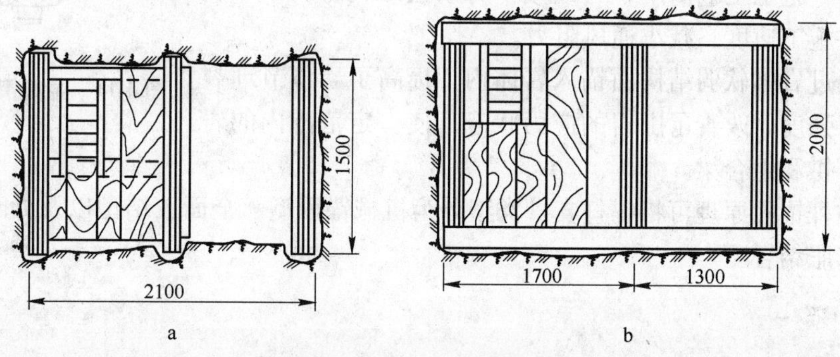

图4-10 矩形天井横断面及支架

a—横撑支护；b—密集井框支护

4.3.2.2 混凝土支护

混凝土是由水泥、砂子、碎石按一定比例混合并加水搅拌凝固而成的人造石材，在一些关键部位配以钢筋或钢轨、工字钢等材料。它作支架材料强度大、整体性好、防火、防水、抗腐蚀、服务年限也很长，故广泛用于服务年限长、地压大、断面大的井巷中。混凝土支架常为整体浇灌混凝土支架。整体混凝土支护是矿山井巷支护的主要形式，用于松软破碎、节理裂隙发育、有渗水的岩体中井巷的支护，特别是服务年限较长的重要井巷或硐室。其他行业的隧道或硐室也广泛采用整体混凝土支护。

混凝土支架的基本形式为直壁拱形和圆形。圆形用于垂直巷道的支护，如图4-7b所示。直壁拱形用于水平巷道支护，如图 4-2 所示。

4.3.2.3 喷射混凝土支护

喷射混凝土是以水泥、砂子、碎石作材料，配上速凝剂，按一定比例进行干料混合，送入专门的喷射机中，以压缩空气为动力，使干料在喷嘴处与水混合为湿料，高速喷射到巷道表面，凝结硬化形成喷射混凝土以支护巷道。

喷射混凝土的组织结构致密，能压入围岩的裂缝中胶结围岩，增加围岩整体性，能封闭岩面，防止围岩进一步风化，同时支架与围岩黏结成一整体共同承受地压，所以喷射混凝土支护质量好、强度高。此外，喷射混凝土支护有采用机械化施工、速度快、效率高、不用模板、支护工艺简单等优点，是一种有发展前途的新型支护方法，已为国内外矿山广泛使用。喷射混凝土减少掘进工作量 15%～20%，节省劳动力 50%，节约混凝土 50%，降低成本 50%。

4.3.2.4 锚杆支护

锚杆支护是在巷道围岩中钻孔并安设锚杆，以锚固岩层，加固巷道围岩来维护巷道。图 4-11 为金属楔缝式锚杆。

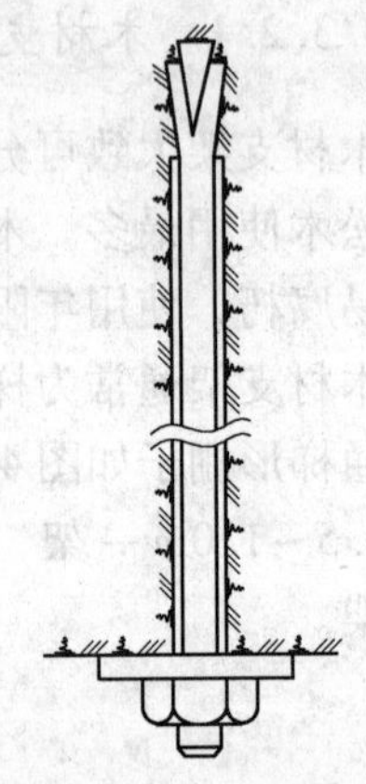

图 4-11 金属楔缝式锚杆

锚杆支护可以节约大量的坑木和钢材，降低支架成本，减小掘进断面，施工工艺简单，可以减小劳动强度，有利于一次成巷和加快施工速度，减小通风阻力。

锚杆通过岩体软弱结构面锚入岩体内，提高了岩体节理裂隙面的抗剪强度，改善了围岩的应力状态，使一定范围内的岩体形成岩石拱和组合梁。

根据锚杆锚固原理可将锚杆支护类型分为机械锚固型、全面胶结型以及处于两者之间的机械和膨胀结合型。

5 固体矿地下开采技术及工艺

5.1 矿床回采单元的划分与开采顺序

金属矿床的开采有着明显的特殊性。首先是地下作业，作业环境和劳动条件较差，空间狭小，开采的矿床复杂多变，作业地点也经常变化；其次，矿床开采即资源开采，必须高效、安全和可持续地开采，充分保护环境和保护资源。

矿床因其成因条件的不同，其埋藏范围的大小也各有不同。相对来说，岩浆矿床的规模较小，走向长度常为数百米至千米，而沉积矿床埋藏规模较大，常为几千米至几十千米。缓倾斜及近水平的沉积矿床，其倾斜长度也较大，有的可达一两千米。开采这类规模较大的矿床，就需要将矿床沿走向和倾斜方向划分成若干井田。

5.1.1 回采单元

在缓倾斜、倾斜和急倾斜矿床中，通常是将矿床划分为井田，井田划分为阶段，阶段再划分成矿块。在水平和微倾斜矿床中，将矿床划分为井田后，井田划分成盘区，盘区划分成矿壁。矿块和矿壁是回采的最基本单元。

5.1.1.1 矿田和井田

习惯上，划归一个矿山企业开采的矿床或其一部分，叫做矿田。划归一个矿井或坑口开采的矿田或其一部分，叫做井田。因此，矿田有时等于井田，有时包括几个井田。如果矿山下面不再分设矿井（坑口），则矿田就等于井田。同样，一个矿区也可包括若干个矿田，如图 5-1 所示。

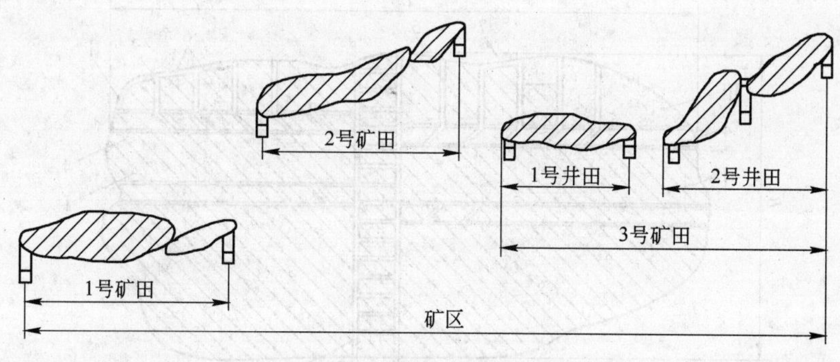

图 5-1 矿区、矿田、井田

5.1.1.2 阶段和矿块

在缓倾斜、倾斜和急倾斜矿床的井田中，每隔一定垂直距离，掘进与矿体走向一致的阶段平巷，将矿体沿垂直方向划分成一个一个矿段，这就是阶段。它的范围，上下以两个阶段平巷为界，左右以矿体的边界为界，如图 5-2 中的Ⅰ、Ⅱ、Ⅲ、Ⅳ。矿块也叫做采区，就是在阶段平巷中，沿矿体走向每隔一定距离掘进天井，将阶段划分成一个一个的矿块。它的上下以阶段平巷为界，左右以天井为界，如图 5-2 中的 6。

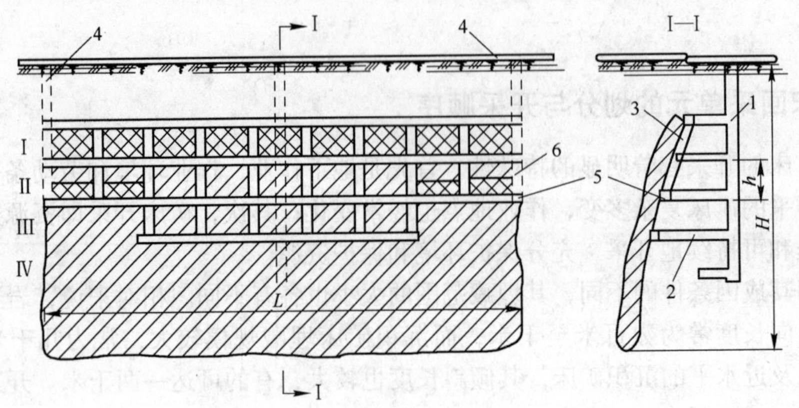

图 5-2　阶段和矿块的划分

Ⅰ—采完阶段；Ⅱ—回采阶段；Ⅲ—采准阶段；Ⅳ—开拓阶段；

H—矿体赋存深度；h—阶段高度；L—矿体走向长度；

1—主井；2—石门；3—天井；4—排风井；5—阶段运输巷道；6—矿块

5.1.1.3　盘区和矿壁

在水平和微倾斜矿床的井田中，首先是在井田中掘进主要运输平巷，然后在垂直于主要运输平巷的方向上向井田边界掘进盘区平巷，将井田划分成一个一个矿段，这些矿段就叫做盘区。它的四周被主要运输平巷，盘区平巷和井田边界所包围，如图 5-3 中的Ⅰ。再沿盘区平巷，每隔一定距离掘进回采平巷，将盘区划分成一个一个的矿段，这些矿段就叫

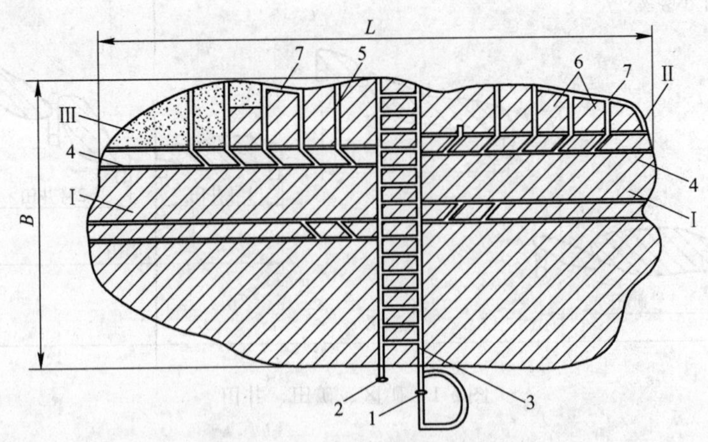

图 5-3　盘区和采区的划分

Ⅰ—开拓盘区；Ⅱ—采准盘区；Ⅲ—回采盘区；

1—主井；2—副井；3—主要运输巷道；4—盘区运输巷道；5—采区巷道；6—采区；7—切割巷道

做矿壁。它的四周被盘区平巷和回采平巷所包围，如图5-3中的6。

5.1.2　开采顺序

5.1.2.1　井田的开采顺序

当矿床划分为几个井田开采时，一般应优先开采矿石品位可选性好，基建工程量少，运输、供水、供电等条件好的井田。

5.1.2.2　阶段的开采顺序

井田中阶段的开采顺序有两种，即下行式和上行式。下行式开采是由上而下逐个（或几个）阶段开采，如图5-2所示。上行式则相反。在生产实践中，一般多用下行式开采，因为下行式投资少，投产快，便于探矿，安全性好等。上行式开采仅在开采缓倾斜矿床、需要利用采空区堆积井下采掘的废石或储蓄井下涌水时才偶尔采用。

5.1.2.3　矿块的回采顺序

阶段中矿块的回采顺序，按回采工作相对主要开拓巷道（主井，主平硐）的位置，可分为三种：

（1）前进式。阶段平巷掘进一定的距离后，从靠主井的矿块起，向井田边界依次回采，如图5-4Ⅰ。这种回采顺序的优点是矿井基建时间短，能早日采矿，缺点是巷道的维护费用高；掘进与采矿常相互干扰，造成生产被动。

（2）后退式。阶段平巷掘进到井田边界以后，从井田边界的矿块开始，向主井方向后退，依次回采如图5-4Ⅱ。这种回采顺序的优缺点与前进式相反。

（3）混合式。初期用前进式开采，待阶段运输平巷掘完后，改为后退式开采。这种回

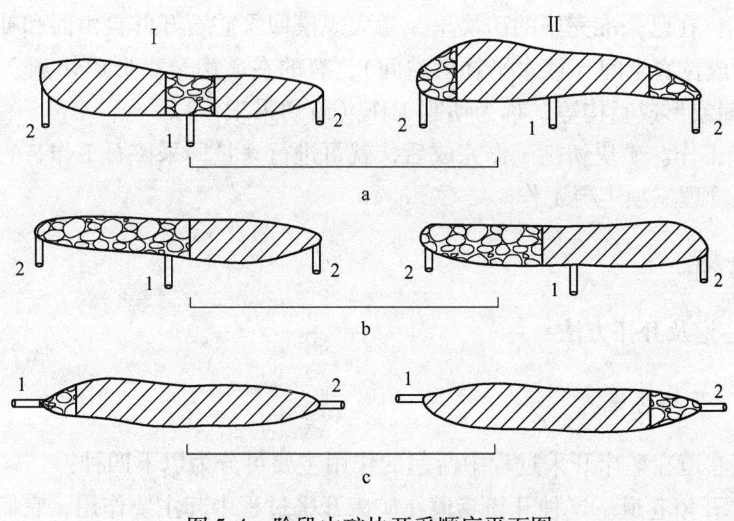

图5-4　阶段中矿块开采顺序平面图

a—双翼回采；b—单翼回采；c—侧翼回采

Ⅰ—前进式开采；Ⅱ—后退式开采

1—主井；2—排风井

采顺序具有上述两种回采顺序的优点，但生产管理较复杂。

5.1.2.4　相邻矿体的开采顺序

矿床中如果存在彼此相距很近的矿体，则应合理地确定它们的开采顺序，否则在开采过程中将相互影响，对生产安全和资源回收都不利。相邻矿体的开采顺序，一般是先开采位于上盘的矿体，后开采下盘的矿体。如图5-5所示，先开采矿体Ⅰ，不会影响以后矿体Ⅱ的开采；否则，若先开采矿体Ⅱ，若上盘岩石崩落，则会影响以后矿体Ⅰ的开采。

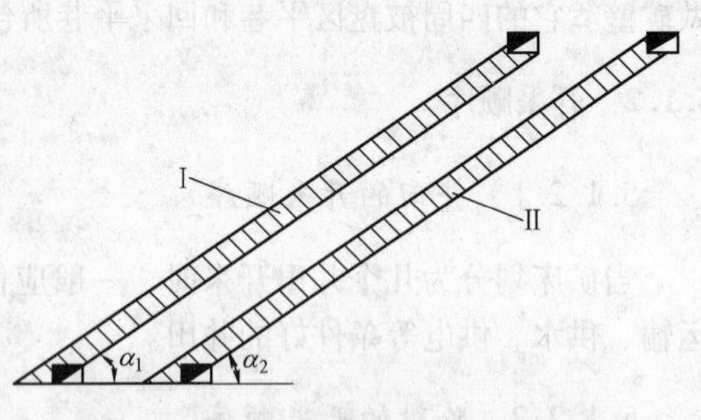

图5-5　相邻矿体的开采顺序

α_1，α_2—矿体倾角；Ⅰ，Ⅱ—两条矿体

5.2　矿床开采步骤

矿床地下开采分开拓、采准、切割和回采4个步骤，它们反映了矿床开采的基本生产过程。

（1）开拓。矿床开拓就是从地面掘进一系列巷道通达矿体，使地面与矿体之间构成一个完整的运输、通风、排水、压气、供风、供水等线路，以便在矿体中进行采准、切割和回采工作。为开拓矿床而掘进的巷道，叫做开拓巷道。这些巷道是用来运输矿石、废石、材料、设备以及通风、排水和行人的。属于开拓巷道的有：井筒（竖井、斜井和斜坡道）、平硐、石门、井底车场、阶段平巷、主溜井和充填井等。

（2）采准。开拓结束后，掘进采准巷道，将阶段划分为矿块，并在矿块内为回采创造行人、凿岩、出矿和通风条件。

（3）切割。在已采准完毕的矿块里，为大规模回采矿石开辟自由面和补偿空间，有的在矿块底部形成拉底空间（或水平补偿空间），有的在矿房全高形成切割立槽（或补偿空间），以及扩漏或形成堑构等，称为切割工作（或切采工作）。

（4）回采工作。矿块切割工作完成后，就可进行大量回采矿石工作，它包括落矿、矿石运搬和地压管理三项主要工作。

5.3　矿床开拓

5.3.1　开拓巷道及开拓方法

5.3.1.1　开拓巷道

根据开拓巷道在矿床开采过程中所起的作用主要可分为以下四种：

（1）主要开拓巷道。这种开拓巷道在矿床开采过程中起主要作用，它们在地表有直接出口，主要用作提运矿石。属主要开拓巷道的有主平硐、主井（竖井和斜井）、斜坡道、盲井筒等。

（2）辅助开拓巷道。这类开拓巷道在矿床开采过程中只起辅助作用，用作通风、排水、运送材料设备、人员以及提运废石等。它们在地表都有直接出口，属辅助开拓巷道的有副平硐、副井（竖井、斜井）、通风井（通风平硐）、溜矿井、充填井等。

（3）补充开拓巷道。这类开拓巷道是补充主要开拓巷道之不足，用来开采矿床下部的开拓巷道，一般都从主要开拓巷道的最下部水平开掘。竖井、斜井、盲斜井、盲竖井都可作补充开拓巷道。

（4）阶段开拓巷道。这类开拓巷道主要为开采阶段服务，属阶段开拓巷有井底车场及硐室、石门、主要阶段运输平巷等。

5.3.1.2　开拓方法

根据主要开拓巷道的类型和下部有无补充开拓巷道，开拓方法可分为两大类：

（1）单一开拓法。用一种主要开拓巷道开采整个矿床的全部开采深度的开拓方法属于单一开拓方法。根据主要开拓巷道的类型可分为竖井开拓、斜井开拓和平硐开拓三种。

（2）联合开拓法。开采矿床上部用某一种主要开拓巷道，下部用补充开拓巷道联合开拓的方法属联合开拓法。可分为竖井与盲井（盲竖井或盲斜井）联合开拓法、斜井与盲井（盲竖井或盲斜井）联合开拓法、平硐与井筒（明井或盲井）联合开拓法三种。

主要开拓巷道的位置，根据矿床赋存特点，地表地形条件可位于矿体的下盘、上盘、侧翼、矿体中或穿过矿体，而位于矿体下盘的最多。

5.3.2　单一开拓法

5.3.2.1　竖井开拓法

竖井开拓主要用在开采急倾斜矿床（倾角在60°～75°以上），因为石门较短。当倾角不大的矿床（倾角在15°～20°以下）也宜用竖井开拓，因为在这种情况下用斜井开拓长度太大。按竖井与矿床的相对位置，竖井位于矿体下盘的开拓方法在我国应用最为广泛（图5-6）。下盘竖井容易保护，且不需留保安矿柱。

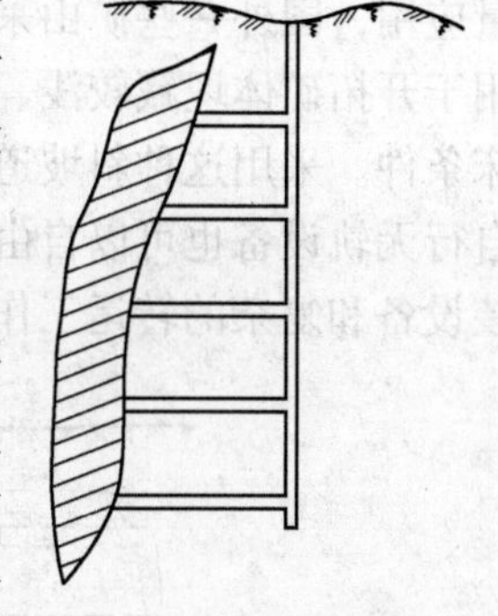

图5-6　竖井开拓

竖井开在矿体中或穿过矿体，都需留保安矿柱，故用得很少。竖井在矿体上盘，石门过长，且不易保护，因而在实际中应用甚少，只在特殊的地形地质条件下，不能用下盘竖井时，才采用上盘竖井开拓。根据矿山规模大小，竖井可采用箕斗或罐笼提升矿石。当矿井深度小于300m，矿井日产量约700t时，采用罐笼提升井；当深度大于300m，矿井日产量超过1000t时，多采用箕斗提升。

5.3.2.2　斜井开拓法

斜井开拓主要用在开采缓倾斜和倾斜矿床，其倾角在20°～50°之间，而20°～40°应用较多，因为在这种条件下，用斜井比用竖井开拓石门长度大大减小。

斜井在矿体中的开拓方案应用较少，因需留保安矿柱。斜井在矿体下盘岩层中的开拓方案（图5-7），使用比较广泛，因它不需留保安矿柱，且石门长度也不大。根据斜井的倾斜角度大小和生产能力，可采用串车、台车、箕斗和皮带运输机提升矿石。

5.3.2.3 平硐开拓法

它适宜于开拓山区地形的矿床，矿体全部或大部分位于当地水平基准面以上。平硐开拓是一种最经济最简便又安全的开拓方法，基建时间短，因此，条件适宜时优先使用。采用平硐开拓法，平硐的长度不宜超过3000～4000m（图5-8）。

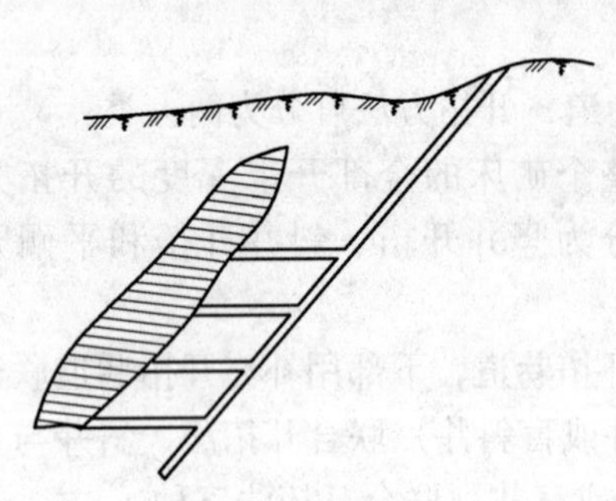

图5-7 斜井开拓

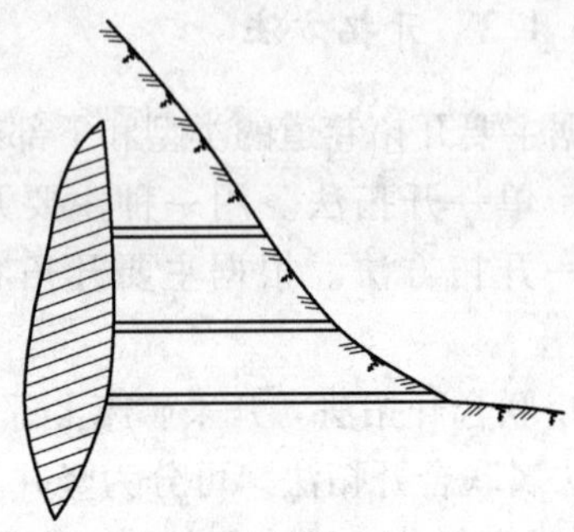

图5-8 平硐开拓

根据地形和矿体埋藏条件，平硐可以沿矿体走向或与矿体走向相交。我国中南地区许多矿山是采用平硐沿矿体走向而在矿体中的开拓方法，而在其他地区则多采用与矿体走向相交的开拓方法。平硐开拓一般都采用电机车运输。

5.3.2.4 斜坡道开拓

近些年来，随着凿岩台车、装运机、铲运机、自卸汽车等大型无轨自动走行设备的大量应用，国外一些矿山采用了螺旋式和折返式（图5-9）斜坡道开拓。斜坡道开拓法一般用于开拓矿体埋藏较浅、开采范围不大、矿山年产量较小、服务年限较短且围岩稳固的矿床条件。采用这种斜坡道开拓，人员、材料可以直接由地表用汽车运送到工作地点，各种自行无轨设备也可以自由通行于采掘工作面、井下车库与地面之间，消除了通过井筒时拆装设备和复杂的转运工作，从而提高了矿山的劳动生产率。

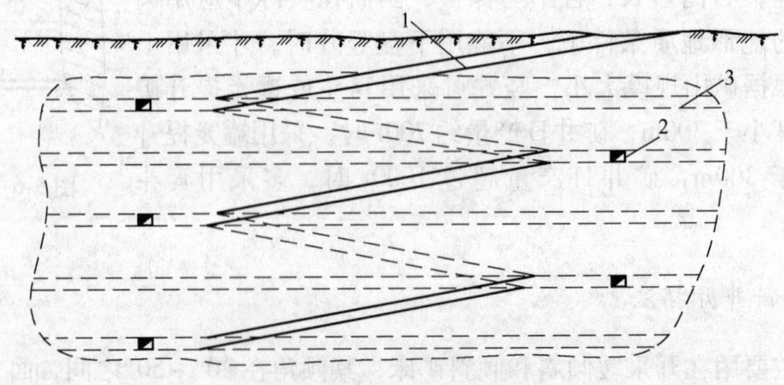

图5-9 折返式斜坡道开拓

1—斜坡道；2—阶段石门；3—阶段运输平巷

5.3.3 联合开拓法

用两种或两种以上主要开拓巷道开拓一个井田的方法叫联合开拓法。联合开拓通常是上部用一种开拓巷道，而下部用另一种开拓巷道。

5.3.3.1 平硐与井筒联合开拓

矿床埋藏在山岭地区，且向下延深较长，只用单一平硐开拓时，不能采出全部矿石，其下部必须掘进补充开拓巷道（竖井、斜井或盲井），这就构成了平硐与井筒的联合开拓法（图 5-10）。深部采出的矿石，经井筒提升、平硐转运到达地表。

5.3.3.2 竖井与盲井联合开拓

对于矿床赋存很深，开采深度很大的矿体，上部采用竖井开拓，其下部用盲井开拓，盲井可以是盲竖井，也可以采用盲斜井，这主要根据矿床下部的赋存条件而定。图 5-11 为竖井与盲竖井的联合开拓法。

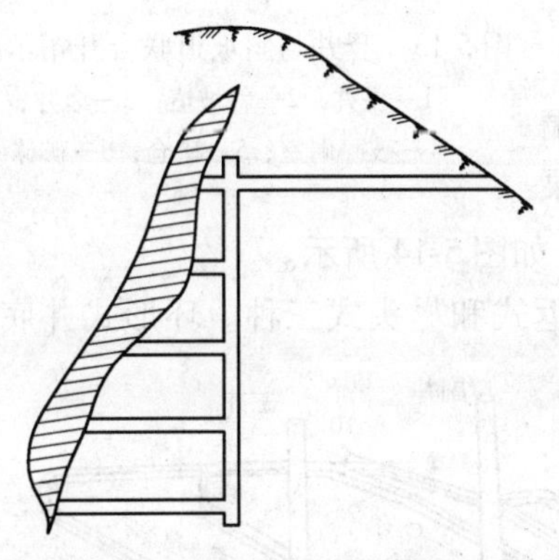

图 5-10　平硐盲竖井联合开拓法

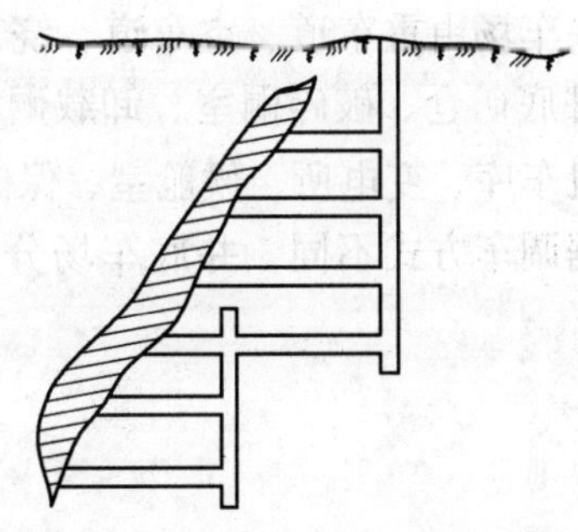

图 5-11　竖井与盲竖井联合开拓

5.3.3.3 斜井与盲井联合开拓

矿床上部用斜井开拓，下部用盲井开拓，盲井可以是盲竖井或盲斜井。图 5-12 为斜井与盲斜井联合开拓法。

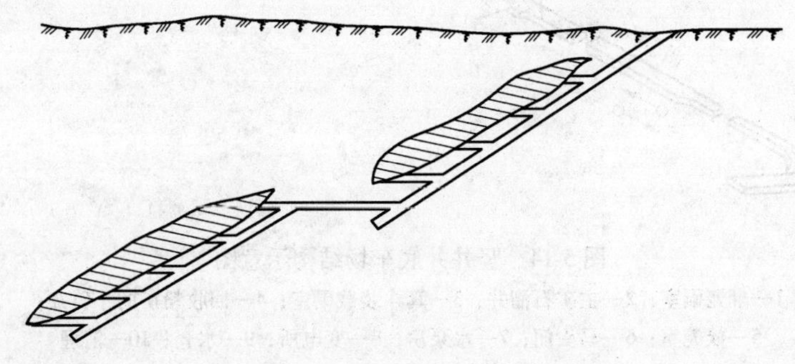

图 5-12　斜井与盲斜井联合开拓

5.3.3.4 斜坡道联合开拓

由于单一斜坡道开拓受到无轨自行设备合理运输距离的限制，只能开拓200~300m以内的矿体。因而在实践中常用斜坡道与平硐、竖井、斜井联合进行开拓，这种方法叫做斜坡道联合开拓法。图5-13为竖井与斜坡道联合开拓法示意图。

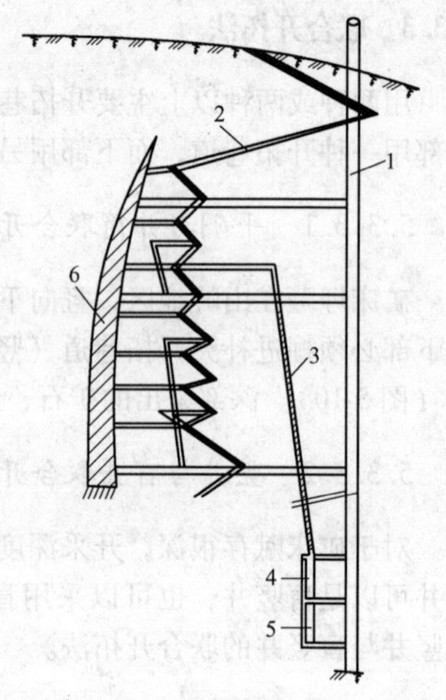

图5-13 竖井与斜坡道联合开拓示意图

1—主井；2—斜坡道；3—溜井；4—破碎硐室；5—矿仓；6—矿体

5.3.4 井底车场

井底车场就是井筒与主要运输巷道或石门之间的停、调车场与闲空的总称。它的作用是将井筒与主要运输巷道连接起来，把从运输巷道运来的矿石和废石经此进入井筒提至地面；并将地面送来的材料和设备经此运至工作地点；井下矿车卸载、调运、编组都在这里进行；同时又是阶段通风、排水、供电及服务等的中继站。所以井底车场就成为井下运输的枢纽。

井底车场由重车道、空车道、绕车道以及各种硐室（如井底矿仓、破碎硐室、卸载硐室、水仓、水泵房、电机车库、变电所、候舱室、保健室等）组成，如图5-14所示。

根据调车方式不同，井底车场分为环形式、折返式和尽头式三种。环形式井底车场

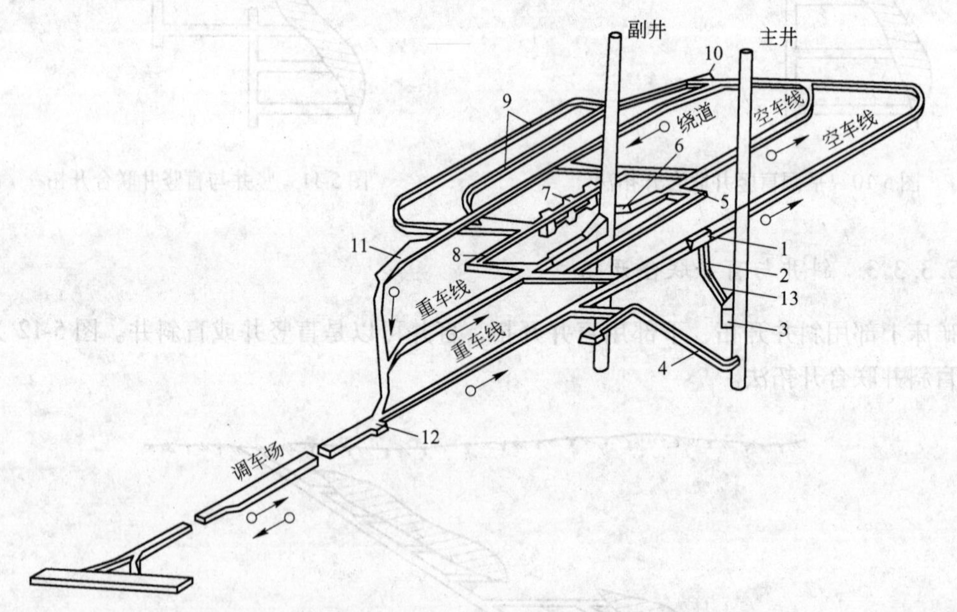

图5-14 竖井井底车场结构示意图

1—翻笼硐室；2—主矿石溜井；3—箕斗装载硐室；4—回收粉矿的小斜井；5—候笼室；6—马头门；7—水泵房；8—变电所；9—水仓；10—清理水仓的绞车硐室；11—机车库及修理硐室；12—调度室；13—矿仓

（图5-15a）的特点是在车场中，空、重车辆在同一巷道中向同一方向运行，成为环形运输，简化了调车工作，能达到很大的通过能力。根据我国黑色矿山的经验，当罐笼年提升能力在20万吨以上，箕斗年提升能力在100万吨以上时，可采用环形车场，反之则采用折返式或尽头式车场。

折返式井底车场（图5-15b）的特点是将储车线与调车场布置在同一条巷道中，即空、重车辆在此巷道中相对折返运行。

尽头式井底车场（图5-15c）的巷道或线路最简单，空、重车线皆在井筒一侧的一条巷道中。尽头式车场仅适用于产量小的矿井以及副井和通风井的车场。

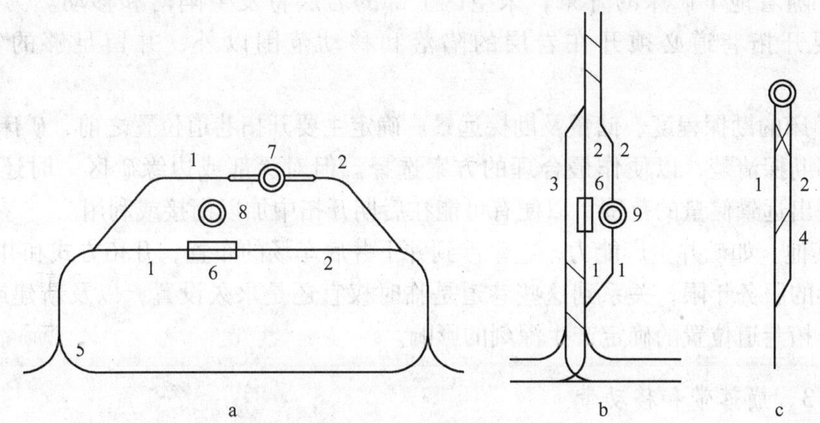

图5-15 井底车场类型

a—环形式；b—折返式；c—尽头式

1—重车线；2—空车线；3—回车线；4—绕道；5—三角入场线；

6—卸车站；7—罐笼井；8—箕斗井；9—混合井

5.3.5 主要开拓巷道位置的确定

5.3.5.1 基本准则

选择主要开拓巷道合理位置应使基建和以后的生产经营费用最小；地形位置要安全可靠；所有已探明的工业储量要能够全部采出，尽量不留或少留保安矿柱；要保证有工业场地以方便施工；工作条件（包括掘进）良好。

5.3.5.2 影响因素

（1）地表地形。主要开拓巷道既然为地表联系井下的桥梁，则其出口必须有足够的工业场地，以便能按作业流程布置各种建筑物、构筑物、调车场、内部运输线路、堆放场地和废石场等，并应尽可能不占或少占农田，减少不必要的土石方工程量。

井巷出口的标高应比当地历年最高洪水位高出1~3m以上，以防止被洪水淹没；从出车要求，井口标高要稍高于选厂贮矿仓的卸矿口，以便重车作下坡运行。井巷出口的位置应保证其自身及有关建筑物、构筑物不受山坡滚石、滑坡、雪崩及塌陷等危害，并应尽量选在烟尘尘源的上风方向。

（2）地质构造、岩层条件和水文地质条件。主要开拓巷道必须开在岩层稳固、地质构造和水文地质条件简单的地段，避开含水层、受断层破坏和不稳固的岩层，特别是岩溶发育的岩层和流砂层。在初步确定井位以后，一般都应打检查钻孔，查明工程地质情况；拟定开掘平硐的地段应作地形地质纵剖面图，以验明地质构造，为更好地确定平硐位置、方向及支护形式建立依据。

（3）地下开采要求。主要开拓井巷的位置应该尽量使井下的运输方向和地面的运输方向相一致，以使井下地面总的运输功为最小（运输功是指货运重量与运输距离的乘积，单位是吨·公里）。

另外，随着地下矿床的开采，采空区上部的岩层将发生陷落和移动。为保证安全起见，主要开拓巷道必须开在岩层的陷落和移动范围以外，并留足够的安全保护距离。

（4）矿床的勘探程度、储量及勘探远景。确定主要开拓巷道位置之前，矿床储量原则上必须全部勘探清楚，以便作最合理的方案选择。但对深部或边缘矿区一时还不能探清的，也应提出远景储量的范围，以便有可能在后期开拓中加以衔接或利用。

（5）其他。如矿井生产能力，它牵涉到井下井底车场的布置、开拓方式和井巷断面的确定；井巷的服务年限，关系到这些巷道是临时权宜还是永久设置，以及新建或改建等，都对主要开拓巷道位置的确定产生深刻的影响。

5.3.5.3 崩落带和移动带

地下开采的结果是在地下形成采空区。由于采空区周围的岩石失去平衡，引起周围岩层发生变形、破坏和崩落，致使地表发生移动和崩落。

采空区上部地表发生崩落的地带叫崩落带。仅仅发生移动的地带，叫移动带。从采空区最低边界到地表崩落带和移动带边界的连线和水平面之间所构成的夹角，分别称为崩落角和移动角。崩落角和移动角的大小与采空区上部所存在的各种岩石的物理力学性质、层理、节理、水文地质构造、岩层的厚度、倾角、开采深度以及所采用的采矿方法等有关，如图 5-16 所示。

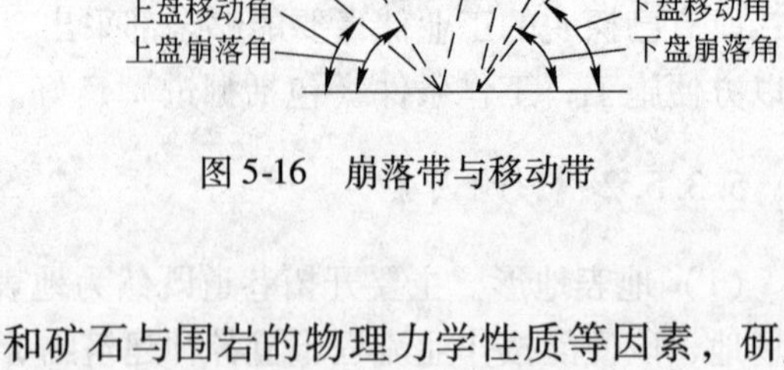

图 5-16 崩落带与移动带

5.4 采矿方法

5.4.1 采矿方法及其分类

地下采矿方法就是根据矿床的赋存条件和矿石与围岩的物理力学性质等因素，研究矿块的开采方法，它包括采准、切割和回采三项工作，在矿块中所进行的采准、切割及回采工作的总和，就称为地下采矿方法，它包括采区的地压控制、结构参数和回采工艺等。

金属矿床由于赋存条件复杂，矿石和围岩物理力学性质差异很大，以及其他因素等，故采矿方法种类繁多。为了便于认识各种采矿方法的特殊本质，了解各种采矿方法的适用条件及发展趋势，研究和选择合理的采矿方法，需将繁多的采矿方法，择其共性，加以归纳分类。

由于地压管理方法是以矿石和岩石的物理力学性质为依据，同时又与采矿方法的使用条件、结构和参数、回采工艺有密切关系，并最终将影响到开采的安全、效率和经济效果，因而，采矿方法可分为三大类，即空场采矿法、充填采矿法及崩落采矿法。

(1) 空场采矿法。这类方法用于开采围岩和矿石都很稳固的矿床，地压管理是用采区中所留下的矿柱支撑和维护采空区。在回采过程中随矿石被采出后所形成的采空区不立即进行处理而空放着，是这类方法的基本特征。空场采矿法是属于结构简单的一种采矿方法，易于工人掌握，生产效率也较高，贫化小，成本低，实践技术也比较成熟，因而应用广泛。现阶段我国有色金属、黄金及化工矿山应用相当普遍。

属于这类采矿方法的主要有全面法、房柱法、分段法、阶段矿房法。

(2) 充填采矿法。这类方法是用在开采矿石比较稳固（允许在一定的暴露面积下进行回采工作）而围岩不够稳固（暴露面积不能很大，否则会引起冒落）的矿床。采场地压管理是在矿石回采期间必须用充填料充填采空区，可靠地支撑围岩，这是充填法的基本特征。这类采矿法分为矿房与矿柱，分步回采，或不分房柱连续回采，当矿岩稳固时，可以上向回采；矿岩稳固性较差时可以下向回采。

根据充填料的特性，这类方法可分为干式充填法、水砂充填法、胶结充填法。

(3) 崩落采矿法。本类方法是用在开采围岩和矿石由不够稳固到中等稳固的矿床。矿块按一个步骤开采，回采由上向下不断推进，而且不断崩落围岩处理采空区。因此，崩落法的地压管理是随崩落矿石的同时（或稍滞后）而围岩自动崩落或人工崩落充满采空区。围岩可以崩落，地表也允许塌陷是这类方法的应用条件。

属于这类方法的主要有分层崩落法、分段崩落法（有底柱或无底柱）、阶段崩落法。

上述三大类采矿方法中又由于方法的结构特点、回采工作面的形式、落矿方式等不同而分组，如表 5-1 所示。

表 5-1 金属矿床地下采矿方法分类表

采矿方法类别	采矿方法分组	采矿方法名称	采矿方法主要分类
空场法	分层（单层）空场法	全面采矿法	(1) 普通全面法 (2) 留矿全面法
		房柱采矿法	(1) 浅孔落矿房柱法 (2) 中深孔落矿留矿法
		留矿采矿法	(1) 极薄矿脉留矿法 (2) 浅孔落矿留矿法
	分段空场法	分段采矿法	(1) 有底柱分段采矿法 (2) 连续退采分段采矿法
		爆力运矿采矿法	
	阶段空场法	阶段矿房法	(1) 水平深孔阶段矿房法 (2) 垂直深孔阶段矿房法

续表 5-1

采矿方法类别	采矿方法分组	采矿方法名称	采矿方法主要分类
崩落法	分层（单层）崩落法	壁式崩落法	(1) 长壁崩落法 (2) 短壁崩落法 (3) 进路崩落法
		分层崩落法	(1) 进路回采分层崩落法 (2) 长工作面回采分层崩落法
	分段崩落法	无底柱分段崩落法	(1) 典型方案 (2) 高端壁无底柱分段崩落法
		有底柱分段崩落法	
	阶段崩落法	阶段强制崩落法	(1) 典型方案 (2) 分段留矿崩落法
		阶段自然崩落法	
充填法	分层（单层）充填法	上向分层充填法 上向进路充填法 点柱分层充填法 下向分层充填法 壁式充填法	
	分段充填法	分段充填法	
	阶段充填法	分段空场嗣后充填法 阶段空场嗣后充填法 V. C. R 嗣后充填法 留矿采矿嗣后充填法 房柱采矿嗣后充填法	

5.4.2 空场采矿法

5.4.2.1 浅孔留矿法

工人直接在矿房暴露面下留矿堆上面作业，自下而上分层回采，每次采下的矿石靠自重放出三分之一左右，其余留在矿房中留作继续向上开采的工作台，如此类推。回采完毕后，留在矿房中的矿石集中大量放出的采矿方法称留矿采矿法。

适用于矿石和围岩均稳固，矿石无自燃、氧化、不易结块的急倾斜矿体，一般在薄与中厚以下的矿体，形状规则，埋藏要素稳定，特别是下盘接触面有利于自重放矿的矿体中使用广泛，特别是有色金属矿床开采，有 38% 的矿石是用这种方法开采的。

典型方案如图 5-17 所示。

(1) 结构参数。阶段高度，根据我国多年的使用经验，开采薄矿脉或中厚矿体并属于第四勘探类型的矿床，段高宜采用 30 ~ 50m。矿块长，由矿石和围岩的稳固性决定，一般为 40 ~ 60m。开采薄矿脉时，间柱宽 2 ~ 6m，顶柱 2 ~ 3m，底柱 4 ~ 6m；开采中厚以上矿

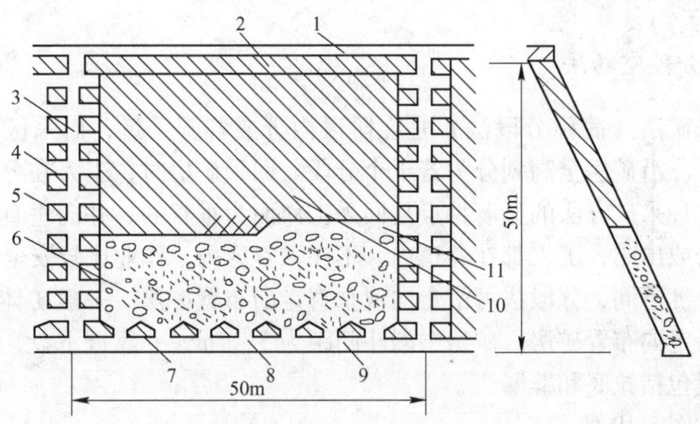

图 5-17 留间柱、顶底柱的留矿采矿法

1—回风巷道；2—顶柱；3—天井；4—联络道；5—间柱；6—存留矿石；7—底柱；8—漏斗；9—阶段运输巷道；10—未采矿石；11—回采空间

体时，间柱宽 8 ~12m，顶柱 3 ~6m，底柱 8 ~10m。当开采极薄矿脉时，一般由于矿房宽度很小，不留间柱，只留底柱、顶柱，如图 5-18a 所示。其矿块间用横撑支柱隔开，对围岩起支护作用，这种方法一般是一侧掘先进天井，另一侧掘顺路天井；也可以两侧设顺路天井，如图 5-18b 所示。

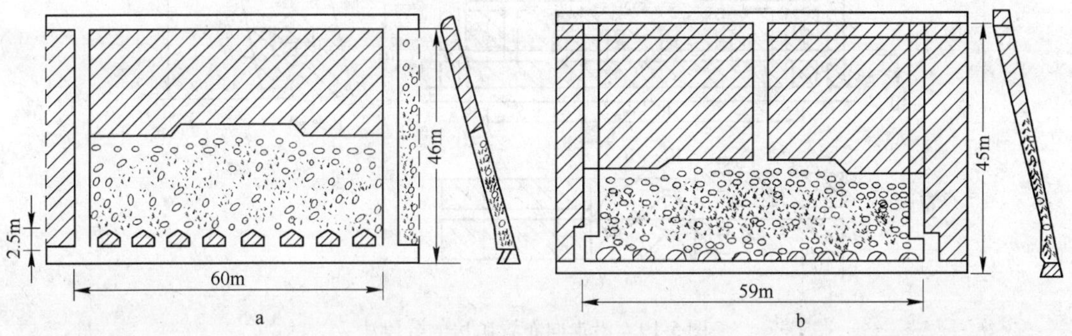

图 5-18 不留间柱的留矿采矿法示意图

（2）采准、切割工作。主要是掘进阶段运输巷道、先进天井、联络道、拉底巷道和漏斗颈等。垂直方向上（在先进天井布置的间柱中），每隔 4 ~5m 掘联络道，与两侧矿房相通。通风和人行天井大多布置在间柱中，每隔 5m 左右设联络道与矿房联通。当矿房长度超过 50m 时，为了改善矿房通风及安全作业条件，有时在矿房中央另设一辅助天井。

（3）回采工作。留矿采矿法按由下向上开采的方法进行分层回采，每层高度大约为 2 ~3m。回采工作有：凿岩、爆破、通风、局部放矿、撬顶平场及二次破碎。爆破后，矿石体积因破碎而发生膨胀（碎胀），一般坚硬的矿石碎胀系数为 1.5。为了保证采场中适当的工作空间，每次爆破后，矿石放出三分之一，其余留在矿房，直到矿房回采结束后，才进行大量放矿，放出全部留下的矿石。局部放矿后，顶板有浮石，留矿堆不平整，为此需要撬顶和平场作业，为下一次凿岩创造安全和方便的工作条件。矿房中矿石全部放出后，再回采矿柱。

5.4.2.2　分段空场法

分段空场采矿法（简称分段法）是在阶段内分成若干采区，而采区又分为矿房、间柱、顶柱和底柱。沿矿房全高划分为若干个分段。回采矿房时，工人在分段巷道内钻凿垂直扇形深孔。这种采矿方法的显著特点是回采工作面为垂直的，并向垂直自由空间崩落矿石。无论是凿岩或出矿，工人都在巷道内，不在采空区内，作业比较安全。

根据矿体厚度不同，分段法可沿走向或垂直走向布置矿房。一般矿体厚度在 18 ~ 20m 以内时，采用沿走向布置矿房。矿房中漏斗间距为 5 ~ 7m，并靠近下盘，以减少平场工作量。切割工作量包括拉底和辟漏。

典型方案如图 5-19 所示。

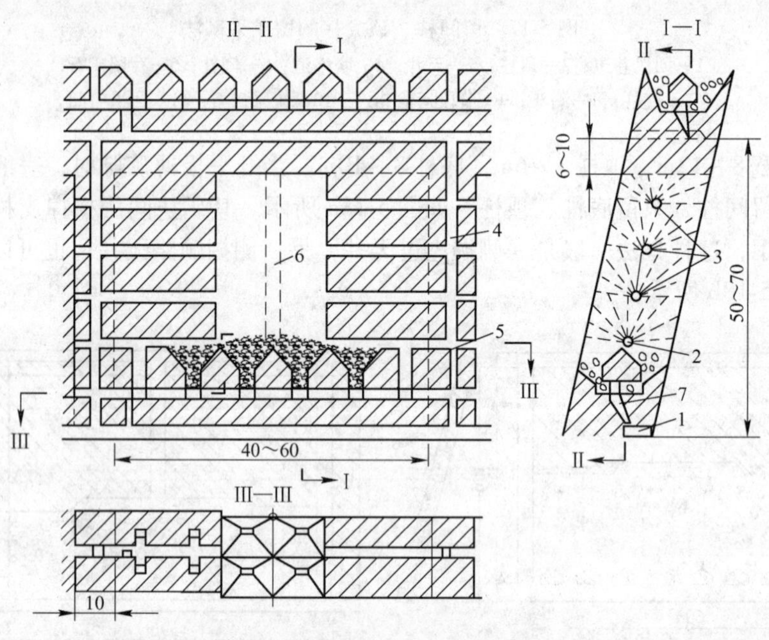

图 5-19　沿走向布置矿房的分段法

1—阶段运输巷道；2—拉底巷道；3—分段巷道；4—天井；5—漏斗；6—切割天井；7—矿溜子

（1）结构参数。矿房长度根据围岩的稳固程度及顶板允许的暴露面积来决定，一般为 40 ~ 60m。矿房宽度等于矿体厚度，可达 20m 左右。因用这种采矿法的矿体围岩很稳固，倾角又大，可增加阶段高度，一般为 50 ~ 70m。矿房的顶柱厚度由矿石和围岩的稳固性和矿体厚度（即矿房宽度）决定，一般为 6 ~ 10m。底柱高度，在采用电耙底部结构时为 7 ~ 11m。间柱宽度一般为 8 ~ 10m。分段高度决定于使用的凿岩设备，如用 YG-80 凿岩机时，分段高度为 12 ~ 15m；用潜孔钻时，分段高度可增至 15 ~ 20m 以上。分段高度的增加，可以使分设巷道数目减少，减少采准工作量。

（2）采准工作。掘进阶段运输巷道、通风行人天井、电耙巷道、拉底巷道、分段巷道、漏斗颈、放矿溜井、切割天井等。阶段运输巷道的位置，是根据整个阶段运输巷道布置决定，一般沿矿体下盘接触线布置。通风行人天井大多数设在间柱中，从此天井掘进电耙道、拉底巷道和分段巷道。每一分段水平一般掘进一条分段巷道，其平面位置的确定原则是保证排内各炮孔的深度较均匀，不出现过深的炮孔。切割天井的位置一般布置在矿房的中央或矿体最厚的部位。

（3）切割工作。包括拉底、辟漏和开立槽。拉底和辟漏工作同时进行。因为回采工作面是垂直的，矿房下部的拉底和辟漏工程，不需要一次全部完成，而是随着工作面的向前推进逐步进行。一般情况下，拉底和辟漏工程超前工作面1~2排漏斗的距离。

开立槽的方法有两种：浅孔法和中深孔法。浅孔法开立槽宽度为2.5~3.5m，采用浅孔留矿法进行拉槽。中深孔法开立槽宽度为5~8m。

（4）回采工作。以切割立槽为自由面，在分段巷道中，用重型凿岩机打垂直上向扇形深孔。孔径60~75mm，每次爆破1~5排炮孔。

矿房出矿用30~55kW电耙绞车，耙斗容积为0.3~0.5m^3，在电耙道中将矿石耙入溜矿井。

5.4.2.3　全面法

全面采矿法是空场采矿法中开采缓倾斜、薄和中厚矿体的一种采矿法，单层回采，要求矿岩均稳固。其特点是工作面沿矿体走向或沿倾斜全面推进，采场暴露面积大，作业在暴露的顶板下进行，在回采过程中一般将矿体中的贫矿或夹心留下不采，起到矿柱维护采空区的作用，这些所谓矿柱不规则，一般也就不再进行回采了。如果是回采贵重及稀有金属也可以用人工架设支柱而不留矿柱。

典型方案如图5-20所示。

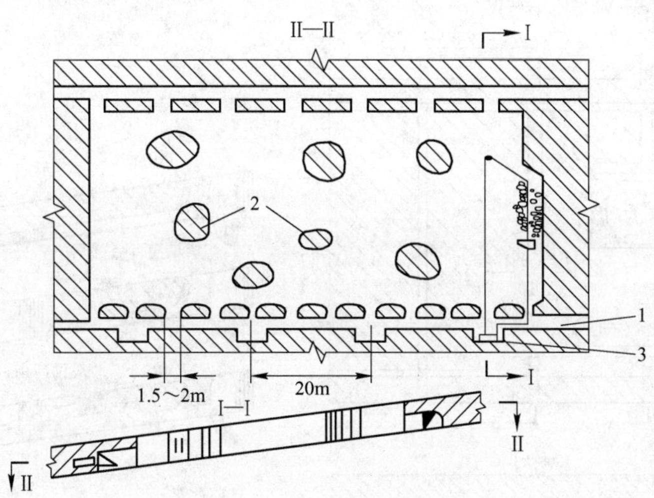

图5-20　全面采矿法

1—运输巷道；2—支撑矿柱；3—电耙绞车

（1）结构参数。缓倾斜矿体按15~30m垂高划分阶段，阶段斜长在40~60m，阶段之间保持留有2~3m的顶柱与底柱，沿走向50~60m划分矿块，采场承受面积一般可达1000~2000m^2。当采用前进式回采顺序时，阶段运输巷道应超前于回采工作面30~50m。

（2）采准、切割工作。这种采矿方法采切工作可分脉内与脉外两种形式。掘进阶段运输巷道，在阶段中掘 1 ~2 个上山作为自由面，底柱中每隔 5 ~6m 开漏斗口，在运输巷道另一侧，每 20m 设电耙绞车硐室。

（3）回采工作。回采顺序可以采用前进式或后退式。矿块内以切割上山作分界可以向一侧或两侧展开。3m 以下的矿体，全面采矿法一般作单层回采，当厚度较大时，用正台阶分层开采，分层高度 2 ~3m，上层超前 3 ~4. 5m，以便必要时进行锚杆支护。落矿采用浅孔凿岩爆破，孔深 1. 2 ~3m，当矿体厚度较小时，可以采用电耙运搬。当矿体较厚且倾角也小时，可以采用无轨自行设备运搬矿石，运距小于 200 ~300m，采用 20t 或更大的铲运机，运距再大时可用 20 ~60t 自卸汽车和装载机配套。

5. 4. 2. 4 房柱法

房柱法是空场采矿法的一种，将阶段（缓倾斜、倾斜矿床）或盘区（水平、微倾斜矿床）划分成若干个矿房与矿柱（留有规则的不连续的矿柱）。回采工作在矿房中进行，矿柱在一般情况下不进行回收。

房柱法是用在开采围岩与矿石都很稳固、倾角较小（小于 30° ~40°）、厚度适用范围较大（从 2m 到数十米厚）的矿床。当开采薄矿层时，房柱法使用浅眼崩矿和电耙运搬方案；当矿体规整且厚度比较大，可使用深孔崩矿方案；若矿体倾角较缓，近乎水平，厚度较大的矿床，可以采用凿岩台车、铲运机、装运机、地下电铲、自卸汽车等大型机械化设备开采方案，国外不少矿山都采用这种方案。

房柱法是地下采矿方法中劳动生产率比较高的方法之一。

典型方案如图 5-21 所示。

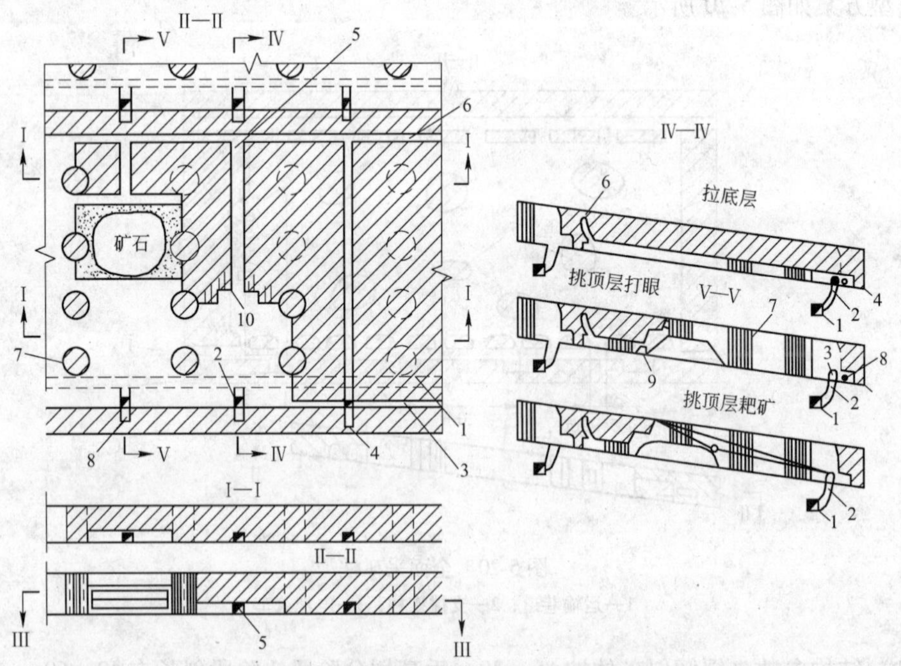

图 5-21 浅孔房柱法典型方案示意图

1—运输巷道；2—放矿溜井；3—切割平巷；4—电耙硐室；5—上山；
6—联络平巷；7—矿柱；8—电耙绞车；9—凿岩机；10—炮孔

房柱采矿法典型方案有两种：浅孔落矿房柱法和中深孔落矿房柱法。

浅孔落矿房柱法：这种方案目前在国内一些似层状与透镜状的锑矿、汞矿、铁矿、磷矿等矿山应用十分广泛。

(1) 结构参数。矿房的长轴可沿矿体走向、斜或伪倾斜方向布置，矿房长度决定于采用的运搬设备的有效运距。使用电耙时，一般取40~60m，矿房宽据矿体的稳定性和矿体本身厚度确定，一般为8~20m，阶段间的矿柱取3m，采区间连续带宽度取4~6m，薄矿体时取3~4m，并随开采深度加大取大值。

(2) 采准、切割工作。一般在下盘脉外掘进阶段平巷，由其一侧向每个矿房的中心线位置掘进放矿溜井；对应放矿溜井在矿房下部阶段矿柱内掘出电耙绞车硐室。沿矿房中心线并贴底板掘进上山，用来搬运设备、材料及用来行人、通风，这也是回采时的自由面，向上与联络平巷相联。在矿房下部边界处掘进切割平巷，作为矿房下部自由面及相邻矿房间的通道。

(3) 回采工作。当矿体为2.5~3m，甚至更小时，一次全厚采完；大于3m时分层开采。当矿体厚度小于8~10m，采用电耙运搬时，一般使用浅孔先在矿房下部进行拉底，然后向上挑顶。拉底的位置由切割平巷与上山交叉处开始，拉底高度为2.5~3m，炮孔排距0.6~0.8m，间距1.2m，孔深2.4~3m。拉底后，用YSP-45凿岩机向上挑顶，孔深2m，做到不损顶。当矿体厚度5~10m时，须每层2.5m用上向梯段工作面分层挑顶，工人须站在矿堆上作业。崩下的矿石用14kW或30kW的电耙绞车耙至放矿溜井，如图5-22所示。

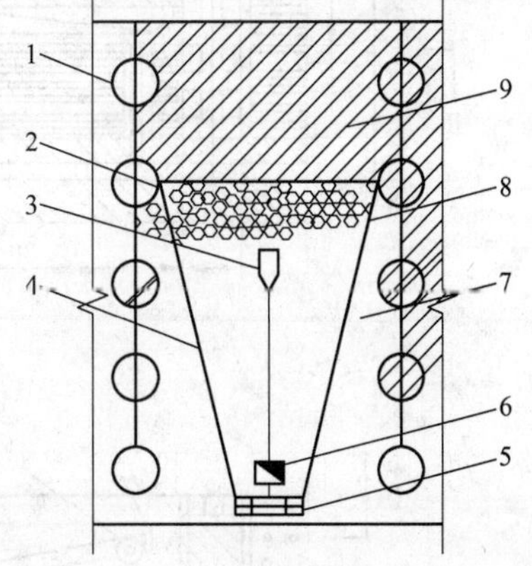

图5-22 电耙绞车耙矿示意图

1—矿柱；2—滑轮；3—耙斗；4—钢绳；5—电耙绞车；6—放矿溜井；7—已采矿房；8—采下矿石；9—待采矿石

中深孔落矿房柱法：当矿体厚度大于8~10m，采用中深孔落矿方法回采矿石，先在顶板下切顶，然后在矿房的一端开掘切割槽，以形成下向正台阶的工作面，切顶的高度一般取2.5~4.5m，切顶空间的矿石，采用下向平行深孔落矿，运输可采用无轨自行设备。

5.4.3 充填采矿法

用充填采矿法回采矿体时，将采区划分为矿房和矿柱两步骤回采，先采矿房，后采矿柱。其特点是随回采工作的进行，用充填材料将回采后的空间充填起来。充填料的作用一是维护矿房的上下盘围岩；二是形成工作台，工作人员站在充填料上面进行凿岩、爆破、出矿等工作。

这种采矿方法主要用于矿石稳定而围岩不够稳固；地表不允许崩落；开采稀有、贵重金属或高品位富矿，要求损失率、贫化率小；矿床有自燃发火危险；矿体倾角一般应在50°~60°以上。另外，这种采矿方法有利于开采深部矿床、水下、建筑物下和构筑物下矿床。近年来随着无轨设备、高分层落矿及充填系统自动化等技术的不断进步，使这种方法的采矿成本下降，采场生产能力提高、劳动生产率提高，在一些围岩矿石稳固的矿山也使用充填采矿法，并取得了良好的经济效果。

充填采矿法分为垂直分条充填采矿法、上向分层充填采矿法、上向进路充填采矿法、下向分层充填法、方框支架充填采矿法及削壁充填采矿法6种。充填材料可以分为3种：干式充填材料、水砂充填材料及胶结充填材料。

典型方案（上向水平分层充填采矿法）如图5-23（干式充填）、图5-24（水砂充填）和图5-25（胶结充填）所示。

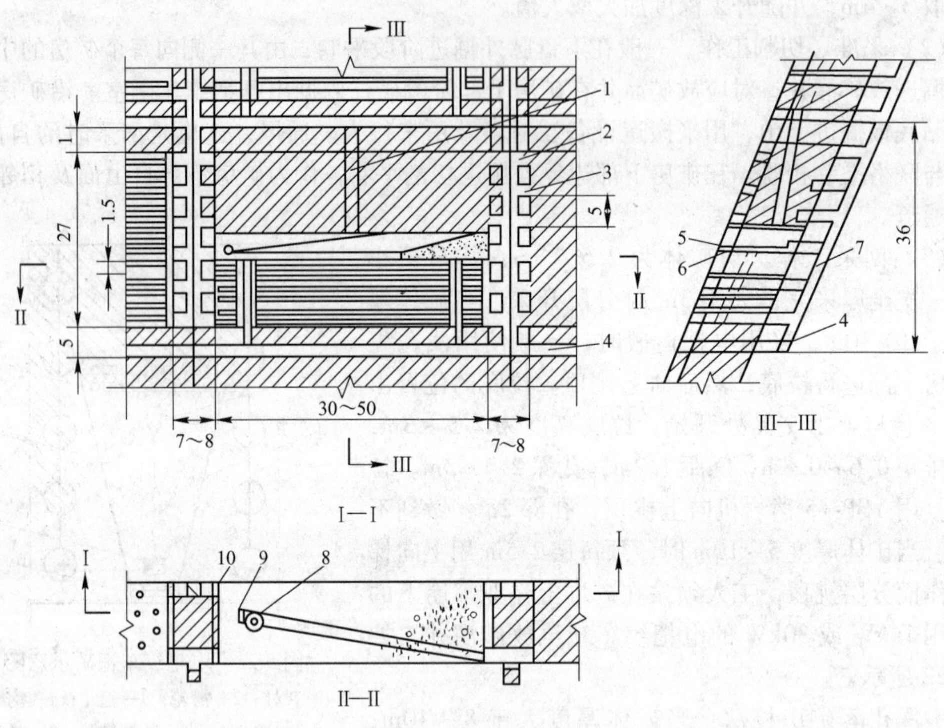

图5-23　沿走向布置的干式充填采矿法典型方案示意图

1—充填井；2—行人通风井；3—天井联络道；4—运输平巷；5—混凝土垫板；6—废石充填料；7—通风井；8—溜矿井；9—电耙绞车；10—混凝土隔墙

上向水平分层充填采矿法用于开采急倾斜矿体，其基本特征是将矿块分成矿房和矿柱，分两步骤回采，先采矿房，后采矿柱。矿房自下而上分层回采，采出后立即进行充填，等来到最上面一个分层时，要进行接顶充填。留下的矿柱等采完若干个矿房或整个阶段矿房后，用充填或其他适合的方法回采。适合于干式、水砂及胶结充填。

这种采矿方法据矿体厚度的不同分为两种：当矿体厚度小于10～15m时，矿房长轴方向沿走向布置；当矿体厚度大于10～15m时，矿房长轴方向垂直走向布置。

（1）结构参数。阶段高度一般取30～60m（国外最大取到150m），一般而言，矿体倾角较大，厚度和倾角变化不大，矿体较规整时取大值。沿走向布置时，矿房长度取30～60m，垂直走向布置时，矿房宽度取8～10m，这是指一般的常规设备，当按机械化分层充填时，矿房长度可达到100～120m或更大。

当阶段运输巷道布置在脉内时，一般留顶底柱，底柱一般取4～7m，顶柱取3～5m。

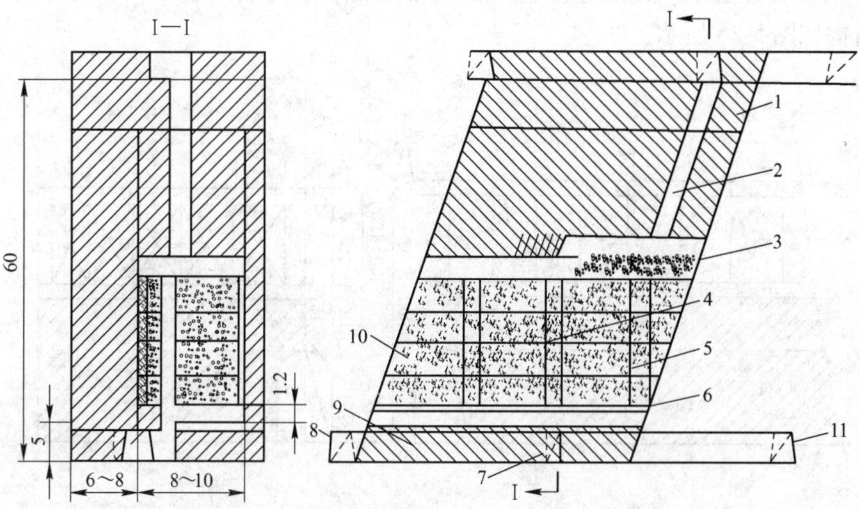

图 5-24 垂直走向布置水力充填采矿法典型方案示意图

1—顶柱；2—充填天井；3—矿石堆；4—行人滤水井；5—放矿溜井；6—钢筋混凝土底板；7—行人滤水井通道；8—上盘运输巷；9—横巷；10—充填体；11—下盘脉外运输巷道

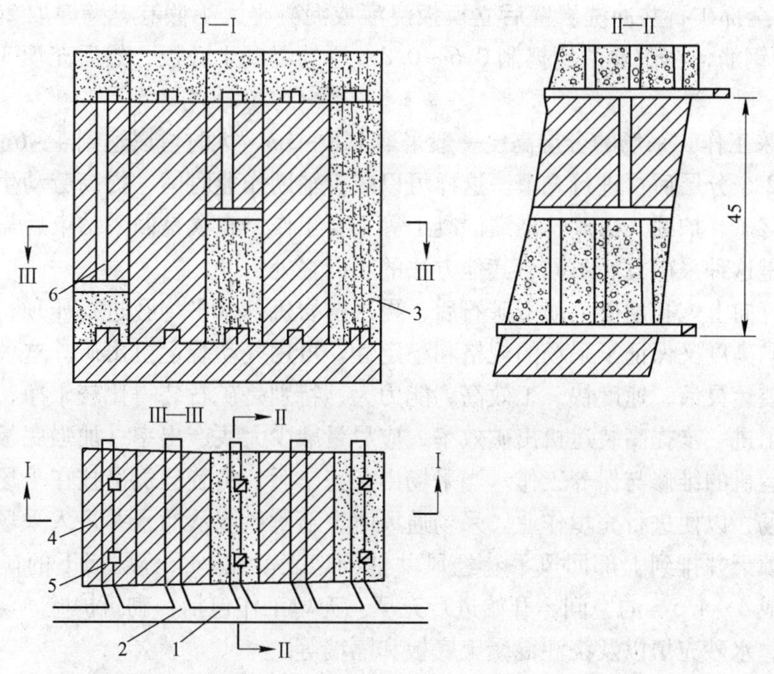

图 5-25 矿房垂直走向布置胶结充填采矿法典型方案示意图

1—运输巷道；2—横巷；3—胶结充填体；4—溜矿井；5—行人天井；6—充填天井

（2）采准、切割工作。采准工作包括掘进阶段运输巷、行人通风天井、充填天井、溜矿井下口、联络道及拉底巷道。切割工作主要任务是拉底。开掘时，先从溜矿井下口开始，利用拉底巷道作自由面扩帮至矿房边界，形成 2m 高的拉底空间，再向上挑顶 2.5～

3m。崩下的矿石经溜矿井放到运输巷，然后在拉底水平浇灌一层0.8～1.2m厚的钢筋混凝土，结构如图5-26所示。

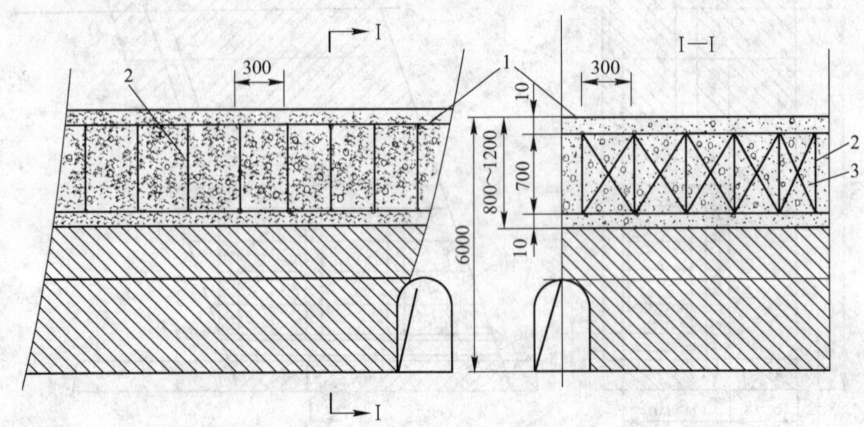

图5-26　钢筋混凝土底板结构示意图
1—主钢筋（12mm）；2，3—副钢筋（8mm）

但对于不留底柱的拉底方法则是由运输平巷或横巷沿矿房底面全部拉开后，挑顶至6m高，运出全部矿石并冲洗岩壁后立模板浇灌成混凝土人工假巷，壁厚取250～300mm，内有1～2层钢筋，在假巷两侧捣制0.6～0.8m厚的混凝土底板，然后充填3.5～4m，形成人工底柱。

（3）回采工作。采场的分层高度一般采取1.8～3m，大时可以达到4～6m，即可以采取连续回采2个分层后再进行充填。这样可以减少辅助作业时间，提高劳动生产率。回采工作主要指落矿、护顶、出矿、浇灌混凝土等主要工作，充填是回采结束后需要进行的主要工作，也是这种采矿方法不同于其他方法的不同之处。

凿岩是打向上炮孔崩矿，崩下矿石后，再用凿岩机打水平炮孔进行压顶，高度为1m，既增加了落矿高度又保证了采场的规格和稳定性。可用气动装运机出矿。这种装运机在充填法采场，装运灵活、速度快、工效高、能力大，特别是矿石装得比较干净，节省大量人工劳动。为了进一步提高装运机出矿效率，应尽量减少大块产出率，加强底板铺面质量管理，搞好装运机的维修与保养工作。当采场出矿完毕后，将装运机吊挂在采场顶板上或转移到邻近采场，以便进行充填作业。采场通风时，新鲜风流从滤水井进入采场，炮烟和污浊空气经充填天井排到上部回风平巷经风井抽到地表。在一个分层崩下的矿石全部出完后，采场形成4～4.5m的空间，开始进行充填。充填工作包括：砌筑护壁、浇注人行滤水井和溜矿井、水砂充填以及浇注混凝土底板和隔墙等。

5.4.4　崩落采矿法

崩落采矿法的特点是随着矿石被采出，有计划地用崩落矿体的覆盖岩石和上下盘岩石来充填采空区，以控制采区地压和处理采空区。在这类采矿方法中，采区的回采，不再划分矿房和矿柱，而是沿矿体的走向，依一定的回采顺序，按采区连续回采。在采区的回采中，除用凿岩爆破方法崩矿以外，还可局部利用崩落围岩的压力和岩石本身的自重来崩落矿石。由于覆盖岩石和上下盘岩石的崩落，将会引起地表沉陷，所以，只有地表允许陷落的地方，才允许采用这种采矿方法。

5.4.4.1　有底柱分段崩落法

该方法按分段逐个进行回采，每个分段的下部均设有专用的底部结构。由于落矿方式的不同可以分为水平深孔落矿有底柱分段崩落法及垂直深孔落矿有底柱分段崩落法两种。水平中深孔落矿的有底柱分段崩落法矿块结构明显，每个块段均有独立的出矿、通风、行人及运送材料设备的完整系统。在崩落层下部一般要开掘补偿空间，以进行自由空间爆破。垂直深孔的有底柱分段崩落法矿块结构不明显，矿块之间没有十分明确的界限，它落矿采用挤压爆破，并且连续回采。

这种方法的特点是阶段内不分矿房与矿柱，分段之间自上而下依次开采；落矿前一般均需在崩落层的下部或侧面开掘补偿空间以便进行自由空间爆破与小空间挤压爆破；各个分段均有底柱，并开凿有受矿、放矿、贮矿、运搬及二次破碎的底部结构；放矿在崩落的覆岩下完成，围岩随着回采的进行自然或强制崩落以充填采空区。

典型方案如图 5-27 所示。图 5-27 为垂直扇形中深孔侧向挤压崩矿分段崩落法。

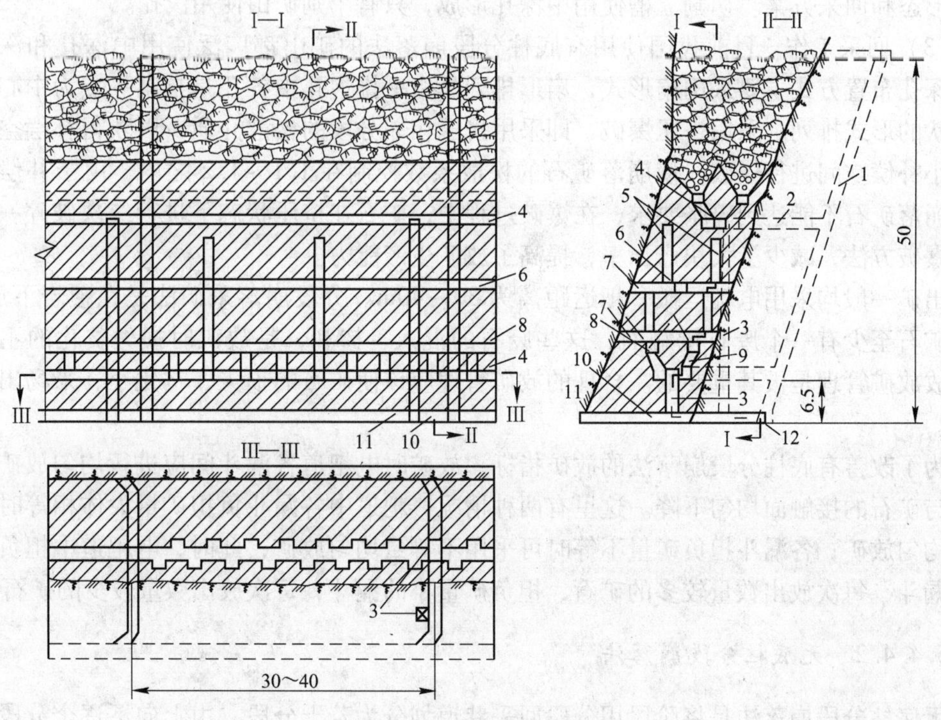

图 5-27　有底柱分段崩落法

1—人行通风井；2—联络道；3—放矿溜井；4—电耙道；5—切割天井；6—凿岩巷道；7—切割巷道；8—堑沟巷道；9—漏斗颈；10—穿脉巷道；11—上盘运输巷道；12—下盘运输巷道

（1）结构参数。阶段划分成若干采区进行回采，采区沿走向布置。采区长度主要按合理的耙运距离而定，一般为 25 ~ 30m，多至 40m；采区宽度等于矿体厚度，一般为 10 ~

15m；阶段高度50m；沿倾向将采区划分成两个分段，分段高度为2m，分段底柱高度为6～8m。

（2）采准、切割工作。采准工作包括掘进阶段运输巷道、放矿溜井、通风行人天井、电耙巷道、堑沟巷道、斗川和漏斗颈、切割天井、凿岩巷道等。

在矿体上盘布置脉内、下盘布置脉外运输巷道各一条，在运输水平层，位于两相邻采区的相接处布置穿脉巷道，采用在穿脉巷道中装车的环形运输系统。

每个分段布置一个倾斜60°以上的溜井，直通穿脉巷道。每1～2个采区布置一个下盘脉外进风、行人、材料天井，用联络道与各分段的电耙道相连。

采用"V"型堑沟式底部结构，布置双侧漏斗，漏斗间距5～5.5m，漏斗坡面角50°。电耙道和堑沟巷道之间用斗川和斗颈联通。除堑沟巷道可做凿岩巷道外，每个分段上还布置一条凿岩巷道。

切割的主要工作是形成堑沟和开凿切割立槽。堑沟的切割工艺简单，效率高，又易于保证施工质量。但堑沟结构对底柱切割得比较厉害，使底柱的稳固性降低。

切割立槽是为回采落矿开创自由面，形成必要的补偿空间，满足崩落矿石的碎胀要求。切割立槽应和回采落矿相适应，按崩矿最大轮廓拉开。立槽的位置和数量，取决于矿体的形态和回采方案。切割立槽使用中深孔形成，只有个别矿山使用浅孔。

（3）回采工作。目前我国使用有底柱分段崩落法的矿山都广泛使用中深孔和深孔落矿。深孔布置方式主要采用扇形式，扇形排列是指一排炮孔中各孔是自某一点为中心而呈放射状的形式排列。采用挤压爆破，即采用挤压相邻分段的松散介质，以获得补偿空间或开掘小补偿空间进行爆破，使崩落矿石的松散系数控制在1.1～1.2之内。由于补偿空间小，崩落矿石不能达到碎胀要求，在爆破过程中，矿石在挤压状态下进行二次破碎。这种挤压爆破方法，减少了大块产出率，提高了放矿生产能力。

出矿一般均采用电耙运搬，耙运距离为30～40m。分段崩落采矿法是在覆岩下放矿，崩落矿石至少有一个废石接触面，这些废石的混入、掺和，是放矿时损失贫化的主要来源，故放矿管理是极其重要的。合理的放矿管理应该使矿石的损失、贫化小，采场出矿能力大。

为了改善有底柱分段崩落法的放矿指标，放矿时电耙道各漏斗间应进行均匀放矿，使废石与矿石的接触面均匀下降。这里有两种情况：耙道中各漏斗负担矿量大体相等时采取等量均匀放矿；各漏斗担负矿量不等时可采用不等量均匀放矿，此时，电耙道中担负矿量大的漏斗，每次放出数量较多的矿石，担负矿量小的漏斗，每次放出数量较少的矿石。

5.4.4.2 无底柱分段崩落法

无底柱分段崩落法是将阶段用分段回采巷道划分为若干分段，由上向下逐个分段进行回采，随后由崩落围岩充填采空区，分段下部不设出矿的底部结构，以小的崩矿步距爆破下来的矿石在崩落围岩的覆盖下直接由回采进路端部放出，凿岩、出矿共用同一巷道。

这种采矿方法各分段不设放矿的底部结构，不留任何矿柱；凿岩、爆破、出矿等回采作业均在同一回采进路内顺序进行；上下分段进路在空间呈菱形交错布置；在回采进路端部于崩落围岩覆盖下进行挤压爆破和放矿；矿石回采从回采进路的上（下）盘一端开始，按步距顺序后退回采，直至下（上）盘一端矿体边界为止。

该采矿方法适用于较规则的急倾斜厚矿体，矿石稳固程度在中等以上，进路中不需太多支护；顶板围岩能自行崩落，且块度较大；矿石允许贫化，矿岩易分离，矿石可选性较好，围岩含有用成分，地表允许陷落，表土层不厚，没有导致井下被淹没的地面水或地下水。

典型方案如图 5-28 所示。

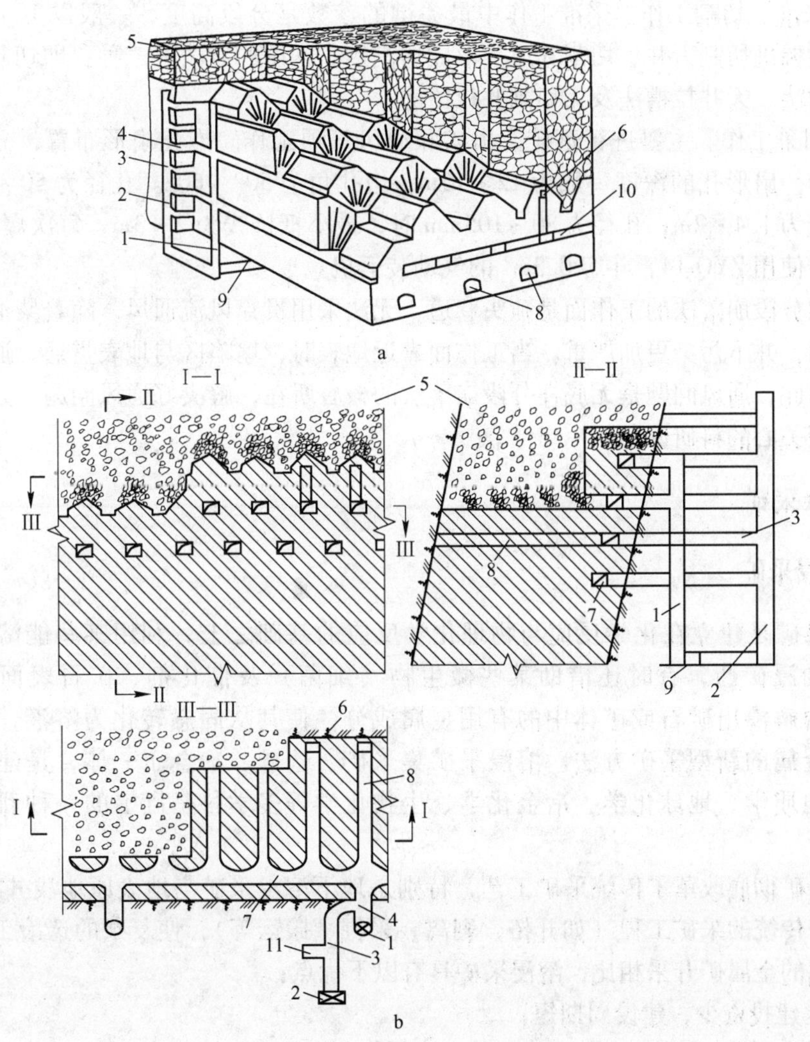

图 5-28　无底柱分段崩落法典型方案示意图

a—立体图；b—投影图

1—放矿溜井；2—人行通风天井；3—设备井联络道；4—溜井联络道；
5—崩落岩石；6—切割井；7—分段联络巷道；8—回采巷道；
9—阶段运输平巷；10—切割巷道；11—机修室

无底柱分段崩落法特点是在矿体内一般以 10m×10m 的网度开掘回采巷道，并在其中打上向扇形深孔落矿，随着放出崩下的矿石，崩落的围岩充满采空区。

（1）结构参数。分段高 10m，阶段高取 60～70m；当使用 ZYQ-14 型装运机且进路垂直矿体走向布置时，溜井间距为 60 ~ 80m；当采用铲运机出矿，进路垂直走向布置时为 100 ~ 150m；沿走向布置时可以达到 150 ~ 200m；当采用 CZZ-700 型凿岩台车和 ZYQ-14 型装运机时，道路宽 3 ~ 4m，高 3 ~ 3.5m；当采用铲运机出矿时，一般进路宽为 4.5 ~ 5m，高 2 ~ 3.5m；当采用凿岩台架凿岩、装岩机出矿时，进路宽取 2.6 ~ 2.9m，高 2.7m。

(2) 采准、切割工作。采准工作中最关键的参数是分段高度，一般以 10m 为佳，切割工程包括掘进切割天井、切割巷道及形成切割槽。常用的方法有三种：即切割平巷与切割天井拉槽法、天井拉槽法及无切割井拉槽法。

(3) 回采工作。主要进行落矿、出矿和通风等项工作。炮孔扇形布置，分段高度为 10 ~ 12m 时，扇形孔的深度一般为 12 ~ 15m，边孔角为 50° ~ 60°。孔径为 50 ~ 65mm 时，最小抵抗线为 1.4 ~ 2m；孔径为 80 ~ 105mm 时，最小抵抗线为 2 ~ 3m，每次爆破 1 ~ 2 排炮孔。出矿使用 ZYQ-14，斗容 0.3m^3 的气动装运机。

无底柱分段崩落法的工作面是独头巷道，无法采用贯穿风流通风，随着柴油驱动设备的大量使用，井下污染更加严重。当工作面靠近地表时，塌陷区与地表贯通，通风管理更为复杂，因此，通风问题是无底柱分段崩落法的核心所在，解决好通风问题，是目前现场工作人员最关心的科研课题。

5.5 特殊采矿

5.5.1 溶浸采矿

溶浸采矿是建立在化学反应与物理化学反应的基础之上，利用某些能溶解矿石中有用成分的浸矿药，有时还借助某些微生物（细菌）及催化剂、矿石表面活性剂的作用，以溶解浸出矿石或矿体中的有用金属成分，使其从固态转化为溶液，收集浸出液再提取金属的新型采矿方法。溶浸采矿集采矿、选矿、冶金于一体，是建立于地质学、水文地质学、地球化学、冶金化学、生物化学等多学科基础上的一种新型采矿技术及工艺。

溶浸采矿彻底改革了传统采矿工艺，特别是地下溶浸采矿与地表原地浅井浸出采矿，少需或无需传统的采矿工程（如开拓、剥离、采掘、搬运等），使复杂的选冶工艺更趋简单。与传统的金属矿开采相比，溶浸采矿具有以下优点：

(1) 基建投资少，建设周期短；

(2) 生产工艺环节少，能源消耗低，生产成本能大幅度降低；

(3) 环境保护好，地表原地浅井溶浸采矿与地下原地钻孔溶浸采矿基本上不破坏农田和山林，不产生对环境破坏和污染的废石与尾砂；

(4) 能充分回收不可再生的矿产资源，使常规方法开采经济上不合理而无法利用的低品位矿石，常规技术上不可行的复杂难选矿回收的矿产资源得以利用；

(5) 从根本上改变了生产人员的劳动卫生条件，劳动强度大大降低，使繁重的采矿工作"化学化"、"工厂化"、"自动化"。

溶浸采矿可处理的金属矿物有：铜、铀、金、银、离子型稀土、锰、铂、铅、锌、镍、铬、钴、铁、汞、砷、铱等 20 多种。但应用较多的是铜、铀、金、银、离子型稀土。

溶浸采矿作为一种新型采矿方法，尚存在着一些弱点或缺点。首先它的应用范围有一定的局限性，其次是浸出过程缓慢，生产周期较长，地浸时还可能存在着对矿区地下水体污染的问题，浸后需较长时间对矿区地下水体进行治理。

根据浸出工艺特征，溶浸采矿大致可以分为两大类。一类为地表浸出法，包括地表堆浸法、地表原地浅井浸出法。另一类为地下浸出法，包括地下就地破碎浸出法、地下原地钻孔浸出法。微生物采矿也属此两类之列。地表浸出由于人员、设施都在地表，被浸矿物也在地表，浸出过程较易控制，一般浸出效果较好。而地下浸出受到矿床地质、水文地质等条件制约，浸出条件复杂，浸出过程控制较难，目前使用的溶浸采矿方法工艺类型有以下几种：

（1）地表堆浸法。地表堆浸法是将溶浸液喷淋在破碎而又有孔隙的废石或矿石堆上，溶浸液在往下渗滤的过程中，有选择性溶解和浸出其中的有用成分，然后从浸出堆底部流出并从汇集起来的浸出液中提取并回收金属的方法。

地表堆浸法是应用最早且应用最广的溶浸采矿方法。它适用处理边界品位以下，仍有回收利用价值的贫矿和废石，或品位虽然在边界品位以上，但氧化程度深，不宜采用选矿法处理的矿石，或化学成分复杂，甚至含有害伴生矿物的复杂难处理的矿石。

地表浸出法已广泛用于金矿石、铜矿石、铀矿石、离子型稀土矿的浸出。堆浸又可细分为废石堆浸、矿石堆浸。为改善矿物的浸出性能，又可分为矿石的破碎堆浸与制团堆浸（如浮选尾砂的制团堆浸）。堆浸一般规模较大，几千吨为小堆，大堆则有几万至十几万吨、几十万吨。

（2）地表原地浅井浸出法。地表原地浅井浸出法是20世纪末针对我国特有的风化壳离子吸附型稀土矿而研究开发出来的一种新型溶浸采矿法，它适用于某些易浸出的表生矿床。由于矿体埋藏较浅，地表浅井可以直接深入到矿体中，溶浸液则可从地表浅井注入到矿体溶浸矿物中的有用成分。

虽然是原地浸出，但由于风化壳处于地表，一个个山头（富集地段）就是天然矿堆。溶浸液从地表注入，浸出液一般直接流出地表，所以也可称为地表浸出。地表原地浅井浸出规模大，一般一个山头几万吨，甚至几十万吨矿石可以划为一个采场一次浸出。因此，地表浅井浸出生产能力较大。

（3）地下就地破碎浸出法。地下就地破碎浸出法是预先对地下矿体处理，使矿体松动、破碎，矿石可能产生少许位移，其目的是改善矿体的渗透及浸出性能。然后在松动破碎的矿堆上部布置布液系统，在矿堆的下部布置集液系统。通过布液系统对矿堆注入溶浸液。浸出液（含金属母液）由集液系统完成收集母液工作，然后输送到地表水冶厂提取浸出金属。矿体的松动、破碎，使得一些由于渗透性差不利于或不能浸出的坚硬矿体得以顺利浸出。

该方法的特点是80%左右的矿石留在就地浸矿，只有20%左右的矿石出窿地表堆浸。采切工程量少，废石、尾矿排放量少，大大减少了出窿矿量和矿石运输量，省去了采场顶板管理、采空区处理和矿石破磨、浮选分离等繁重复杂工序。

溶浸矿山比常规矿山基建投资少，建设周期短，生产成本低，有利于实现矿山机械化与自动化，有利于矿区环境保护，因此，该法适用范围较广，目前已广泛用于铜矿、铀矿的地下浸出。

(4) 地下原地钻孔浸出法。地下原地钻孔浸出法是在矿体未进行松动破碎的天然状态条件下，通过地表钻孔向矿体注入溶浸液，使之与非均质矿石中的有用成分接触，进行化学反应。反应生成的可溶性化合物通过扩散和对流作用离开化学反应区，进入沿矿层渗透的液流，汇集成含有一定浓度的有用成分的浸出液（母液），并向一定方向运动，再通过抽液孔排出地表，最终经水冶厂提取浸出金属。

要实行矿体的地下原地浸出，矿体应有足够的孔隙度，较好的渗透性能，溶浸液才能与浸出矿物充分接触。其次要求浸出的目的金属矿物能与浸出药剂发生反应，金属能进入浸出液。同时一般要求矿体的顶底板透水性能差或为隔水体。因此，该方法应用条件苛刻，适用范围受到限制，目前主要用于疏松砂岩型铀矿的地下浸出。

(5) 微生物采矿。利用某些微生物提取难采矿体中的金属，或处理常规方法选冶困难的低品位矿石，这种采矿方法叫微生物采矿。其作用原理是利用某些微生物或其代谢产物能对金属矿物产生氧化、还原、溶解、吸附或吸收等作用，使矿石中的不溶性金属变为可溶性盐类转入水溶液中或直接为微生物所吸收或吸附，以便进一步回收。

利用微生物的这一生物化学特性进行溶浸采矿是近几十年迅速发展起来的一种新的采矿方法。目前世界各国微生物浸矿成功地应用于工业化生产的主要是铀、铜和金、银等金属矿物，而且正在向锰、钴、镍、钒、镓、铂、锌、铝、钛、铊和钪等金属矿物发展。浸出方式由池（槽）浸，地表堆浸逐步扩展到地下就地破碎浸出，并有向地下原地钻孔浸出发展的趋势。一般说来，微生物浸矿主要是针对贫矿、含矿废石、复杂难选金属矿石的。实践证明，微生物浸矿具有投资少、生产成本低、能处理常规方法无法回收的金属矿石等优势。

这种方法生产成本低，基建费用省，经济效益好，但氧化速度慢、浸出时间长，细菌的培养和繁殖受很多客观条件限制。

5.5.2 水力开采

水力机械化开采主要是利用水枪喷射出的非淹没高压水射流来破碎土岩而形成矿浆或泥浆，并采用自流或加压水力运输将矿浆或泥浆分别输往选矿厂或排弃场。

水力开采的适用条件：

(1) 矿床条件和矿岩性质适宜，即在高压水射流冲击下土岩能够碎散，碎散后粒径大于100~300mm的大块含量不超过20%，粒径在50~100mm的小块含量不超过30%，否则不宜采用单一水力开采；

(2) 有充足的水源和廉价的电源；

(3) 有水力排土场，且位置恰当；

(4) 矿床底板的渗漏水要小，以保证砂浆正常流动；

(5) 地区的冰冻期较短或无冰冻期。

水力开采的方法：

水力开采有逆向、顺向及逆顺向三种方法。

(1) 逆向开采法。将水枪安装在台阶的下平台，射流垂直冲向工作面，被冲采下来的土岩逆射流方向流入矿浆池或主运矿沟内，然后输往洗选厂。

（2）顺向开采法。将水枪置于台阶上平台并靠近工作面，有可能利用射流起始段或基本段的前段来提高冲采效率。顺向冲采射流方向与矿浆流向方向一致，可利用射流推赶矿浆流运和将大块冲离工作面。

（3）逆顺向开采法。这种方法综合上述两方法的优点，对提高冲采效率改善矿浆流运条件给予了足够的重视。

5.5.3 海洋采矿

海洋采矿是从海水、海底表层沉积物和海底基岩下获取有用矿物的过程。

海洋面积占地球面积的71%，约3.6亿平方公里，科学研究表明，陆地上有的许多金属和非金属矿在海洋中都已发现，而且储量巨大，开发前景非常看好。海底矿产资源主要有海水中的溶解矿物，海底表层矿床和海底基岩矿床。

世界海洋中约有13.7亿立方千米的海水，其中含有80多种元素，较为人们熟悉的有60多种。海底表层矿床大都呈散粒状或结核状存在于各类海底松散沉积层中，它们可以用采矿船进行开采。海底基岩矿包括非固态的石油、天然气，固态的硫黄、岩盐、钾盐、煤、铁、铜、镍、锡和重晶石等。

根据不同的海水深度，海底资源可分为大陆架资源、大陆坡及大陆裙资源与深海底资源，其种类如表5-2所示。

表5-2 海底资源分类表

资源类别	资源分布	资源名称	工业类型
海底资源	大陆架（0～200m）	（1）重砂矿物：磁铁、钛铁、金红石、独居石、铬铁、锆石、锡石等 （2）贵族稀有元素：金刚石、金、铂等 （3）硅质砂及贝壳：硅质砂、磷、钙石、霞石、海绿石等 （4）建筑、玻璃及铸造等用砂砾及砂 （5）流体矿产：石油、天然气、浓盐等 （6）海底基岩矿床：煤、铁、硫黄、石膏等	钢铁、化工、石油、电子、机械、矿业、造船、建筑等
	大陆坡及大陆裙（200～3500m）	磷灰石、热液流态化矿床（多金属软泥、含金属锌、铜、铅、银等的块状矿物）	
	深海底（3500～6500m）	锰结核（含锰、镍、钴、铅、锌等）	

5.5.3.1 石油与天然气开采

海底中储藏着丰富的石油和天然气，石油量约1350亿吨，天然气约140万亿立方米，约占世界可开采油气总量的45%。据估计，可能含有油气资源的大陆架面积约2000万平方公里，可能找到油气的深海面积有5000万～8000万平方公里。

我国海洋石油与天然气十分丰富，经过近30年的勘察与研究，我国海域共发现有16个中新生代沉积盆地有石油与天然气，油气面积达到130万平方公里，海洋石油储量达到450亿吨，天然气储量达到14万亿立方米，分别占全国油气资源量的57%和33%。

海上油气开采的主要设施与方法有：

（1）人工岛法。多用于近岸浅水中，较经济。

（2）固定式油气平台法。形式有桩式平台、拉索塔式平台、重力式平台。

（3）浮式油气平台法。形式分为可迁移式平台法与不可迁移式平台法。可迁移式平台法包括座底式平台、自升式平台、半潜式平台和船式平台等；不可迁移式平台法包括张力式平台、铰接式平台等。

（4）海底采油装置法。采用钻潜水井的方法，将井口安装在海底，开采出的油气用管线直接送往陆上或输入海底集油气设施。

5.5.3.2 *砂矿开采*

海滨砂矿开采的矿物种类多达20多种，主要有金刚石、砂金矿、砂铂、铬砂、铑砂、铁砂矿、锡石、钛铁矿、锆石、金红石、重晶石、海绿石、独居石、磷钙石、石榴石等。

对于海滨砂矿，大多是采用采矿船进行开采。目前有效的开采方法仍然是一种集采矿、提升、选矿和定位的采矿船开采法。依据船体采掘与提升方式的不同有链斗式采矿船法、流体式采矿船法（包括吸扬式和气升式）和钢索斗式采矿船法（包括抓斗式和拖斗式）。三种采矿船法各有不同的适用条件和优缺点。

海滨砂矿开采的发展方向是大型化和多功能化，即研制大功率多功能的链斗式采矿船，使链斗斗容接近或超过$1m^3$，开采深度接近或超过100m。此外，建立全自动具有采选功能的海底机器人也是海滨砂矿开采的发展方向之一，海滨砂矿机器人开采系统具有采选一体化，生产效率高，环境破坏少等优点。

5.5.3.3 *岩基矿床开采*

浅海岩基固体矿床资源有煤、铁、硫、盐、石膏等。

海底岩基矿床有两类，一类是陆成矿床，即在陆地时形成，陆海交替变更沉入海底的矿床；另一类是海成矿床，它是由海底岩浆运动与火山爆发生成的矿床，这类矿床多为多金属热液矿床。

海底岩基矿床的开采方法与陆地金属或非金属矿床的开采方式基本相同，对于海底出露矿床，同样可采用海底露天矿的方法进行开采；对于有一定覆盖层的深埋矿床，为满足与陆地开采相同的技术要求，其开拓方法有海岸立井开拓法、人工岛竖井开拓法、密闭井筒—海底隧道开拓法等。这类海底岩基矿床开采的关键技术是以最低的成本设置满足工业开采与安全要求的行人、通风、运输通道，以及防止海水渗入矿床内部及采空区，淹没井筒工业设施。

对于海底露天矿，可供选择的方法有潜水单斗挖掘机—管道提升开采法、潜水斗轮铲—管道提升开采法与核爆破—化学开采法等。其开采工艺与地表露天矿的开采方法基本相同，但所有设备均在水下不同深度的海底进行，需要有可靠的定位系统、监控系统、机械自行与遥控系统、防水防腐系统等，此外，还需要有能替代人操作的机器人。

对于海底陆成基岩矿的采矿方法有空场法与充填采矿法，其中最为可靠的是胶结充填采矿法，它能有效控制岩层变形与位移，防止海水渗入采空区与井巷，我国三山岛金矿就是采用上向分层充填法进行金矿开采。

浅海岩基固体矿产资源的开采难度大、成本高、安全性差，不利于大规模商业开发。特别是地处海洋深处，随时有可能发生淹井事故，人员设备进入，作业很不安全。

对于海底岩基矿床的开采，其发展方向是密封空间内的核爆破—化学法开采，即对海底矿床预先密闭，然后采用核爆破方法进行破碎，再采用化学浸出，提取有用金属。

6　地下矿山主要生产系统

6.1　矿山运输与矿井提升

6.1.1　矿山运输

运输是矿山生产过程的主要组成部分，金属矿地下开采运输工作的任务分为地面运输和井下运输。井下运输的工作范围包括采场运搬及巷道运输。它是连接采场、掘进工作面与地下矿仓、充填采空区或地面矿仓与废石场的运输渠道。采场运搬包括重力自溜运搬、电耙运搬、无轨自行设备运搬、振动出矿机运搬及爆力运搬等，巷道运输包括阶段平巷与斜巷的运输，采场漏斗、采场天井或溜井以下的至地下储矿仓之间的巷道运输。

因此，井下运输的任务是将矿石、废石从回采矿块运往井底车场，将材料、设备从井底车场运往回采的工作面，有时也将设备从工作面运往机修硐室进行维修，其中的炸药、雷管、爆破器材需从井底车场运往井下炸药硐室。在大型矿山，人员还需从井底车场运往回采、掘进的工作面。

地面运输的任务是将提升到地表的矿石运往选厂，废石运往废石场，材料设备从材料设备仓库或机修厂运到井口，如果是爆破器材需从炸药厂（仓库）运来。另外，矿山生产的运输任务还有外部运输，是将精矿从选矿厂运往附近的车站货场，材料、设备从车站货场运至矿山，选矿厂产生的尾矿，需从选矿厂运往尾矿场。

6.1.1.1　运输方式

(1) 普通翻斗汽车运输。普通汽车运输一般应用在矿石从井口向选矿厂的运输过程中。矿石从井下提升到地表，一般有两种方式，罐笼提升和箕斗提升，箕斗提升到地表后，矿石需经倒装后转运，罐笼提升到地表后可以不经过倒装直接转运。根据地表、地形和运距，一般采用普通翻斗汽车运输或采用窄轨铁路运输。

(2) 窄轨铁路运输。窄轨铁路一般应用在地表地形比较平坦，起伏坡度不大的地面运输，采用电机车牵引矿石的运输，窄轨一般为600mm、760mm、900mm，窄轨铁路运输是矿山最常用的一种运输方式，特别是在井下巷道内的矿石、废石、材料、设备的运输。

(3) 其他运输方式。胶带运输是一种以胶带承载矿石，用钢丝绳托住胶带并牵引胶带运行的一种运输方式，是一种连续式的运输方式，可以应用在斜井（斜坡道）提升和地面运输，露天矿和地下矿均有应用。架空索道运输是一种架设在空中的钢丝绳作为货车运行的导轨，货车由钢丝绳牵引运输货物，架空索道可以运输矿石、废石，也可以运输人员。特点是能适应复杂地表地形，爬坡能力强，缩短运输距离，不受气候影响，占地面积小，安全、可靠、环保。

普通汽车运输一般应用在爆破器材和零散材料、小型设备的运输。

6.1.1.2 运输设备

（1）矿车。矿车是矿山运送矿石、废石的车辆。矿车按卸载方法不同，分为固定式矿车、翻斗式矿车、侧卸式矿车、前卸式矿车和底卸式矿车。各式矿车及其结构如图 6-1 所示。

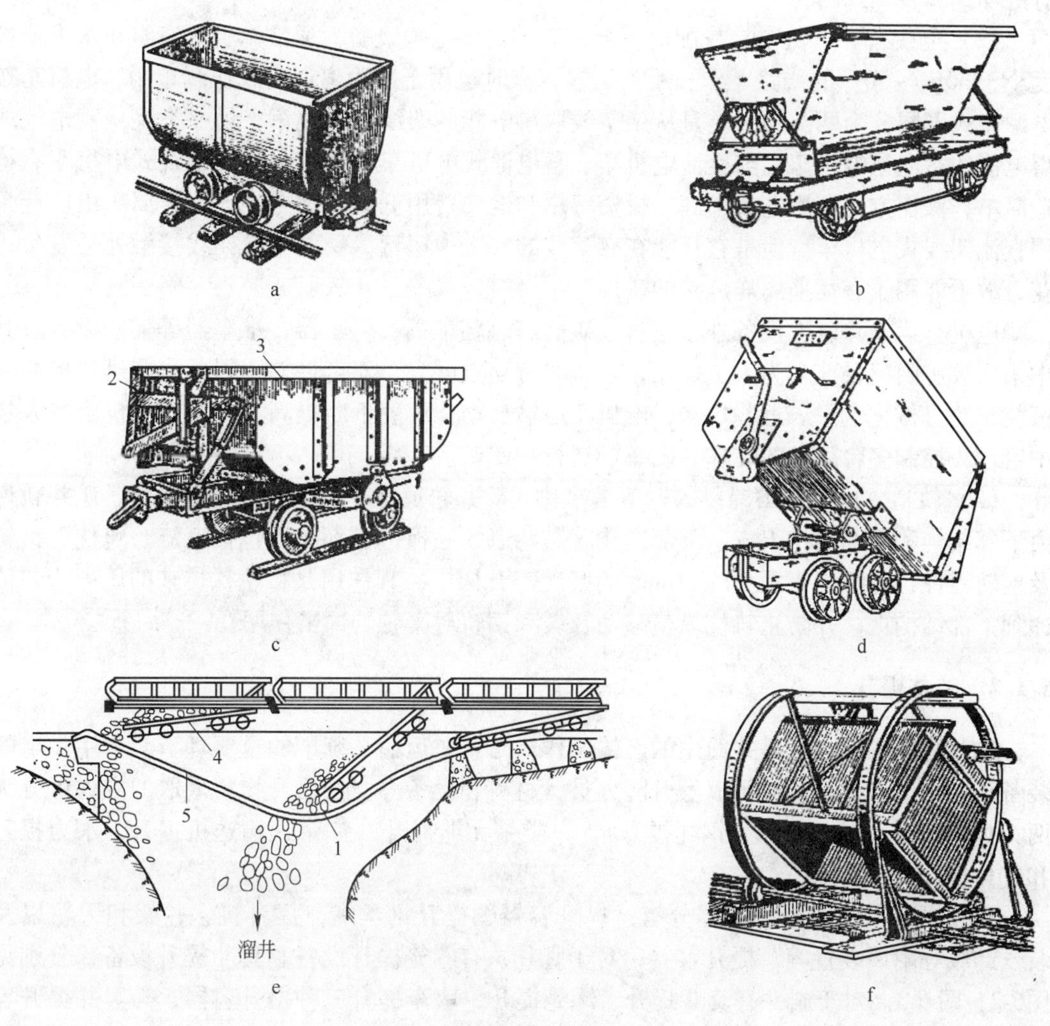

图 6-1 矿车

a—固定式；b—翻转式；c—侧卸式；d—前倾式；e—底卸式；f—翻车机

1—滑轮；2—活动侧帮；3—车厢；4—活动车底；5—卸载曲轨

固定式矿车借助于翻车机卸载，卸载地点固定，结构简单，坚固耐用，自重小，广泛用作矿石运输。翻斗式矿车靠车箱翻转卸载，可在线路上任一地点卸载，适用于运送废石，中小型矿山也可用于运送矿石。侧卸式矿车和底卸式矿车均有一卸载滚轮，在卸载处滚轮经过卸载曲轨使活动侧帮或活动车底打开卸载。它们都具有卸载方便迅速的优点，近年来使用的矿山日益增多。前卸式矿车用于人力运输的小型矿山。翻车机又叫翻笼，是固定式矿车卸载用的设备。固定式矿车推入翻车机后，翻车机旋转一周将矿石卸至下部储矿仓，然后用重车将空车从翻车机中顶出，继续卸载。

矿车由车箱、车架、轮轴、缓冲器和连接器组成。车箱由钢板焊接而成，为了增强刚度，顶部有钢质包边，有时四周还用钢条加固。前后端装有缓冲器，下部装有轴座和车架。连接器装在缓冲器上，其作用是把单个矿车连接成车组，并传递牵引力。常用连接器有链环式和转轴式两种。

（2）电机车。电机车是我国地下金属矿的主要运输设备，通常牵引矿车组在水平或坡度小于30‰～50‰的线路上作长距离运输，有时也用于短距离运输或作调车用。电机车按电源型式不同分为两类：一类是从架空线取得电能的架线式电机车，另一类是从蓄电池取得电能的蓄电池电机车。与交流电机车、蓄电池式电机车等比较，直流架线式电机车有构造简单、操作方便、用电效率高、投资费用和运转费用低廉等优点，地下金属矿山广泛采用直流架线式电机车。但是它只能在有架线的巷道内运行，受电弓与架线接触处易发生火花，故不能用于有瓦斯爆炸危险的矿山。

电机车运输除以上设备外，还有放矿闸门、翻车机、阻车器、推车器等辅助设备。其中采区放矿闸门目前多为人工操作，装车时劳动强度大、安全性差，因此，应迅速提高采区装车的机械化水平。近些年来，电机车运输自动化程度不断提高，可用计算机由一人集中管理，控制多台列车的装矿、发车、运行和卸矿。

（3）轨道。地下矿山铺设的轨道是窄轨。矿井轨道是矿山重要的运输设备，矿井轨道由下部结构和上部结构组成。下部结构就是巷道的底板，上部结构包括道渣、轨枕、钢轨及接轨零件，道渣由直径20～40mm的坚硬碎石构成，其作用是将轨枕传来的压力均匀传递到下部结构上，并防止轨枕纵横移动及缓和钢轨对车轮的冲击作用。

6.1.2　矿井提升

矿井提升实际上就是井筒中的运输工作，是全矿运输系统中的重要环节。它用一定的装备沿井筒运出矿石、废石以及升降人员、材料和设备等。按提升物料采取的方式可分为两大类：一类是有绳提升（钢绳提升），一类是无绳提升（如带式输送机提升、水力提升和气力提升）。

矿井提升系统主要组成部分有：提升容器、提升钢丝绳、提升机、井架和天轮以及装、卸载等附属装置等。提升容器，对于竖井，有罐笼提升设备和箕斗提升设备，分别见图6-2、图6-3。对于斜井有箕斗提升、罐笼提升、串车提升三种提升容器，与竖井提升容器的区别在于斜井提升设备的容器有轮子在轨道上运行，如图6-4所示。

如图6-2所示，在井底车场用人工或推车机将重矿车推入罐笼，与此同时向在地面井口车场的罐笼推入空矿车。钢丝绳与井口提升机卷筒相缠绕，卷筒转动即可使两个罐笼上下运动，完成升降货载的功能。罐笼除用来提升矿（岩）石外，还用于升降人员及下放材料和设备。

提升设备主要有：

（1）提升容器。竖井提升容器主要为罐笼和箕斗。罐笼用于升降人员、材料、设备，提升装有矿石或废石的矿车，以及下放空车等。我国金属矿山常用单层罐笼。在井底、阶段或井口车场，为便于矿车出入罐笼，使用承接装置，一般有摇台和罐座两种。

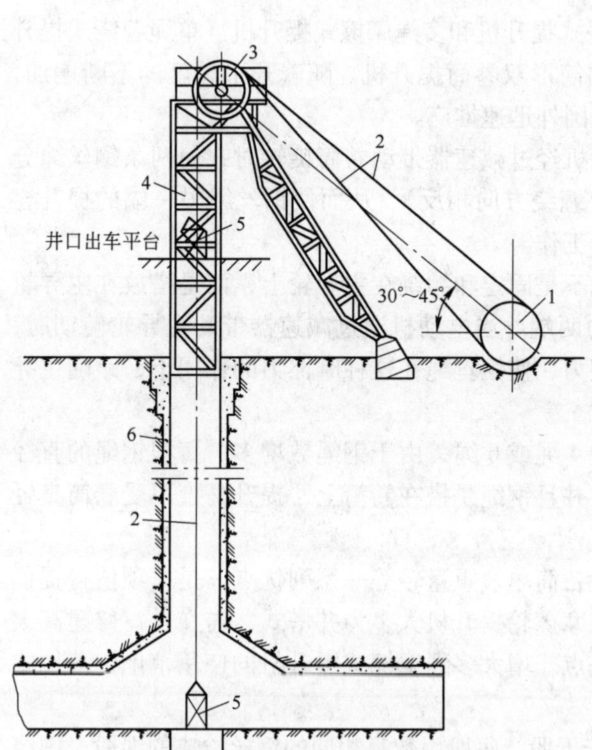

图 6-2 竖井普通罐笼提升

1—提升机卷筒；2—提升钢丝绳；3—天轮；4—井架；5—罐笼；6—井筒

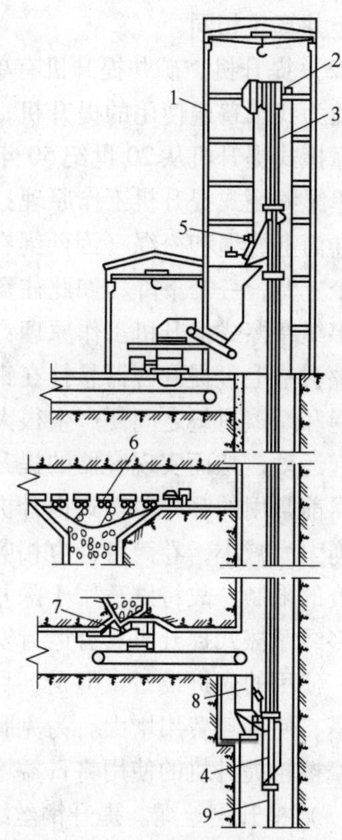

图 6-3 竖井多绳箕斗提升设备

1—井塔；2—多绳摩擦式提升机；3—首绳；4—底卸式箕斗；5—卸载直轨；6—底卸式矿车；7—闸门；8—计重装矿闸门；9—尾绳

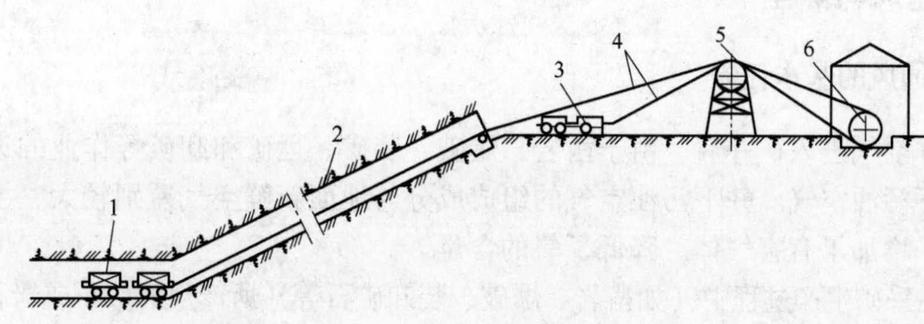

图 6-4 斜井串车提升系统

1—重矿车；2—斜井井筒；3—空矿车；4—钢丝绳；5—天轮；6—提升机

箕斗能直接承装矿石（或废石），但不能用来升降材料、设备和人员。按卸载方式的不同分为翻转式、底卸式和侧卸式。我国金属矿山广泛使用翻转式箕斗。翻转式箕斗的卸载和复位在卸载曲轨中完成。随着井下集中破碎的应用及自动化水平的提高，底卸式箕斗的使用将日益增多。

斜井提升容器主要有矿车、台车和箕斗。矿车用于串车提升，一般它只能在斜井倾角小于 25°~30°时使用；台车的作用大致与竖井的罐笼相同，斜井箕斗的结构、作用等大致也与竖井箕斗相同。

(2) 提升机。矿井提升机有单绳缠绕式提升机和多绳摩擦式提升机。单绳缠绕式提升机目前为我国普遍使用的提升机，多为圆筒形双卷筒提升机。随着开采深度的不断增加，多绳摩擦式提升机从20世纪50年代起在国外迅速推广。

单绳缠绕式提升机工作原理：当电动机经过减速器带动卷筒旋转时，使两条钢丝绳分别在卷筒上缠绳和松绳（因两绳在卷筒上缠绕方向相反），从而使钢丝绳另一端的提升容器一个上升，一个下降，如此往复地进行工作。

多绳摩擦式提升机工作原理：钢丝绳不是固定和缠绕在主导轮上，而是搭放在主导轮的摩擦衬垫上，提升容器悬挂在钢丝绳的两端。当电动机通过减速器带动主导轮转动时，钢丝绳和摩擦衬垫之间便产生很大的摩擦力，使钢丝绳在这种摩擦力的作用下，跟随主导轮一起运动，从而实现容器的提升和下放。

目前常用的多绳摩擦式提升机一般为4绳或6绳，由于钢绳数增多，每根钢绳的直径较单绳大大减小，卷筒直径也相应减小，并且钢绳是搭在卷筒上，提升高度不受卷筒直径和宽度的限制，故特别适用于深井提升。

多绳摩擦式提升机具有运行安全、设备简单、重量轻等一系列优点，是一项值得提倡和推广使用的先进设备。但是，目前多绳摩擦轮提升机大多为井塔式，需在井口修建高大的井塔，使基建费用增大。为克服这一缺点，增大多绳摩擦式提升机的使用范围，落地式多绳摩擦轮提升机的使用将日益增加。

(3) 提升钢丝绳。提升钢丝绳是由若干股、每股由数目相同的钢丝捻成的绳股、围绕着中间的绳芯捻制而成的。其标准的抗拉强度为13~20MPa，我国竖井提升钢丝绳，一般用16MPa的钢丝绳。按断面形状，钢丝绳有圆形和扁形两种，在提升中主要用前者，平衡尾绳可用后者。

6.2 矿井通风与除尘

6.2.1 矿井通风的基本任务

地面新鲜空气进入矿井后，由于凿岩、爆破、装矿、运矿和卸矿等作业的进行而被污染，形成井下污浊空气。井下污浊空气的组成成分与地面新鲜空气差别较大，主要表现为混入了粉尘、增加了有害气体、降低了氧的含量。

粉尘是在采矿生产过程中（如凿岩、爆破、装卸矿石等）所产生的矿石或岩石的细微颗粒。部分粉尘可长期飘浮在矿井空气中，飘浮的粉尘、特别是游离二氧化硅（SiO_2）粉尘，被人吸入肺内经长期的积聚变化，就会引起职业病，称为矽肺病，严重危害人体健康。

井下爆破、矿石氧化与自燃、坑木腐烂、井下无轨设备排出的尾气、井下火灾等都会产生有毒有害气体。这些气体主要包括：一氧化碳（CO）、二氧化氮（NO_2）、硫化氢（H_2S）和二氧化硫（SO_2）等，当它们的浓度超过一定值后，短时期内就能使人中毒死亡。

我国矿山安全规程规定：矿内空气CO的浓度不得超过0.0024%（按体积计算）、按重量计算不得超过0.03mg/L。爆破后，风机连续运转的条件下，CO浓度降至0.02%时，就可进入工作面；矿内空气氮氧化合物不得超过0.00025%；矿内空气硫化氢的含量不得超过 0.00066%；矿内空气二氧化硫的含量不得超过 0.0005%。

矿井空气中含氧量相对减少是由于坑木的腐朽、矿岩的氧化、有害气体的混入以及人员呼吸等原因造成。如果矿内空气中氧含量减少过多，就会直接影响人体健康，甚至危及人的生命安全。

因此，矿井通风的基本任务就是不断地向井下各作业地点供给足够数量的新鲜空气，稀释和排除各种有毒、有害气体及放射性气体和粉尘，调节矿内气候条件，建造成一个良好的工作环境，并保证井下工人安全生产，提高工人劳动生产率。

6.2.2 矿井通风系统

矿井通风系统是由向井下各作业地点供给新鲜空气，排出污浊空气的通风网路、通风动力和通风控制设施等构成的工程体系。进行矿井通风时，风流流动路线一般是：新鲜风流由进风井送入矿井内，经石门、阶段运输平巷、横巷、天井等到达工作面以供需要，冲洗工作面后的污风经天井、上部的阶段回风巷道、回风石门等最后由出风井排至地表。为了合理地分配风量以及使风流按规定的路线流动，还必须在设计规定的地方设置风门、风墙、风窗、风桥等风流控制设施。风流所流经的全部通风路线及设施（包括通风设备）就组成矿井通风系统，如图 6-5、图 6-6 所示。

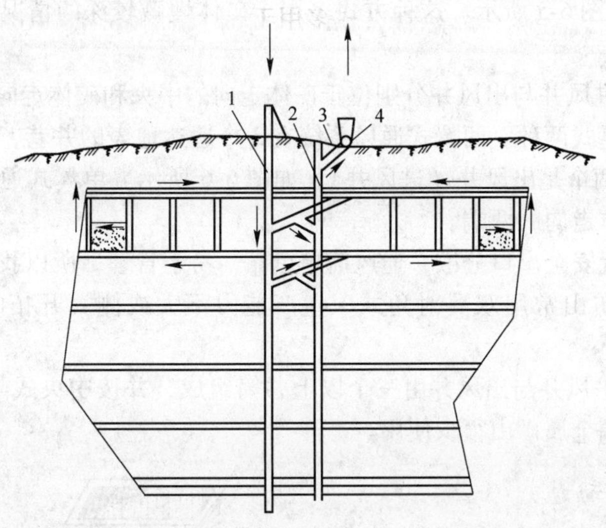

图 6-5 通风系统示意图（统一通风、中央式布置）

1—进风井；2—出风井；3—风硐；4—扇风机

6.2.2.1 系统类型

矿井通风时，可以整个矿井是一个统一的通风系统，如图 6-5 所示；也可以把矿井划分为几个相互独立的分区，每个分区为一个独立的通风系统，如图 6-6 所示。前者称为矿井统一通风，后者称为分区通风。地下金属矿山的矿井开采范围不大，所以，矿井统一通风应用较广泛，但对所需风量大、通风线路长的矿井，分区通风则更为有利。

无论是矿井统一通风还是分区通风，通风系统按进风井与出风井的位置可分为中央

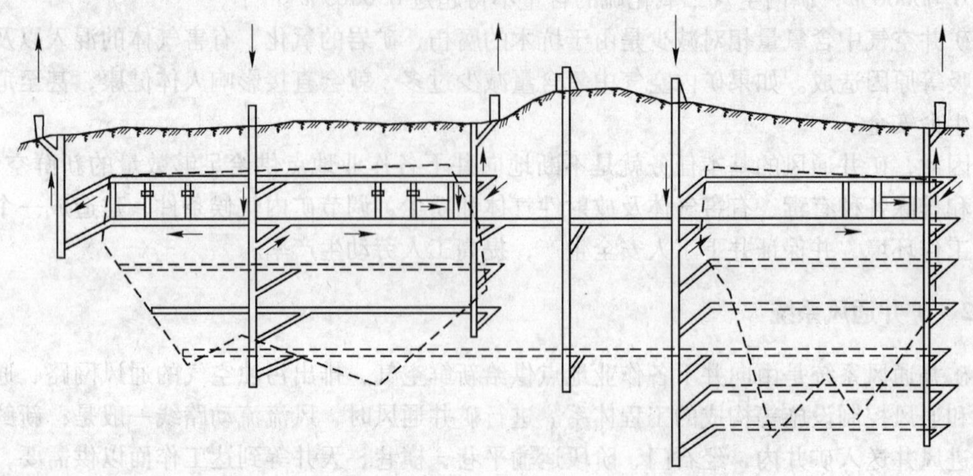

图 6-6 通风系统示意图（分区通风、对角式布置）

式、对角式和混合式三种类型。

（1）中央式。进风井与出风井的位置大致位于矿体走向的中央，只有两个通达地表的井筒（或平硐），如图 6-5 所示。这种方式多用于矿体埋藏较深的情况下，在我国矿山应用较少。

（2）对角式。进风井与出风井分别位于矿体走向的中央和矿体走向的边界上。对角式通风分两翼式和单翼式两种。两翼式通风系统有 3 个通达地表的井巷，其中一个是进风井（或出风井），其余两个是出风井（进风井），如图 6-6 所示。单翼式通风系统是通风井与出风井分别位于矿体走向的两端。

由于对角式布置安全出口分散，通风简单可靠，易于管理，所以我国金属矿山广泛采用。生产能力大的矿山常用双翼对角式，生产能力不大或侧翼开拓的矿山常用单翼对角式。

（3）混合式。进风井与出风井由三个以上井筒组成，并按中央式与对角式混合布置。这种通风方式在我国金属矿山很少使用。

6.2.2.2 通风动力

通风系统中的动力主要是扇风机。从扇风机的构造来讲，常用的扇风机有离心式和轴流式两种。离心式扇风机如图 6-7 所示。当工作轮在螺旋形机壳内旋转时，由于叶片所产生的离心力，在工作轮的中心部分出现低压区，吸入空气；轮缘部分产生高压区，把空气从扩散器压出去。工作轮由电机带动不停地转动时，空气就不断地从吸入口进入，并经工作轮从扩散器压出。

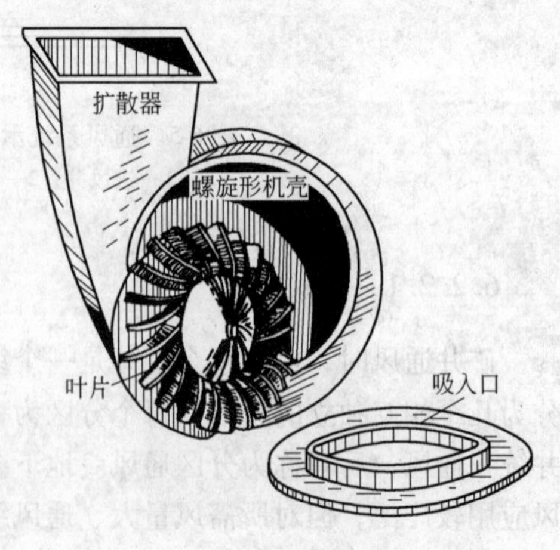

图 6-7 离心式扇风机

轴流式扇风机如图 6-8 所示。当工作轮不停地转动，由于叶片为机翼形并与旋转面有一定夹角，在叶片的后方产生低压区吸入空气，叶片的前方产生高压区压出空气，从而不断造成风流。

矿井使用的扇风机根据用途可分为：用于全矿通风用的扇风机，叫主要扇风机，简称主扇；用于加强某一区域通风用的扇风机，叫辅助扇风机，简称辅扇；用于独头工作面通风用的扇风机，叫局部扇风机，简称局扇。

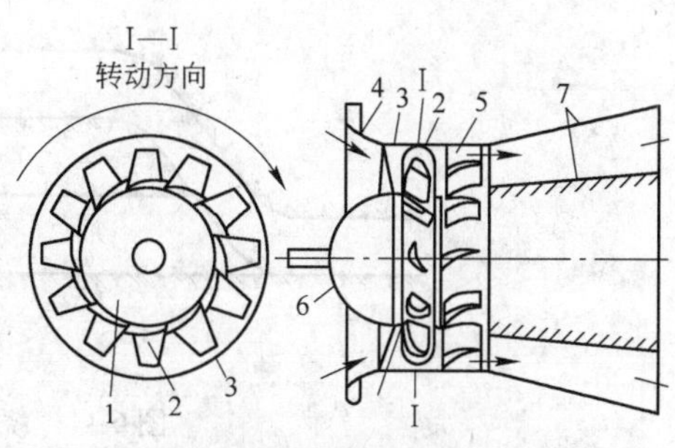

图 6-8　轴流式扇风机

1—工作轮；2—叶片；3—外壳；4—集风器；5—整流器；6—流线体；7—扩散器

6.2.2.3　通风控制设施

为保证新鲜风流送到各个工作面，同时把污风按一定线路排出地面。风流在井巷中不能任其自然分配，必须加以控制，以达到所有工作面的通风都处于良好状态。控制风流的设施主要有风窗、风桥、风门和密闭墙等。

（1）风窗。在并联巷道中按自然分配的风量，往往和实际的量不相符，为达到实际所需的风量，必须进行调节。用风窗即能达到这一目的。在挡风墙或风门上留一个可调节其面积大小的窗口，通过改变窗口的面积，控制所通过的风量。风窗示意图如图 6-9 所示。

（2）风桥。是为了避免新鲜风流和污风交汇的一种构筑物。一般在下列两种情况下设立风桥：

1）当设计通过新鲜风流和污浊风流的巷道有交叉处时，要在两巷道交叉处构筑混凝土风桥。巷道 1 进新风，巷道 2 走污风，见图 6-10。

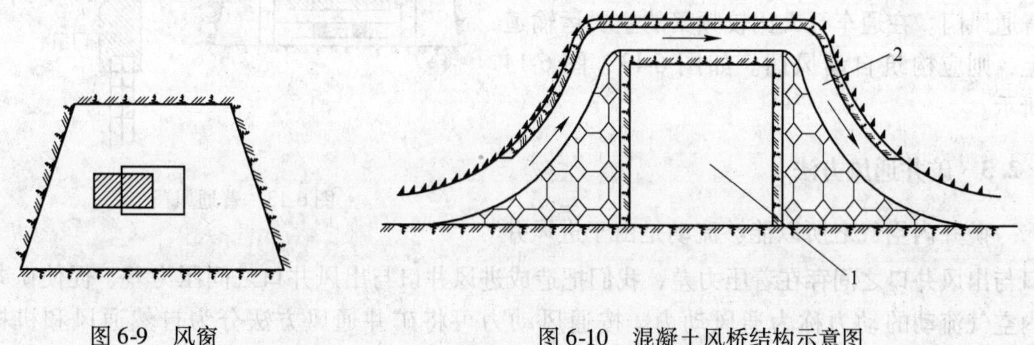

图 6-9　风窗　　图 6-10　混凝土风桥结构示意图

在天井附近也须掘进绕道型风桥，风桥示意图如图 6-11 所示。图中 1 为回风天井，2 为进新风巷道，这种巷道多设在风量大于 $20m^3/s$ 的地方。

2）遇到两条交叉巷道，一条走新风，一条走污风，为了把新风与污风隔开，也需构筑风桥。图 6-12 所示为用铁风筒将新风和污风隔开的一种风桥结构。图中 1 走新鲜风流，2 走污风，3 是排污风的铁风筒，4 是新风、污风的隔开墙，5 是人行道，这种风桥多用在 $10m^3/s$ 以下的地方。

（3）密闭墙。将采空区、废巷道等用砖、混凝土等材料构筑的墙封闭，防止通风巷道

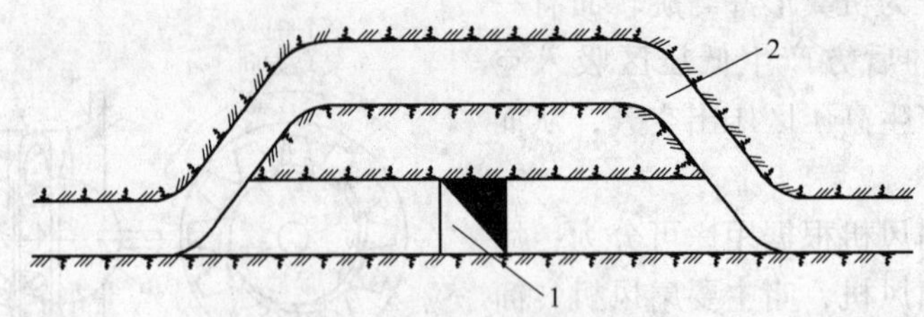

图 6-11 绕道型风桥示意图

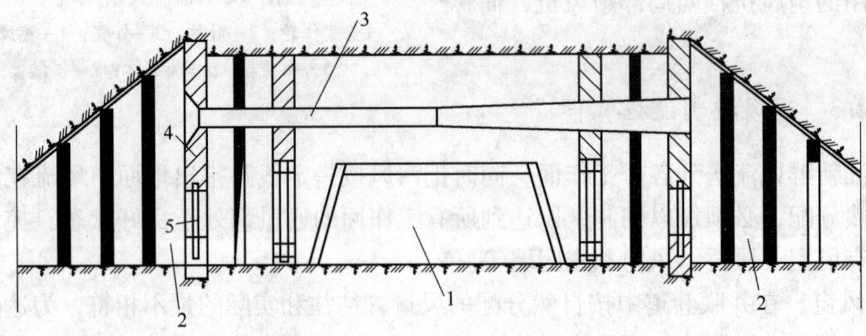

图 6-12 铁风筒风桥结构示意图

漏风，以保证工作面有足够的风量。

(4) 风门。在既需要隔断风流，又需要行人或运输的巷道中可以设置风门。在回风道中，只行人不通车或通车不多的地方，可构筑普通风门。在通车行人比较频繁的主要运输道上，则应构筑自动风门。如图 6-13、图 6-14 所示。

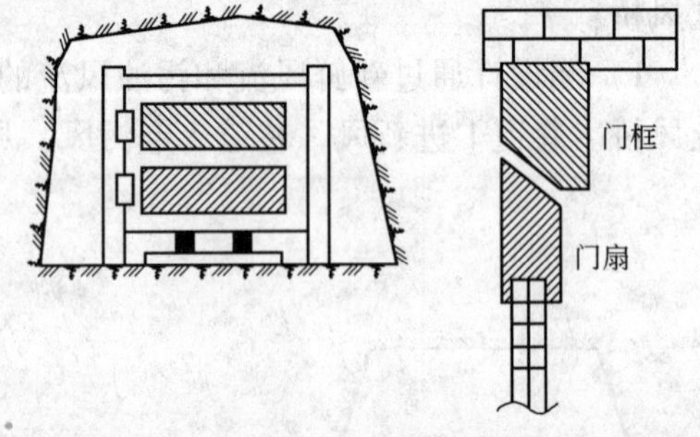

图 6-13 普通风门

6.2.3 矿井通风方法

矿井内空气之所以能够流动是由于进风井口与出风井口之间存在着压力差，我们把造成进风井口与出风井口之间压力差、促使矿井内空气流动的动力称为通风动力。按通风动力可将矿井通风方法分为自然通风和机械通风。

6.2.3.1 自然通风

自然通风是把自然因素（主要是进风井与出风井空气柱的重量不同）所形成的压力差来促使矿井空气流动。出风井与进风井的空气柱重量之所以不同是由于存在着高差以及温度、湿度不同而产生的。

自然通风的风流方向及风量随季节变化，难以调节，压差小，通风困难，不可靠，故仅有少数高山地区的小型矿山采用。

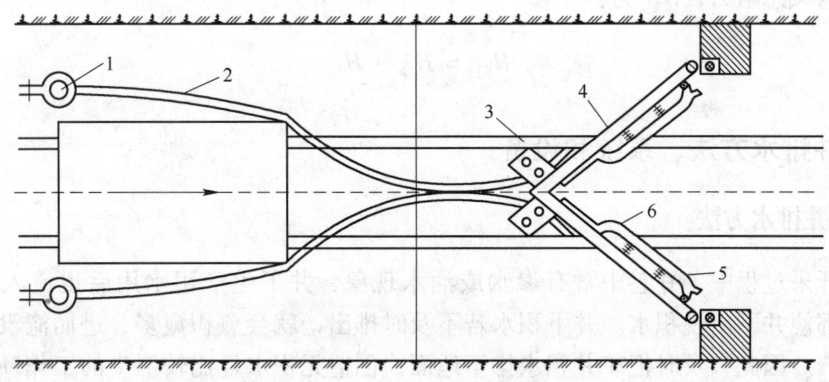

图 6-14 碰撞式自动风门

1—杠杆回转轴；2—碰撞推门杠杆；3—门耳；4—门板；5—推门弓；6—缓冲弹簧

6.2.3.2 机械通风

机械通风是利用专门的机械设备（扇风机）造成进风井口与出风井口之间的压力差来促使井下空气流动。机械通风受季节变化影响不大，风流方向及风量均可调节，是一种可靠的通风方法，被矿山广泛采用。

机械通风所用的扇风机有两种，即离心式扇风机和轴流式扇风机，如图 6-7 和图 6-8 所示。离心式扇风机由于风量较小、笨重等，目前已很少采用，仅使用在少数小型矿山。轴流式扇风机是我国金属矿山广泛采用的一种主要扇风机。它有效率高、重量轻、动轮叶片可调整等优点，但它噪声大、维修较复杂。

扇风机一般都设置在井筒附近，利用风硐把扇风机与井筒连接起来，如图 6-5 所示。

如果扇风机工作时，从井下抽出污浊空气，这种通风方式（或称扇风机的工作方式）叫抽出式；如果扇风机工作时，把地面新鲜空气压入井下，这种通风方式叫压入式。我国金属矿山采用抽出式通风较多，如图 6-5、图 6-6 所示均为抽出式通风。

6.2.4 矿井通风要素

矿井通风有两个基本要素，即风量和风压。它们也是选择扇风机时的两个重要参数。

矿井通风的风量（全矿总风量）是指送入井下的新鲜空气的数量或从井下排至地面的污浊空气的数量，单位为 m^3/min。金属矿山所需风量主要根据井下各工作面除尘和排除炮烟的要求确定。

矿井通风的风压（或通风压力）是指扇风机（或自然风力）在进风井口与出风井口之间造成的压力差。它是用来促使井下空气流动，克服井巷通风阻力的。

所谓井巷通风阻力是井下空气在井巷中流动所遇到的阻力。井巷通风阻力主要由风流与井巷周壁互相摩擦，以及空气分子间互相碰撞而产生的摩擦阻力；风流流经井巷突然扩大、突然缩小、转弯等处时，空气分子间有冲击而产生的局部阻力；井巷中有障碍物（堆积物、矿车等）时，风流流经而产生的正面阻力。

井巷通风总阻力，$H_{阻}$ 为：

$$H_{阻} = H_{摩} + H_{局}$$

6.3 矿井排水方法、系统和设备

6.3.1 矿井排水方法

矿床开采过程中，井巷中常有渗水或涌水现象，井下生产用水用后也流入矿山井巷中，这些都使井下出现积水。井下积水若不及时排出，就会愈积愈多，进而淹没矿井，造成停工停产。因此，及时把矿井积水排至地面，创造无积水且比较卫生的工作环境，是矿井排水的任务。

矿井排水的方法有自流式和扬升式两种。

自流式排水是使坑内的水自行流到地面。采用平硐开拓时，坑内水才可从平硐自行流出。这是一种最经济可靠的排水方法。平硐自流式排水用水沟将水引至地面。水沟断面为倒梯形，有效面积取决于水的流量，一般为 0.05～0.15m^2。巷道纵向坡度要求 3‰～5‰，水在沟内流速为 0.4～0.6m/s。

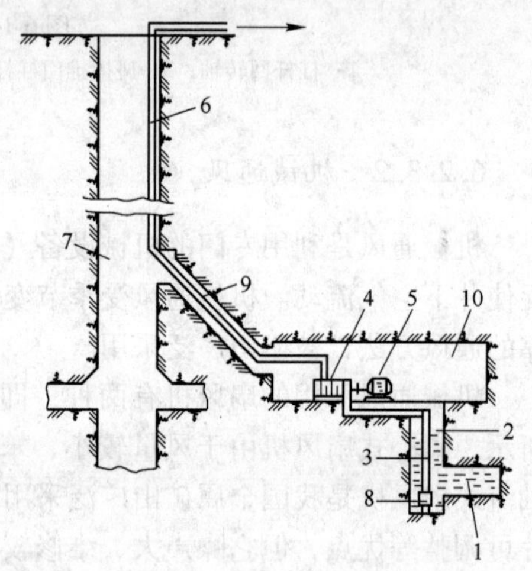

图 6-15 扬升式排水示意图
1—水仓；2—吸水井；3—吸水管；4—水泵；5—电动机；6—排水管道；7—井筒；8—吸水罩；9—管子电缆斜道；10—水泵房

扬升式排水是借助于排水设备将水扬至地面。当采用井筒开拓时，必须采用这种排水方法。它分为固定式和移动式两种。水泵房是固定式排水，在掘进竖井和斜井时，将水泵吊在专用钢丝绳上，随着掘进而移动是移动式排水。

扬升式排水过程如图 6-15，矿井水顺阶段巷道水沟汇集于井底车场附近的水仓中，水仓与水泵房的吸水井相通。当电动机转动时带动水泵运转，它使吸水井中的水经吸水罩沿吸水管不断地吸入水泵中，同时使水泵中的水经排水口沿排水管不断地排至地面。

6.3.2 矿井排水系统

目前矿山阶段数较多时采用的排水系统主要有三种：

（1）直接排水，如图 6-16a 所示。各阶段都设置水泵房，各阶段排水设备是独立的，分别用各自的排水设备将水直接扬至地面。这种排水系统的优点是各阶段的排水工作互不影响，每个阶段均有独立的排水系统。但有所需设备多、井筒内敷设的管路多、管理和检修复杂等缺点，所以金属矿山使用较少。

（2）接力排水，如图 6-16b 所示。当下部涌水量小，上部涌水量大时，将下部水平的积水由辅助排水设备排至上部水平的水仓中，而后再由主排水设备排至地面。

这种排水系统的优点是下部辅助排水设备便于移动，缺点是当主排水设备发生故障时

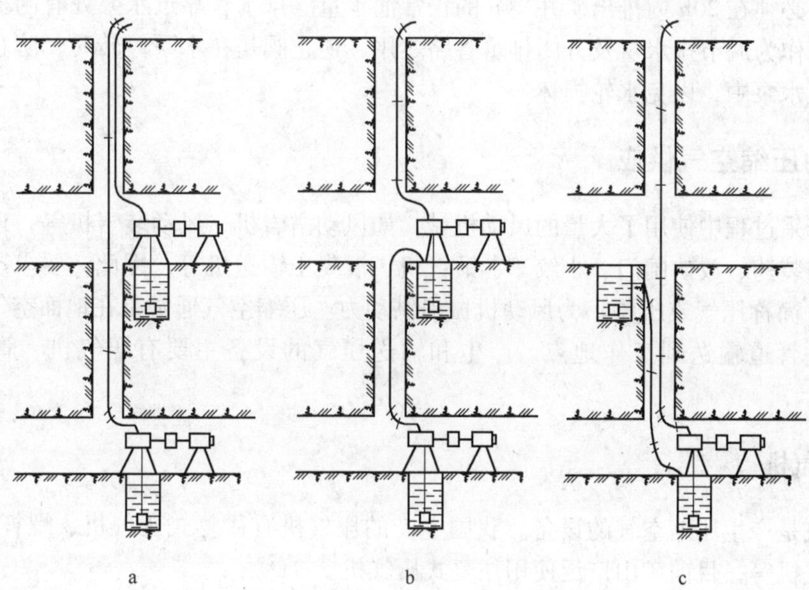

图 6-16　矿山排水系统示意图
a—直接排水；b—接力排水；c—集中排水

可能使上下各水平都被淹。它适用于深井或者上部涌水量大，下部涌水量小的矿井。

（3）集中排水，如图 6-16c 所示。当下部水平涌水量大、上部水平涌水量小时，可将上部水平的积水用下水井、下水钻孔或下水管道引入下部水平的水仓中，然后由主排水设备集中排至地面。

这种排水系统的缺点是上部水平的水流至下部水平损失了位能，增加了电能消耗，但是它有排水系统简单，基建费用低，管路敷设简单和管理费用低等优点，所以金属矿山使用较多。布置时，如果可能有突然涌水的矿井，主水泵不应设在最低水平。

6.3.3　排水设备

矿井排水设备主要包括水泵和排水管道及相应配件。

（1）水泵。矿用水泵一般为离心式水泵，如图 6-17所示。它主要是通过离心力的作用使水不断地吸入和排出。

单级水泵仅一个叶轮，扬升高度有限。当扬程大时，可用多级水泵，多级水泵是利用在一根轴上串联多个叶轮来增加扬升高度。矿用主排水设备为多级水泵。

（2）排水管。排水管一般都敷设在井筒的管道中间，当垂直深度在 200m 以内采用焊接钢管，超过 200m 可采用无缝钢管。

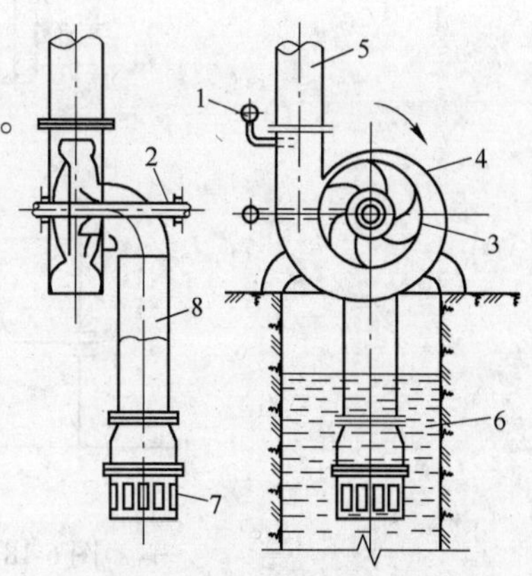

图 6-17　单级离心式水泵示意图
1—加水口；2—轴；3—叶轮；4—机壳；
5—排水管；6—吸水井；
7—吸水罩；8—吸水管

矿井的主排水管路至少敷设两条，一条不能使用时，另一条必须在20h内排出矿井24h的正常涌水量。排水管靠近水泵处有闸板阀和逆止阀。闸板阀作为调节排水量及开闭排水管路之用，逆止阀是在水泵停转时，防止排水管中的水倒流入水泵中，以免水轮损坏。

6.4 矿山压缩空气供应

矿床开采过程中使用了大量的风动机械，如风动凿岩机、风动装岩机等，还有一些机械设备，如装药、放矿闸门、小绞车、锻钎机、混凝土输送机等，因此，要求产生和输送压缩空气（简称压气或压风）为风动机械提供动力。压缩空气通常是在地面空气压缩站生产的，通过管道输送到工作地点。产生和输送压气的设备主要有压气机、管路和辅助装置。

6.4.1 压气机

压气机是产生压缩空气的设备。我国生产的压气机有往复式压气机、螺杆式压气机、离心式压气机等，目前矿山广泛使用往复式压气机。

如图6-18所示，往复式压气机是利用活塞在气缸中做往复运动来产生压气，为使排气压力满足风动机械的要求，矿用压气机都采用两级压缩。

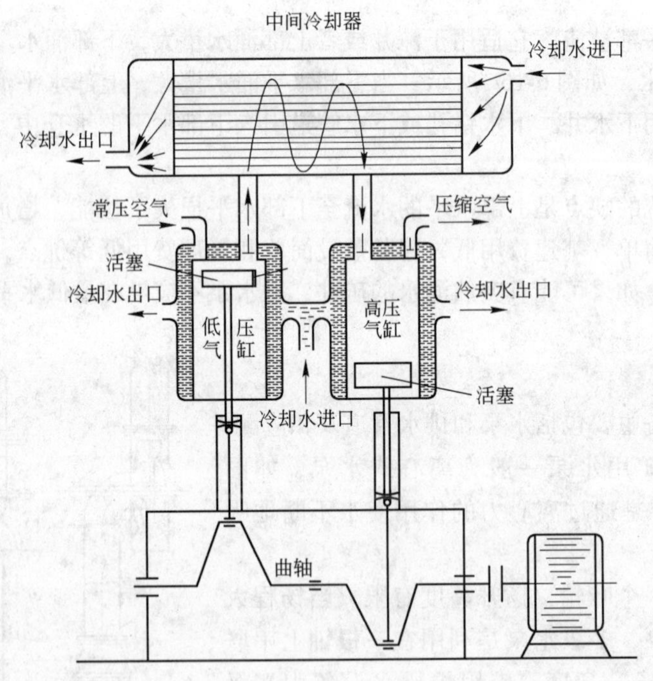

图6-18 往复式压气机工作原理示意图

压气机的主要技术特征是排气压力和排气量。国产矿用往复式压气机排气压力为0.7～0.8MPa，排气量有 $3m^3/min$、$6m^3/min$、$9m^3/min$、$10m^3/min$、$12m^3/min$、$20m^3/min$、$30m^3/min$、$40m^3/min$、$60m^3/min$、$90m^3/min$、$100m^3/min$ 等几种。

6.4.2 辅助装置

辅助装置主要有空气过滤器、风包和水冷却设施。

空气过滤器是净化空气的装置，它使空气中的尘土不致进入压气机以保证气阀、气缸壁、活塞等正常工作。

风包又称气罐，它是一个圆筒状的密封容器，设在压气机和管网之间，其作用是：(1) 缓和由于往复式压气机排送压气的不连续性而引起的压力波动；(2) 除去压气中所含的水分和润滑油；(3) 储藏压气，供压气消耗量增大或压气机停止运转时之需。

水冷却设施的作用是使水不断地在中间冷却器、气缸外水套中循环流动，以便不断地带走工作过程中产生的热量。流经中间冷却器和气缸外水套后的热水在冷却塔或喷水池中得到冷却，从而保证进入压气机的冷却水温度低而恒定。

6.4.3 管路

矿山压气管道的作用是输送压气。由于矿山使用压气的工作面很多，因此形成树枝状的管道网。管道一般为无缝钢管或对焊钢管。敷设在地面，主要开拓巷道等处不移动的干线管道可用焊接的方法连接，移动管道则可用套筒、法兰盘连接，风动机械与压气管网之间用挠性软管（风绳）连接。

6.4.4 压气供应系统

压气机、辅助装置及压气输送管道网组成矿山压气供应系统。

压气供应系统的布置主要取决于矿床开拓系统。一般压气机站都设在井口工业场地附近，从地表沿主井（主平硐）或副井（辅助平硐）向各阶段的井底车场、石门、主要运输平巷等敷设管道直至各采掘工作面。具体线路的确定以安装维修方便、线路短、压力损失小等为准。

7 固体矿露天开采技术及工艺

7.1 概述

露天矿是指用露天法开采矿床的矿山企业。露天采场是指用矿山设备进行剥离及采矿的场所。

由于矿床的埋藏条件和地形条件不同，依据露天开采境界地表封闭圈，可分为山坡露天矿和深凹露天矿。位于地表封闭圈以上的叫山坡露天矿，位于地表封闭圈以下的叫深凹露天矿，也叫凹陷露天矿。

露天开采是指依照矿床的赋存条件，用一定的采、装、运设备，在敞露的空间从事开采工作。有的矿床规模很大，埋藏较浅，甚至出露地表，只要将上覆岩层及部分围岩剥离掉，不需掘进大量的井巷就可以从地表直接挖掘出有用的矿物，这种矿床适合用露天开采。

露天开采可分机械开采和水力开采两种。

机械开采主要应用于坚硬岩石，采用穿孔爆破、采装、运输等机械开采。

水力开采主要开采砂矿和土状矿床，利用水枪放出的高速高压水流冲采和运搬矿石。

7.1.1 露天开采和地下开采相比的优点

(1) 基建期短、见效快。根据国内外金属矿山建设经验，建成一个大型露天矿，一般只需 2 ~4 年的时间，小型矿只需 3 ~4 个月，而建成同等规模的地下矿山，至少需要增加一倍的时间。

(2) 开采空间大、劳动生产率高。露天开采可采用大型或特大型、高效机械设备，有利于实现采矿机械化，从而大大提高开采强度，劳动生产率比地下开采高 2 ~10 倍。

(3) 开采成本低。由于露天矿作业范围大，有利于机械化开采，降低了采矿成本。一般来讲，露天采矿比地下采矿开采成本降低 200% ~300%。

(4) 矿石损失贫化较小。金属露天矿，矿石损失率一般为 3% ~5%，贫化率一般为 5% ~8%，而地下开采一般损失率为 15% ~25%，贫化率为 3% ~20%。因此，露天开采对充分回收国家矿产资源有利，尤其是对一些高温、易燃、多水的矿体，露天开采更具适应性和灵活性。

(5) 劳动条件好，生产比较安全。

7.1.2 露天开采和地下开采相比的缺点

(1) 由于露天开采是敞露作业，所以受气候影响大，暴雨、大雪等恶劣天气都有可能影响开采作业。

(2) 基建投资较大。由于露天开采采用大型机械设备，基建剥离量较大，加上矿山大量征用土地，往往导致基建投资较大。

(3) 矿山占地较多，对环境破坏大，工作中粉尘、噪声、废气等所造成的污染范围比地下开采大。

露天开采在经济、技术、安全等方面具有明显的优越性，只要条件允许，应优先考虑露天开采，这也是国内外总的趋势。但露天开采不能取代地下开采，从矿山技术经济方面衡量，当露天开采成本高于地下开采成本时，应选用地下开采，尤其是对埋藏较深的矿床，一般只宜选用地下开采。

7.2 露天矿开采的基本概念和步骤

7.2.1 基本概念

(1) 台阶。露天矿在开采过程中，必须将境界内的矿、岩划分成一定厚度的水平分层，以便由上向下逐层进行开采，这些阶梯状的工作面叫做台阶，如图 7-1 所示。每个台阶大多使用独立的穿孔和采掘设备。

因此，台阶也叫阶段，是指开采过程中为适应采掘设备及运输设备的正常作业要求，将覆盖层、围岩及矿体划分成一定高度的水平分层。这些分层在空间上构成阶梯状，每个阶梯就是一个台阶或阶段，台阶是露天采场基本构成要素之一。

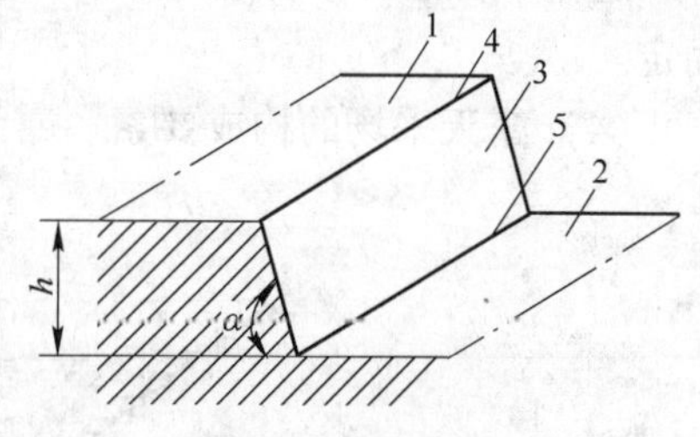

图 7-1 台阶组成高度

台阶是由以下要素组成:

上部平盘 1，台阶的上部水平面；下部平盘 2，台阶的下部水平面；台阶坡面 3，朝向采空区的台阶斜面；坡面角 α，台阶坡面与下部水平面的夹角；坡顶线 4，台阶坡面与上部水平面的交线；坡底线 5，台阶坡面与下部平盘的交线；台阶高度 h，上部平盘与下部平盘的垂直距离。

台阶上部平盘和下部平盘是相对的，一个台阶的上部平盘同时又是上一个台阶的下部平盘；台阶的命名是以开采台阶下部平盘的海拔高度表示的，即平常说的某某水平。金属露天矿的台阶高度一般为 10 ~14m。

(2) 采掘带和采区。露天矿在开采时，常将工作台阶划分成若干条带顺次开采，每一条带叫做采掘带。其宽度为挖掘机一次采掘实际岩体宽度，它由挖掘机的挖掘半径和卸载半径以及爆破参数确定。采掘带如果长度足够和必要，可沿长度划分成若干区段，各配置独立的采掘运输设备进行开采，这样的区段称采区，采区的长度是一台电铲所占的采掘工作线长度，如图 7-2 所示。

(3) 工作平盘、平台及其类型。工作平盘是指工作台阶上的平盘。平台是指非工作台阶上的平盘，它分为安全平台、清扫平台、运输平台。

安全平台是指为保持采场最终边帮的稳定性和阻截滚石下落而设置的平台。其宽度约为阶段高度的 1/3，有助于减缓最终边坡角。

清扫平台是非工作帮供清扫设备、清除落石的平台，每 2 ~3 个阶段设一个，其宽度依所用设备而定。

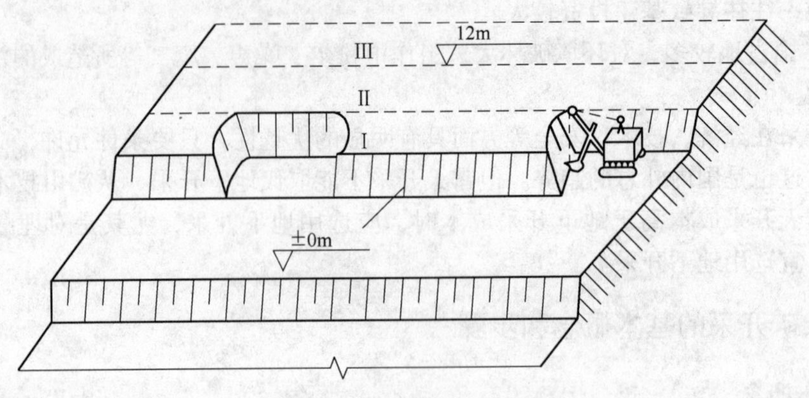

图 7-2 采掘带、采区示意图

运输平台是工作台阶与出入沟间供运输联系用的平台，其宽度依运输方式和线路数目而定。

（4）露天采场的构成要素。露天采场的构成要素如图 7-3 所示。

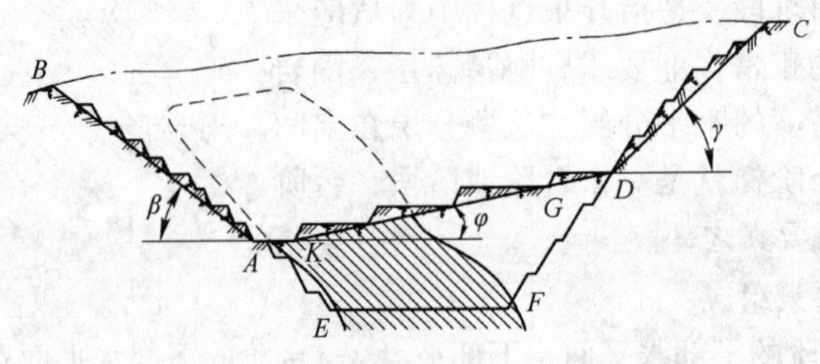

图 7-3 露天采场构成要素示意图

1）露天采场的边帮。即露天采场的四周表面，由台阶坡面、倾斜干线的坡面和平台所组成的表面总体。位于矿体顶盘的叫顶帮，位于矿体底盘的叫底帮，位于矿体走向两端的叫端帮。

2）露天采场的工作帮（*AD*）。正在进行开采和将要进行开采的工作台阶组成的边帮或边帮的一部分。工作帮的位置是不固定的，它随着开采工作的进行而不断地移动。

3）工作帮坡面（*KG*）。通过工作帮坡面最上和最下一个台阶的坡底线所作假想平面。

4）工作帮坡角（φ）。工作帮坡面与水平面的夹角。

5）露天采场非工作帮（*CD* 及 *AB*）。由已经结束开采工作的非工作台阶组成边帮或边帮的一部分。非工作帮的位置是固定不动的。

6）非工作帮坡面（*CD* 及 *AB*）。通过露天采场非工作帮最上一个台阶的坡顶线和最下一个台阶的坡底线所作的假想平面，它代表露天采场的最终位置，所以必须保持稳定。

7）露天采场最终边坡角（β 及 γ）。非工作帮坡面与水平面的夹角。

8）上部最终境界线（*B* 及 *C*）。开采结束时，非工作帮坡面与地表相交的闭合线。

9）下部最终境界线（*E* 及 *F*）。开采结束时，非工作帮坡面与露天矿底平面相交的闭合线。

10）露天矿最终境界。露天矿开采结束时，由其上下部最终境界所限定的位置。

(5) 露天矿山工程。露天矿生产是按一定的生产工艺过程进行的，这些工作总称为矿山工程。矿山工程又可以分为剥离工程和采矿工程。

剥离工程是将露天矿境界内影响采矿的岩石剥掉，并运出露天矿境界以外进行排弃，以保证采矿工作的正常进行。

一般新建的露天矿剥离和采矿工程是依次进行的，正常生产时则是同时进行。即遵循“采剥并举，剥离先行”的方针，以保证矿山正常、持续地完成矿石生产任务。

依照矿山工程的作用还可分为开拓、采准和扩帮工程。开拓工程是按设计中规定的开拓系统掘进倾斜的出入沟（如图 7-4 中的 *ABCD* 部分），以建立地面与采矿场各生产水平间的运输联系；然后掘进水平的段沟（*CDEF* 部分），以建立台阶开采的起始工作线，并在所开段沟一侧（或两侧）进行扩帮工程。以后各水平的开采程序和第一水平一样，即首先开掘出入沟，再开次水平的段沟，然后进行扩帮工程。

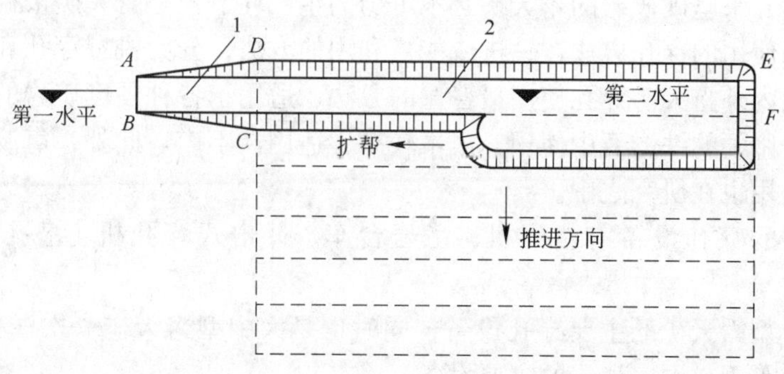

图 7-4 露天矿发展顺序

1—出入沟；2—开段沟

总之，露天矿多是由单一水平向多水平发展，逐步形成全矿的开拓运输系统。凹陷露天矿是从地表开始向下逐层开采，使用铁路运输时，运输干线也由浅而深，随矿山工程的发展逐步铺设，当露天矿开采终了时，运输干线才最终形成。

7.2.2 开采步骤

露天矿从建设到生产，大致需要以下几个步骤：

(1) 矿山地面准备。在矿区和地面设施范围内，清除各种天然的和人为的障碍物，如树木、房屋、河流、道路等。

(2) 矿体疏干排水。当矿体地下水很大时，为保证正常生产，要先行疏干地下水，使矿区内地下水降至生产所需的水平。在矿区范围内还应采用地面防水工程拦截引走地表水流。

(3) 矿山基本建设。矿山基本建设是指矿山投产前为保证矿山正常生产所完成的全部工程，包括形成供水供电，开拓运输系统，完成地面工业场地建筑和设施的建设以及基建剥离工程。

(4) 露天矿的正常生产。露天矿基本建设完成以后，即按一定的生产顺序和生产过程进行生产。

(5) 地表恢复利用。由于露天矿占用大量土地，所以露天矿开采结束以后，要对露天采场进行恢复覆土，以供农业利用，保护环境，保持生态平衡。

7.3 露天矿生产工艺

在金属露天矿生产过程中，矿山生产工艺由穿孔爆破、采装、运输和排土工作组成。

7.3.1 穿孔爆破工作

金属矿山的矿石和岩石一般比较坚硬，必须在矿石、岩石上进行穿孔，以便用炸药进行爆破，达到疏松和破碎岩石的目的，为采装、运输工作创造良好条件。

7.3.1.1 穿孔工作

穿孔工作是开采坚硬矿岩的露天矿必不可少的生产环节，是露天矿采掘作业的直接准备。露天矿目前使用的穿孔方法按钻进或能量利用的方法，分为机械穿孔和热力穿孔。机械穿孔是当前国内外露天矿穿孔使用最普遍的方法，适用于各种硬度矿岩的穿孔作业。热力穿孔法在十分坚硬的铁燧石中使用，成本较高，适用性不广。此外，声波穿孔和化学穿孔在露天矿的应用也在研究之中。

露天矿主要的穿孔设备有凿岩机、凿岩台车、冲击式穿孔机、潜孔钻机、牙轮钻机等。

凿岩机是小型露天矿的主要穿孔设备，同时也是大中型露天矿一次浅孔、二次破碎、边角根底处理及露天矿硐室凿岩的主要设备。

凿岩台车目前在露天矿应用的还不多，但它对提高凿岩效率、改善劳动条件、进行多品级矿石分采以及边坡处理、运输道路的修筑等工作是较为有利的。

冲击式穿孔机（也叫磕头钻）是20世纪60年代以前各国露天矿主要穿孔设备。由于它适应性差，只能打垂直孔，且需定时取渣，穿孔效率低，劳动强度大，目前已被逐渐淘汰。

潜孔钻机具有机动灵活，操作维修方便，作业成本低的特点，可以在中硬以上的矿岩穿凿各种不同倾斜度的炮孔。在穿凿大孔径炮孔时，排渣效果不良，因此，只适合在中小型矿山使用。

牙轮钻机能应用于各种硬度的矿岩，在坚硬以下矿岩中穿凿孔径在150mm以上的炮孔时，牙轮钻优于潜孔钻，牙轮钻机械化、自动化程度高，钻孔效率高，是目前国内外露天矿先进的穿孔设备。但牙轮钻在极硬矿岩中或穿凿50mm以下孔径的钻孔时，效率降低。

主要设备如下：

(1) 牙轮钻机。牙轮钻机是一种回转式钻机。穿孔时利用回转机构带动钻机回转，钻机的推压机构向钻具施加很大的轴压力，孔底岩石在这种动压和静压的作用下破碎。在回转破碎岩石过程中，用压缩空气（或将压缩空气和水混合）把钻孔中岩渣吹出，从而形成钻孔。图7-5是我国生产的KY-310型牙轮钻机。

牙轮钻机按其钻孔工艺，必须完成钻具回转、钻具加压和提升，用压缩空气吹排孔底岩屑，收集和捕捉由孔底排出来的岩尘，接卸钻杆，移车和稳车等工序和操作。

对整个钻机来说，最主要的工作机构是回转机构、钻具加压和提升机构。目前普遍采用的是顶部回转连续加压的机构，其特点是回转机构布置在加压小车上，小车可沿立架上下滑动，连续加压，故称滑架式，其加压方式多为封闭链—齿条式。此种钻机的机械化程度高，操作方便，辅助时间少，作业率高，钻孔效率高。牙轮钻机使用三牙轮合金柱钻头。

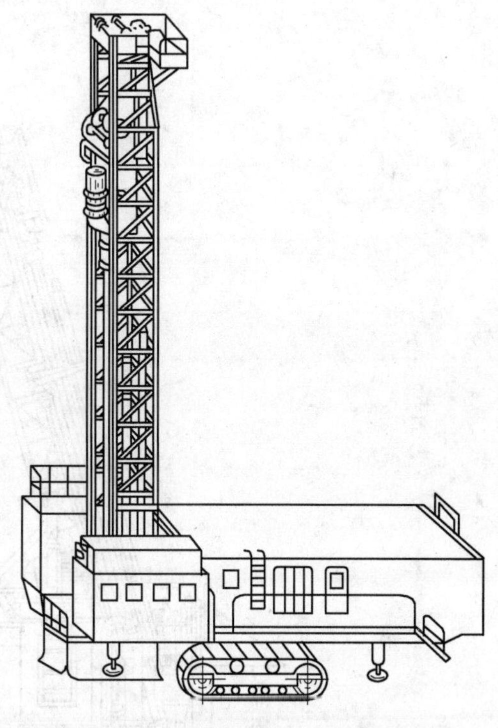
图 7-5　KY-310 型牙轮钻机

国外在硬岩和极硬矿岩中使用的牙轮钻机轴压多为 30 ~ 40t，最大为 60t，在软岩和中硬矿岩中为 20 ~ 30t。钻头直径为 310 ~ 380mm，最大达 444mm。国外矿山使用牙轮钻机每台年穿爆量可达 600 ~ 1000 万吨，每月可穿孔 7000 ~ 10000m。

为了适应露天矿大型装运设备的发展，并能在极硬岩石中穿孔取得较好的技术经济指标，牙轮钻机的发展趋势是加大轴压和孔径，增加回转功率和扭矩，采用高钻架，以便钻孔过程中不需要接钻杆。另外，设法提高钻头使用寿命和钻机的自动化程度。

（2）潜孔钻机。潜孔钻机是一种冲击回转式钻机，凿岩时把产生冲击作用的气动装置——冲击器和钻头潜入孔底，随着孔深的增加，冲击器和钻头随之向孔底进行冲击并推进，同时钻杆在上部回转机构的带动下进行回转，使钻头对孔底产生剪切作用形成钻孔。这种钻机既可钻垂直孔，又能钻倾斜孔。图 7-6 是 KQ-150 型潜孔钻机。

由于潜孔钻机具有结构简单，穿孔速度较快，机械化程度高，可以打倾斜孔，制造费用低等优点，在金属露天矿山得到广泛的应用，特别是中、小型矿山和需要分采的矿山使用潜孔钻机较多。

（3）火钻。在国外个别矿山使用火力钻机作为坚硬矿岩的穿孔设备。火力钻机按其使用的氧化剂不同可分为氧气火钻和压气火钻。

火钻穿孔原理是以喷气技术为基础，用类似火箭发动机推力室的火焰燃烧器，在纯氧中燃烧炭化氢（如 2 号柴油或煤油），以高温（2480° ~ 3200°）和高速（超声速：1800 m/s）的火流喷向岩石表面，使岩石在热应力作用下，骤热、膨胀、碎裂、剥落而成孔，并不是将岩石熔化。

火钻适宜于含矽较多的极硬而又致密的矿岩（如铁燧石岩、磁铁石英岩、辉长岩、花岗岩和石英岩等）中穿孔，但对裂隙发达的岩石以及黏土含量超过 2% ~ 4% 的岩石，不宜采用火钻。火钻在极硬岩石中穿孔效率很高，但要消耗大量氧气和柴油，所以成本太高。为了降低火钻的穿孔费用，一些国家使用压缩空气代替氧气，可降低成本 50%。

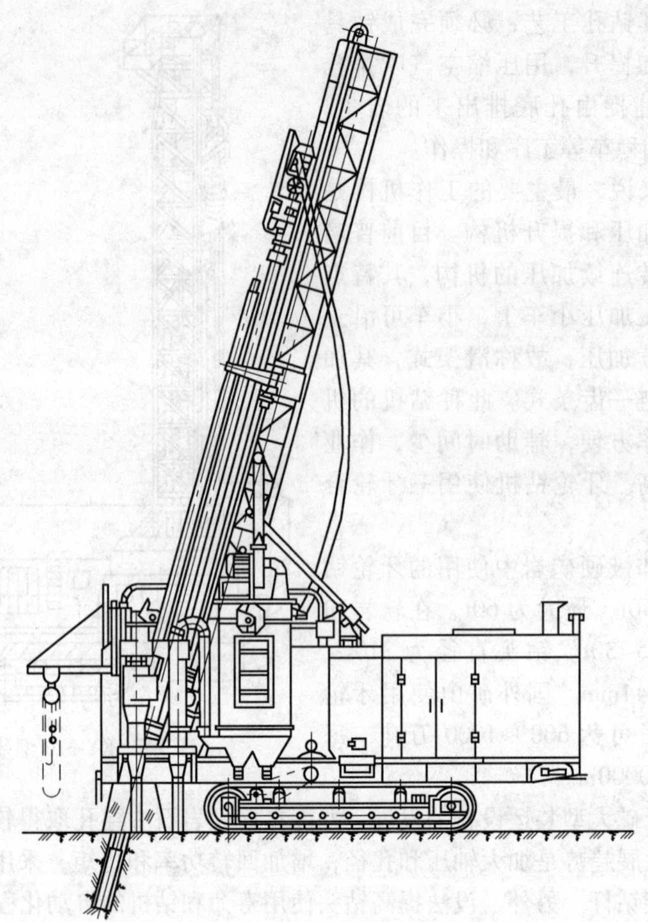

图 7-6 KQ-150 型潜孔钻机

7.3.1.2 爆破工作

露天矿爆破工作是把矿岩从整体上崩落下来，并按工程要求破碎成一定块度，抛掷堆积成一定的形状，其目的是为随后的采装工作提供适宜的挖掘物。露天矿爆破的主要特点是台阶作业线长，工作面较宽、开采机械化程度高，强度大，一般具有两个或更多的自由面。

露天矿爆破工作的好坏，对采装工作影响很大，要求爆破后的爆堆集中，爆破的矿岩块度应满足采装设备的要求，尽量减少根底和大块，保证工作平盘平整，还必须努力降低爆破材料消耗和穿爆费用。

A 爆破方法

露天矿常用的爆破方法有深孔爆破、浅孔爆破、硐室爆破、药壶爆破、外覆爆破等。

浅孔爆破主要用于小型露天矿的爆破作业和大中型矿山的辅助爆破作业。浅孔孔深为 3 ~ 5m，孔径为 25 ~ 75mm。

深孔爆破是中大型露天矿常用的主要爆破方法，部分小型露天矿也有应用。深孔孔深一般为 10 ~ 15m，孔径为 75 ~ 300mm。深孔爆破钻孔布置有垂直孔和倾斜孔两种，根据需要还可以采用单排或多排孔爆破方法。为了获得较好的爆破效果，应合理地确定爆破参数，采用多排孔微差爆破。

硐室爆破主要用于露天矿基建和一些特殊情况，少数穿孔能力小的采石场也用硐室爆破作为生产爆破的主要手段。

药壶爆破也称葫芦炮或坛子炮。它是在炮孔底部用少量炸药把炮孔底部扩成空腔，既可多装药，也能变延长药包为集中药包，以增强其抛掷效果及克服台阶底板阻力的爆破方法。药壶爆破用于穿孔工作困难条件下，以减少钻孔工作量，克服较大的抵抗线，一般与浅孔爆破结合使用，以降低大块率。

外覆爆破（也叫糊炮）即在岩石的表面放上一定量的炸药进行爆破的方法，主要用于二次破碎和处理根底。

近年来，露天矿使用的爆破方法，由单排孔爆破向多排孔微差爆破发展，并在金属露天矿得到普遍应用。微差爆破是将炮孔分组起爆，各组之间间隔延迟若干毫秒（千分之一秒），先爆部分为后爆部分岩石创造自由面，而且，先爆岩石对后爆部分产生挤压作用。因此，多排孔微差爆破增加了每次爆破的矿岩量，爆破时，在相邻钻孔的爆破波相互挤压下，使岩石破碎均匀，产生的根底和大块少，地震作用减少，爆堆比较集中，从而有利于提高采装效率、减少爆破次数，并提高了挖掘机纯工作时间及效率。金属露天矿一般同时爆破4～6排，有的多达8～10排，一次爆破约为30～40万吨矿岩，国外有的高达100～200万吨。由于采用多排孔大区微差爆破和高威力炸药，使爆破效果大大提高，大块产出率大大降低，为采装工作创造了有利的工作条件。

B 穿爆参数

露天矿的穿爆参数如图7-7所示。包括孔径 d、底盘抵抗线 $W_{底}$、孔距 a、排距 b、超

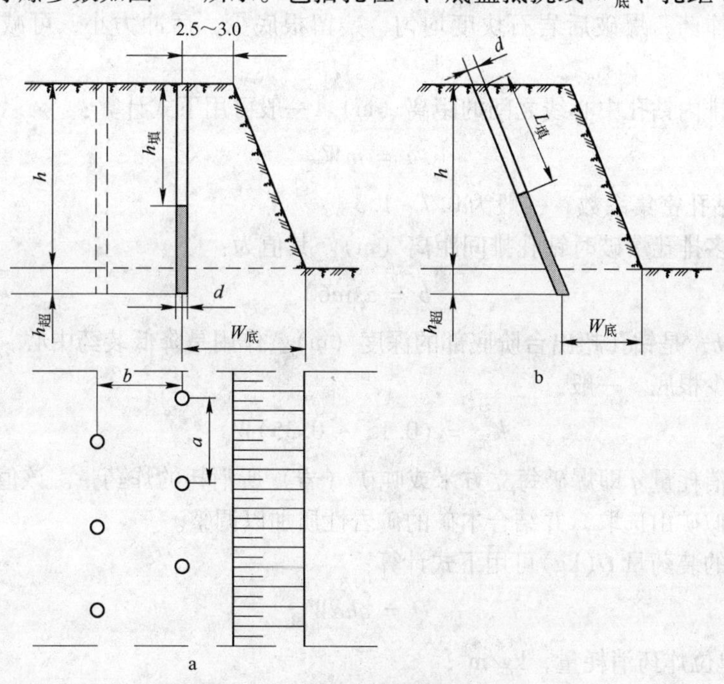

图7-7 钻孔布置及爆破参数

a—垂直孔；b—倾斜孔

钻深度 $h_{超}$、填塞长度 $L_{填}$ 以及单位炸药消耗量 q。

孔径 d 是根据矿岩性质、矿山生产能力所选用的穿孔设备而确定的。

底盘抵抗线 $W_{底}$ 是由钻孔中心线到台阶坡底线的水平距离（m）。根据实际经验，底盘抵抗线可按下式选择：

$$W_{底} = (0.6 \sim 0.9)h \tag{7-1}$$

式中 h——台阶高度，m，一般为 10 ~ 12m。

采用垂直孔时，底盘抵抗线大，爆破时底部岩体阻力较大，往往平盘上残留根底较多。并且后冲力加大，增加台阶的龟裂程度，影响采装和穿孔工作。图 7-8 所示为爆破后残留的根底。

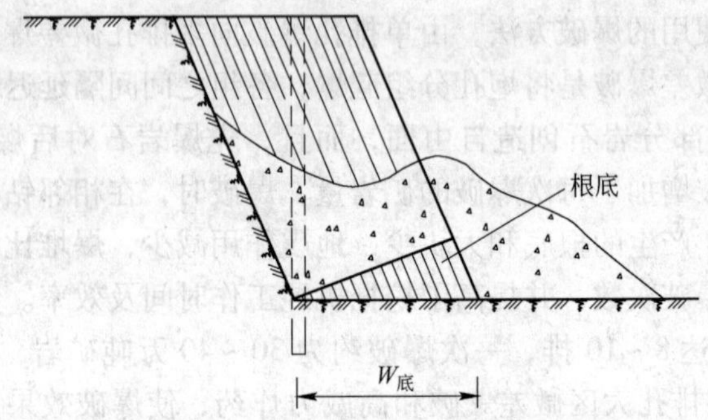

图 7-8 爆破后台阶上残留根底

采用倾斜孔爆破时，因钻孔的倾斜方向与台阶坡面一致，所以，底盘抵抗线小并且均匀，故可节省炸药，爆破后岩石块度均匀，残留根底少，后冲力小，可减少台阶的龟裂程度。

孔距 a 是排内钻孔中心线之间的距离（m）。一般可用下式计算：

$$a = mW_{底} \tag{7-2}$$

式中 m——钻孔密集系数，一般为 0.7 ~ 1.3。

排距 b 是多排孔爆破时钻孔排间距离（m）。其值为：

$$b = a\sin 60° \tag{7-3}$$

超钻深度 $h_{超}$ 是钻孔超出台阶底部的深度（m）。作用是降低装药中心，克服底盘岩石的阻力，以减少根底。一般

$$h_{超} = (0.15 \sim 0.35)W_{底} \tag{7-4}$$

单位炸药消耗量 q 即爆破每立方米或吨矿（岩）所消耗的炸药量。该值一般按照和本矿岩石性质类似矿山选取，并结合本矿的矿岩性质加以调整。

每个钻孔的装药量 Q(kg)可用下式计算：

$$Q = qhaW_{底} \tag{7-5}$$

式中 q——单位炸药消耗量，kg/m^3；

其他符号意义同前。

露天矿深孔爆破，为了计算方便和有利于减少根底起见，一般不用最小抵抗线而用底

盘抵抗线，即炮孔中心至台阶坡底线的最小水平距离。底盘抵抗线过大，将使残留根底增多，后冲力也增大；底盘抵抗线过小，不仅增大了穿孔工作量，浪费炸药，还会使穿孔机距台阶坡顶线过近，作业不安全。

7.3.2 采装工作

采装工作是指用装载机械将矿岩从其实体中挖掘出来，并装入运输容器内或直接倒卸至一定地点的工作。

采装工作所用的设备使用最广泛的是单斗挖掘机，小型露天矿有装岩机、电耙等设备。近几年来，前装机和轮斗式挖掘机有了一定的发展，但仍未能改变露天矿单斗挖掘机采装的统治地位。

7.3.2.1 单斗挖掘机

单斗挖掘机种类繁多，按铲斗与悬臂连接方式可分为刚性连接的机械铲和挠性连接的绳斗铲。前者又分为正铲、反铲和刨铲，后者又分为索斗铲和抓斗铲。按挖掘动力设备的种类可分为电力的、柴油的和柴油-电力的。按行走装置类型可分为履带式、步行式和轮胎式。

机械铲按用途可分为装载机械铲和剥离机械铲。

装载机械铲主要用于向运输设备采装矿岩，它有完善的结构，相当大的强度和挖掘力，可以采掘各种不同硬度的矿岩，并能准确地往自卸汽车、铁路车厢和装载点倒装，可以用于露天矿的采矿、剥离、排土、掘沟、倒装等工作，是露天矿应用最广泛的一种采装设备。

剥离机械铲主要应用于无运输开采方法的剥离工作。剥离铲的主要特点是有很大的工作参数和斗容。对于表土、软岩或脆性岩石的剥离，国外已越来越多地采用剥离机械铲，在适宜的矿床赋存条件下，采用剥离机械铲向采空区排弃废石，可以使露天矿获得很大的产量和很高的劳动生产率，并且能降低矿石的成本。

单斗挖掘机的装车方式有向放置在挖掘机所在水平侧面的铁路车辆或自卸汽车卸载的侧面平装车、向上水平铁路或汽车自卸车辆卸载的侧面上装车以及端工作面尽头式平装车，此外，也可以进行倒堆作业。

7.3.2.2 单斗挖掘机的工作规格

机械铲主要工作参数有挖掘半径 $R_{挖}$、最大挖掘半径 $R_{挖最大}$、挖掘高度 $H_{挖}$、卸载半径 $R_{卸}$、卸载高度 $H_{卸}$、下挖深度 $h_{挖}$ 等，如图 7-9 所示。

(1) 挖掘半径 ($R_{挖}$)。挖掘机从机械铲回转中心线至铲齿切割边缘的水平距离。

(2) 最大挖掘半径 ($R_{挖最大}$)。是铲杆最大水平伸出时的挖掘半径，站立水平的挖掘半径是铲斗平放在机械铲站立水平时的最大挖掘半径。

(3) 挖掘高度 ($H_{挖}$)。挖掘时机械铲站立水平到铲齿切割边缘的垂直距离；最大挖掘高度 ($H_{挖最大}$) 是铲杆最大伸出并提到最高位置时的挖掘高度。

(4) 卸载半径 ($R_{卸}$)。卸载时从机械铲回转中心到铲斗中心的水平距离；最大卸载半径 ($R_{卸最大}$) 是铲杆最大水平伸出时的卸载半径。

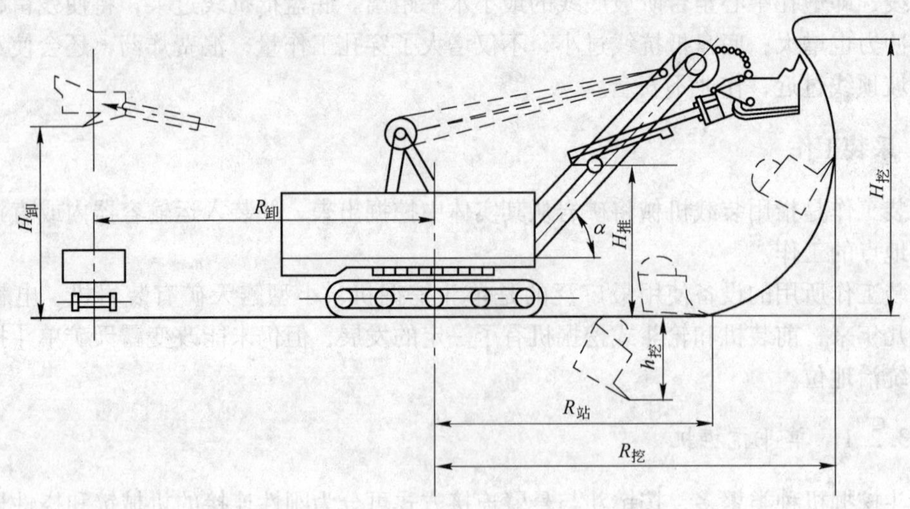

图 7-9 铲运机工作参数示意图

(5) 卸载高度（$H_{卸}$）。卸载时从机械铲站立水平到铲斗打开的斗底下缘的垂直距离。最大卸载高度（$H_{卸最大}$）是铲杆最大伸出并提升到最高位置时的卸载高度。

(6) 下挖深度（$h_{挖}$）。在向机械铲所在水平以下挖掘时，从站立水平到铲齿切割边缘的垂直距离。

7.3.2.3 采掘工作面参数

露天矿生产过程中，为了保证挖掘机的工作安全和提高采掘效率，必须合理确定采掘工作面参数。工作面参数包括工作面高度、采掘带宽度和采区长度。

(1) 露天矿工作面高度。在不需爆破的软岩中即为台阶高度，需要爆破的岩石中是指爆堆高度。工作面高度受矿岩性质及埋藏条件、穿爆方法、挖掘机规格等限制，但主要决定于挖掘机规格，要求既能保证挖掘机的工作安全，又能提高其工作效率。

按挖掘机工作安全要求的工作面高度，在挖掘不需爆破的松软岩石时（图 7-10a），一般不应大于挖掘机的最大挖掘高度 $H_{挖最大}$。若挖掘爆破后块度不大的矿岩时，爆堆高度应不超过最大挖掘高度的 1.2～1.3 倍（图 7-10b）。按照满斗的工作面高度，一般不应低于挖掘机推压轴高度的 2/3。

(2) 采掘带宽度。采掘带宽度是把台阶或爆堆划分为若干个具有一定宽度的条带以便进行采掘，如图 7-10。为了提高挖掘机效率，挖掘机向里侧挖掘时回转角度不得大于 90°，向外侧应不得大于 30°，否则不易满斗。因此采掘带宽度：

$$A = (1.0 \sim 1.5) R_{站} \tag{7-6}$$

式中 $R_{站}$——挖掘机站立水平的挖掘半径，m。

当采掘爆堆时，根据一次爆破量多少和采掘带宽度可分为“一爆一采”、“一爆两采”和“一爆多采”（多排孔微差爆破）。

“一爆一采”即爆破后挖掘机一次采完爆堆全宽，此种方式每次爆破量少，致使爆破次数增加，挖掘机避炮和移道时间增多，纯工作时间减少。

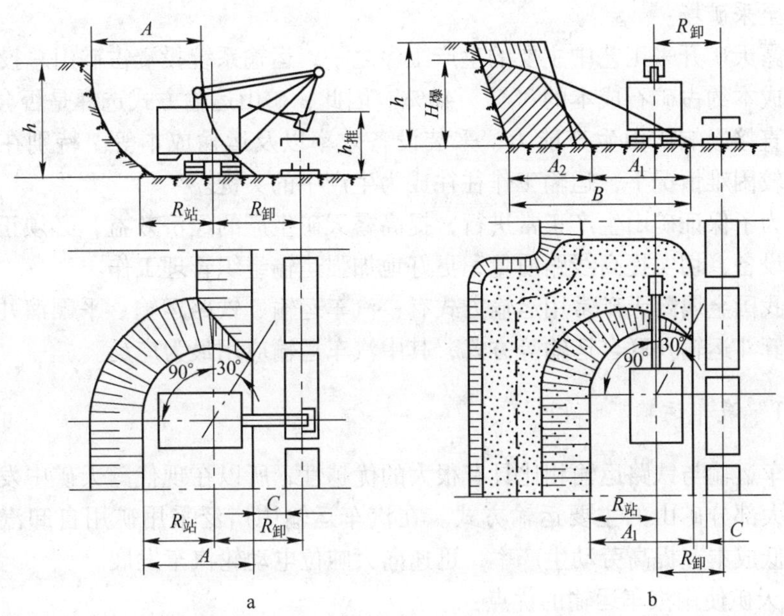

图 7-10　采装工作面示意图

a—松软矿岩采装工作面；b—坚硬矿岩采装工作面

“一爆两采”是在爆堆全宽上分两次采掘，第一次采掘宽度和第二次采掘宽度都不应大于挖掘机工作规格可能的采掘宽度，如图 7-10b 所示。

“一爆多采”是在大爆区多排孔微差爆破的情况下应用，一次爆破量大，可以使挖掘机得到充分利用，但穿孔工作必须跟上，以保证有相应的爆破矿岩量。

第一次采掘带宽度 A_1（m）是：

$$A_1 = f(R_{站} + R_{卸最大}) - C - 0.5b \tag{7-7}$$

式中　f——挖掘机工作规格利用系数，一般 $f \leqslant 0.9$；

C——爆堆坡底线至运输设备边缘距离，一般 $C = 1 \sim 1.5$。

第二次采掘带宽度 A_2(m)是：

$$A_2 = B - A_1 \tag{7-8}$$

采掘带宽度不应大于挖掘机工作规格可能的采掘宽度。所以，应合理地确定爆破参数，控制爆堆宽度，使之有利于提高挖掘机效率。

(3) 采区长度。采区长度是指挖掘机工作线长度，它是沿工作台阶划归一台挖掘机采掘的那部分长度。当工作台阶较长时可分为几个采区同时工作。根据露天矿生产经验，每爆破一次应保证挖掘机有 5 ~ 10 天以上的采装爆破量。通常将采区划分为三个作用分区，即采装区、待爆区、穿孔区。

为了满足不同运输方式的要求，对汽车运输时，采区的最小长度可允许 150 ~ 200m，而铁道运输时，采区长度一般不得小于列车长度的 2 ~ 3 倍，即不小于 400m。

7.3.3　运输工作

露天矿运输是把露天采矿场的矿石和岩石分别运至选矿厂和排土场，并将炸药和有关设备材料运至采矿场。

运输是露天矿开采工艺中主要的生产工序之一，运输系统投资占矿山总投资的40% ~ 60%，运输成本约占矿石成本的30% ~40%。因此，矿山运输方式选择是否合理，运输组织的好坏，直接影响矿山生产能力、采装设备效率以及运输成本等。特别在运输量比较大，条件比较困难情况下，运输工作往往成为生产中的关键。

因此，为了保证矿山生产正常进行，提高露天矿生产的经济效益，必须正确选择运输方式和运输设备，切实提高线路质量，更好地加强运输组织管理工作。

目前，我国金属露天矿常用运输方式有：汽车运输、铁路运输、平硐溜井、胶带卷扬运输、斜坡箕斗运输及联合运输等方式，其中汽车运输应用最为广泛。

7.3.3.1 汽车运输

由于汽车运输与铁路运输相比具有很大的优越性，所以在现代露天矿中发展很快，已成为国内外大部分矿山的主要运输方式。在汽车运输中广泛采用矿用自卸汽车。近些年来，为了降低成本，提高劳动生产率，迅速向大吨位电动轮汽车发展。

（1）露天矿使用汽车运输的优点：

1）汽车运输可以与挖掘机有效的配合，灵活性大，使采装设备效率提高，可使台阶上同时工作的挖掘机数增加，因此，提高了矿山的采矿能力。

2）汽车运输曲率半径小，最小曲率半径可达9 ~ 10m，是标准轨铁路运输的1/8 ~ 1/10。爬坡能力大，重载上坡的坡度达10% ~15%，比铁路运输大3 ~5 倍。

3）适于开采地形复杂，矿体走向长度短，分散和多品种矿体。

4）基建时期短，又因公路坡度大，修建公路比铁路的线路长度可以短30% ~50%。基建投资较少，需要修建的公路短，所以修建公路的总投资少。

（2）露天矿使用汽车运输的缺点：

1）汽车运输吨公里运输费较高。由于汽车运输费用高，必须确定合理的运距。但随自卸汽车吨位加大，运输费相应减少，合理运距不断扩大。

2）对公路质量要求较高，若线路质量不能保证，必使轮胎磨损严重，汽车寿命降低。

3）受气候影响大，特别是在雨季、冰雪天气，汽车运行困难。

4）汽车维修和保养工作量大，轮胎寿命短，消耗量大。

（3）汽车运输对道路和汽车的要求

1）道路路基具有足够的强度和稳定性。

2）路面具有一定的平整性和粗糙度。

3）线路应具有合理的坡度和曲率半径，充分发挥汽车的效率。

4）矿用汽车要求载重量大，爬坡能力强，机动灵活，运行速度快，卸载方便，能耗低，性能完好，适合多种气候下工作。

（4）汽车运输线路类型。汽车运输线路按生产性质可分为运输干线、运输支线和辅助线路三类；按服务年限又分为固定线路、半固定线路、移动线路三类；按行车密度、年运输量、行车速度分为Ⅰ、Ⅱ、Ⅲ级，Ⅰ级线路要求最高。

运输干线是指采场内各阶段通往卸矿点或排土场的共用道路；

运输支线是指与开采阶段或排土场相连的道路，以及一个开采阶段到卸矿点或排土场的道路；

辅助线路是指通往矿区范围内的附属厂和辅助设施的各类道路。

固定线路是指设在深凹露天矿最终边帮上的运输线路以及总出入车沟口至粗碎站或至排土场的线路；

半固定线路是指设在露天矿范围内外的，作为山坡露天矿各开采水平分支线与粗碎站、排土场等联系的线路；

移动线路是指设在各开采水平工作面上的联络运输线路，排土场的工作面线路，以及设在露天矿内的，联系各开采水平的分支线。它随着开采水平的下降和工作面的推进面消失。

7.3.3.2 铁路运输

铁路运输是我国露天矿所占比重较大的一种运输方式。它又分为标准轨和窄轨铁路运输两种。标准轨距为1435mm，用于大、中型露天矿，小于标准轨距的铁道统称为窄轨铁道，窄轨铁路运输适用于小型露天矿。

铁路运输主要适用于储量大，采场面积大，运距长和运量大的露天矿。

(1) 铁路运输的优点：

1) 运输能力大，可以和国有铁路直接办理行车业务，简化了装卸工作。

2) 运输设备和线路结构坚固，便于维修，运输费用随运距增加而降低。

3) 设备和线路比较坚固，备品配件供应可靠。

4) 运输成本低廉。

(2) 铁路运输的缺点：

1) 对线路坡度、曲率半径要求较严，采矿场和排土场内线路铺设和移动困难，运输组织复杂，影响挖掘机效率。

2) 基建投资大，基建时间长。

3) 受矿体埋藏条件和地形条件影响大，灵活性差。

4) 随着露天矿开采深度增加，运输效率显著下降。

(3) 铁路运输线路和运输能力：

1) 露天矿铁路运输线路的特点及对线路的要求。线路坡度大，转弯多，平曲线半径小，行车困难；线路服务年限短，线路区间短，移动线路多，标准低，行车速度慢；运输距离和运输周期短，行车密度大，不易按行车图表行车等。

因此，运输线路质量的好坏，对运输工作的影响特别大，并因此而影响其他生产工艺。要求线路的路基稳固，转弯处和换坡点必须保证行车平稳和安全，必须加强线路的养护工作。

2) 线路通过能力和运输能力。为了保证行车安全，调剂车流，加大线路的通过能力，用分界点（车站、会让站、线路所及色灯信号机等）把线路划分成区间。

线路通过能力，就是指单位时间内通过线路区间的列车对数（一列空车和一列重车为一对）。

线路运输能力，是指列车在单位时间内通过区间的货载量。对一定的线路系统来说，通过区间列车数越多，运输能力就越大，露天矿的生产能力也高。

线路的通过能力或运输能力，是按运输条件最困难的区间来确定的，这个区间叫做限制区间。它多因区间长度大、坡度陡、弯道多，或者线路数目少，而造成行车困难。

7.3.3.3 铁路、公路联合运输

A 联合运输的特点

铁路和公路联合运输具有运输成本低，充分发挥铁路长运距、大运量的特点和汽车灵活、基建投资少的特点。

在单一铁路运输系统中，对孤立山包的开采、布线困难，或采用铁路运输不经济时，用汽车运输作为短期措施。在深凹露天矿开采中，以汽车进入堑沟铁路运输，能加快新水平准备时间，加快采掘下降速度。随着开采的延深，深凹露天矿采场逐渐变窄，铁路展线困难，可采用汽车运输以下水平的矿岩。

B 联合运输的倒装形式

(1) 直接倒装。由汽车直接卸入车辆中，形式简单、投资少。但铁路与公路车辆互相等待，影响设备效率，且倒装时漏矿严重，增加了清理工作量。

(2) 电铲倒装。电铲倒装是常用的倒装形式。它能利用转载场地的贮矿堆均衡运输能力，提高运输设备效率，但电铲倒装需增加电铲设备投资，倒装费较高，一般用于转载量不大的场地。

(3) 矿槽倒装。矿槽倒装具有倒装费用低、装车时间短、倒装量大的特点，但需增加矿槽的基建投资，一般用于年限长、转载量大的倒装场。

7.3.3.4 胶带运输机运输

胶带运输机在国民经济的各个领域中早已广泛应用。由于它的运输能力大、爬坡能力强、运输连续性，与汽车和铁道运输比较可以缩短运距，降低成本，提高劳动生产率，是露天矿理想的连续、高效的运输设备。

目前国内外的高强度胶带运输机有两种类型，即钢绳胶带运输机和钢绳芯胶带运输机。

钢绳胶带运输机在胶带两边设有绳槽，支撑在钢绳上，靠钢绳绳槽的摩擦力，由钢绳牵引运行。

钢绳芯胶带运输机的胶带在槽型托滚上运行，钢绳芯体承受全部张力，较钢绳胶带运输机有更多的优越性。这种胶带运输机的特点和优点主要是强度大，单机长度大，适用于长距离、大倾角运输；同时成槽性好，延伸率小，动力性能好，胶带寿命长，可以用X光检查芯体等。

胶带运输机在露天矿的应用，大致有轮斗式挖掘机—胶带运输机系统、推土机—格筛—胶带运输系统、前端式装载机—移动式破碎机—胶带运输机系统、挖掘机—汽车破碎机—胶带运输机系统等几种类型。

7.3.4 露天矿排土

露天矿开采过程中，将覆盖在矿体上部及周围的表土和岩石剥离后，需运到一定的地点排弃，这种工作叫排土工程。堆积这些废岩和表土的专设场地叫排土场或废石场。

排土工作的任务就是在排土场上，运用合理的工艺，排弃从露天矿采场采出的岩土，以保证采矿工作的正常持续均衡地进行。采用不同运输方式所用排土机械也不同，铁路运输常用电铲排土法、推土犁排土法、挖掘机排土法。汽车运输时主要用推土机排土法。小型露天矿可用小型机械和人工排土。

7.3.4.1 排土场

根据排土场和露天采场的相对位置，把位于露天矿境界以外的排土场叫外部排土场，把位于露天矿采空区内部的叫内部排土场。

内部排土场是一种最经济的排土方式。它不仅具有岩石运距短、剥离费用低的优点、而且减少了矿山排土场的用地，对于复垦露天采空区也有好处。对开采缓倾斜薄层矿床，深度在30～50m以内，矿体倾角小于50°～10°的矿体适于开辟内部排土场，对于急倾斜厚矿层矿床，若一个采场有两个开采深度不同的底平面或一个矿区几个采场，经过技术经济论证，通过有计划编排采掘进度，也可以有意识地开辟内部排土场。

选择排土场应考虑的因素：

(1) 尽可能采用内部排土及采用临时排土场。

(2) 不占良田，少占耕地，尽量利用山坡、山谷的荒地，避免村庄的迁移。

(3) 在不影响矿山发展的情况下，尽可能靠近采场布置排土场，以便减少运距。

(4) 场地应在居民区、工业场地的下风侧或最小风侧及生活水源的下游，以免造成环境污染。

(5) 场地不应截断山洪和河流，避免设在水文地质复杂的地段，以保证排土场的稳定。

(6) 排土场中有可能再利用的部分要考虑回收时装运的方便。

(7) 排土场地可分散布置，以利于多出口运输，疏散通过能力，缓和排弃高峰。

(8) 场地的选择有利于征用土地的复垦。

7.3.4.2 排土设备

(1) 电铲排土。电铲排土具有排土能力大，移道工作量少等特点，但初期投资大，适用于以铁路运输的大型露天矿，尤其是南方多雨地区及岩石松软的矿山。电铲排土段分为上下两个分台阶，电铲在下部分台阶的平盘上。车辆位于上部分台阶的线路上，将土翻入受土坑，由电铲挖掘并堆垒，在堆垒过程中，挖掘机沿排土工作线移动。

(2) 推土机排土。汽车推土机排土具有工序简单、堆置高度高，能充分利用排土场容积、排弃设备机动性较高，基建投资和经营费用少等特点。适用于汽车运输的露天矿。

汽车推土机排土工序有汽车翻卸土岩、推土机推土、平整工业场地、整修排土场公路。

(3) 排土犁排土。排土犁是一种行走在轨道上的特殊车辆，车身一侧或两侧装有大翅板和小犁板，前部有分土犁板。不工作时，翅板和犁板紧贴车体，排土时靠气缸将它顶开而伸成一定角度。随着排土犁在轨道上行走，翅板就将堆置在旁侧的土岩向下推排。小犁板可向下放低于轨道面，这样可防止岩块滚入轨道。排土犁自身没有动力，靠机车牵引，压气由机车提供。

排土犁排土具有工艺简单、投资少、成本低、排土线长、翻卸速度快等特点，但其线路移设步距小，移设频繁，工作量大，质量差，易发生掉道事故，同时排土台阶稳定性较差，从而使排土高度受到限制，适用于坚硬岩石、排弃量不大、且有足够场地的矿山。

排土犁排土的工序有：列车翻卸土岩、排土犁推排土岩、整修平台及边坡、移设路线。

(4) 挖掘机排土。将排土台阶分成两个分台阶，挖掘机站在下部分台阶的上盘，装满土岩的列车位于上部分台阶的线路上，每个车辆分别向受土坑卸岩土，然后由挖掘机向下部分台阶和上部分台阶堆置。随着堆置，挖掘机沿排土线逐渐移动，直到堆完并平整好新排土线为止，再用吊车将铁路移到新的位置上。

7.4 露天矿开拓

露天矿在开采过程中，必须划分为若干水平分层进行生产。露天矿开拓的目的是为了建立地面到各个工作台阶，以及各个台阶之间的通路，形成露天矿到选矿厂、排土场、工业广场之间的运输系统，以保证矿山采矿、剥离、开拓工作的正常进行。

露天矿床开拓是矿山生产建设中的一个重要问题。所选择的开拓方法合理与否，直接影响到矿山的基建投资、建设时间、生产成本和生产的均衡性。因此，研究合理的开拓方法，对于多快好省地建设矿山和持续地发展生产具有重要的意义。

露天矿床开拓与运输方式和矿山工程的发展有着密切联系，而运输方式又与矿床埋藏的地质、地形条件、露天开采境界、生产规模、受矿点和排土场位置等因素有关。所以，露天矿床开拓问题的研究实质上就是研究整个矿床开发的程序，综合解决露天矿场的主要参数、工作线推进方式、矿山工程延深方向、采剥的合理顺序和新水平准备，以建立合理开发矿床的运输系统。

露天矿床开拓方法分类有几种，目前主要是以运输方法分类，我国金属露天矿开拓方法可分为：铁路运输开拓、公路运输开拓、平硐溜井开拓、斜坡卷扬开拓、胶带运输机运输开拓和联合开拓。

7.4.1 铁路运输开拓

铁路运输开拓在我国的露天矿中仍占很重要地位，一般当露天矿的运量大、地形坡度在30°以下，比高在200m以内时，采用铁路单一运输开拓法具有明显的优越性，其通用性较强，运输能力大，运营费用低，运输设备及线路结构坚实，工作可靠，易于维修，作业受气候条件的影响较小，并且它能与国有铁路直接接轨，简化装卸工作，对于满足埋藏较深、平面尺寸较大的大中型露天矿生产甚为相宜。

它的主要缺点是：由于线路坡度小，曲率半径大，基建工程量大，基建投资高，建设时间较长，新水平开拓延伸工程缓慢，年下降速度比其他运输方式低，随着开采深度下降，运行周期长、运输效率明显下降。当采用移动坑线开拓时，线路质量难以保证，线路移动和维修工作量增加，运行管理复杂，影响挖掘机的效率。

铁路运输开拓法沟道在平面上的布线形式有直进式、折返式、螺旋式三种。

一般来说，当采场处于孤立山峰地形时，铁路干线呈折返或直进-折返式布置在非工作山坡上。台阶的进车方式则根据山峰两侧的地形条件，采用单线环形、双侧交替进车或单侧进车的方式，图7-11示意的是折返干线（又称“之”字形干线）开拓图。

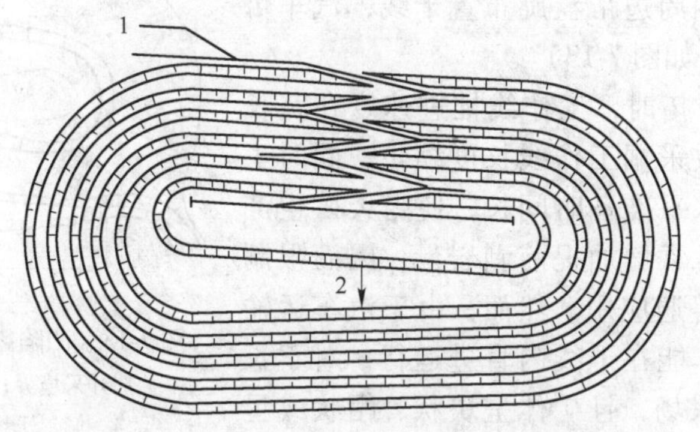

图7-11 凹陷露天矿固定折返干线开拓
1—铁路；2—推进方向

当矿体埋藏在比高不大的丘陵山坡露天矿时，铁路干线也可设置在非工作山坡呈折返式。当采场附近为单个山坡时，运输干线可布置在露天开采境界以外的端部，根据地形条件，采用端部两侧或一侧进车。

深凹露天矿运输线路与矿山工程发展有密切关系，固定坑线一般设在边帮，坑线沿最终边帮向深部延伸，移动坑线随台阶推进向前移动，到开采境界边缘才稳定下来，露天矿开采终了时，运输干线才最终全部形成。

7.4.2 公路运输开拓

公路运输开拓根据公路干线布置方式可分为回返干线和螺旋干线开拓。

回返干线和折返干线布置相仿，汽车在干线上运行是经过具有一定曲率半径的回返平台改变运行方向，但不需停车换向（图7-12）。因为汽车运输要求的曲率半径小，所以多采用回返干线开拓方式。

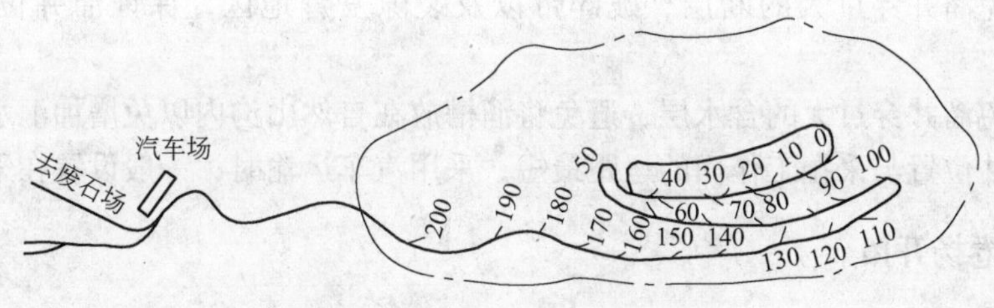

图7-12 凹陷露天矿回返干线开拓

这种开拓方式的主要优点是容易布线，适用范围广，矿山工程发展简便，同时工作台阶数较多。其缺点是，当汽车经过曲线半径很小的回返平台时，需减速运行，并要求司机十分谨慎，从而降低了运输效率。因此，在实际布线的过程中，都力求减少线路的回返次数，以便减少修建回返平台所引起的扩帮工程量，并改善汽车的运行条件。目前我国采用公路运输开拓的露天矿，应用这种开拓方式最普遍。

当露天采矿场的长度和宽度相差不大，为了克服汽车因回返减速而影响运输效率可采用螺旋干线开拓。当凹陷露天矿采用螺旋干线开拓时，沟道可沿采场四周边帮盘旋布置干线，汽车可在干线上直进运行（如图 7-13）。

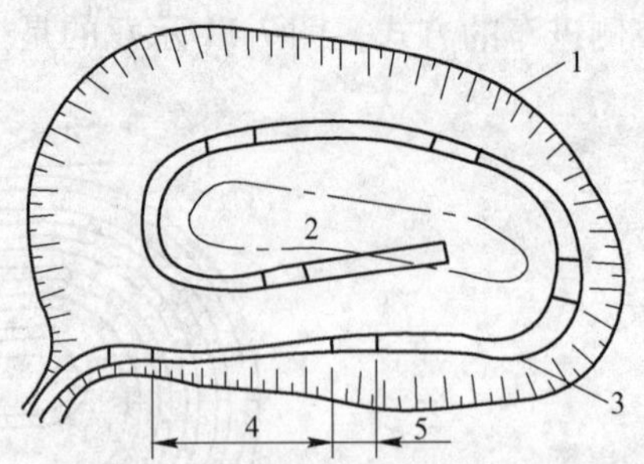

图 7-13 凹陷露天矿螺旋干线开拓
1—上部开采境界；2—底平面；3—公路；4—倾斜干线；5—连接平台

采用螺旋干线开拓时，工作线推进速度在其长度上变化不均，有效采掘工作线长度缩短，同时工作台阶数较少，新水平准备时间长，使露天矿生产能力受到限制，并常常增加提前剥岩量，因而限制了这种布线方式的普遍应用。然而，由于汽车运输灵活性高，为使汽车能在干线内直进运行，对于长宽比不大的露天矿采场，且矿体呈块状、帽状或星散状时，这种布线方式有其实际应用的意义。

7.4.3 平硐溜井开拓

平硐溜井开拓主要是用溜井和平硐建立采矿场与选矿厂之间的运输通路。此种开拓方式，不能独立完成矿石的运输任务，需要与其他运输方式配合。在采矿场内多采用汽车或窄轨铁路运输，溜井主要是溜放矿石，溜井以下多用铁路运输运至选矿厂，岩石则直接运至排土场堆置。个别矿山也有用溜井溜放岩石的。矿石从溜井放矿口装入矿车，多用机车牵引经过平硐再运到选矿厂。溜井承担受矿和放矿任务，是运输系统中的关键环节。

平硐溜井开拓适用于地形复杂、高差大、坡度较陡、矿体在地面标高以上的露天矿，可充分利用地形高差自重放矿，运营费用低，缩短了运输距离，加速运输设备周转，可用少量运输设备完成大的产量，减少了运输线路工程，基建投资少，基建时间短，在我国山坡露天矿中得到了广泛的应用。其主要缺点是容易出现溜井堵塞、跑矿、井壁严重磨损等事故，以及井底装车时粉尘对人体的危害等。

确定溜井位置要考虑的因素：

（1）避免溜井穿过大的断层、破碎带以及裂隙发育地区，保证溜井位置处于稳固岩层。

（2）避免溜井穿过大的含水层，避免将溜槽放在自然山沟内以免增加汇水面积。

（3）溜井位置与采掘工作面的运距最短，采用汽车运输时，一般设置在采场内部。

7.4.4 斜坡卷扬开拓

斜坡卷扬开拓是在斜坡道上利用提升设备转运货载，而在露天矿场内的工作台阶和地表，则常需借助于其他运输方式建立联系。

采用这种开拓方法时，需要开掘坡度较大的直进式陡沟。对于山坡露天矿，陡沟应设置在开采境界外，对深凹露天矿，为了缩短采场内运输距离和使沟道位置固定，一般将沟道设在端帮或非工作帮的两侧较为适宜。

当露天矿最终边帮的坡度小于提升设备所允许的坡度时，沟道可以垂直边帮布置；反之，则应与边帮呈斜交布置。

斜坡卷扬开拓的主要运输方式是钢绳提升。根据提升容器不同，提升方式可分串车提升和箕斗提升等。

7.4.4.1 斜坡串车提升开拓

斜坡串车提升是在坡度小于30°的沟道内直接提升或下放矿车的，在卷扬机道两端不需转载设备，只设甩车道。在采场内用机车将重载矿车牵引至甩车道，然后由斜坡卷扬提升至地面甩车道，再用机车牵引至卸载地点，如图7-14所示。

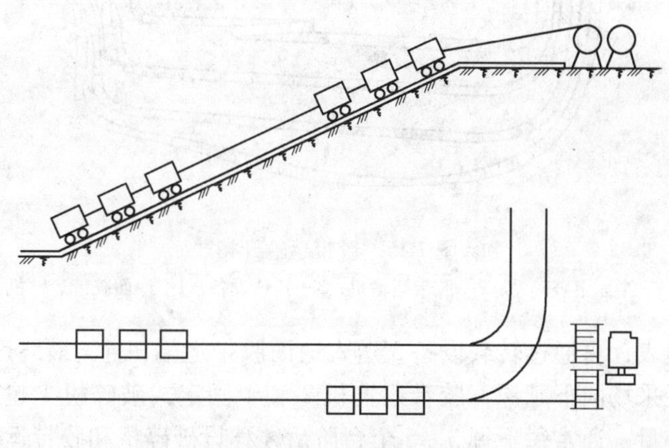

图7-14 斜坡串车开拓

斜坡串车提升开拓适用于垂高小于100m、工作面用窄轨运输的中小型露天矿。所用设备简单、轻便，投资少，建设快。但其生产能力受矿车载重和调车的限制，一般能力较低，因此，在大型露天矿中一般不采用。

7.4.4.2 斜坡箕斗提升开拓

斜坡箕斗提升是用专门的提升容器——箕斗，将汇集于出入沟内的矿岩提升或下放至地面。矿岩在露天矿场内和地表需经两次转载，工作面和地面需用其他运输方式与之相配合。

采用箕斗提升的露天矿，工作面运输常用汽车，也可用机车。在露天矿场内需设箕斗装载站，以便把矿岩从汽车转载到箕斗中。在地表则要有箕斗卸载站，使矿岩通过矿仓向自卸汽车或矿车转载。

斜坡箕斗开拓可用于深凹露天矿，也常用于山坡露天矿。在我国中小型山坡露天矿，特别是石灰石露天矿，应用斜坡箕斗提升开拓的颇多，其剥离废石的运输一般都用工作面运输设备直接运往排土场。

斜坡箕斗开拓的主要优点是，能以短的距离克服大的高差，设备简单，经营费用低，投资少，建设快。但其缺点也较多，如机动灵活性差，运输环节多而影响生产，给新水平准备带来困难等等。因此，这种开拓方式在大型露天矿中应用不多。

7.4.5 胶带运输开拓

胶带运输开拓是一种连续运输的开拓方式，如图7-15所示。采场内经穿孔爆破，破碎后的矿岩，借挖掘机装入汽车，然后运至半固定式破碎站1。破碎后的矿岩借钢绳胶带

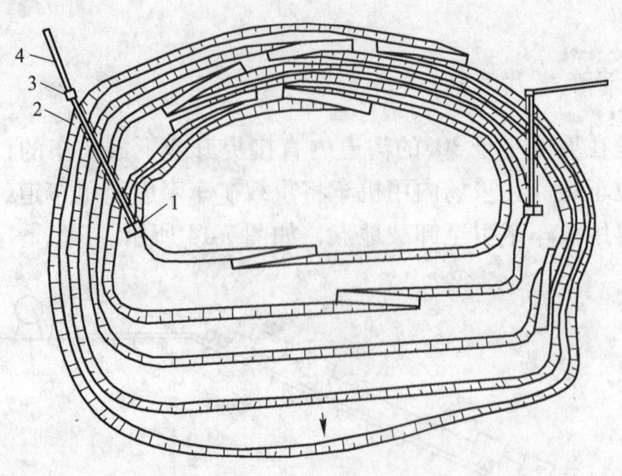

图 7-15 胶带运输开拓

1—半固定破碎站；2—胶带运输机；3—转载设备；4—地面胶带运输机

运输机 2 提升至地表，再通过转载设备 3 送入地面胶带运输机 4，最终运送到矿仓或排土场卸载。随着露天采场向下延深，胶带运输机 2 和半固定式破碎机 1 也向下移设。不过，为了减少移设工作量，通常每下掘 3 ~ 5 个台阶后才移设破碎机和胶带运输机。

在该开拓方法中，用连续动作的胶带运输机提升矿岩，运转能力大，而且由于运输机仰角可达 16° ~ 18°，运输距离短，运输成本低，劳动生产率和挖掘机效率高，便于实现自动化控制，有利于增加年下降深度。通常胶带运输开拓的劳动生产率是单一汽车运输开拓的 2 ~ 4 倍，而前者的运输成本仅为后者的 1/5。

但胶带运输开拓对矿岩块度要求较严格，矿岩必须预先破碎，在采场内设破碎站，基建费高，移设困难，因此胶带运输开拓一般应用于露天矿开采深度大的矿山，开采深度小的矿山一般不用。

7.4.6 联合开拓法

联合开拓法是指同一个露天矿中，采用两种或两种以上的开拓方式共同建立地表与采矿场各工作水平之间运输联系的方法。

联合开拓法的特点是，采矿场内的矿岩采用不同的运输方式接力地运至地面，而由一种方式转为另一种方式时，需要经过转载。由于它充分地发挥了各种运输方式的特长，故这种开拓方法应用甚广，特别是开采深度或高差很大的露天矿采用联合开拓法更具重要的意义。

联合开拓法有多种形式，常见的有：铁路—公路联合开拓、公路—平硐溜井联合开拓、公路—箕斗提升联合开拓、公路—运输机运输联合开拓等等。

第二篇 矿物加工工程概论

8 矿物加工基础知识

8.1 概述

从矿山开采出来的矿石（或者进入选矿厂的矿石）称为原矿。原矿一般由有用矿物和脉石矿物所组成，含有用成分的矿物称为有用矿物；矿石中没有使用价值的或不能被利用的矿物称为脉石矿物。

矿石中某有用成分（或元素的氧化物）的含量百分比称为品位。原矿品位一般都比较低，例如，很多铁矿石含铁只有20% ~30%，铜矿石含铜只有0.5% ~1%。这样的矿石直接进行冶炼不但技术上有困难，经济上也不合算，而且有一些矿石当其品位很低时，几乎不能直接进行冶炼。为了满足下一步处理的要求，对于品位低的贫矿石，在冶炼前就需要用选矿方法，将矿石中的有用矿物和脉石矿物分开，使矿石中有用成分的品位提高，得出适合于冶炼或其他部门要求的原料。

自然界的矿石中往往含有多种有用成分，如铜、铅、锌等有色金属往往共生或伴生于同一矿床中；铁既有单一的铁矿石，也有铁-铜、铁-硫、钒钛铁等共生矿石。有用成分的互相共生或伴生给冶炼造成很大困难。冶炼过程对原料中某些共生或伴生元素，常视为有害杂质。例如，炼铜的原料中含铅、锌都是有害杂质，炼铁原料中含硫、磷和其他有色金属都是有害杂质。将原料中这些成分彼此分离并使之得到富集之后，就可以变害为利，将它们分别回收，获得符合要求的各种单独精矿。这样就能合理地利用多金属矿石中的各种有用成分。故选矿也是一门综合利用矿产资源的技术学科。

由此可见，选矿的目的就是分离有用矿物和脉石矿物，把共生或伴生的有用矿物尽可能地相互分离成为单独的精矿，除去有害杂质，充分地、经济地、最合理地利用矿产资源。

从矿床的储量来看，富矿较少，贫矿较多。随着工业的发展，富矿远不能满足需要，必须大量利用贫矿。故大量的矿石需要选矿处理。选矿是冶金、化工、建材等工业部门必不可少的极其重要的一环。选矿技术的发展，大大地扩大了工业原料基地，从而使那些以前因为品位太低或成分复杂而不能在工业上应用的矿床变为有用矿床。

将矿石中有用矿物和脉石矿物、有用矿物和有用矿物进行分离所采用的方法称为选矿方法。矿石中的各种矿物，都具有各自的物理性质、化学性质和物理化学性质，如：粒度、形状、颜色、光泽、比重、摩擦系数、磁性、电性、放射性、表面润湿性等。根据这些不同的性质，选用不同的方法，使矿物得到分选。最常用的选矿方法有：

重力选矿法（简称重选法），是根据矿物比重的不同及其在介质（水、空气或其他比重较大的介质）中具有不同的沉降速度进行分选的方法。它是古老的选矿方法之一，这种方法广泛地用来选别煤炭和含有铂、金、钨、锡和其他重矿物的矿石。此外，铁矿石、锰矿石、稀有金属矿石、非金属矿石和部分有色金属矿石也常采用重选法进行选别。

磁选法，是根据矿物磁性的不同进行分选的方法。它主要用于分选铁、锰等黑色金属矿石和稀有金属矿石。

浮游选矿法（或叫浮选法），是根据矿物表面的润湿性质的不同分选矿物的方法。目前浮选法应用最广，特别是细粒浸染的矿石用浮选处理效果显著。对于复杂多金属矿石的选分，浮选是一种最有效的方法。目前绝大多数矿石可以用浮选处理。

除上述三种常用选矿方法外，还有电选、手选、摩擦选、光电选、放射性选矿，按粒度形状选矿等方法。电选是根据矿物电性的不同来进行选别的方法。手选是根据矿物颜色和光泽的不同来进行选别的方法。摩擦选矿是利用矿物摩擦系数的不同对矿物进行分选的方法。光电选矿是利用矿物反射光的强度不同对矿物进行分选的方法。放射性选矿是利用矿物天然放射性和人工放射性对矿物进行分选的一种方法。粒度、形状选矿是根据矿粒的粒度和形状的不同进行分选矿物。

8.1.1　矿物加工技术的发展

在 19 世纪，矿物加工本不是一门独立的学科，而是采矿大学科体系中的组成部分。1900 年前后，冶金才从大矿业中分离出来，发展成为独立的学科。到 20 世纪 30 年代以后，选矿才开始逐步发展成为相对独立的一门工程学科。

早期的矿物加工（选矿）是建立在选矿厂的工艺过程基础之上的。它本质上是选矿过程的反映，由三大部分构成：选矿方法（主要是浮选、重选及磁选）、辅助过程（例如粉碎、脱水、干燥等）和选矿过程检测及控制。因此，具有很强的实用性。

20 世纪后半叶，随着世界经济的迅猛发展及科学技术的飞速进步，加之高品位、易选矿产资源的逐步枯竭，资源及材料工程领域的各种学科均发生了明显的调整及变化。例如，冶金学科逐步向材料学科靠拢并转化。矿物加工也不例外，经历了一系列变化和调整，面临着重大的挑战。

开采矿石的品位越来越低。以铜矿资源为例，美国的入选铜矿石的平均品位在 20 世纪 30 ~ 40 年代是 1.5%，现在仅为 0.6%，个别选矿厂处理的铜矿石，其品位低至 0.35%。据估计，品位由 1.5% 下降到 0.5%，选矿能耗将增大 1 倍，品位的进一步降低，选矿能耗的增长幅度将会更大。问题不仅在于此，随着入选矿石品位的降低，环境问题变得日益突出。因为炼出 1t 金属铜，大约需要处理品位为 0.5% 的铜矿石 200t，而每生产 1t 铜矿石，约产出 3t 废石。随着入选矿石的贫化，尾矿及废渣的处理将成为制约选矿发展的一个重要因素。使用的各种化学药剂也对环境产生影响。可以说，目前的矿物加工是处在“经济—能耗—环境”三角的严酷扼制之中。

难选矿的比例越来越大。随着富矿、易选矿资源的耗尽，一系列共生关系复杂、嵌布粒度细微的矿产资源的开发利用提到了议事日程。这一问题在我国表现得尤为突出，我国的大量弱磁性铁矿因为铁矿物及伴生矿物嵌布粒度太细（小于10~30μm）而无法有效分选。除了铁矿，诸如锰矿、磷矿、铝土矿等等均有相同的问题。分选技术固然是个尚未解决的问题，细磨、脱水等作业也远未达到成熟的地步。面对严酷现实的挑战，矿物加工学科已经发生并还在发生巨大的调整及变化。一些适合于处理贫矿、复杂矿的技术和直接提取有用成分的技术正在发展应用。

矿物加工的对象已从天然矿产资源扩展到二次资源的回收及利用。各种固体废弃物，例如尾矿、炉渣、粉煤灰、金属废料、电器废料、塑料垃圾、生活垃圾乃至土壤都成了加工对象，经过加工又转化为有用的资源。由于现代科技的发展及人类社会的进步，需要开发超纯、超细及具有特殊功能的矿物原料及矿物材料。再如特殊功能的石墨、云母、石棉等非金属矿物材料，超细金属氧化物粉体等均需要特殊的、与传统方法迥异的加工方法，即所谓深加工工艺。

事实上，20世纪后半叶，矿物加工工艺已逐步突破了传统的机械加工的框架。化学提取以及生物工程与机械加工的结合在金属矿及非金属矿的加工中早已屡见不鲜。非金属矿的深加工进一步扩展并丰富了这种结合，例如高岭土的超声剥片、石墨及各种层状矿物的有机及无机嵌层等。

传统的机械加工工艺也发生了巨大的变化。超细粉碎及分级获得越来越多的应用；界面分选方法成为微细颗粒分选的主要手段；压滤及离心力场在超细颗粒的固液分离中发挥着重要的作用；而各种成型、包装工艺也变得越来越重要。矿物加工的任务也发生了变化。矿物加工已不仅是为各种工业提供合格的矿物原料，例如精矿粉或中间产品，而是扩展成了可以生产超纯、超细及具有特殊功能的矿物材料以及矿物制品的工业。矿物材料工程主要是以非金属矿石或矿物为原料（或基料），通过一定的深加工工艺制取具有确定物化性能的无机非金属材料及器件的技术。矿物材料有着巨大的应用前景，例如，沸石太阳能板、蒙脱石干燥剂、叶蜡石高温绝缘体及导弹密封材料、钠云母密封材料、羟磷灰石骨骼材料、硅藻土牙模材料、火山岩防火材料等。

8.1.2　矿物加工学科基础及其相邻学科的关系

现代矿物加工工程的单元作业大体包括：粉碎、分级、超细颗粒制备、物理分选（重选、磁电选、光电选、放射选等）、浮选及其他界面分选、化学处理及生物提取、固液分离（沉降、过滤、干燥）、成型及造粒、气固分离—收尘、物料贮运等。这些单元作业涉及矿物学、物理学、化学与化学工程学、冶金工程学、材料科学与工程学、生物工程学、力学、采矿工程学及计算机技术等多学科的学科基础，形成不同的研究方向。矿物加工学科与相邻学科的关系见图8-1。

因此，可以说无论从矿物加工工程的历史发展角度或从上述各学科之间的共同点看，矿物加工与冶金、化工、无机材料、环境工程及颗粒技术这些工程学科领域都有着密不可分的共生关系。特别是颗粒的各种机械加工及处理单元作业，几乎成为沟通这些工程技术学科领域的共同组成要素。这些工程技术领域的主要不同之处仅在于处理的对象有别。在化学工程中机械加工技术与分离技术并列几乎包括了除化学反应工程外的全部化工单元作

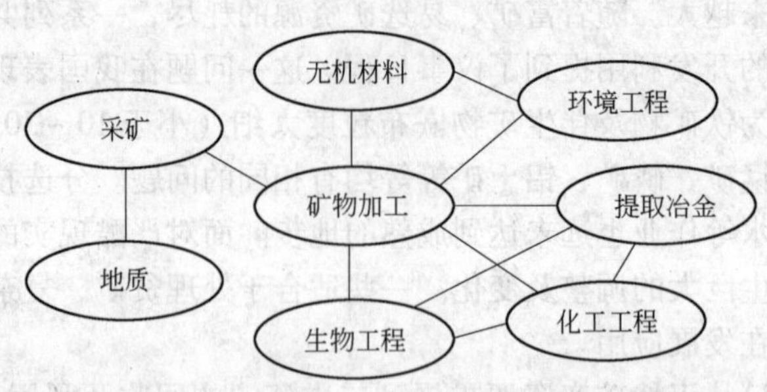

图 8-1　矿物加工学科与相邻学科的关系图

业。在矿物加工工程中矿粒的机械加工技术与矿粒的分选技术并列则覆盖了几乎全部单元作业。因此，从现代学科体系看，可以认为矿物加工工程是由分选富集技术、机械加工技术、过程模拟控制等三大板块所构成的。回顾历史不难看出，矿物加工原本不过是矿业或冶金工程的一个分支，后来由于矿产资源开发及利用的规模迅速扩大才从矿业或冶金工程中分离出来，发展成为独立的学科。现在人们又观察到学科之间的回归及交融。随着矿产资源的贫化及其共生关系的微细粒化，化学处理变得日益重要，而化学处理本是提取冶金的主要工艺过程。现在，提取冶金与化学工程也正在相互交融。现代矿物加工中包括的矿物材料工程或技术，与无机材料工程也十分接近。矿物加工过程产生的废渣、尾矿、废水的治理本身就是环境工程的主要内容，更何况矿物加工技术（包括分选技术）已在环境治理工程中找到了用武之地。

科学技术发展到今天，学科之间的界限趋于交叉融通，而市场经济的发展则要求科技界具有更大的适应性及应变能力。在这种形势下，只要不受研究对象的局限，矿物加工技术完全可以在上述多种工程技术领域得到有效的利用，反过来，吸收和利用其他工程技术领域的实际经验及研究成果又可以促进矿物加工的进一步发展。可以说，矿物加工技术的跨学科研究及应用是摆在我们面前的最大挑战和机遇。

8.1.3　矿物加工基本过程与基本概念

矿物加工过程是一个连续的生产过程，由一系列连续的作业所组成。图 8-2 为简单的矿物加工流程框图，图 8-3 为矿物加工工艺流程图。整个矿物加工过程可分为选别前的准备作业、选别作业、产品处理作业。

（1）选别前的准备作业。该作业包括破碎和筛分、磨矿和分级。其目的主要是使有用矿物与脉石矿物，有用矿物与有用矿物相互分开，达到单体分离，为分选作业做准备。有时这种准备作业是将物料分成若干适宜的粒级，为分选作业做准备。

（2）选别作业。这是矿物加工过程的关键作业（或称主要作业）。根据矿物性质的不同，采用不同的选矿方法，如浮选法、重选法、磁选法等等。

（3）产品处理作业。主要包括精矿脱水和尾矿处理。精矿脱水通常由浓缩、过滤、干燥（有时需要）三个阶段组成。尾矿处理通常包括尾矿贮存和尾矿水处理。

矿石经过选别之后，可得到几种产品：精矿、尾矿和中矿。精矿是原矿经过选别之后，得到的有用矿物含量较高，适合于冶炼或其他工业部门要求的最终产品。尾矿是原矿

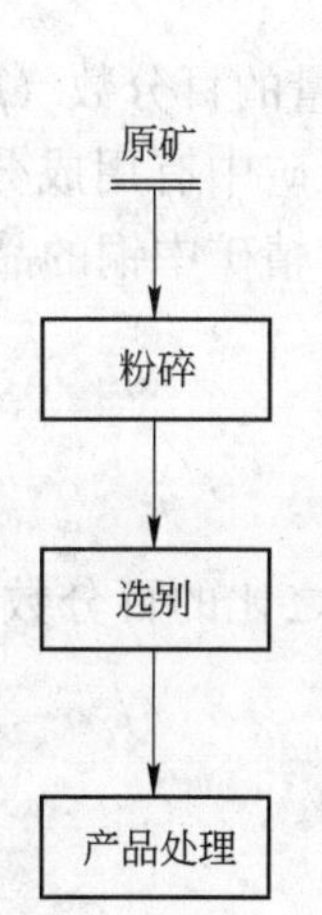

图 8-2　简单流程框图

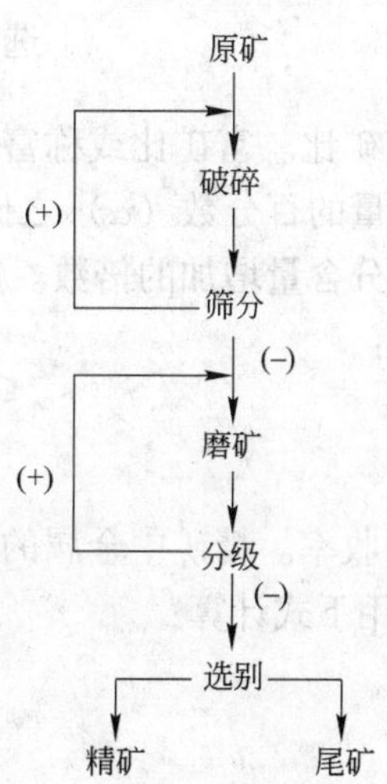

图 8-3　矿物加工工艺流程图

经过选别之后，得到的有用矿物含量很低，不需要进一步处理的或目前技术经济上不适于进一步处理的产品。中矿是原矿经过选别之后，得到的中间产品（或称半成品），其中有用矿物的含量比精矿低，但比尾矿高，因此中矿还需要进一步加工处理。

8.2　矿物加工的工艺指标

为了评价矿物加工过程进行得好坏，通常采用一些技术指标来表示。常用的选矿指标有：产品的品位、产率、金属回收率、选矿比和富集比等。

（1）品位。产品中金属（或某元素或金属氧化物）的品位是产品中该金属（或某元素或金属氧化物）的重量与产品重量之比，用百分数表示。例如：铜精矿品位为 20%，是指 100t 铜精矿中含有 20t 金属铜。通常用希腊字母 α、β、δ 分别表示原矿、精矿、尾矿的品位。

（2）产率。产品的重量通常以 Q 表示。产品重量与原矿重量之比的百分数叫做产品的产率，并以希腊字母 γ 表示。例如：某选矿厂每昼夜处理 500t 原矿石，获得 30t 精矿，则精矿产率 $\gamma_{精矿}$ 为：

$$\gamma_{精矿} = \frac{精矿重量}{原矿重量} \times 100\% = \frac{Q_{精}}{Q_{原}} \times 100\% = \frac{30}{500} \times 100\% = 6\% \qquad (8\text{-}1)$$

尾矿产率 $\gamma_{尾矿}$ 为：

$$\gamma_{尾矿} = \frac{Q_{原矿} - Q_{精矿}}{Q_{原矿}} \times 100\% = \frac{500 - 30}{500} \times 100\% = 94\% \qquad (8\text{-}2)$$

或

$$\gamma_{尾矿} = 100\% - \gamma_{精矿} = 100\% - 6\% = 94\%$$

（3）选矿比。选矿比即原矿重量与精矿重量的比值。用它可以决定获得一吨精矿所需处理原矿石的吨数。以上例数值为例，则：

$$选矿比 = \frac{Q_{原矿}}{Q_{精矿}} = \frac{500}{30} \approx 16.7 \tag{8-3}$$

（4）富矿比。富矿比或称富集比，即精矿中有用成分含量的百分数（β）和原矿中该有用成分含量的百分数（α）之比值，常以 i 表示。它表示精矿中有用成分的含量比原矿中该有用成分含量增加的倍数。如，原矿中铜的品位为1%，精矿中铜的品位为15%，则其富矿比为：

$$i = \frac{\beta}{\alpha} = \frac{15\%}{1\%} = 15 \tag{8-4}$$

（5）回收率。精矿中金属的重量与原矿中该金属的重量之比的百分数，称为回收率，常用 ε，可用下式计算：

$$\varepsilon = \frac{\gamma\beta}{\alpha} \times 100\% \tag{8-5}$$

式中　ε——回收率，%；

β——原矿品位，%；

α——精矿品位，%；

γ——精矿产率，%。

金属回收率是评定分选过程（或作业）效率的一个重要指标。回收率越高，表示过程（或作业）回收的金属越多。所以，选别过程中应在保证精矿质量的前提下，力求提高金属回收率。

9 粉碎技术与设备

9.1 概述

从矿山开采出来的矿石块度都很大。目前，露天开采出来的矿块最大尺寸为1000~1500mm，井下开采出来的矿块最大尺寸为300~600mm。块度这样大的矿石不能直接进行分选,因为,其中的有用矿物与有用矿物、有用矿物与脉石矿物紧密共生。为了使它们相互分开，即达到单体分离,矿石送到选厂后,首先将矿石破碎到一定粒度,然后再送入磨机磨碎。

选矿厂所采用的破碎机的种类，主要取决于矿石性质、选矿厂的生产能力和破碎产物的粒度等等。

矿石的粗碎作业一般采用颚式破碎机或旋回破碎机，中碎和细碎多使用标准型和短头型圆锥破碎机，在少数情况下，也有使用对辊破碎机破碎。处理松软矿石（如黏土矿或煤矿），一般采用具有冲击作用的破碎机（如反击式破碎机和锤碎机）破碎。

9.2 破碎与筛分

9.2.1 破碎

常用破碎设备有以下几种。

（1）颚式破碎机（老虎口）。颚式破碎机俗称老虎口（图9-1）。常用于对矿石进行粗碎。矿石的破碎是在破碎机中两块颚板之间进行的。两块颚板中的一块固定，另一块可动。可动颚板悬挂在固定轴线可动轴上，通过传动装置，时而靠近固定颚板，时而离开固定颚板。当可动颚板向固定颚板靠近时，破碎矿石；离开固定颚板时，矿石靠自身的重力而排出。

颚式破碎机结构简单、不易堵矿石、工作可靠、易于制造、维护方便,广泛应用于矿山、冶金、建材等部门。

（2）旋回破碎机。旋回破碎机（图9-2）主要由机

图9-1 颚式破碎机

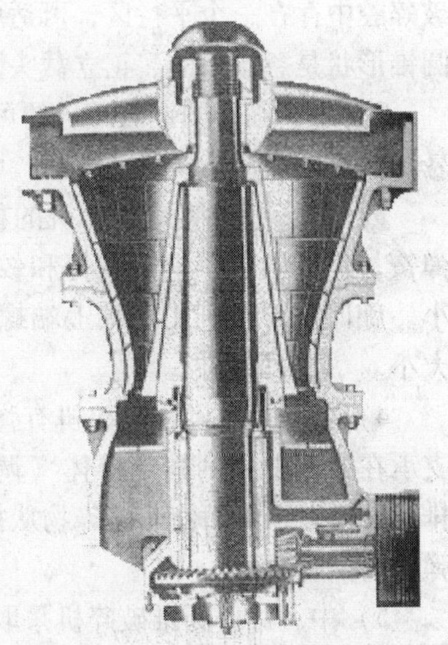

图9-2 旋回破碎机

架、活动圆锥、固定圆锥、中轴、伞齿轮和偏心套筒等组成。活动圆锥的中轴支撑着横梁上面对固定悬挂点中。在中轴上，中轴上端悬挂在臂架上，下端置于偏心轴套内，偏心轴套上安有伞齿轮。启动电动机后，经传动轴使伞齿轮转动，插在偏心轴套内的中轴随之作回转运动。可动锥体在转动过程中时而靠近固定锥体时而离开固定锥体。靠近时物料即被破碎，离开时物料即借助于自身的重力排出。此机是连续碎矿和排矿的，故生产能力较高，破碎比可达3~5。

旋回破碎机的规格用其最大给料口的宽度表示。例如，1200mm旋回破碎机，即其给料口宽度为1200mm。旋回破碎机适合于坚硬矿石的破碎。

(3) 中、细碎圆锥破碎机。用于中碎的圆锥破碎机为标准圆锥破碎机（图9-3）；用于细碎的为短头圆锥破碎机（图9-4）；居于上述两者之间的为中型圆锥破碎机。

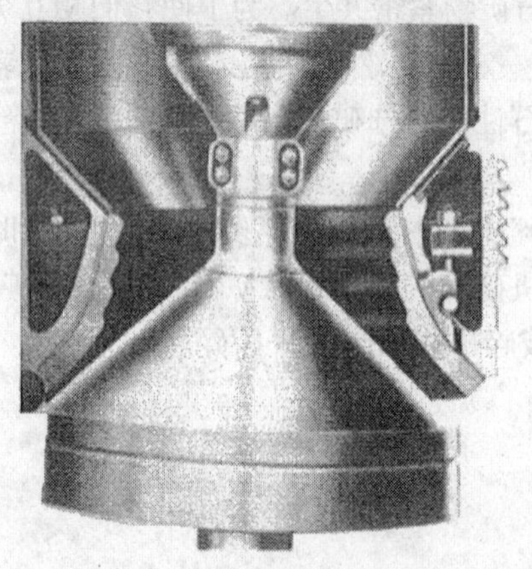

图9-3 标准圆锥破碎机

图9-4 短头圆锥破碎机

它们的工作原理与旋回破碎机基本相同，但结构上有如下区别：

1）中、细碎圆锥破碎机的可动锥体和固定锥体都是正立的截头圆锥，圆锥形状缓倾，破碎腔中存在一个平行区，可适应控制排矿粒度均匀的要求。而旋回破碎机的可动锥体的圆锥形状是急倾斜的、正立截头圆锥，其固定锥体是倒立的截头圆锥。

2）中、细碎圆锥破碎机的可动锥体支承在球面轴承上，而旋回破碎机的可动锥体则悬挂在机体上部的横梁上。

3）中、细碎圆锥破碎机的机架由上、下两部分组成，用螺栓连接，在螺栓上套有弹簧，借助附有手柄的铰杆和铰链，可使固定锥体上升或下降，从而调节排矿口的大小。旋回破碎机利用主轴上端螺帽调整悬挂可动锥体的上升或下降，从而调节排矿口的大小。

4）中、细碎圆锥破碎机有弹簧保险装置，可靠性大，当破碎腔中进入非破碎物时，支承在弹簧上面的固定锥体（调整环）和上部机架（支承环）同时抬起，使弹簧压缩，排矿口增大，从而使非破碎物从排矿口排出，避免机器损坏。支承环和调整环借助弹簧的弹力，恢复原位。

5）中、细碎圆锥破碎机采取水封防尘装置，旋回破碎机采用干式防尘装置。

中碎和细碎圆锥破碎机的结构基本类似，只是标准型给矿口大，平行区短。短头型给矿口小，平行区长。如图 9-5 所示。

中、细碎圆锥破碎机的规格，均用可动锥体底部直径表示。例如，2200mm 标准型或短头型圆锥破碎机，其可动锥体底部直径为 2200mm。

中、细碎圆锥破碎机生产能力大，功率消耗低，破碎比大（4～5），产品粒度均匀。目前广泛用于各种硬度矿石的中碎和细碎。但不宜处理黏性物料。

（4）反击式破碎机。反击式破碎机（图 9-6）是一种高效破碎设备，它主要靠冲击方式破碎。目前已广泛用于化工、煤炭、建筑等工业部门，也逐渐开始用于金属矿山工业。矿石通过链幕落到反时针方向旋转的转子上，受到锤头的强烈冲击。矿石在锤头和反击板之间反复受到冲击、碰撞而破碎。破碎产品借自重排出。

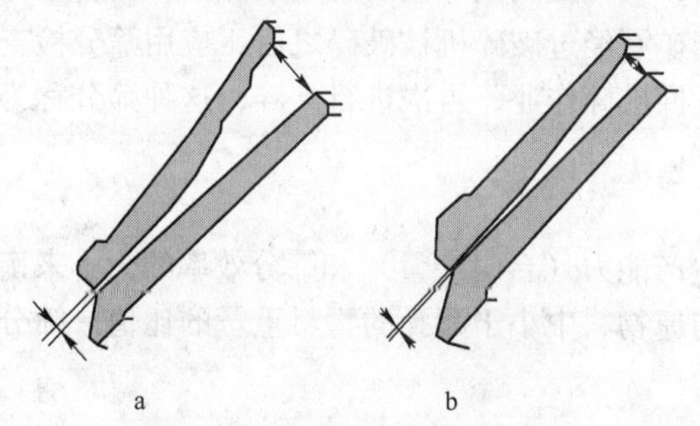

图 9-5 圆锥破碎机的破碎腔
a—标准型；b—短头型

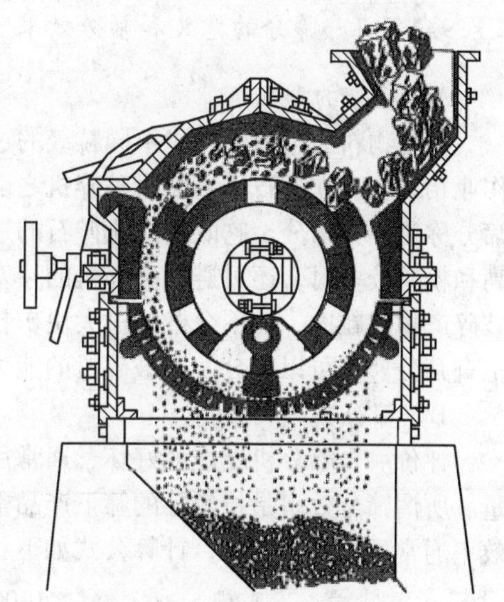

图 9-6 反击式破碎机

调节反击板下缘与锤头间的间隙，可调节产品粒度大小。当机器中进入非破碎物时，反击板压缩拉杆弹簧后移，增大了反击板下缘与锤头间的间隙，使非破碎物排出，保证机器的安全。

反击式破碎机结构简单，破碎比大（50～60），生产能力高，功率消耗低；可以进行选择性破碎，适应性强；故硬性、脆性和潮湿矿石均可采用它来破碎。其主要缺点是锤头磨损严重，寿命很短。

反击式破碎机的规格用转子直径和转子长度（$\phi \times L$）来表示。

（5）对辊破碎机。对辊破碎机（图 9-7）是最常见的中硬矿石中、细碎机的一种。两

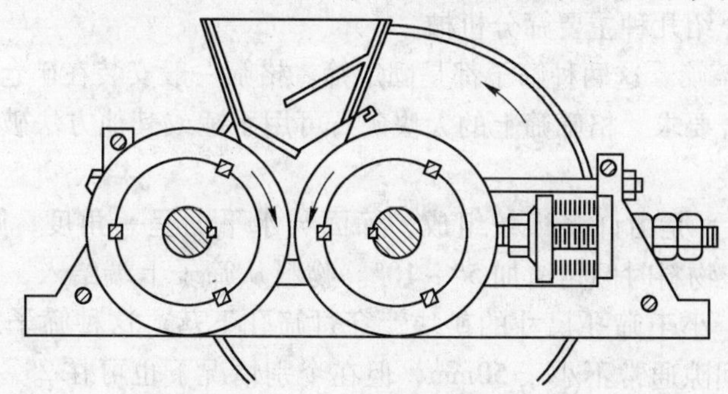

图 9-7 对辊破碎机

个相向回转的圆辊，借助摩擦力，将给入的矿石卷进两辊之间的空间，使矿石受到挤压和研剥而破碎。破碎后产品靠自重排出。

对辊破碎机的规格以破碎辊的直径和长度（如 $\phi750\times500$）来表示。光滑辊面可用于处理较硬的物料。齿状或沟槽形辊面的对辊机适于处理松软物料。

9.2.2　筛分

9.2.2.1　筛分的意义和筛分效果

A　筛分的意义

松散物料通过筛子分成不同粒级的过程，称为筛分。在选矿厂内，筛分多数是与破碎作业相结合。在矿石进入某段破碎机之前，预先分出粒度已经符合要求的合格产物，这种筛分称为预先筛分。它既能防止矿石的过粉碎，又可提高破碎机的生产率。当矿石含水分高和粉矿较多时，还可避免破碎机的堵塞。当矿石经过破碎机被破碎之后，应用筛分检查破碎产物的粒度，使不合格的过大块矿粒再返回破碎作业，再次进行破碎，这种筛分称为检查筛分。它可以充分发挥破碎机的能力。

B　筛分效率

评价一台筛分机性能的好坏，通常用其生产能力（台时产量）和筛分效率的大小来衡量。所谓筛分效率是指实际的筛下产品重量与原物料中小于筛孔的物料重量的比值。筛分效率通常用百分数表示，计算公式如下：

$$E=\frac{10000(a-b)}{a(100-b)}\times100\% \tag{9-1}$$

式中　E——筛分效率,%；

a——原矿中小于筛孔尺寸的物料含量,%；

b——筛上产品中残存的小于筛孔尺寸的物料含量,%。

筛分机的生产率愈大，筛分效率愈高，其性能也愈好。

9.2.2.2　筛分机械

选矿厂使用的筛分机械种类很多，大致有：（1）格筛和棒条筛；（2）偏心振动筛；（3）惯性振动筛；（4）自定中心惯性振动筛；（5）共振筛；（6）细筛；（7）弧形筛。

目前国内绝大多数选矿厂采用的筛分机械是惯性振动筛，其中尤以自定中心惯性振动筛应用最多，下面介绍几种主要筛分机械。

（1）格筛和棒条筛。这两种筛子都是固定筛。格筛一般安装在矿仓的上部，以保证粗碎机的入料粒度符合要求。格筛筛上的大块矿石可用手锤或其他方法破碎，使其过筛。固定格筛一般水平安装。

棒条筛（图9-8）是由许多棒条组成，筛面与水平面呈一角度，筛分矿石时倾角为40°~45°，筛分潮湿物料时倾角增加5°~10°。物料从筛子上端给入，大于筛孔尺寸的矿块沿筛面自动下滑，小于筛孔尺寸的矿块，穿过筛孔下落。这种筛子用于筛除粗粒物料时，两棒条之间的间隙通常不小于50mm，但在个别情况下也可在25~30mm左右。棒条筛的规格以筛面的长×宽表示。

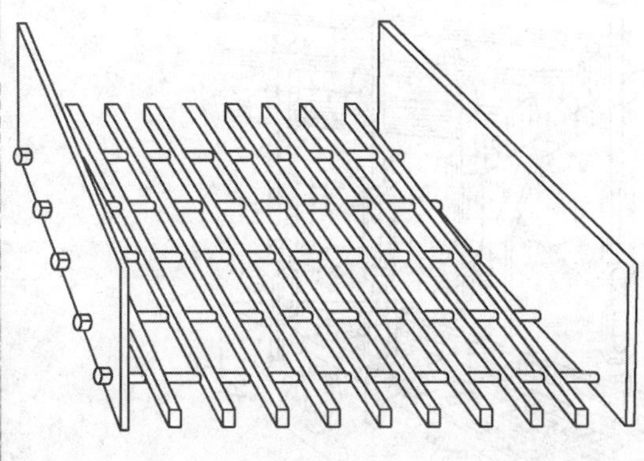

图 9-8 棒条筛

（2）惯性振动筛。这是目前常用的一种筛分机，如图 9-9 所示。因其筛框与筛网借助于弹簧被支撑在机架上。筛框上装有两个轴承，轴上靠近轴承处装有两个配重轮。当传动轴带动配重轮转动时，会产生较大的惯性离心力并作用于弹簧和筛框而使筛子振动。筛框的运动轨迹为椭圆。筛面上的物料因筛子振动迫使其在垂直方向作上下振动，造成物料松散和分层，同时也使筛孔不易堵塞，从而达到筛分的目的。

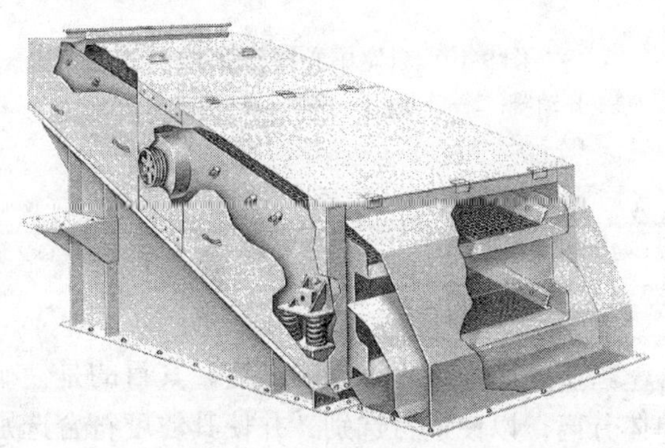

图 9-9 双层惯性振动筛

筛分机安装时，保持向排矿方向有较小的倾角（一般为 15°～25°）。这样筛上物料可以借本身的重力作用，自动向前运动，由排矿端排出。

其规格以筛网尺寸（长 × 宽）表示。

惯性振动筛筛分效率高，可达 80%。它适用于处理中、细粒级矿石，给料粒度一般不能超过 100mm。它还能筛分潮湿和黏性物料。主要缺点是电动机振动，寿命受影响；振幅不能太大，不宜处理粗粒物料。

（3）自定中心惯性振动筛。自定中心惯性振动筛，一般均悬挂在支架上，所以也称万能吊筛。图 9-10 为它的外形图。其结构如图 9-11 所示。筛框 1 安在偏心轴 4 偏心部分 3 的轴承 2 上。筛框借弹簧 5 吊挂在固定结构上。飞轮 7 上装有配重 6；飞轮旋转时配重所产生的离心力和筛框回转时所产生的离心力平衡，此时筛框绕着主轴 0—0 作圆周运动，而主轴的中心线在空间位置始终保持不变，因此这种传动方式的筛子称为自定中心惯性振动筛。

这种筛子的振幅可以通过增减飞轮上的配重和通过偏心轴套改变偏心距来进行调整。其规格表示方法同惯性振动筛。这种筛子筛分效率较高，一般可达 80% 以上，生产能力大、应用范围广、结构简单、调整方位、工作可靠。它广泛应用于选矿、煤炭、化工、建筑等工业部门，主要作为筛分中、细粒物料的设备，最大给矿粒度可达 150mm。

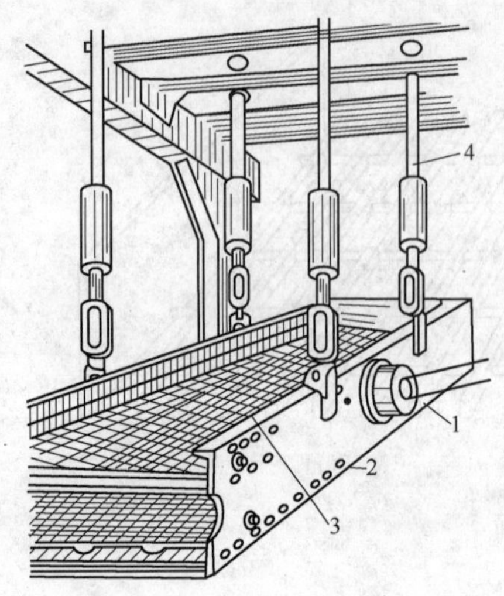

图 9-10　自定中心振动筛
1—振动器；2—筛框；3—筛面；4—悬挂装置

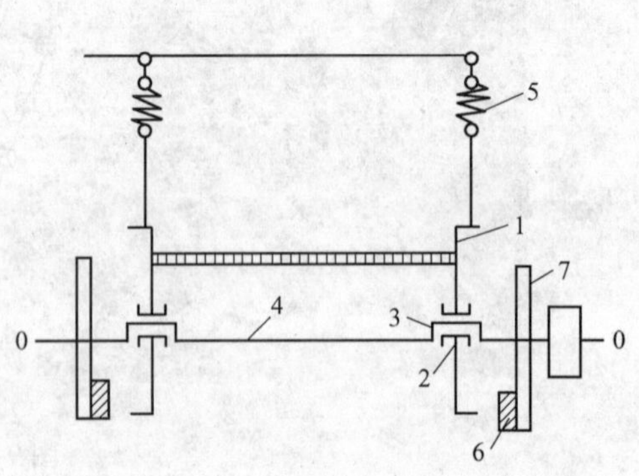

图 9-11　自定中心惯性振动筛结构示意图
1—筛框；2—轴承；3—偏心轴的偏心部分；
4—偏心轴；5—弹簧；6—配重；7—飞轮

9.3　磨矿与分级

9.3.1　磨矿

磨矿是矿石破碎过程的继续，其目的是使矿石中各种有用矿物颗粒全部或大部分达到单体分离，以便进行选别，并使其粒度符合选别作业的要求。

磨矿作业通常是在一个圆筒形的磨矿机中进行的。从结构上讲，每种型式的磨矿机，都由一个水平圆柱形壳体（筒体），其中装有可更换的耐磨衬板和磨矿介质所组成，转筒被支撑在可绕轴旋转的中空轴颈上（图 9-12）。

筒体内一般装有研磨介质，如钢球、钢棒或砾石等。装钢球（或铁球）的磨矿机为球磨机；装钢棒的为棒磨机；装砾石的为砾磨机。若磨机内不装其他介质，只利用矿石自己研磨，则称为自磨机；自磨机内再加入适量钢球，就构成所谓半自磨机。

磨机的规格都以筒体的直径×筒体长度。磨机直径决定介质作用于矿粒上的力，一般给矿粒度大，需较大直径的磨机。磨机长度和直径共同决定磨机容积，因此决定着磨机的生产能力。

磨矿作业以湿式磨矿为主，而且一般与机械分级机或水力旋流器组成闭路循环；但对某些缺水地区和某些忌水工艺过程（如水泥厂、石棉厂生产过程或某些干法选矿过程），也有采用干式磨矿的。无论用哪种类型磨矿机进行研磨，在磨矿过程中，它们的作用原理基本上是一致的。都是利用介质（或矿石本身）对被磨物料

图 9-12　滚磨机

进行冲击和研磨。

9.3.1.1 球磨机

这种类型磨矿机是在其筒体内装入一定数量的钢球作为研磨介质。利用钢球在筒体内的运动将物料粉碎。这种类型的磨矿机又按其排料方式的不同主要分为两种：溢流型和格子型。此为选矿厂广泛应用的两种磨矿机。

格子型球磨机（图9-13）的排矿端装有格子板，格子板上面有许多小孔，以便排出矿浆。从小孔排出的矿浆提升到排矿中空轴颈，通过中空轴颈再从磨矿机排出。这种排矿方式通常称强迫排矿，其排矿速度快，并减少了矿石的过粉碎，而且增加了单位容积产量。

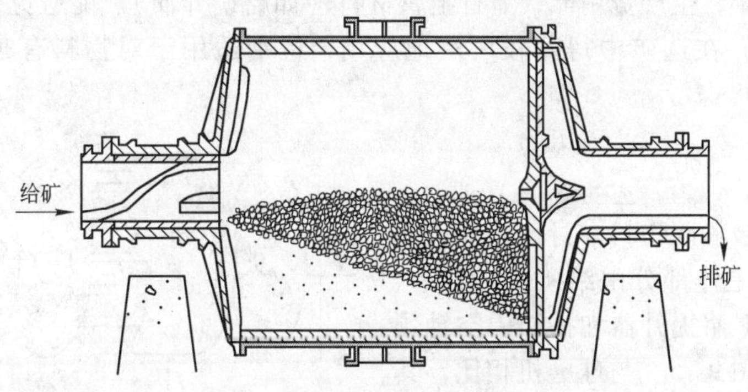

图9-13 格子型球磨机

格子型球磨机的缺点是构造复杂，排矿格子板易于堵塞，而且检修困难，作业率较低。但当矿石要求粗磨时（如要求磨到0.35~0.2mm），过粉碎对选别产生明显不利影响时，则采用格子型有利。

溢流型球磨机与格子型的构造基本相同，不同的地方是在筒体的排矿端没有格子板排矿装置。这种球磨机由于磨好的物料是从排料漏斗自动溢出，即靠矿浆本身高过中空轴的下边缘自流溢出，所以称为溢流型球磨机。

溢流型球磨机具有构造简单，管理和检修方便，作业率较高等优点。一般在磨矿细度要求高时，宜用该种磨矿机。

9.3.1.2 棒磨机

棒磨机（图9-14）从外形及其主要结构来看，与溢流型球磨机基本类似。不同的是它采用钢棒作为磨矿介质，钢棒长度一般比筒体长度短20~50mm。棒磨机的锥形端盖上敷上衬板后，内表面平直，可防止筒体旋转时钢棒歪斜而产生乱棒现象。

棒磨机以钢棒的“线接触”产生的压碎和研磨作用代替了球的点接触所产生的冲击和磨剥作用，因而具有选择性地破碎作用，从而减少了矿石的过粉碎。其产品粒度均匀，钢棒消耗量低但不能得到

图9-14 棒磨机

很细的产品。

棒磨机一般用于第一段开路磨矿作粗磨作业。给矿粒度为20～30mm，产品粒度为3～0.3mm。对性脆、易于泥化的钨、锡矿石或其他稀有金属矿石的重选厂或磁选厂，常采用棒磨机进行粗磨。棒磨机用于开路磨矿，可以代替短头圆锥破碎机做细碎。

9.3.1.3 砾磨机

砾磨机是古老的磨矿设备之一，从结构型式上讲，砾磨机与球磨机没有什么差别，只是采用砾石或卵石作为磨矿介质。砾磨机筒的长度和直径的比值一般为1.3～1.5。

砾磨机通常用于细磨，作为棒磨和自磨的二次磨矿设备，在个别情况下也用于粗磨。由于砾磨机能耗小，生产费用低，节省金属材料（如磨矿介质）、能避免金属对物料的污染等特点，因此，在选矿中得到较广泛地应用，特别适用于对物料有某些特殊要求的磨矿。

9.3.1.4 自磨机

自磨机是以被粉碎物料本身作为磨矿介质的磨矿机，其主体部分由给矿中空轴颈、筒体、格子板、矿浆提升器和排矿中空轴颈等部分组成，见图9-15。与球磨机相比，其结构特点是：（1）筒体直径（D）大，长度（L）短，一般$D/L=3$，可提高磨机生产能力和强化磨碎过程的选择性。（2）中空轴颈的直径大，长度短。直径大是为了适应给矿块度大的需要，长度短可使给矿畅通。

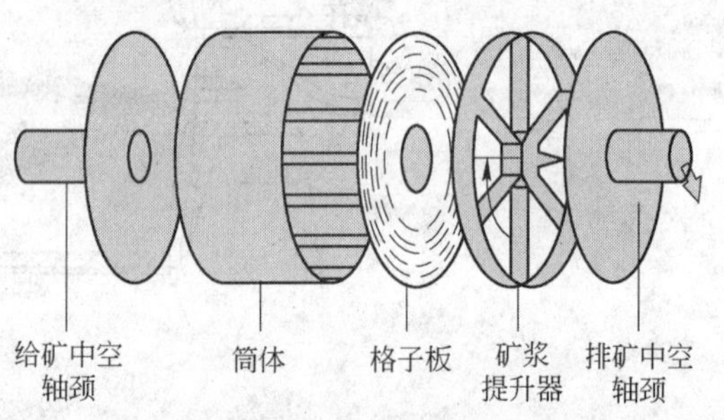

图9-15 自磨机的构件图

9.3.2 分级

在水或空气中，物料按其沉降速度的不同分成若干粒度级别的过程称为分级。在磨矿作业中，通常采用分级作业把粒度合格的物料及时分出，既可避免产品过磨，又能提高磨矿效率。磨矿作业中使用的分级设备有机械分级机和水力旋流器。

9.3.2.1 螺旋分级机

螺旋分级机的构造如图9-16所示，它是在一个倾斜的半圆形槽内安装有纵向长轴，轴上安有螺旋叶片，通过传动机构带动旋转。分级机的上端有传动机构，下端有螺旋提升装置。分级机的下部是沉降区，在沉降区细粒随溢流排出，粗粒沉于槽底，被螺旋运到上方，返回磨矿机中再磨。

螺旋分级机按螺旋轴的数目，又可分为单螺旋和双螺旋两种。如规格为ϕ2400mm螺旋分级机，其螺旋直径为2400mm。

图9-16 螺旋分级机

螺旋分级机具有下列特点：构造简单，工作可靠，处理量大，操作方便，易于与球磨机组成闭合回路，因此被广泛应用。它的缺点是，下端轴承易磨损和占地面积大等。

9.3.2.2 水力旋流器

水力旋流器是一种利用离心力作用的分级设备。图9-17为水力旋流器示意图，上部呈圆筒形，下部呈圆锥形，矿浆用砂泵以高速沿切线方向给入，因而产生很大的离心力。在离心力的作用下，较粗的颗粒被抛向器壁，以螺旋线的轨迹向下运动，最后由沉砂口排出，较细的颗粒与大部分水一起在锥体中心形成上升的螺旋流，经溢流管排出。

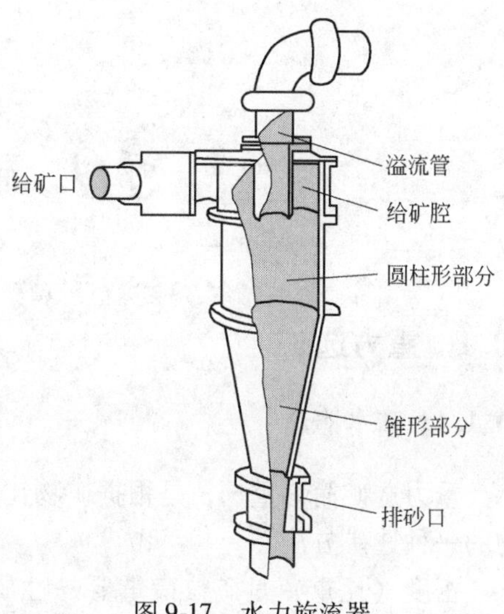

图9-17 水力旋流器

水力旋流器的优点是：构造简单，没有运动部件，体积小，占地面积少，生产率高。缺点是排砂口磨损快。水力旋流器的规格用其圆筒部分的直径表示。

9.3.3 破碎磨矿流程

由破碎机和筛分机组成的破碎工序叫做破碎筛分流程，由磨矿机和分级机组成的磨矿工序叫做磨矿分级流程，二者组合在一起就是破碎磨矿流程。典型的碎磨流程见图9-18。

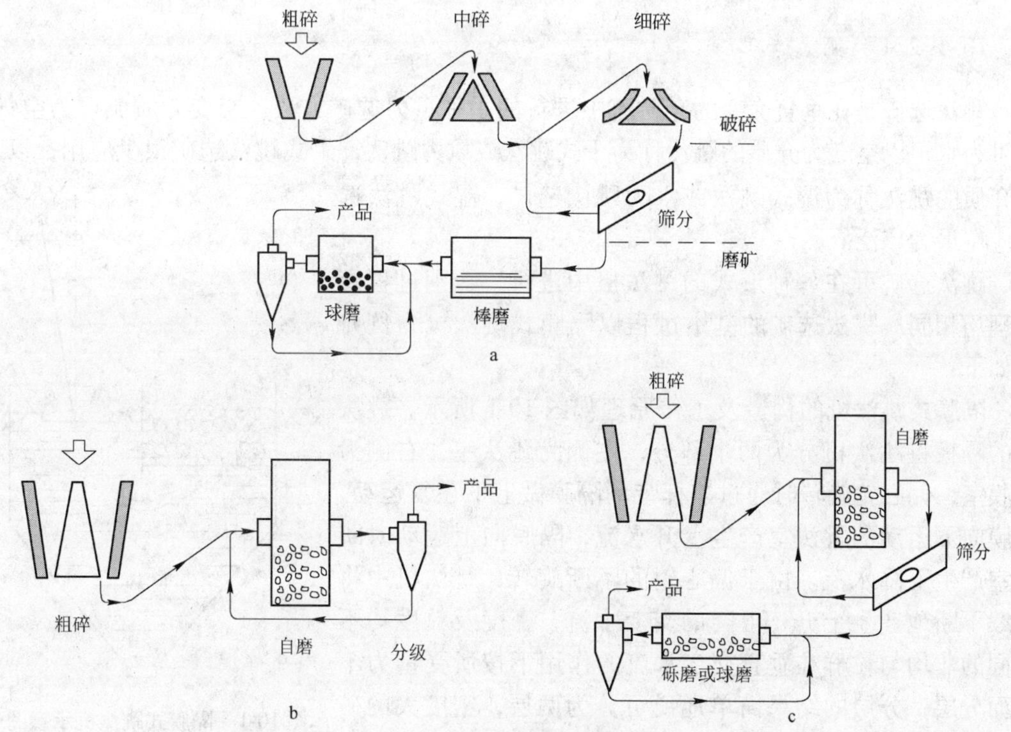

图9-18 典型的碎磨流程

a—常规破碎磨矿流程；b—自磨流程；c—自磨＋细磨流程

10 矿物加工方法

10.1 重力选矿

10.1.1 基本概念

重力选矿简称重选，是根据矿物比重不同及其在介质中具有不同的沉降速度来分离矿物的一种选矿方法。

密度（比重）是矿粒最重要的性质。单位体积矿粒所具有的质量，称为矿粒的密度（g/cm^3）。矿石的重量和同体积4℃水重量之比，称为矿粒的比重。

如果物体和液体的比重都是均匀的，根据它们比重的大小就可以决定物体的浮或沉，当物体的比重大于液体的比重时，物体下沉；而小于液体的比重时，物体浮起。

重选根据作用原理不同，可以分为跳汰选矿、摇床选矿、溜槽选矿、重介质选矿等等。

10.1.2 重选方法及设备

10.1.2.1 跳汰选矿

跳汰选矿是在垂直交变的介质流中进行的一种重力选矿方法。交变介质流可为空气，也可为水，以空气为介质的跳汰称为干式跳汰或风力跳汰，干式跳汰选矿很少应用；以水为介质的跳汰称为湿式跳汰或水力跳汰选矿，湿式跳汰选矿应用最为广泛。

跳汰选矿可在各种形式的跳汰机中进行，选别过程及原理均相同。跳汰选矿的基本过程以隔膜式跳汰机为例介绍如下：

隔膜式跳汰机的构造及工作原理如图10-1所示。跳汰机的隔板将跳汰机分为两个部分，左侧为跳汰室，右侧为隔膜室，偏心轮旋转时通过连杆带动隔膜做上下往复运动。隔膜向下运动的跳汰室产生上升水流，隔膜向上运动时跳汰室产生下降水流。由于偏心轮的不断旋转，跳汰机中将连续不断地产生上升、下降的交变水流，密度及粒度均不相同的非均匀粒群在垂直交变水流的作用下按所受重力不同而分层，分层的结果简单地说可分为两层，密度大的矿物因受重力较大位于下层，而密度小的矿物位于上层，下层矿物经由筛下或筛上排出即为精矿，上层的矿物经跳汰

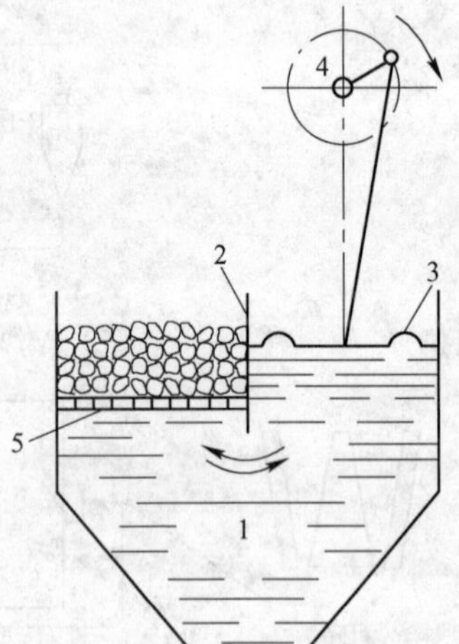

图10-1 隔膜式跳汰机示意图
1—水箱；2—隔板；3—隔膜；4—偏心轮；5—筛板

机末端的排矿溢流堰排出即为尾矿，物料在跳汰机中经过上述过程而完成按密度分选的任务。

跳汰选矿是处理粗、中粒矿石的有效方法。处理金属矿石时给矿粒度上限可达 30～50mm，粒度下限为 0.2～0.074mm。选煤的处理粒度范围为 100～0.5mm。跳汰选矿法广泛地用于选煤，同时并大量地用于选别钨矿、锡矿、金矿及某些稀有金属矿石；此外，还用于选别铁、锰矿和非金属矿石。选矿主要用隔膜跳汰机。

10.1.2.2 摇床选矿

摇床选矿，是利用机械摇动和水流冲洗联合作用使矿粒按比重分离的过程。是选别细粒物料应用最广泛的重选法之一。

所有的摇床基本上都是由床面、机架和传动机构三大部分组成。典型的摇床结构如图 10-2 所示。摇床的床面近似呈矩形或菱形。在床面纵向的一端设置传动装置。床面的横向有较明显的倾斜，在倾斜的上方布置给矿槽和冲水槽。床面沿纵向布置有床条（俗称来复条）。整个床面由机架支撑或吊起。

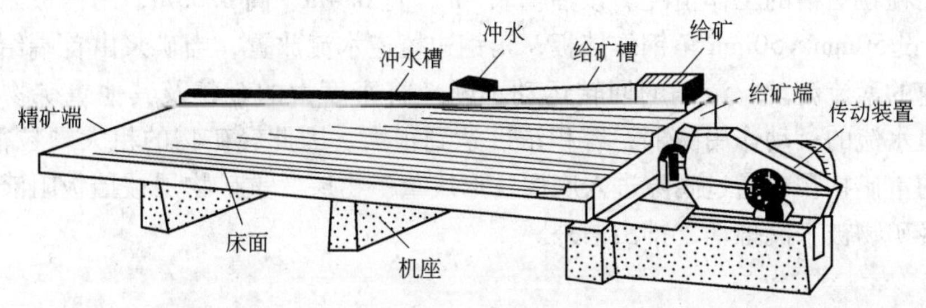

图 10-2 典型的摇床外形图

矿浆送入给矿槽内，同时加水调配成浓度约 25%～20% 的矿浆。自动流到床面上，矿粒群在床条沟内受水流冲洗和床面振动而被松散、分层。上层轻矿物颗粒受到较大的水流推动，沿床面横向倾斜运动，而成为尾矿直接排出。位于床层底部的重矿物颗粒则受到床面的振动而向传动端的对面运动，而形成精矿，从精矿端排出。矿粒的比重和粒度不同，运动方向亦不同，于是矿粒群从给矿槽开始沿对角线呈扇形展开，如图 10-3 所示。产物沿床面的边沿排出，排矿线很长，故摇床能精确地产出多种质量不同的产物。

为了减小矿粒粒度对分选的影响，进入摇床的物料应先进行水力分级。比重小的是粗粒，比重大的是细粒。摇床根据入选矿石粒度的不同，可分为：矿砂摇床（处理大于 0.5mm 的矿石）、细砂摇床（处理 0.5～0.074mm 的矿石）、矿泥摇床（处理 0.074～0.037mm 的矿石）。

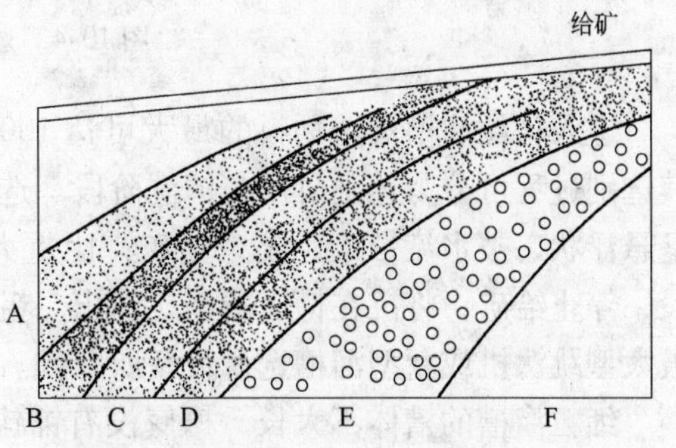

图 10-3 矿粒在床面的扇形分布

A—精矿；B—中矿Ⅰ(次精矿)；C—中矿Ⅱ(次精矿)；D—贫中矿；E—尾矿；F—溢流及矿泥

摇床主要用于选别钨、锡、钽、铌、铬

和其他有色和稀有金属以及贵金属矿石，也可用来选别铁、锰等矿石。选分金属矿石的有效选别粒度范围是 3 ~ 0. 02mm。对于选别 1mm 以下，特别是 0. 1mm 以下的细粒物料，摇床是一种非常有效的选别设备。

10. 1. 2. 3 溜槽选矿

溜槽选矿是利用矿粒在斜面运动水流中运动状态的差异进行选矿的方法。矿粒群给入倾角不大（一般 3° ~ 4°，最大不超过 16°）的溜槽内，在水流的动力、矿粒的重力（有时还有离心力）、摩擦力等的联合作用下，进行松散、分层与分离。分层的结果，比重大的矿粒集中在下层，以较低的速度沿槽底向前移动，在给矿的同时排到槽外或滞留在槽底；比重小的矿粒集中在上层，以较大的速度被水流带走，即不同性质的矿粒，在槽内按比重分选。

根据溜槽的不同构造和不同的选别对象，可分为粗粒溜槽和细粒溜槽两大类。

粗粒溜槽通常是窄而长的木槽，槽底装有挡板或其他铺垫物，槽中的水层较厚，并以较大的速度流动。粗粒溜槽主要用于选别砂金、砂铂、砂锡及其他稀有金属砂矿。图 10-4 表示选金用粗粒溜槽的工作情况。该溜槽长 4m，宽 0. 4m、高 0. 35m，用钢板制成：槽底每隔 0. 4m 设 50mm × 50mm 角钢作挡板，角钢边棱逆水流放置，当矿浆由首端给入后，在槽内作快速的紊流流动。漩涡的回转运动不断地将密度大的金粒及其他重矿物转送到底层。在那里水流的紊动作用减弱，容积浓度达到很大。因此轻矿物的粗大颗粒很难进入，只有细小的重矿物颗粒通过间隙进入底层，形成重矿物层。重矿物层被挡板阻滞，留在槽内；上层轻矿物被水流推动，排出槽外。

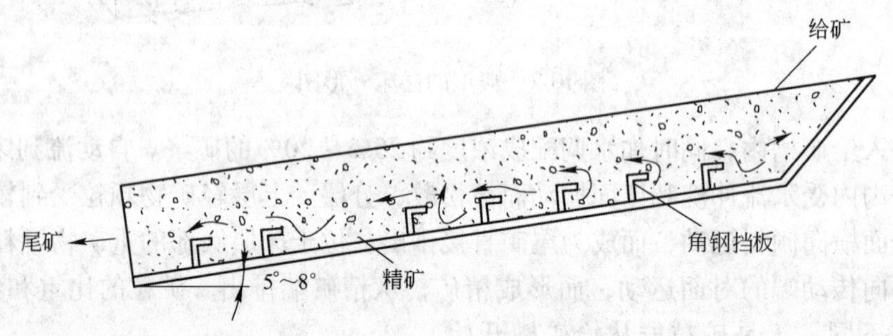

图 10-4 选金用粗粒溜槽

进入粗粒溜槽被选物料的最大可达 100 ~ 200mm 或更粗。粗粒溜槽均采用间断作业。其选别过程可分为选别阶段与清洗阶段。选别阶段将原矿和水给入溜槽内，比重小的矿粒呈悬浮状态被水流带走，成为尾矿；比重大的矿粒沉下，被阻留于槽底为精矿。清洗阶段，停止给矿，将沉在槽底的精矿清出。粗粒溜槽选别效果差、劳动强度大，目前已逐渐被大型跳汰机或新型溜槽选矿设备所取代。

细粒溜槽的槽体不太长，槽底没有铺钩，或有时铺纺织物、方格橡皮，槽水层较薄，流速亦小。细粒溜槽的结构形式有间歇式和连续式。根据处理矿石的粒度，细粒溜槽可分为：矿砂溜槽（处理大于 0. 074mm 的矿石）与矿泥溜槽（处理小于 0. 074mm 矿石）。选矿厂常用的溜槽选矿设备有：螺旋选矿机、螺旋溜槽等。

10.1.2.4 扇形溜槽

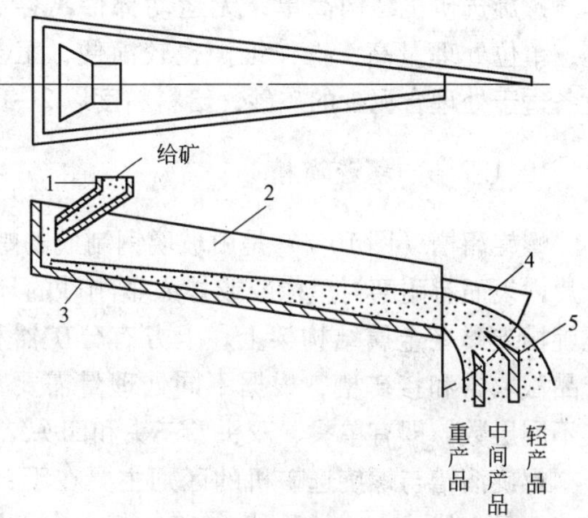

图 10-5 扇形溜槽构造、选分示意图
1—给矿嘴；2—侧壁；3—槽底；
4—扇形板；5—分割器

扇形溜槽（或称尖缩溜槽）是一种给矿端宽，排矿端窄，直线收缩，底面平整，呈倾斜放置的溜槽，如图 10-5 所示。矿浆（固体含量46%～60%）自给矿嘴给入后，由于溜槽倾角在16°～20°，而矿浆浓度较大，且溜槽断面渐缩，矿浆就形成了由薄变厚、由慢变快的平稳斜面矿浆流。物料在斜面流中悬浮、松散，并按密度分层。下层的重矿物与溜槽底面摩擦力较大，处在流动缓慢的矿层中；上层轻矿物因受到较小的摩擦力和较大的水流作用，运动速度较快。随着槽的逐渐尖缩，矿流速度增大，上下层液流的速度差更大，结果使尾端（尖缩端）的矿浆层越来越厚，在排出口处形成一个扇形面的矿浆流，借助分割器，即可得到精矿、中矿和尾矿。重矿物亦可通过槽的末端底部开缝排出。

扇形溜槽的槽长介于600～1200mm，给矿端宽325～400mm，排矿端宽10～25mm。扇形溜槽的有效处理粒度范围为25～0.038mm。该设备适合作粗选用，粗精矿再用其他设备精选。

扇形溜槽主要用于选别含钛、锆、钽、铌的海滨砂矿，也可用来处理一些含钨、锡矿、钛铁矿、赤铁矿的砂矿。

10.1.2.5 螺旋选矿机

螺旋选矿机的构造如图 10-6 所示。其主体是一个3～5圈的螺旋槽，用支架垂直安装，槽的断面呈抛物线或椭圆形的一部分。矿浆自上部给入后，在沿槽流动过程中，矿物颗粒按密度发生分层，底层重矿物运动速度低，在槽的横向坡度影响下，趋向槽的内缘移动；轻矿物则随矿浆主流运动，速度较快，在离心力影响下，趋向槽的外缘，于是轻、重矿物在螺旋槽的横向展开分带，靠内缘运动的重矿物通过排料管排出，由上部第1、2个排料管得到的精矿质量最高，以下依次降低。轻矿物由槽的末端排出。在槽的内缘连续给入冲洗水，用以提高精矿的质量。

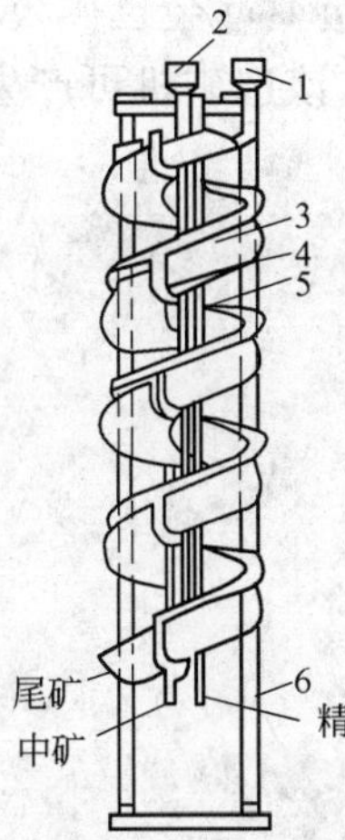

图 10-6 螺旋选矿机
1—给矿槽；2—洗涤水管；3—螺旋槽；
4—连接槽段的凸缘；5—精矿
排出管；6—机架

矿浆自上部给入螺旋溜槽后，矿浆在重力作用下沿槽流动，同时又受惯性离心力作用向外缘扩展。于是形成了内缘流层薄（2～3mm）、流速低，外缘流层厚（达7～16mm）、流速高的流动特性。

螺旋选矿机结构简单，无运动部件，容易制造，占地面积小，单位处理量高，操作维护也较简便，工艺指标较好。该种设备适于处理含泥少的矿砂，给料粒度以2～0.1mm为佳。

10.1.2.6 螺旋溜槽

螺旋溜槽（图10-7）是由玻璃钢制成的螺旋叶片组装而成。叶片内表面有耐磨衬里橡胶或掺入金刚砂的环氧树脂涂刷而成。螺旋槽支撑在金属结构架上，上方有分矿器和接矿槽，下部有产品截取器和接矿槽，根据不同处理量需要，螺旋机组可以做成不同层数，即有单头、双头、三头和四头结构。

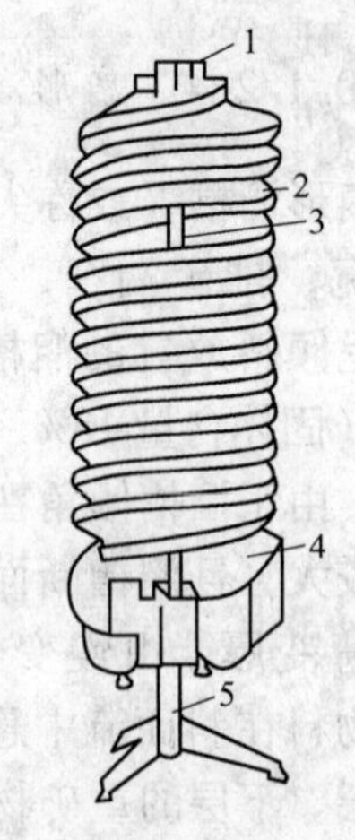

图10-7 螺旋溜槽示意图
1—给矿槽；2—螺旋槽；3—洗水分配器；4—产品收集器；5—机架

螺旋溜槽与螺旋选矿机的区别主要在于：（1）螺旋溜槽的横截面呈直线或立方抛物线；（2）精、中、尾矿均在螺旋槽的末端接出，在螺旋槽中部不设精矿接取装置；（3）在选别过程中一般不加冲洗水。

矿浆在螺旋溜槽上的流动情况与分选原理与螺旋选矿机基本相同。只是在螺旋槽槽面上有更大的平缓宽度，矿浆呈层流流动的区域较大，故适于处理微细粒级矿石。

10.1.2.7 离心选矿机

离心选矿机是一种新型分选微细粒矿石的重选设备，离心机高速旋转时产生很大的离心力，强化重选过程，使微细矿粒得到更有效的回收，它的出现成功地解决了微细粒的充分回收，因此，目前广泛用于回收钨、锡、铁等矿泥。目前离心机的种类很多，但结构基本相同。以Knelson离心选矿机为例。

20世纪80年代末，Knelson离心选矿机（KC机）由加拿大Knelson金选矿公司成功研制，并应用于特别细粒的金的选矿，其标准型的结构见图10-8。该选矿机可产生60倍

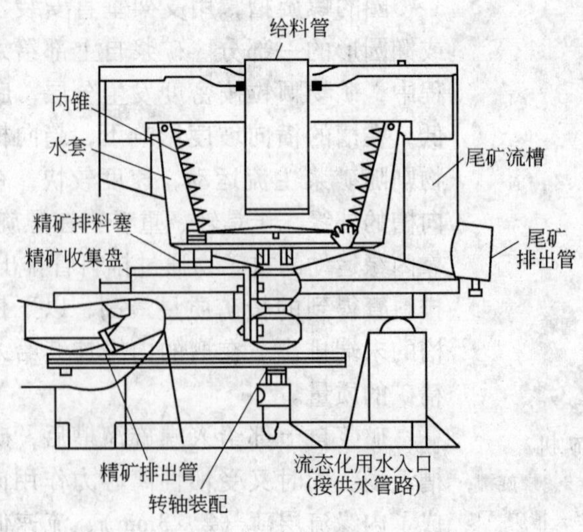

图10-8 标准Knelson离心选矿机的结构图

重力加速度，可按密度对6mm或更小的给料分级。给料借重力通过一个竖管给至选矿机动锥底部。给料作为矿浆只需有足够的水进行输送，其浓度从0~70%均可被处理，而不会对操作效率有任何有害影响。富集持续时间是给料品位和给料时间的函数，富集比非常大，实际产出精矿量很少，可达到冶炼厂要求的品位。标准KC机是间歇式工作离心机，操作简单，作业时可以清洗，维护量小。

改进的Knelson选矿机是中心排料型选矿机（CD），其结构见图10-9，与标准型相比，只是有了三个重要革新：选矿锥的形状、动锥下面加装了一个双用途的毂盘、锥内给料点下面加装了一个导流板。CD机全自动化操作，可并入任何一个现有计算机化的问题。CD系列排出精矿可自动完成，只需不到2min。

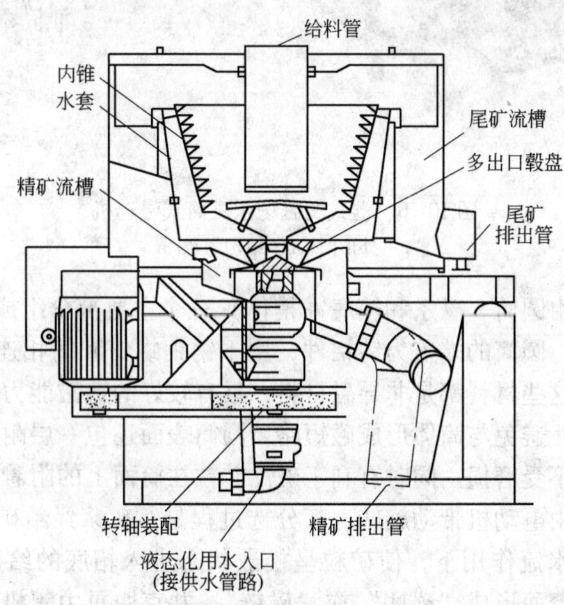

图10-9　中心排料型Knelson离心选矿机的结构图

10.2　磁选和电选

10.2.1　磁选的基本原理

磁选是在不均匀磁场，利用矿物之间磁性的差异使不同矿物实现分离的一种选矿方法。磁选法是分选黑色金属矿石，特别是磁铁矿矿石和锰矿石的主要方法。磁选法在有色金属矿石和稀有金属矿石的选矿中应用也相当广泛，并在非金属矿物原料的选矿、冶金产品的处理等方面也得到了广泛应用。

矿物根据其磁性的差异可分为强磁性矿物、弱磁性矿物和非磁性矿物。最常见的强磁性矿物是磁铁矿；弱磁性矿物有赤铁矿、褐铁矿、锰矿、黑钨矿等。

10.2.2　磁选设备及磁选工艺

磁选机根据其磁场的强弱可分为弱磁场磁选机、强磁场磁选机。

10.2.2.1 弱磁场磁选机

以湿式弱磁场永磁筒式磁选机应用最为广泛，其基本构造见图10-10。

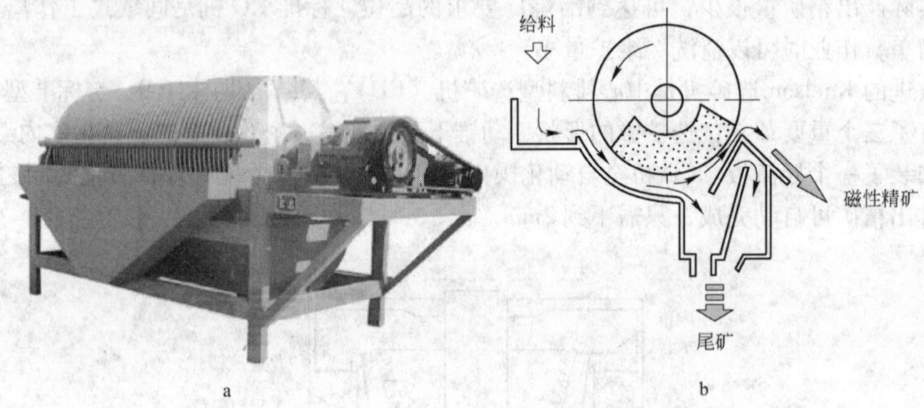

图10-10 湿式弱磁场永磁筒式磁选机
a—外形图；b—结构示意图

这种磁选机主要由圆筒、磁系和箱底（槽体）三个主要部分组成。圆筒是由2～3mm的不锈钢板卷焊而成。圆筒的端盖为铸铝件，用不锈钢螺钉和筒相连接。用不锈钢（铜）或铝做筒体，是因为这些材料都是非导磁材料，具有较好的透磁能力，这样可以使磁力线透过筒体进入分选区，避免与筒体形成磁短路。圆筒表面还包一层耐磨橡胶或绕一层细铜线作保护层，使筒面不受磨损。同时有利于磁性矿粒在筒面上的附着，加强筒体对磁性矿粒的携带作用，圆筒由电动机带动旋转。其分选过程是：矿浆经给矿箱给入槽体（底箱）后，在给矿喷水管的水流作用下，使矿粒呈松散状态进入箱底的给矿区。由于磁场的作用，磁性矿粒发生磁聚而形成“磁团”或“磁链”，并克服重力等机械力向磁极运动，而被吸引到筒体的表面上。由于磁极的极性沿圆筒旋转方向是交替排列的，并且在工作时固定不动，“磁团”或“磁链”在随圆筒旋转时，由于磁极交替而产生磁搅拌现象，被夹杂在“磁团”或“磁链”中的脉石等非磁性矿物在翻动中脱落下来，最终被吸在圆筒表面的“磁团”或“磁链”即是精矿。精矿随圆筒转到磁系边缘磁力最弱处，在卸矿水管喷出的冲洗水流作用下被卸到精矿槽中。非磁性或弱磁性矿物被留在矿浆中随矿浆排出槽外，即是尾矿。

10.2.2.2 强磁场磁选机

强磁场磁选机用于分选弱磁性矿物。最早的工业型强磁选机是干式的，迄今干式强磁选机仍然广泛用于分选锰矿石、铁矿石、海滨砂矿、黑钨矿、锡矿等工业矿物。现在干式强磁选机有感应辊式、盘式、筒式和永磁辊式四类。

图10-11 干式辊式强磁选机

图10-11是一种应用广泛的干式强磁选机，

该磁选机为上部给矿式，主要用于选别稀有金属矿石和其他弱磁性矿石或从各种物料中除去弱磁性铁杂质。辊子用导磁钢片叠成，磁场中的铁磁性辊子在其表面感生与相邻磁性极性相反的磁场，当欲选物料落到感应辊表面时，磁性物料被辊吸住，随着辊转离磁场后落到接料槽中，非磁物料沿其自然运动轨迹落下，达到分离目的。

10.2.2.3 高梯度磁选机

高梯度磁选技术以磁饱和聚磁不锈钢毛、钢丝、细钢棒等作为磁介质，当物料中磁性物对钢毛的磁力作用大于其黏性阻力和重力作用时，磁性物被截留在钢毛介质上，在切断磁路后，磁力消失，被钢毛介质捕集到的磁性物用水反冲洗下来，从而分离磁性物的目的。

产生高梯度磁场不仅需要高的磁场强度，而且要有恰当的磁性介质。可作介质的有：不锈钢毛、软铁制的齿板、铁球、铁钉和多孔板等。

国内应用最为广泛的高梯度磁选机为 SLon 立环脉动高梯度磁选机，如图 10-12 所示。

图 10-12 SLon 立环脉动高梯度磁选机

该机主要特点是：

（1）转环立式旋转、反冲精矿。平环强磁选和磁介质堵塞的问题是国内外几十年未解决的技术难题。SLon 磁选机采用转环立式旋转方式，对于每一组磁介质而言，冲洗精矿的方向与给矿方向相反，粗颗粒不必穿过磁介质堆便可冲洗出来，从而有效地防止了磁介质堵塞。

（2）设置矿浆脉动机构，驱动矿浆产生脉动流体力。在脉动流体力的作用下，矿浆中的矿粒始终处于松散状态，可提高磁性精矿的质量。

（3）平环高梯度磁选机对给矿粒度要求比较严格，该机以其独特磁系结构及优化组合的磁介质，使 SLon 磁选机给矿粒度上限达到 2.0mm，简化了现场分级作业，具有更为广泛的适应性。

该机具有富集比大、对给矿粒度、浓度和品位波动适应性强、工作可靠、操作维护方便等优点，该机分选弱磁性矿石实现了精矿品位高和回收率高的优点。其适用范围为弱磁性矿物的选矿，例如：赤铁矿、褐铁矿、钛铁矿、黑钨矿、钽铌矿等；以及非金属矿除铁、提纯，例如：石英、长石、霞石、萤石、硅线石、锂辉、高岭土等。

10.2.3 电选设备

高压电选是在高压电场中利用矿物的电性差异使矿物分离的一种选矿方法。它是细粒矿物重要选矿方法之一。电选有着广泛的用途，主要用于：有色、黑色、稀有金属矿石的精选；非金属矿石和粉煤的分选，陶瓷、玻璃原料和建筑材料的提纯；工业废料的回收；谷物、种子、食品的精选；矿石和其他物料的分级和防尘等。

根据矿物导电性的差异，可分为导体矿物、半导体矿物以及非导体矿物三大类。导体矿物很少，只有自然金属、石墨等。半导体矿物较多，如硫化矿物、金属氧化物、含铁锈的硅酸盐矿物、岩盐、煤和一些沉积岩。而硅酸盐及碳酸盐矿物均属于非导体矿物。

目前应用最为广泛的电选机是电晕—静电复合电场电选机。它是利用物料导电性能的差异，在高压电晕电场与高压静电电场相结合的复合电场中，在电力和机械力的作用下，实现对物料的分离。对导体加强了静电极的吸引力，对非导体加强了斥力。复合电场电选机工作原理见图10-13。

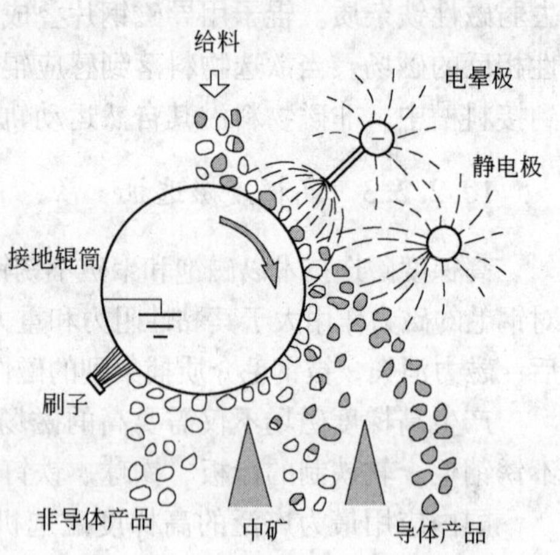

图10-13 复合电场电选机工作原理图

经过挑选、破碎、磨粉后的金属和非金属混合物或其他导体和非导体混合物，从进料漏斗中下到辊筒上面，辊筒旋转带物料进入高压电极和辊筒接地电极之间电晕电场中，导电性能良好的颗粒在与接地电极表面接触时，能较快地将导电良好的金属颗粒所带电荷经辊筒电极传走，在旋转辊筒带来的离心力和自重力的作用下，脱离辊筒电极，落入导体颗粒的接料槽中。导电性能较弱的非金属或非导体颗粒，在与辊筒接触时，很难传走它们所带的电荷。由于异性电荷相互吸引而吸附在辊筒表面，随辊筒转动带至辊筒后面被圆辊毛刷刷下，落入非导体颗粒接料槽中。

10.3 浮选及其设备

10.3.1 浮选的基本原理

浮游选矿是一门分选矿物的技术，是一种主要的选矿方法。其主要原理是利用矿物表面物理化学性质的差异使矿石中一种或一组矿物有选择性地附着于气泡上，升浮至矿浆液面，从而将有用矿物与脉石矿物分离。因其分选过程必须在矿浆中进行，所以叫作浮游选矿，简称浮选。

在浮选过程中，矿物的沉浮几乎与矿物密度无关。比如黄铜矿与石英，前者密度为4.2，后者为2.68，可是重矿物的黄铜矿很容易上浮，石英反而沉在底部。经研究发现矿物的可浮性与其对水的亲和力大小有关，凡是与水亲和力大，容易被水润湿的矿物，难于附着在气泡上，难浮。而与水亲和力小，不易被水润湿的矿物，容易上浮。因此可以说，浮选是以矿物被水润湿性不同为基础的选矿方法。一般把矿物易浮与难浮的性质称为矿物的可浮性。

浮选是最重要的选矿方法之一。据统计，有90%的有色金属矿都是用浮选法处理的。此外浮选法还广泛用于稀有金属、贵金属、黑色金属、非金属以及煤等矿物原料的选别。近年来，国内外还用浮选法进行水质净化，污水处理等。可见浮选法的应用范围是相当广泛的。与其他选矿方法相比，用浮选法选别细粒浸染矿石时，效果较好而且比较经济合理。浮选法也常用于选别粗粒或粗细不均匀浸染矿石的细粒部分。

浮选过程是在浮选机中完成的，它是一个连续过程，具体可分以下四个阶段。

(1) 原料准备。浮选前原料准备包括磨细、调浆、加药、搅拌等。磨细后原料粒度要达到一定要求，其目的主要是使绝大部分有用矿物从嵌布状态中单体解离出来，另一目的是使气泡能载负矿粒上浮，一般需磨细到小于0.2mm。调浆指的是把原料配成适宜浓度的矿浆。以后加入各种浮选药剂，以加强有用矿物与脉石矿物表面可浮性的差别。搅拌的目的是使浮选药剂与矿粒表面充分作用。

(2) 搅拌充气。依靠浮选机的搅拌充气器进行搅拌作用并吸入空气，也可以设置专门的压气装置将空气压入。其目的是使矿粒呈悬浮状态，同时产生大量尺寸适宜且较稳定的气泡，造成矿粒与气泡接触碰撞的机会。

(3) 气泡的矿化。经与浮选药剂作用后，表面疏水性矿粒能附着在气泡上，逐渐升浮至矿浆面而形成矿化泡沫。表面亲水性矿粒不能附着于气泡而存留在矿浆中。这是浮选分离矿物最基本的行为。

(4) 矿化泡沫的刮出。为保持连续生产，及时排出矿化泡沫，浮选机转动的刮板把它刮出，此产品叫做“泡沫精矿”。留在矿浆中然后排出的产品，叫做“尾矿”。

矿浆经加药处理后的第一次浮选作业通常称粗选。在粗选所得矿化泡沫中，虽然富集了大量有用矿物，但经常还混杂有脉石矿物及其他杂质，通常还要对这种粗选矿化泡沫进行一次或多次再选，这种粗选泡沫进行再选的作业称精选。最后一次精选作业所得的泡沫产品叫精矿。在粗选作业排出的矿浆中，往往还残留有一定量的有用矿物，需要进行再选回收，这种再选作业称为扫选。精选作业排出的矿浆和扫选作业获得的泡沫产品通常称为中矿。中矿通常返回前面某一浮选作业再选，在特殊情况下，也可单独浮选。粗选一般为一次，精选和扫选可以有多次作业。最后一次扫选作业排出的矿浆称为尾矿。

10.3.2 浮选药剂

浮选时使用各种药剂来调节入选矿物和浮选介质的物理化学性质，从而扩大矿物与脉石间亲、疏水性的差异，使之更好地分选，达到提高矿物回收率的目的。常用的浮选药剂分三大类：捕收剂，起泡剂，调整剂。

10.3.2.1 捕收剂

自然界中除煤、石墨、硫黄、滑石和辉钼矿等矿物颗粒表面疏水、具有天然的可浮性外，大多数矿物均是亲水的。加一种药剂能改变矿物颗粒的亲水性而产生疏水性使之可浮，这种药剂通常称为捕收剂。捕收剂通常分为极性捕收剂和非极性捕收剂。极性捕收剂由能与矿物颗粒表面发生作用的极性基团和起疏水作用的非极性基团两部分组成。当这类捕收剂吸附于矿粒表面时，其分子或离子呈定向排列，极性基团朝向矿物颗粒表面，非极性基团朝外形成疏水膜，从而使矿物具有可浮性。

捕收剂是能选择性地作用于矿物表面，使矿物表面疏水的有机物。最典型的捕收剂有黄药、黑药、脂肪酸、胺类等。浮选铜、铅、锌、铁等硫化矿物时，常用有机硫代化合物作捕收剂。例如，烷基（乙、丙、丁、戊基等）二硫代碳酸钠（钾），又称黄原酸盐，俗称黄药，如 $NaS_2C \cdot OCH_2 \cdot CH_3$；烷基二硫代磷酸或其盐类，如 $(RO)_2PSSH$，式中R为烷基，俗称黑药。烷基二硫代氨基甲酸盐和黄原酸盐的酯类衍生物等也是硫化矿物常用的捕收剂，也是浮选金属硫化矿的常用捕收剂，常与黄药类同时使用。非离子型极性捕收剂的分子不解离，如含硫酯类，非极性捕收剂为烃油（中性油），如煤油、柴油等。

10.3.2.2　起泡剂

起泡剂是能吸附于气-水界面并降低界面张力的异极性有机表面活性物质。具有亲水基团和疏水基团的表面活性分子，定向吸附于水-空气界面，降低水溶液的表面张力，使充入水中的空气易于弥散成气泡和稳定气泡。起泡剂和捕收剂联合在一起吸附于矿物颗粒表面，使矿粒上浮。常用的起泡剂有：松树油（俗称二号油）、酚酸混合脂肪醇、异构己醇或辛醇、醚醇类以及各种酯类等。

10.3.2.3　调整剂

在浮选过程中，必须采用一些药剂以造成矿物成功浮选的条件，这些药剂就称为调整剂。调整剂主要是调整捕收剂与矿物的作用，促进或抑制矿物的可浮性，调节矿浆的 pH 值和离子组成。调整剂包括各种无机化合物（如酸、碱、盐）、有机化合物（如淀粉、单宁等）。同一种药剂，在不同的浮选条件下，往往起不同的作用。

调整剂按其在浮选过程中的作用可分为：（1）pH 值调整剂。用它来调节矿浆的酸碱度，用以控制矿物表面特性、矿浆化学组成以及其他各种药剂的作用条件，从而改善浮选效果。常用的有石灰、碳酸钠、氢氧化钠和硫酸等。在选金时，最常用的调节剂是石灰和硫酸。（2）活化剂。能增强矿物同捕收剂的作用能力，使难浮矿物受到活化而浮起。使用硫酸铜可活化被抑制的闪锌矿，然后用黄药等捕收剂浮选。（3）抑制剂。提高矿物的亲水性和阻止矿物同捕收剂作用，使其可浮性受到抑制。如在优先浮选过程中使用石灰抑制黄铁矿，用硫酸锌和氰化物抑制闪锌矿，用水玻璃抑制硅酸盐脉石矿物等，利用淀粉、拷胶（单宁）等有机物作抑制剂达到多金属分离浮选的目的。（4）絮凝剂。使矿物细颗粒聚集成大颗粒，以加快其在水中的沉降速度；利用选择性絮凝进行絮凝-脱泥及絮凝-浮选。常用的絮凝剂有聚丙烯酰胺和淀粉等。（5）分散剂。阻止细矿粒聚集，处于单体状态，其作用与絮凝剂恰恰相反，常用的有水玻璃、磷酸盐等。

浮选剂的种类和用量随矿石性质和浮选条件及流程特点而各异，可用试验单位提供药方（或称药剂制度），在生产实践过程中也可根据上述各种条件的变化而加以改变。

10.3.3　浮选流程及影响因素

浮选流程包括磨矿、分级、调浆及浮选的粗选、精选、扫选作业。工业生产时必须针对矿石的性质和对产品的要求，采用不同的药方和浮选流程。

选择浮选原则流程的任务，在于解决浮选流程的段数和有用矿物的浮选顺序问题。实践中，以磨矿段数与浮选作业联系来划分浮选的段数。一般可以分为一段浮选流程和阶段磨矿阶段选别流程。

一段磨浮流程。将矿石一次磨到选别所需要的粒度，然后经浮选得到最终精矿的浮选流程，称为一段磨浮流程（图 10-14）。

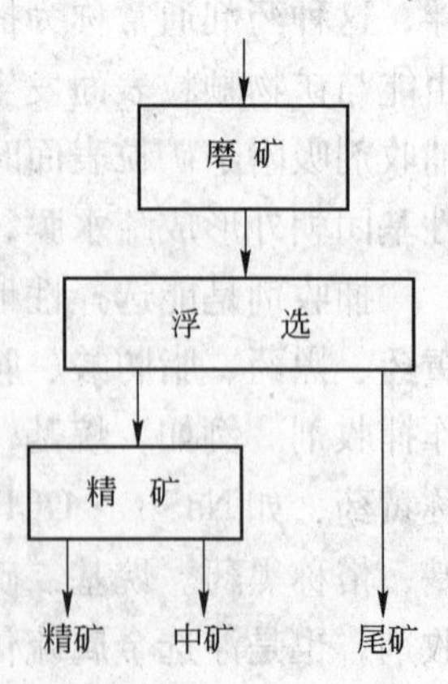

图 10-14　一段磨浮流程

阶段磨矿阶段浮选。其中磨矿可以是一段或连续几段。阶段磨矿阶段浮选则是根据先粗后细的顺序，经磨矿逐段解离出不同嵌布粒度的有用矿物、并逐段浮选出已经解离出来的有用矿物的流程。阶段磨矿阶段浮选流程，又可分为三种情况：(1) 尾矿再磨再选流程（图 10-15）；(2) 粗精矿再磨再选流程（图 10-16）；(3) 中矿再磨再选流程（图 10-17）。

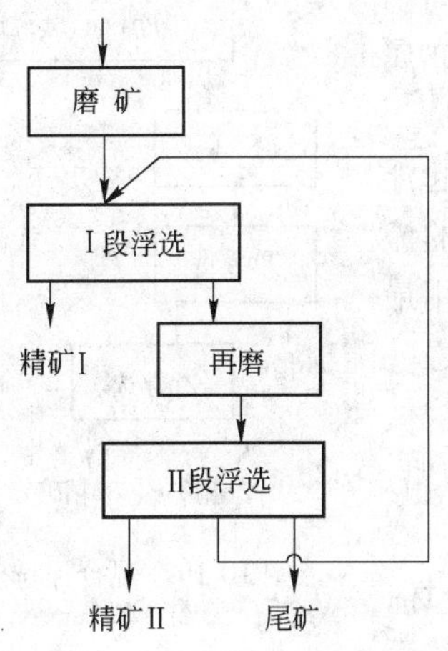

图 10-15　尾矿再磨再选流程

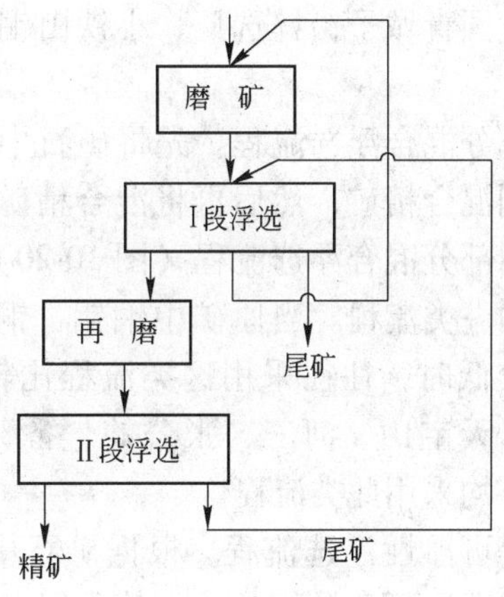

图 10-16　粗精矿再磨再选流程

有用矿物的浮选顺序：

多金属矿石（如含铜、铅、锌的多金属硫化矿石）的浮选原则流程：

优先浮选流程。直接优先浮选流程依次分别浮选出各种有用矿物的浮选流程，叫优先浮选流程（图 10-18）。流程的特点可以适应矿石品位的变化、具有较高的灵活性，对原矿品位较高的原生硫化矿比较适合，如我国的西林、凡口、乐昌铅锌矿选厂的浮选流程，瑞典莱斯瓦尔（Laisvall）铅锌选厂的浮选流程均属此类。

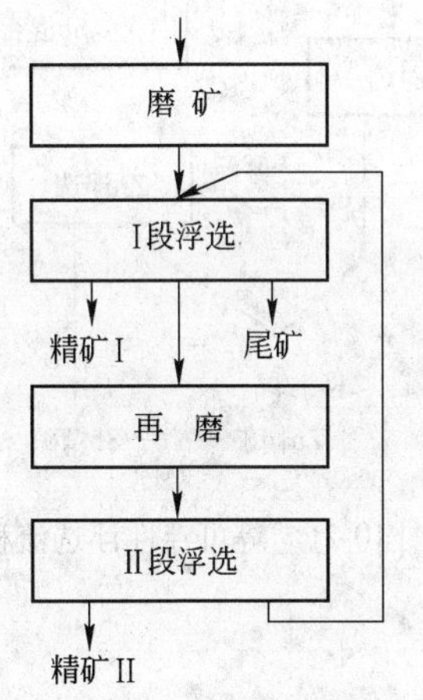

图 10-17　中矿再磨再选流程

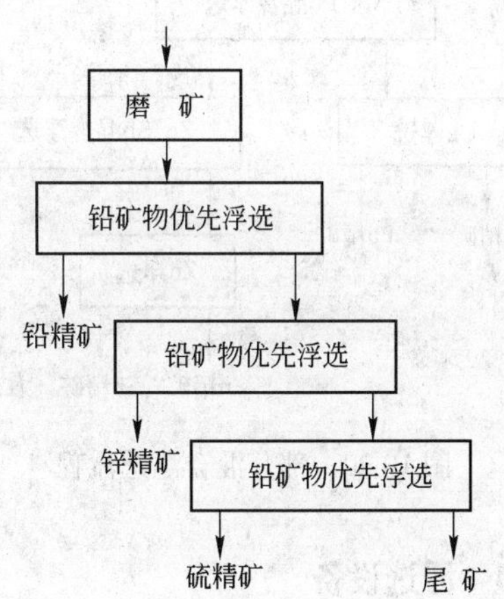

图 10-18　优先浮选流程

混合浮选流程。先将矿石中全部有用矿物一起浮出得到混合精矿，然后再将混合精矿依次分选出各种有用矿物的流程，叫混合浮选流程（图 10-19）；这种流程适应原矿中硫化矿物总含量不高，硫化矿物之间共生密切，结构复杂、嵌布粒度细的矿石，它能简化工艺、减少矿物过粉碎，从而有利于分选。原苏联阿尔玛克铅锌矿选厂采用这种流程，获得比优先浮选流程更高的指标，铅精矿品位提高10%，锌精矿品位提高4.5%，矿石的综合利用率从75.4%提高到83.7%，劳动生产率提高一倍，我国青城子铅锌选厂、小铁山铜矿选厂生产流程亦属此类。

磨 矿
Pb、Zn、Sb混选
磨 矿
尾矿
Pb浮选
Pb精矿
Zn浮选
Zn精矿
Sb精矿

图10-19 混合浮选流程

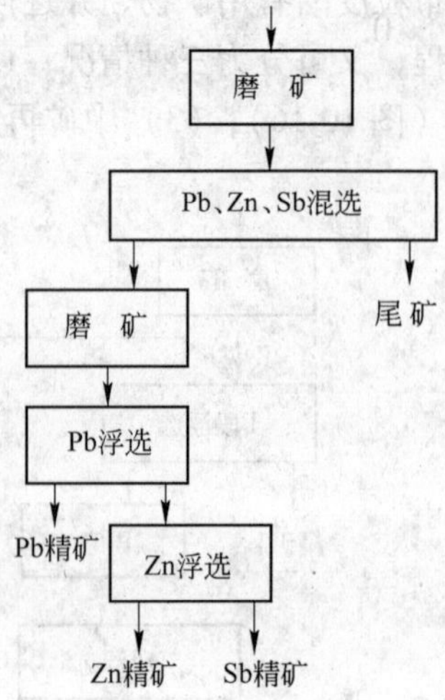

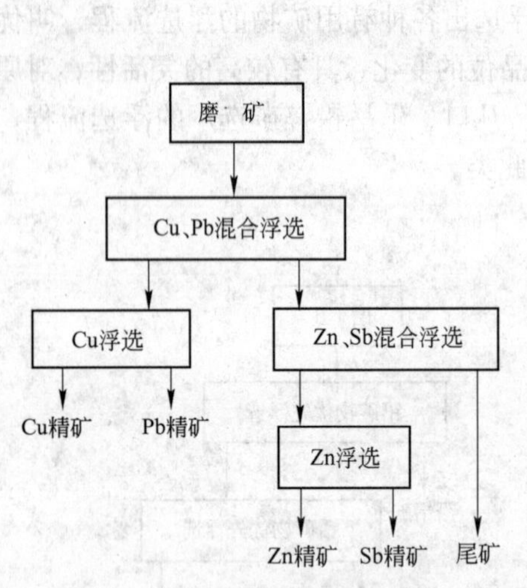

部分混合浮选流程。先将矿石中两种有用矿物一起浮出得到混合精矿，然后再将混合精矿分离出单一精矿的流程，叫部分混合浮选流程（图10-20）。这是生产上应用最广泛的一类流程。当原矿中铜钼、铜铅、铜锌、铅锌之一品位较低时，往往采用这类流程比较经济，我国的桃林、桓仁、天宝山、河三、张公岭、番芬、八家子等铜、铅、锌选厂均采用此类流程。

等可浮性浮选流程。根据矿石中矿物可浮性的好坏，依次浮选出可浮性好的，中等的以及较差的矿物群，然后再将各混合精矿依次分选出不同有用矿物的流程，叫等可浮性浮选流程（图10-21），如我国黄沙坪铅锌矿选厂的流程属此类。

磨 矿
Cu、Pb混合浮选
Cu浮选
Zn、Sb混合浮选
Cu精矿
Pb精矿
Zn浮选
Zn精矿
Sb精矿
尾矿

图10-20 部分混合浮选流程

磨 矿
Pb为主Pb、Zn混选
Zn、Sb混合浮选
Pb浮选
Zn浮选
Pb精矿
尾矿
Zn精矿
Sb精矿

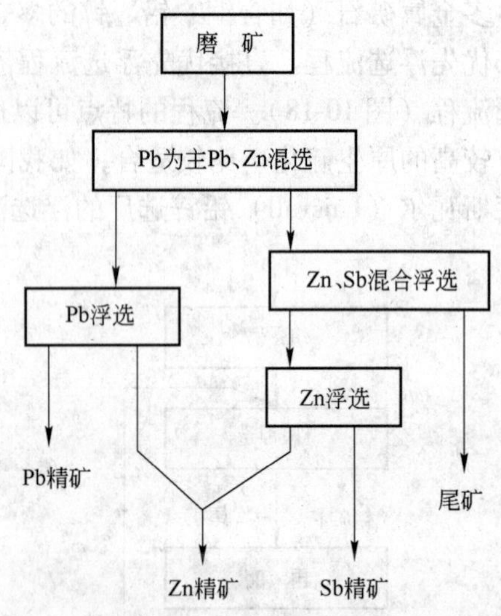

图10-21 等可浮性浮选流程

10.3.4 浮选设备

浮选设备主要是浮选机以及为实现浮选工艺的其他设备。矿浆经过搅拌充气，在各种浮选药剂的作用下矿粒与气泡黏附，气泡上升，形成矿化泡沫层，被刮板刮出或溢出，这一系列浮选过程均是在浮选机中完成的。浮选机多由多槽串联而成。

根据浮选机的充气和搅拌方式，可将目前我国生产的浮选机分为三类：机械搅拌式浮选机、充气搅拌式浮选机、充气式浮选机。

10.3.4.1 机械搅拌式浮选机

机械搅拌式浮选机的工作原理图见图 10-22，其外形见图 10-23。矿浆的充气和搅拌都是由叶轮和定子组成的机械搅拌装置完成的，属于外气自吸式搅拌机，一般是上部气体吸入式，即是浮选槽下部的机械搅拌装置附近吸入空气。矿浆和药剂充分混合后给入浮选机第一室的槽底下，叶轮旋转后，在轮腔中形成负压，使得槽底下和槽中的矿浆进入混合区，也使得空气沿导气套筒进入混合区，矿浆、空气和药剂在这里混合。在叶轮离心力的作用下，混合后的矿浆进入矿化区，空气形成气泡并被粉碎，与矿粒充分接触，形成矿化气泡，在定子和紊流板的作用下，均匀地分布于槽体截面，并且向上移动进入分离区，富集形成泡沫层，由刮泡机构排出，形成精矿泡沫。槽底上面未被矿化的矿粒会通过循环孔和上吸口再一次混合、矿化和分离。槽底下未被叶轮吸入的部分矿浆，通过埋没在矿浆中

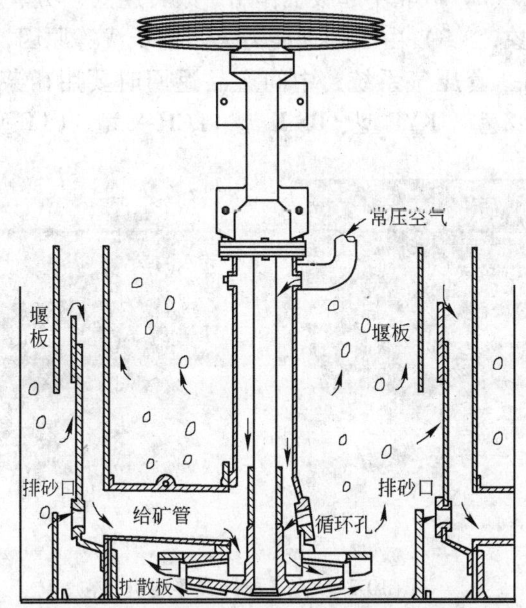

图 10-22 机械搅拌式浮选机的工作原理图

图 10-23 机械搅拌式浮选机

的中矿箱进入第二室的槽底下，完成第一室的全部过程后，进入第三室，浮选机如此周而复始，矿浆通过最后一室后进入尾矿箱排出最终尾矿。根据机械搅拌装置的型式，可将这类浮选机分为不同的型号，如 XJ 型、XJQ 型、GF 型、SF 型、棒型等。这类浮选机的优点是：可以自吸空气和矿浆，中矿返回时易实现自流，辅助设备少，设备配置齐全，操作简单等；其缺点是充气量较小，电耗高，磨损较大等。

10.3.4.2 充气搅拌式浮选机

充气搅拌式浮选机既装有机械搅拌装置，又利用外部特设的风机强制吸入空气，如图 10-24 所示。但是，机械搅拌装置一般只起搅拌矿浆和分布气流的作用，空气主要靠外部风机压入，矿浆充气与搅拌是分开的。因此，这类浮选机与一般机械搅拌式浮选机相比有下述特点：(1) 充气量可根据需要增减，并易于调节，保持恒定，因而有利于提高浮选机的处理能力和选别指标；(2) 叶轮不起吸气作用，故转速低、功率损耗少、磨损小，且脆性矿物不易产生泥化现象；(3) 由于处理能力大、槽子浅等原因，单位处理量的电耗较低。其缺点是需要外加一套压气系统，中间产品返回时要用矿浆扬送。这类浮选机有 CHF-X 型、XJC 型、BS-X 型、KYF 型、BS-K 型、LCH-X 型、CLF 型等。

图 10-24 充气搅拌式浮选机

10.3.4.3 充气式浮选机

充气式浮选机的特点是没有机械搅拌器，也没有传动部件，由专门设置的压风机提供充气用的空气。浮选柱即属于此种类型的浮选机，外形见图 10-25。浮选柱的优点是结构简单，容易制造。缺点是没有搅拌器，使浮选效果受到一定影响，充气器容易结垢，不利于空气弥散。我国在 20 世纪 70 年代前后曾研制并应用了几种浮选柱，但由于存在较多缺点而基本被淘汰。近年随着国外浮选柱的重新兴起和成功应用，我国又研制了几种浮选柱，并推广用于工业生产。浮选柱原理与外形见图 10-25。

该机的主体结构通常是一个带充气器（气泡发生器）的圆柱形筒体（亦可是正方形或矩形柱），筒体内附有给矿装置，泡沫溢出或刮出装置以及泡沫槽、压缩空气输入管网和风包等。浮选柱（图 10-25）工作时，经药剂调和好的矿浆由柱体中上部的给矿装置给入；压缩空气经输入管网和风包，然后透过多孔介质（如微孔塑料短管）从柱体底部鼓

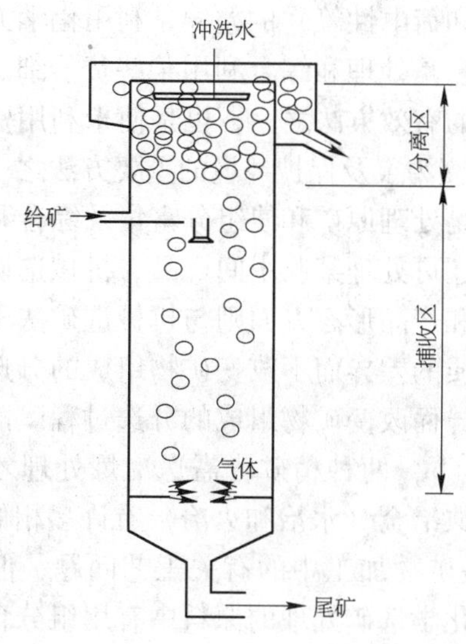

a

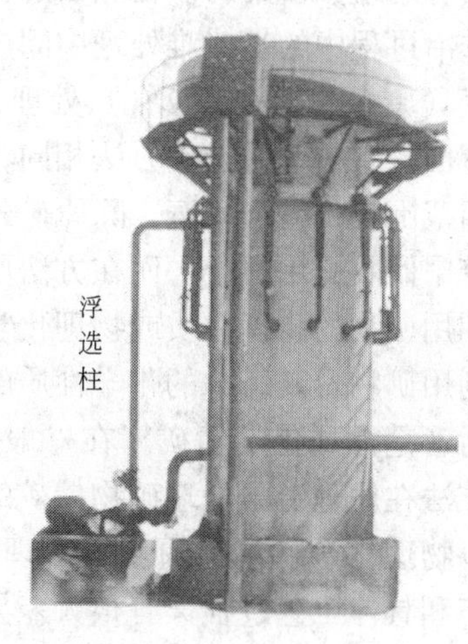

b

图 10-25 浮选柱
a—原理图；b—外形图

入，使在柱体内形成大量细小气泡。矿粒在重力作用下缓缓下降，气泡穿过向下流动的矿浆升浮，矿粒与气泡通过逆流接触与碰撞，实现气泡选择性矿化。矿化气泡升浮至矿液面聚集形成泡沫层，溢出或用刮板刮出后得泡沫产品（一般为精矿）；尾矿则由柱底借助提升装置排出。柱体内自矿浆给入口至柱顶称为精选区，主要作用是提高泡沫产品的品位；由矿浆给入口至柱底称为捕集区，主要作用是捕集欲浮出的目的矿物，提高回收率。

浮选柱的特点是结构简单，能耗低、占地面积小，操作控制容易，适用于处理微细粒矿物。但充气器易结垢堵塞，矿浆在柱体内易上下翻腾以及对各类矿石的适应性不强。20 世纪 80 年代以后，许多国家都加强了对浮选柱的研究工作，出现了一批比较新颖的浮选柱，如柱内充以波浪板叠置成的介质床层，分层处于“静态”条件，泡沫层稳定且不用专门的发泡器的充填介质浮选柱；在柱底采用电解发泡方式产生微泡的电浮选柱；在给料下方柱周加线圈，使柱轴向产生纵向磁场，有利于矿浆充分分散的磁浮选柱；内置多孔介质柱体，重选作用和浮选作用相结合，强化浮选效应的旋流充气浮选柱；柱体高度低、给料与空气预先混合给入，矿化好，浮选速度快的詹姆森（Jameson）浮选柱等。工业上应用的浮选柱最大直径已达 2. 5m，高 12m。

10. 4 化学分选工艺与设备

随着现代工业的迅速发展，人类对自然矿产资源的需求量日益增加，而地壳中的富矿、易选矿的矿石储量则因长期开发利用而日趋减少。矿石品位低，粒度细，成分复杂，很多难选矿石采用常规的机械选矿法已无法解决，而采用化学选矿或化学选矿与机械选矿联合方法进行处理，能有效地、合理地提取其中的有价值成分，并获得较高的经济效益。

化学选矿法（又称矿物原料化学处理）是基于矿物和矿物组分的化学性质（如热稳

定性、氧化还原性、溶解性、络合性、水化性和荷电性等）的差异，利用化学方法改变矿物组成而使其有用组分富集的矿物加工过程。它是处理和综合利用某些贫、细、杂，难选矿物以及在选冶过程中的某些难处理中间产品的有效方法之一，也是使未利用资源的资源化和解决三废（废水、废渣、废气）处理，变废为宝及保护环境的重要方法之一。在处理对象和目的方面，它与机械选矿方法相同，都是处理原矿和使组分富集及综合利用矿物资源。但其应用范围较机械选矿宽，除原矿外，还可处理某些中间产品、机械选矿的尾矿以及可以从三废中回收有用组分。而在方法原理和产品形态方面则与机械选矿法不同，机械选矿法是仅利用矿物的物理性质或物理化学性质的差异而不改变矿物组成的分选过程。而化学选矿是利用矿物及其组分的化学性质的差异而改变矿物组成的分选过程。前者是得到矿物精矿，后者是得到化学精矿。在一般情况下，两种精矿皆需送冶炼处理才能得到金属。化学选矿法在原理上与处理矿物精矿的经典冶金（水冶和火冶）有许多相似之处，都是利用化学、物理化学和化工的基本原理解决矿物加工中的有关工艺问题，但其处理对象、产品形态和具体工艺过程又有很大差异，化学选矿处理的原料中有用组分含量低，其组分共生关系密切，组成复杂，有害杂质含量高，一般只得到化学精矿，而冶炼处理的原料为矿物精矿，组成简单，得到的产品可供用户直接使用。因此，化学选矿可看成是介于机械选矿和冶金处理的过渡性学科。

10.4.1 化学分选过程与设备

化学选矿过程一般包括下面三个主要工序：

（1）原料准备。包括破碎筛分、磨矿分级等作业，目的是使矿物原料碎磨至一定的粒度，以使后续矿物分解更充分。若后续为高温处理作业时，有时还需用某些机械选矿法除去原料中的有害杂质，使矿物原料与化学药品配料、混匀，为高温作业创造较有利的条件。

（2）矿物分解。矿物分解的目的是使矿物原料与化学药剂作用，使矿物组分直接选择性地溶解于溶液中，或经高温处理使矿物组分转变为易溶解的形态后溶于溶液中，从而达到有用组分的分离和初步富集。矿物分解可用直接浸出法，或先经高温处理后用浸出和其他选矿方法。高温化选可用焙烧法（氧化、还原、硫酸化、氯化等）和煅烧法。浸出法包括水溶剂浸出（酸法、碱法、盐浸法、细菌浸出法等）和非水溶剂浸出法。矿物分解，有时是有用组分的选择性溶解，有时是有害杂质的选择性溶解，二者皆可使有用组分富集和净化。矿物分解后，可从溶液、浸渣和烟尘中综合回收各种有用组分。不同分解方法的组合构成了某种矿物原料处理的独特工艺流程。

（3）化学精矿的制取。这一工序主要是从浸出液中沉淀析出化学精矿，但有时也用高温处理方法（氯化物或氧化物挥发）生产化学精矿。从浸出液中沉析化学精矿，一般可采用化学沉淀法（如中和水解法、难溶盐沉析法或蒸焙结晶法等）和金属沉淀法（金属置换法、气体还原法和电积法等）。从浸出液沉析化学精矿之前，一般需采用化学沉淀法、离子交换吸附法或有机溶剂萃取法和离子浮选法进行净化分离，以除去某些有害杂质和得到高质量的化学精矿。图 10-26 为化学选矿的原则流程图。

对某一具体矿物原料的化学选矿工艺，不一定要按上述工序一步步地进行，如有的可不经焙烧而直接进行浸出；难选粗精矿浸出时一般浸出易浸部分，浸渣常为化学

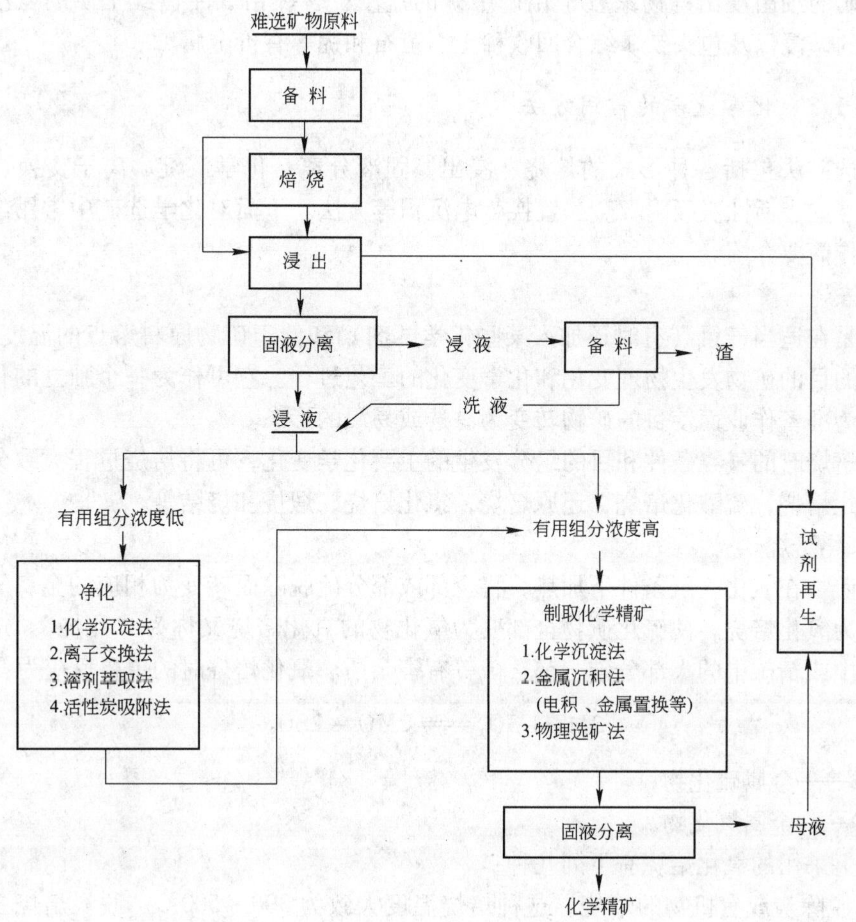

图 10-26 化学选矿原则流程图

产品。近年来发展了许多一步法工艺，如炭浆法、炭浸法、矿浆树脂法、矿浆电积法等。这些工艺是在矿物原料浸出的同时，使有用组分不断地从浸出液中分离出来，从而可强化浸出过程和简化流程，省去昂贵的固液分离作业，可大幅度地提高化选过程的经济效益。

10.4.1.1 化学选矿的应用

化学选矿已被成功地用于处理某些黑色、有色、稀有金属和非金属矿物原料，如铁、锰、钛、铜、钨、锡、金、银、钽、铌、钴、镍、铀、钍、稀土、磷、高硫煤等。已大规模地用于从机械选矿尾矿、中间难选产品、难选原矿和废采场、矿坑水中综合回收某些有用组分，其应用范围日益扩大，现已成为回收某些有用组分的常规方法之一。

近年来，化学选矿在我国应用进展很快。如采用亚硫酸—浮选联合流程处理东川汤丹难选氧化铜矿；采用离析—浮选法处理石录难选铜矿；采用高温还原氮化挥发法解决云锡公司的以褐铁矿为主体的多金属难选氧化锡中矿的综合回收问题；应用化学选矿和机械选矿法组成的各式各样联合流程来研究解决攀枝花钒钛磁铁矿的综合利用问题。其他还有：

铜官山铜矿的细菌浸出；杨家杖子钼矿中矿的盐浸；含镍钴低品位红土矿的氨浸；黑钨矿、铀矿的碱浸以及包头铁矿综合回收稀土、萤石和铌等有价金属。

10.4.1.2　化学选矿的常用方法

化学选矿法包括各种形式的焙烧、浸出、固液分离、化学沉淀、离子交换、溶剂萃取、离子浮选、活性炭吸附、金属置换、电沉积等方法。下面对化学选矿中常用的一些典型方法，作简要介绍。

A　焙烧

焙烧是在适当气氛（有时还加入某些化学试剂）和低于矿物原料熔点的温度条件下，使原料中的目的矿物发生物理变化和化学变化的工艺过程。它可作为一个独立的化学选矿作业或作为准备作业而使目的矿物转变为易选或易浸的形态。

根据焙烧时的气氛条件和目的组分发生的主要化学变化，可将焙烧过程大致分为以下几类：氧化焙烧，硫酸化焙烧，还原焙烧，氯化焙烧，煅烧和烧结等。

a　氧化焙烧

硫化矿物在氧化气氛条件下加热，将全部或部分硫脱除而转变为相应的金属氧化物的过程，称为氧化焙烧。使硫化矿物全部变为氧化物的氧化焙烧又称为“死烧”。焙烧并能除去矿石中或精矿中的大部分砷、锑、硫等有害余质。氧化焙烧时的主要反应为：

$$2MS + 3O_2 = 2MO + 2SO_2$$

式中　MS——金属硫化物；

MO——金属氧化物。

工业上采用的氧化焙烧有下列几种：

（1）脱除炭或有机物的焙烧。这种焙烧温度大致为300～500℃。脱炭焙烧主要用于浸出前的准备工序，个别情况下也作为浮选前的准备工序。如某含金砂砾岩矿石，细分散的金被炭包裹，磨矿很难使其暴露出来，浸出率低。通过氧化焙烧使包裹金的炭氧化成CO或CO_2而除去，从而把金暴露出来。

某些来自外生铀矿床的铀矿石中，由于部分铀以有机配合物的形式存在，使浸出回收困难，采用氧化焙烧后，不但提高浸出率，又有利于浸出液的进一步处理。

（2）脱除杂质的氧化焙烧。例如除去锡粗精矿中的硫、砷通常采用氧化焙烧等。

（3）使有用组分氧化，以利于进一步富集。如在用浸出法处理矿石时，为了浸出某些以难浸形式存在的有用组分，往往在浸出前进行氧化焙烧，使有用组分的存在形式转变成易浸的形式；为了在弱磁场磁选机中选出贫铁矿，对矿石进行氧化焙烧，可使黄铁矿氧化成一种与磁黄铁矿相似的强磁性矿物，然后采用弱磁选回收铁。

氧化焙烧作业可根据生产规模，采用间断或连续的方式进行。处理量小时，可在间断作业的焙烧锅或反射炉中进行。处理量大时，可采用连续作业的回转窑、沸腾炉或多层焙烧炉。

b　硫酸化焙烧

这种焙烧是指金属硫化物经氧化焙烧生成可溶性硫酸盐的过程：

$$2MS + 2O_2 = 2MO + 2SO_2$$

$$2SO_2 + O_2 = 2SO_3$$

$$MO + SO_3 = MSO_4$$

式中 MSO_4——金属硫酸盐。

例如，可利用这种焙烧从含铜、钴、镍的黄铁矿中分别提取铜、钴、镍。这时需将氧化焙烧温度控制在700℃以下，焙烧生成的气体产物二氧化硫（与部分三氧化硫）用于制备硫酸，焙烧残渣用水浸出，其中的硫酸铜、钴或镍进入溶液后，再作进一步处理。

硫酸化焙烧所用设备与前述氧化焙烧相同。

c 氯化焙烧

氯化焙烧是在一定的温度和气氛条件下，用氯化剂（NaCl、$CaCl_2$、HCl、Cl_2 等）使矿物原料中的目的组分转变为气相或凝聚相的氯化物，以使目的组分分离富集的焙烧过程。根据焙烧产物形态可分为中温氯化焙烧、高温氯化焙烧和氯化—离析三种类型。中温氯化焙烧生成的金属氯化物留在熔砂中，然后用浸出法使其转入溶液中，故常称其为氯化焙烧—浸出法。

高温氯化焙烧生成的金属氯化物呈气态挥发，故称为氯化挥发法。氯化离析是在氯化挥发的同时，又使金属氯化物被还原而呈金属态析出，然后用物理选矿法将其与其他组分相分离。

根据气相中的含氧量可分为氧化氯化焙烧（直接氯化焙烧）和还原氯化焙烧（还原氯化）。后者主要用于较难被氯化的物料（如金红石、高钴渣、菱镁矿等）。早在18世纪就用直接氯化法处理金银矿石，以后逐渐用于处理重有色金属原料，目前已成功地用于处理黄铁矿烧渣，以提取其中的铁、铜、铅、锌、钴、镍、金、银等。较难被氯化的高钴渣、钛铁矿、菱镁矿、贫锡矿以及钽、铌、铍、锆等氧化物的氯化挥发也已大规模工业化。难选氧化铜矿石的氯化离析70年代已大规模工业化。据报道，许多能生成挥发性氯化物或氯氧化物的金属，如锡、铋、钴、锌、铅、铝、镍、锑、铁、金、银、铂等矿物原料均可采用离析法处理。

影响氯化焙烧的主要因素为温度、氯化剂类型及浓度（用量）、气相组成、气流速度、物料粒度、孔隙度、物料化学组成和矿物组成、催化作用等。

目前，氯化焙烧工艺已用于处理黄铁矿烧渣、高钛渣、贫镍矿、红土矿、复杂金矿、贫铋复合矿等。焙烧过程可在多膛炉、竖炉、回转窑或沸腾炉中进行。

现对难选氧化铜矿的离析法介绍如下：

离析法是处理难选氧化铜矿，特别是含硅孔雀石和结合性氧化铜（铜与矿石中某些组分密切地结合起来，难以用磨细的方法分开）矿石的有效方法。这类矿石用普通浮选法很难分选。离析过程是先将矿石破碎至一定粒度，然后混以少量的食盐和煤（或焦炭），在700～800℃的离析反应器（炉）进行还原焙烧。此时，矿石中的铜以氯化铜状态从原来矿物中挥发出来，并吸附在碳粒表面，还原成金属铜颗粒。

离析法处理氧化铜矿有一段离析和两段离析两种工艺。一段离析是将矿石、氯化剂（食盐）及还原剂混合后，一并进入焙烧设备中进行氯化挥发和金属还原。两段离析是预先将矿石加热至离析反应温度，然后进入专门的离析设备与氯化剂、还原剂混合进行离析。一段离析工艺流程比较简单，金属挥发损失率较低，但热的利用效率仅60%，设备生产能力小(2.4 ~7t/(m^3·d))；两段离析工艺流程比较复杂，金属挥发损失较大，而热利用则可达90%，设备生产能力约为15 ~20t/(m^3·d)，离析后，所有的铜均从含铜矿物中迁移出来，以金属铜状态存在于离析产品中，离析的金属铜可浮性很好，故常采用浮选法回收。离析产品水淬磨矿后用丁基黄药、黑药、二号油等药剂进行浮选。浮选精矿中铜的品位可达40%，回收率能达到90%左右。

d 钠盐烧结焙烧

钠盐烧结焙烧是在矿物原料中，加入钠盐（如碳酸钠、食盐、苛性钠、硫酸钠等），在一定温度和气氛条件下，使难溶的目的组分矿物转变为可溶性的相应钠盐的焙烧过程。所得焙砂（烧结块）可用水、稀酸或稀碱进行浸出，目的组分转入溶液，从而达到分离富集目的组分的目的。

此工艺除用于提取有用组分（如钨、钒等）外，也可用于除去难选粗精矿中的某些杂质以提高精矿质量，如用于除去石墨、金刚石、高岭土、锰铁等粗精矿中的磷、铝、硅、钒、铁、钼等杂质。

e 酸性焙烧

酸性焙烧是指用浓硫酸、硫酸氢钠等作酸性熔剂，与矿石一起焙烧，从而使其中的有用成分生成可溶性的硫酸盐的过程。生成的硫酸盐用水浸出，作进一步处理。例如，用浓硫酸分解氟碳铀铜矿精矿的过程就是酸性焙烧的过程。

f 煅烧

煅烧是矿物或人造化合物的热离解或晶形转变过程。此时，化合物在一定温度下热离解为组成较简单的化合物或发生晶形转变，以利于后续处理或使化学选矿产品转变为适于用户需要的形态。煅烧过程的反应可表示为：

$$MCO_3 \xlongequal{} MO + CO_2$$

$$MSO_4 \xlongequal{} MO + SO_2 + \frac{1}{2}O_2$$

$$MS_2 \xlongequal{} MS + \frac{1}{2}S_2$$

$$(NH_4)_2WO_4 \xlongequal{} WO_3 + 2NH_3 + H_2O$$

由于各种化合物的热稳定性不同，控制煅烧温度和气相组成，可使某化合物的热离解或发生晶形转化，然后进行适当处理，可达到除杂或富集有用组分的目的，如菱镁矿可在中性气氛下300 ~400℃下热离解为磁铁矿而可用弱磁场磁选机选别；石灰石和菱镁矿可在约900℃条件下焙解（碳酸盐的热离解常称焙解）为氧化钙和氧化镁，氧化钙可用消化法分离，氧化镁可用重选法回收；碳酸盐型磷矿可用煅烧消化工艺进行分选而得高质量磷精矿；锰矿物可在600 ~1000℃条件下煅烧，使所有锰矿物转变为黑锰矿，此工艺可用于处理难选锰中矿而获得锰精矿；顺磁性黄铁矿在700 ~1000℃下煅烧为单斜系的磁黄铁矿。此工艺可用于除去钼中矿中的黄铁矿；α-锂辉石（与硫酸不起反应）在约1000℃条件下煅烧转变为能被硫酸有效分解的β-锂辉石，在α→β转变的同时，锂辉石的围岩体积发生变化，可用空气分级法从围岩中分选出细级别的β-锂辉石；绿柱石在1700℃于电弧炉中进行热处理，随后进行造粒淬火，可使绿柱石转变为易溶于硫酸的无定形态（玻璃状）绿柱石。

B 浸出

a 浸出的概念和方法分类

浸出是溶剂选择性地溶解矿物原料中某组分的工艺过程，其目的是使有用组分与杂质组分或脉石组分相分离。用于浸出的试剂称为浸出剂。浸出所得的溶液称为浸出液，浸出后的残渣称为浸出渣。进入浸出作业的矿物原料，一般为目前技术条件下用机械选矿法或传统冶炼法无法处理或处理不经济的难选矿物原料，如难选原矿、机械选矿的难选中矿、难选混合精矿、难选粗精矿、尾矿、贫矿和表外矿等。根据原料特性，可预先进行焙烧而后浸出或直接进行浸出。因此，浸出是化学选矿过程中的常用作业。

浸出过程的效率，通常用目的组分的浸出率、浸出过程的选择性和试剂耗量等指标来衡量。某组分的浸出率是浸出时该组分转入溶液中的量与其在原料中的总量之比，即：

$$\varepsilon_{浸} = \frac{V \cdot c}{Q \cdot \alpha} \times 100\% = \frac{Q\alpha - m\theta}{Q\alpha} \times 100\%$$

式中 $\varepsilon_{浸}$——某组分的浸出率,%；

Q——被浸原料的干重，t；

α——被浸物料中某组分的含量,%；

V——浸出液体积，m^3；

c 浸出液中该组分的浓度，t/m^3；

m——浸透的干重，t；

θ——浸渣中该组分的含量,%。

浸出过程的选择性 S 是浸出时两组分的浸出率之比：

$$S = \frac{\varepsilon_1}{\varepsilon_2}$$

关于浸出，有各种不同的分类方法。按浸出试剂可分为：水溶剂浸出和非水溶剂浸出(表10-1)。按浸出过程物料的运动方式可分为：搅拌浸出和渗滤浸出。搅拌浸出是将磨细的物料与浸出剂在搅拌槽中进行强烈搅拌的浸出过程；渗滤浸出是浸出剂在重力作用下自上而下或在压力作用下自下而上通过固定物料层的浸出过程。依浸出方式又可分为就地渗滤浸出（地下渗浸）、渗滤堆浸和渗滤槽浸三种。按浸出时的温度和压力条件，可将其分为热压浸出和常温常压浸出。目前常压浸出较常见，但热压浸出可加速浸出过程、提高浸出率，是一种有前途的浸出方法，应用愈来愈广。

表 10-1 浸出方法分类（按试剂）

浸出方法		常用浸出剂
水溶剂浸出	常压酸浸	稀硫酸、浓硫酸、盐酸、硝酸、王水、氢氟酸、亚硫酸等
	常压碱浸	碳酸钠、苛性钠、氨水、硫化钠等
	盐 浸	氯化钠、氯化铁、硫酸铁、氯化铜、次氯酸钠等
	热压氧浸	酸或碱
	细菌浸出	硫酸铁+硫酸+菌种
	水 浸	水
非水溶剂浸出		有机溶剂

b 浸出方法

现对水溶剂浸出法中的细菌浸出和药剂浸出作简要介绍。

(1) 细菌浸出

细菌浸出是利用含有氧化铁硫杆菌的硫酸和硫酸高铁溶液浸出废石、尾矿、贫矿、采空区和废矿坑里的铜、铀等有价元素的工艺过程。细菌浸出工艺流程如图10-27所示。

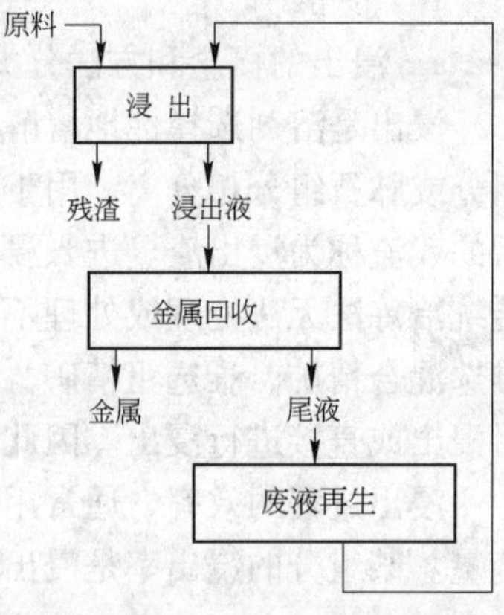

图10-27 细菌浸出工艺流程

氧化铁硫杆菌是一种生长在硫化矿床的酸性矿水中的细菌，它以硫化物和低价铁（二价）为营养，将硫酸亚铁氧化成硫酸高铁，元素硫氧化成硫酸，利用生成的硫酸和硫酸高铁作为铜的氧化矿和简单硫化矿的浸出剂。硫化铜矿的浸出反应式如下：

$$Cu_2S + 2Fe_2(SO_4)_3 = 2CuSO_4 + 4FeSO_4 + S$$

生成的硫酸亚铁及元素硫，在细菌的作用下，又可氧化为硫酸高铁及硫酸，故浸出剂可以反复使用。

细菌浸出一般采用废矿坑就地浸出或废石堆浸，小规模时则采用池浸。从浸出液中回收金属的方法，对于铜主要采用铁置换法，即将废铁置于长的流槽或锥形置换器中，使浸出液流经其中，则铜被铁置换成为海绵铜。过一段时间将海绵铜用水冲洗下来，干燥后送至冶炼厂处理。也可采用溶剂萃取法来提取金属。

从浸出液中提取金属后的废液（必要时加补给水和酸）可送至矿堆或浸出采空区，使它在渗滤过程中自行氧化再生，或将废液送至专门的菌液再生池中培养菌液，然后再送去浸矿。

(2) 药剂浸出

药剂浸出是使用化学药剂（酸、碱、盐类等）将矿石中的金属成分溶解出来的工艺过程。该法用于处理难选矿石或用以提取精矿中的金属成分。

1) 酸浸

常用的酸为硫酸。酸浸广泛应用于含酸性岩脉石的氧化铜矿。在有氧存在的条件下，硫酸几乎可以浸出全部氧化铜和金属铜。如：铜的氧化矿物为孔雀石，在硫酸的作用下被溶解生成硫酸铜，其反应式如下：

$$Cu_2CO_3(OH) + 2H_2SO_4 = 2CuSO_4 + CO_2 + 3H_2O$$

生成的硫酸铜用铁置换则生成海绵铜（沉淀铜），用浮选硫化铜矿的方法即可选出。若为硫化-氧化的混合矿石时，可先用浮选法选出硫化铜精矿，尾矿再进行酸浸，以回收氧化铜部分。

2) 氨浸

氨浸法用于处理含基性岩脉石较多的氧化铜矿，这种矿石如用酸浸法浸出，酸耗量过大，故一般采用氨浸。氨浸法又可分为常压直接氨浸、还原焙烧氨浸和加压氧化氨浸等几种类型。若主要铜矿物为蓝铜矿和孔雀石，而且结合铜较少时，可采用常压直接氨浸。若主要含铜矿物是硅孔雀石和蓝铜矿，此时可采用还原氨浸，即先进行还原焙烧后氨浸。若矿石中除含次生铜矿物外，还含有原生硫化铜矿，此时可采用加压氧化氨浸。现对加压氧化氨浸简介如下：

用氨和二氧化碳的溶液作为浸出剂，浸出条件为：温度150℃；压力(19～20)×10^5Pa，浸出反应如下：

$$CuCO_3 \cdot Cu(OH)_2 + 6NH_4OH + (NH_4)_2CO_3 \xlongequal{} 2Cu(NH_3)_4CO_3 + 8H_2O$$

浸出的溶液在90℃时通蒸气蒸馏，将氨和二氧化碳分出，收集于水中循环使用，而铜则呈黑色的氧化铜粉末从溶液中沉淀出来。

3）碱浸

铀矿石中含碳酸盐脉石较多时，常用碱浸法处理。最合适的浸出剂是碳酸钠与碳酸氢钠的混合物。碱浸时溶液对设备的腐蚀性小，浸出费用较低，但大部分矿石用此法浸出比较困难，故除脉石是碳酸盐矿物外，都采用酸浸法。

4）氰化浸出（氰化法），在金的浸出中详细介绍。

5）混汞法

混汞法是利用汞（水银）和矿石中金粒接触时，能将金的表面润湿，进而向内部扩散，形成汞齐（固态金与液态汞的混合物，其中也包含汞和金的化合物）来把矿石中的金提取出来。

混汞的工艺过程是：先将矿石破碎、细磨，磨矿的同时加入汞，使之与暴露出来的金粒接触，形成汞齐（内混汞法）。矿浆通过筛网从磨矿设备中溢出时，沿表面涂有汞的倾斜铜板沥下，使其中没有形成汞齐的金粒与铜板上的汞接触形成汞齐（外混汞法）。定期把磨矿设备中和铜板上的金汞齐取出和刮下，置于帆布袋或麂皮袋中，榨出多余的汞。得到的固态汞齐，在密闭式蒸馏罐中加热使汞蒸发，即得金属的粗金。冷却回收的汞可再返回使用。将粗金置于坩埚或反射炉中，加苏打、硼砂、硝石为熔剂进行熔炼，则杂质变成浮渣而除去，然后铸成金锭，送精炼厂精炼。从铜板上流下来的矿浆，如仍含有足够量的金时，可用氰化法再行处理，以回收剩余的金。

C 浸出液的处理

浸出液的处理方法，有些已在上述浸出法中有所介绍（如氧化铜矿浸出中所谈到的电积、金属置换和络合水解法），这里着重介绍吸附法（离子交换吸附净化法、活性炭吸附法）、溶剂萃取和离子浮选法。

a 离子交换吸附净化法

离子交换吸附净化法的实质是存在于溶液中的目的组分离子与固体离子交换剂之间进行的多相复分解反应，使溶液中的目的组分离子选择性地由液相转入固态离子交换剂中，然后来用适当的试剂淋洗目的组分离子饱和的离子交换剂，使目的组分离子重新转入溶液中，从而达到净化和富集目的组分的目的。通常将目的组分离子由液相转入固相的过程称为“吸附”，而其由固相转入液相的过程称为“淋洗”（“解吸”、“洗涤”）。在吸附和淋洗过程中，离子交换剂的形状和电荷保持不变。

离子交换法的原则流程如图10-28所示。吸附和淋洗是该工艺两个基本的作业；通常这两个作业后均有洗涤作业，吸附后的反洗是洗去原液和亲和力小的杂质，淋洗后的冲洗是洗去淋洗剂。冲洗后的树脂有时送去转型，转型后的树脂返回吸附作业。

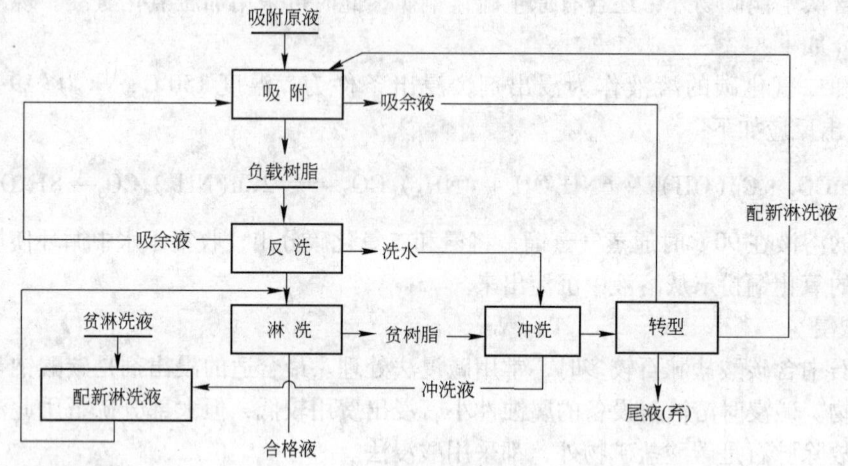

图 10-28　离子交换吸附法的原则流程

离子交换剂一般都是人工合成的离子交换树脂，通常制成大小不等的鱼籽状球形颗粒。离子交换树脂是一些不溶于水和一般溶剂的高分子有机化合物。它由高分子骨架和活性基团两部分组成，其活性基团中有可以电离并能与溶液中离子进行交换的离子。

离子交换树脂种类很多，最常用的是强酸性树脂、强碱性树脂，此外，还有弱酸性、弱碱性、氧化还原树脂和螯合型离子交换树脂。

例如，用离子交换法从氰化浸出矿浆或浸出溶液中提取金，由于金是以 $Au(CN)_2^-$ 阴离子配合物形式存在，这时只能采用阴离子交换树脂。从氰化液中用离子交换树脂法提金所发生的反应则按下式进行：

$$\overline{R\text{-}OH} + Au(CN)_2^- \rightleftharpoons \overline{R\text{-}Au(CN)_2} + OH^-$$

近年来，随着树脂性能的不断改进和人工合成新型树脂的出现，以及离子交换技术和设备的日臻完善，使离子交换树脂从稀溶液中提取和分离某些金属组分获得广泛应用，如从金、银氰化液中提取金、银；从铀矿坑道水、铀厂废水中回收铀等。另外离子交换技术在选厂废水处理也获得应用，如从选厂尾矿水中除去氰根离子和浮选药剂等。

b　活性炭吸附法

活性炭吸附法是一种从稀溶液中提取、分离和富集目的组分的有效方法之一。活性炭是将固体碳质物质在高温下（600～900℃）炭化，然后在 400～900℃下用空气、二氧化碳、水蒸气或其混合气体活化后的多孔物质，它具有较大的比表面积。目前，主要用于提取金、银及废水处理。

活性炭吸附法的原则流程与离子交换法基本相似，主要包括吸附和解吸两个基本作业。但活性炭吸附法在黄金生产中，有时可将载金炭灼烧后提金。

生产中对活性炭种类的选择，主要考虑其理化性能、炭质强度、吸附速率和吸附容量等。我国生产的活性炭种类较多，按原料来源可分为三大类：煤质炭、果壳炭和木质炭。

它们的吸附速度由大到小的顺序是橄榄炭、杏核炭、椰壳炭、煤质炭，吸附容量由高到低的顺序是椰壳炭、橄榄炭、杏核炭、煤质炭，从强度看是椰壳炭优于杏核炭，煤质炭差，木质炭最差。

c 溶剂萃取

溶剂萃取法是利用不相混溶的两个液相，使物质由一个液相转移到另一个液相的物理化学过程。它是在稀有金属提取工业中应用很广的一种方法。例如，稀土、锆与铪、钽与铌等分组，都广泛地采用溶剂萃取法。目前国产 P204（二（2-乙基己基）磷酸）、P350（甲基磷酸二甲酯）、N236（甲基三烷基氯化胺）等磷型及胺型萃取剂在稀有金属工业上已广泛应用。

例如，用 P204 萃取铷钐分组工艺（图 10-29），主要分为萃取、洗涤和反萃三段。萃取段的主要作用是将料液中的 Sm、Eu、Gd 尽可能地萃入有机相，而 Pr、Nd 尽量地留在水相，以达到 Pr、Nd 与 Sm、Eu、Gd 分离。洗涤是萃取段的从属步骤。洗涤的作用是将萃入有机相的少量 Pr、Nd 沉下来。洗液用 0.1 ~ 1.0mol/L HCl 溶液。反萃取的主要作用是将酸洗后的有机相中的 Sm、Eu、Gd 返回水相。反萃液用 1.8 ~ 2.0mol/L HCl 溶液。

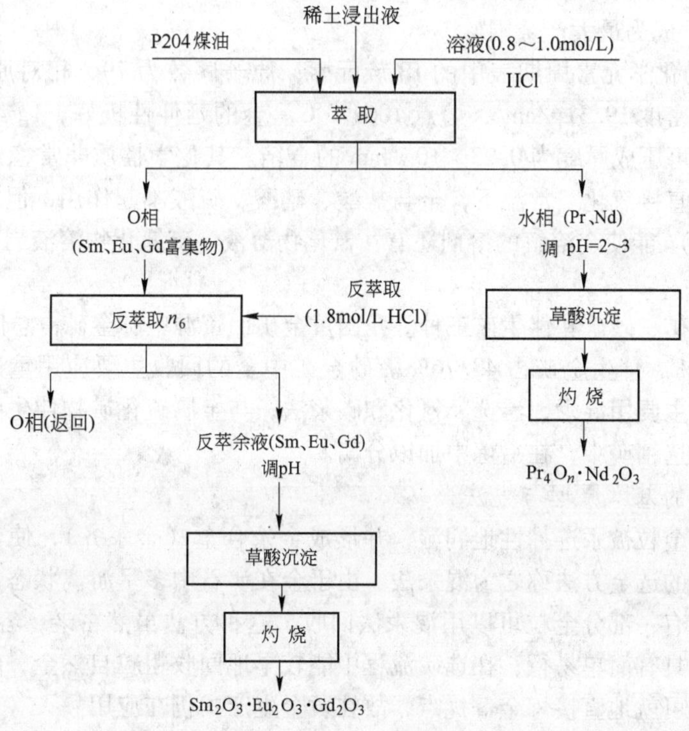

图 10-29 萃取钕钐分组工艺流程

溶剂萃取法和其他方法相比较优点是易于连续生产，生产能力大，提取及分离效率高，流程简单，设备少，便于自控等。但萃取法往往需要大量的有毒、易燃的有机溶剂，给生产和操作带来一定的困难。目前溶剂萃取法已在国内外被广泛采用。

d 离子浮选

离子浮选是 20 世纪 60 年代初期出现的一种从稀溶液中回收金属和消除有害离子污染

的方法。当向溶液中加入阴离子或阳离子捕收剂时，在一定条件下，捕收剂与金属离子形成不溶性化合物，可鼓入空气将其浮出，并加以回收。

例如，某矿山锌精矿浓密机溢流中含有 Cu^{2+} 0.01g/L、Fe^{2+} 1.0g/L 和 Zn^{2+} 0.1g/L，将其 pH 值调节到 2 ~6 后，按大于铜当量的数量添加黄药，在搅拌下沉淀黄原酸铜，然后用浮选分离之。分离出的泡沫产品用硫化钠溶液处理转化为硫化物沉淀，生成的黄原酸钠溶液循环使用。得到的产品含铜 70.3%、锌 8.0%、硫 21.7%。

离子浮选可用于处理各种工业废水，也可用于从某些工业废渣中回收有价金属。另外，海水中含有 $1272\times10^{-4}\%$ 的锰、$400\times10^{-4}\%$ 的钙、$65\times10^{-4}\%$ 的硼、$15\times10^{-7}\%$ 的铀，还有金、银等许多其他元素。虽然它们的浓度很低，但却能采用离子浮选技术加以回收。

10.4.2 金及难选低品位铜矿石的化学分选

10.4.2.1 金矿石的化学选矿

金主要用于国际货币、首饰、电子元件等方面。2009 年世界金产量近 2500t，中国金产量为 313.98t，成为最大产金国。

金（Au）为化学元素周期表中的 IB 族元素，原子序数为 79，相对原子质量为 197。纯金为金黄色，密度 19.31g/cm^3，熔点 1064.3℃。金的延伸性极好，1g 纯金可拉成长达 3240m 的细丝，可压成厚度为 0.23×10^{-8}mm 的金箔。其化学性质非常稳定，在低温或高温时均不被氧所直接氧化。常温下，金与盐酸、硝酸、硫酸不起作用，但能溶于王水（硝酸∶盐酸 = 1∶3）。能使金溶解的溶剂还有：氰化物溶液、硫氰化物溶液、硫脲溶液、硫代硫酸盐溶液等。

金矿分为脉矿、砂矿和伴生矿三种。我国黄金矿山资源中脉金矿占总储量的 44.84%，砂金矿占 11.40%，伴生金矿占 43.76%。砂金矿中金的回收主要应用重选和混汞法；脉金矿中金的回收主要用混汞、浮选、氰化和碳浆法；与金属硫化矿物伴生的金主要用浮选法将金富集在浮选精矿中，在冶炼中加以分离。

A 混汞法的基本原理与方法

在矿浆中，金粒被汞选择性地润湿，并形成金汞合金（金汞齐），使其与其他金属矿物、脉石相分离的选金方法称之为混汞法。由于金在矿石中多呈游离状态出现，因此在各类含金矿石中都有一部分金粒可以用混汞法回收。这种方法虽然古老，容易引起汞中毒，污染环境。但它具有简单易行；在选矿流程中能较早地回收粗粒自然金，降低尾矿中金的损失；混汞产品可就地直接炼金等优点，故在黄金生产中仍在应用。

a 混汞提金基本原理

液态汞对金粒进行选择地润湿，并随后向被润湿的金粒中扩散是混汞法提金的理论基础。由于金与其他贱金属相比，氧化速度最慢，生成的氧化膜最薄，所以能选择地直接被汞润湿。当矿浆中的金粒同汞接触时，由于汞对金的润湿能力比水对金的润湿能力大，金与汞新形成的接触面代替了原来金与水和汞与水的接触面，从而降低了相系的表面能，破坏了金粒与汞接触的水化层。接着，汞沿着金粒表面迅速扩散，并促使相界面上的表面能降低。随后汞向金粒内部扩散，形成了金汞的化合物——汞膏（汞齐），这种生成汞膏的过程称为汞膏化（汞齐化）。

在汞齐化过程中，汞与金形成三种化合物。图 10-30 表示金粒汞齐化过程的状况：图中左侧示意为汞与金粒接触润湿情况；右侧示意为汞齐化过程结束时的状况，金最表面的一层与汞生成 $AuHg_2$，再往深部扩散则生成 Au_2Hg 与 Au_3Hg，第四层形成金汞的固溶体，最后是残存未汞化的金。当细粒金被汞化时，几乎全部金粒均生成金汞化合物和固溶体，而不存在残存金。

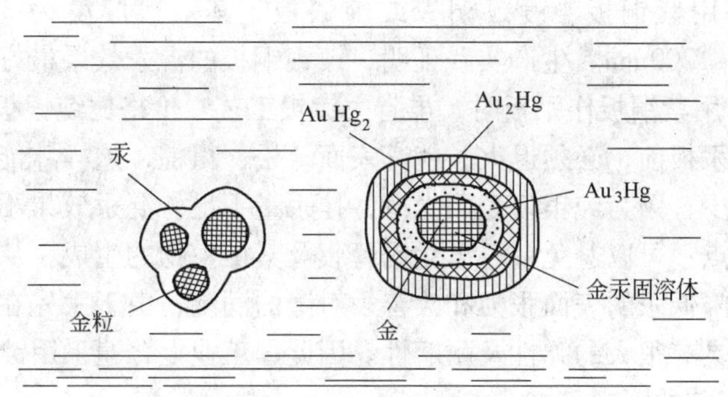

图 10-30　金粒汞齐化示意图

生产中获得的汞膏，是多相或两相的混合物，即由汞与金形成的固体汞膏和过剩的汞和金粒组成。当汞膏中的含金量低于 10% 时为液体，当金含量达 12.5% 时为银白色糊状体。

b　混汞方法与设备

混汞方法（作业）分为内混汞和外混汞两种类型。内混汞法是在磨矿设备或专门的混汞桶内进行定期按量加汞，矿石磨碎与混汞提金同时进行的过程。外混汞法是指在敞开的溜槽或其他设备中所进行的混汞提金过程。内混汞设备主要有捣矿机、混汞筒。我国应用内混汞的工厂较少，有一些砂金矿山采用混汞筒分离金与其他重矿物。外混汞设备常采用的有混汞板、振动混汞板等。我国普遍使用的是混汞板。操作时将其每块依次搭接于木质或铁质制作的溜槽中，图 10-31 为混汞板构造示意图。

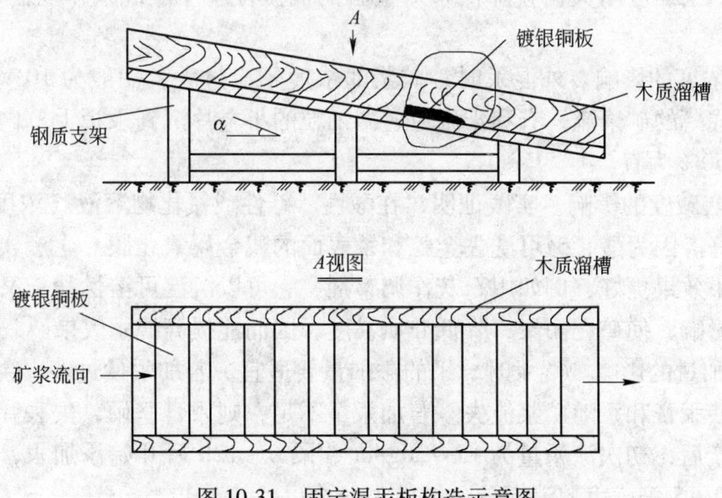

图 10-31　固定混汞板构造示意图

汞板面积的大小主要取决于处理的矿石量、矿石性质及混汞作业在选金流程中的作用。正常混汞作业时，汞板面上矿浆流的厚度为5～8mm，流速为0.5～0.7m/s。实践中，处理一吨矿石所需汞板面积0.05～0.5m^2/(d·t)，混汞作业的效果主要取决于汞板的宽度，而长度不起决定性作用。适当的汞板宽度可使矿浆流变薄且均匀分布，有利于金的汞齐化。汞板的倾斜角α与给矿粒度及矿浆浓度有关。当矿粒较粗、矿浆浓度较大时，倾斜角应大些；反之则应小些。

汞板材料可采用紫铜板、镀银铜板或纯银板。其一般厚度为3～5mm，宽400～600mm，长为800～1200mm。生产实践证明，镀银铜板的混汞效果最好，金的回收率比紫铜板高3%～5%。用紫铜板作汞板时，虽省去镀银工艺、价格比纯银板低，但捕金效果较差。紫铜板在制作汞板前，必须退火，使其表面疏松、粗糙，这样才能挂住更多的汞。纯银板在生产中应用少，因为纯银板表面光滑，挂汞量不足，混汞效果不如镀银铜板好。镀银铜板则有许多优点：可以避免带色氧化铜薄膜及其衍生物的生成，从而避免了它们对混汞作业的危害；能降低汞的表面张力和改善汞对金的润湿；由于汞先在镀银铜板上生成银汞膏，使汞板表面具有很大的弹性及耐磨性。因此，工业上普遍采用镀银铜板。

c 影响混汞工艺的因素

(1) 金粒的形状和粒度。生产实践表明，晶粒状、球块状或树枝状的金粒比薄膜状、滴状包裹体容易混汞，适当提高磨矿细度可以提高混汞作业对金的回收率。一般适于混汞金粒的粒度为0.2～0.3mm，磨矿回路中的混汞板上适宜的金粒粒度下限为0.015mm。

(2) 金粒的成色。所谓金粒的成色是指其纯度及含杂状况。金粒中除含金外，主要杂质为银，约占0～30%。此外，还含铜、铁等杂质。“纯金”最易混汞，随着金粒中杂质含量的增加，被汞润湿的程度下降。当金粒表面被污染时，则其被汞润湿的能力将显著下降。所以，采用内混汞作业的效率、汞膏质量比外混汞作业高。

(3) 矿浆温度的影响。汞在常温下为液态，活度随矿浆温度提高而增大，故提高矿浆温度可增加汞对金粒的润湿能力。但温度过高会增加汞的流动性，使部分汞金随汞的流失而损失。同时，汞的蒸发速度也急剧增大，除产生对人体有害的汞蒸气外，还伴随着汞的蒸发产生缓慢的氧化作用，在汞的表面生成较致密的氧化层，影响混汞作业的正常进行。矿浆温度过低，汞黏度增大，会降低汞对金粒的润湿性。一般混汞作业温度保持在15℃以上。

(4) 矿浆浓度的影响。外混汞时，矿浆的浓度不应过大，一般为10%～25%，使之在汞板面上形成薄的矿浆流，有利于细粒、微细粒的小金片沉到汞板上。内混汞的矿浆浓度常以30%～50%为宜。

(5) 矿浆酸碱度的影响。实践证明，在酸性、碱性或氰化物溶液（浓度为0.05%时）中混汞效果较好。因为酸、碱可洗去金粒和汞表面的贱金属氧化膜。生产实践表明，在弱碱性介质中混汞效果更好，例如用石灰作调整剂，它可以沉淀可溶性盐；又能消除混入矿浆中的油质的影响，使矿泥团聚，降低介质黏度，因而能提高混汞效果。

(6) 汞添加量的影响。混汞时，汞的添加量要适宜。若加汞量过多，会降低汞膏的弹性和稠度，易使汞膏和汞随矿浆流失。若加汞量不足，则汞膏坚硬，失去弹性，降低捕金能力。汞板投产后，初次涂汞量为15～30g/m^2，隔6～12h后开始添加汞，添加量一般为矿石含金量的2～5倍，汞的消耗量一般为3～8g/t。

(7) 汞的质量影响。汞的质量对混汞效果影响较大。纯汞对金的润湿效果并不好。若汞中含少量金、银或贱金属，则能降低汞的表面张力改善其润湿性能。例如汞中含银0.17%时，其润湿金的能力可提高70%，当金银含量达5%时，便可提高2倍。汞中含铜、铅、锌量不超过0.1%时，能促进汞对金的润湿。机油、矿浆中的微细泥会像污染金粒一样污染汞的表面，从而降低汞对金的捕收能力。

d 汞膏的处理

汞膏的处理可包括洗涤、压滤、蒸馏三个步骤：

洗涤。一般用水反复冲洗汞膏，脱除混入汞中的杂质，含杂质多的汞膏呈暗灰色，应洗至汞膏呈明亮光洁为止。为了便于洗涤，可往汞膏中加入适量汞进行稀释软化。

压滤。将清洗后的汞膏用致密的白布包好，装入压滤机进行压滤，使多余的液态汞从压滤机罐体孔隙分离出来。压滤后的汞膏含金量多少取决于金粒的大小，通常含金量为20% ~40%。压滤出来的汞约含0.1% ~0.2%的溶解金，可作混汞作业的添加汞。

蒸馏。压滤后的固体汞膏用蒸馏法进行分离。蒸馏后，获得海绵金和回收汞，海绵金再经熔炼即成为可出售的金银合金。

B 金的氰化浸出提取

氰化法是提取金银的主要方法之一。它具有生产成本低、回收率高，对矿石适应性强，能就地产金等特点，在金矿山的生产中广为应用，成为世界各国生产黄金的主要方法。在使用过程中，氰化法又由氰化—锌粉置换法不断改进而发展为：氰化—碳浆法、氰化—碳浸法、氰化—树脂矿浆法和氰化—堆浸法等工艺。

a 氰化—锌粉置换法

氰化—锌粉置换法包括浸出原料的制备；搅拌氰化浸出；逆流洗涤固液分离；浸出液净化和脱氧；锌粉置换和酸洗；熔炼铸锭等主要作业。原则工艺流程如图10-32所示。

(1) 浸出原料制备。是将矿石经破碎、磨矿（或选矿），制备成合适氰化浸出的矿浆。磨矿细度视自然金的嵌布特性而定。对含金石英脉矿石，一般磨至 -200目60% ~70%；而对硫化矿物含金矿石，多采用浮选富集，精矿再磨至 -325目90% ~95%；对含砷或磁黄铁矿高的矿石，则采取浮选精矿焙烧脱硫脱砷后，焙砂进行氰化。

(2) 搅拌氰化浸出。在矿浆浓度35% ~50%、pH值为10 ~10.5、氰化物浓度0.03% ~0.06%的条件下，充分搅拌浸出24h以上，使90%以上的金被溶解为金氰络合物。

(3) 逆流洗涤固液分离。为使氰化液与浸渣得到充分分离。一般采用多台单层或多层浓缩机组成多级逆流洗涤；采用过滤机进行多级过滤洗涤；采用多台浓缩机和过滤机组成联合洗涤。

(4) 浸出液的净化和脱氧。从洗涤作业得到的浸出液（贵液），通常含有 $70 \times 10^{-6}\%$ ~ $80 \times 10^{-6}\%$ 甚至更高的固体悬浮物。为了给锌粉置换作业准备条件，必须使贵液中的悬浮物含量降低到 $5 \times 10^{-6}\%$ ~ $7 \times 10^{-6}\%$，含氧量降到 $1 \times 10^{-6}\%$ 以上，因此要对贵液进行净化和脱氧。目前生产上用的贵液净化设备有板框式过滤器和管式过滤器，脱氧用真空脱氧塔来实现。

(5) 锌粉置换和酸洗。用锌粉置换溶液中的金氰络合物使金沉淀析出。为了使锌

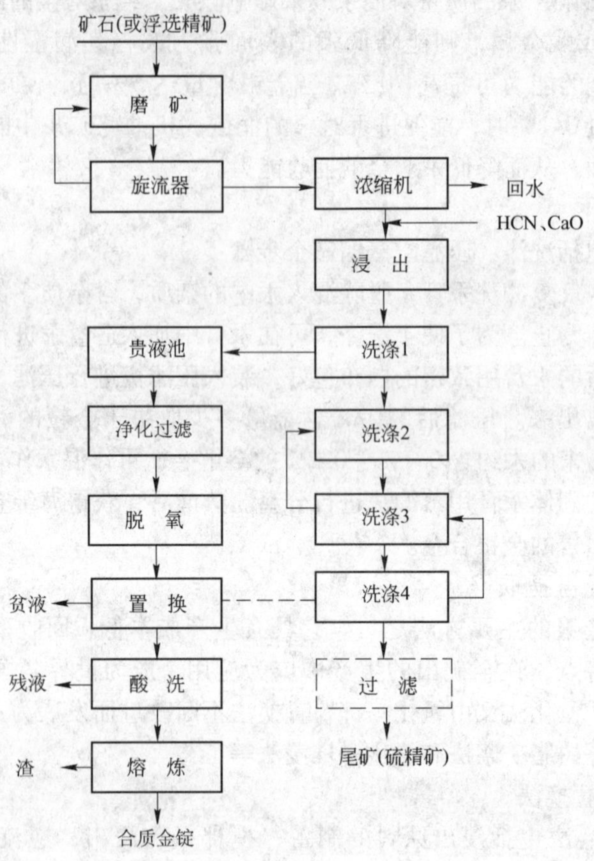

图 10-32 常规氰化法原则工艺流程图

粉获得更有效的置换反应，在溶液中应保持 0.005% 左右的铅盐和 0.05% 左右的氰化物浓度。

(6) 熔炼铸锭。金泥与熔剂一般按 1∶(0.8 ~ 1) 的配比，熔剂一般为硼砂 30% ~ 40%，硝石 25%，石英砂 15% ~20%。萤石 5% ~10%，其他为碳酸钠、氧化锰等。在 1000 ~ 1100℃ 的炉温进行 3h 左右的熔炼除渣，可获得含金银为 85% 以上的金锭（合质金）。

b 氰化碳浆法

氰化碳浆法是在常规的氰化浸出—锌粉置换法基础上改革后的回收金银的新工艺。据统计，目前全世界黄金产量约 50% 是采用氰化碳浆法生产的。

氰化碳浆法主要有浸出原料制备、搅拌浸出与逆流碳吸附、载金碳解吸、电积电解或锌粉置换、熔炼铸锭及活性炭的再生活化等主要作业组成。原则工艺流程见图 10-33。该法省去了逆流洗涤和贵液净化作业，取消了多段浓缩、过滤、置换设备。同时由于载金碳与浸渣的分离能用简单的机械筛分设备进行，既可冲洗也易于分离，排除了泥质矿物的干扰，因而氰化碳浆法工艺对各类矿石具有更广泛的适应性。对于含泥多的矿石、低品位矿石以及多金属副产金的回收，能较大幅度地提高金的回收率。

c 氰化树脂矿浆法

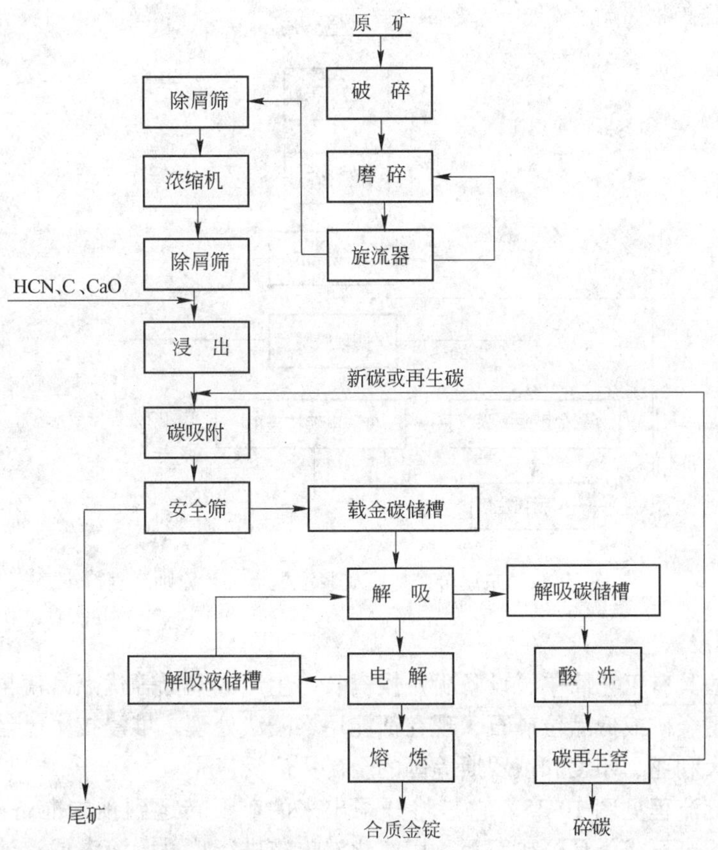

图 10-33　氰化碳浆法原则工艺流程图

从氰化矿浆中使用离子交换树脂吸附回收金的方法称为氰化树脂矿浆法。树脂矿浆法与碳浆法一样，也分先浸出后吸附和边浸出边吸附两种提金方式。目前采用较多的是先搅拌预浸，然后加入树脂，边浸出边吸附，树脂与矿浆逆流窜动。载金树脂从第一个吸附槽定时定量提出，载金树脂的品位可以达到 15 ~ 20kg/t，金的吸附率可达 99% 以上。载金树脂在常温常压下解吸，用硫氰化铵和氢氧化钠作解吸剂，解吸率可达 99.5% 以上。解吸贵液电积沉淀金。脱金树脂在常温下经稀盐酸和碱溶液浸泡即可转型再生，再生后的树脂性能如初，可返回吸附作业循环使用。

树脂矿浆法是一种很有发展前途的提金工艺，适合于从多种类型的矿石中提金，尤其对含有黏土、石墨、沥青、页岩、氧化铁等天然吸附剂的金矿石和砷金矿石等复杂的常规方法难以处理的矿石，以及含浮选药剂的矿浆具有较好的适应性，可解决由于含泥量高，氰化浸出无法过滤的难题，提高金的回收率 10% 左右。该法工艺流程简化，具有基建投资少、操作容易、生产成本低、吸附速度快、吸附容量高的特点。该法的缺点是树脂对金吸附的选择性较差。

我国安徽霍山东溪金矿应用 D370 型大孔径弱碱性阴离子交换树脂提金，取得选冶总回收率 95% 以上的技术指标。图 10-34 为东溪金矿树脂矿浆法提金原则工艺流程图。

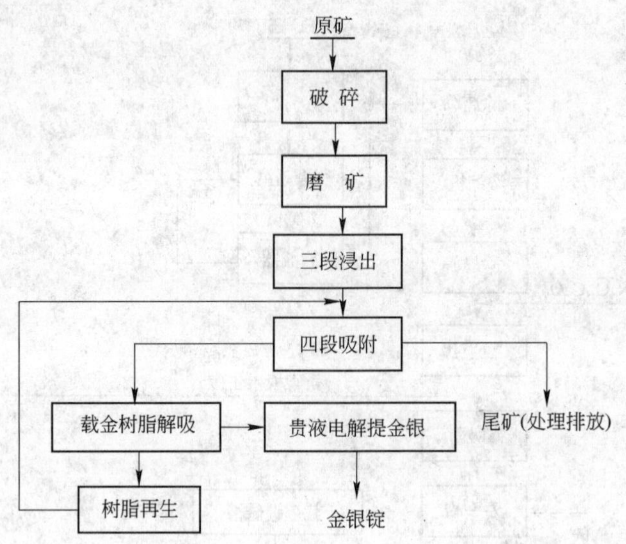

图 10-34 东溪金矿树脂矿浆法提金工艺原则流程

d 氰化堆浸法

由于堆浸法具有工艺简单、设备少、投资省，生产成本低等优点，使早期认为无经济价值的许多小型金矿或低品位矿石，现在都能用堆浸法处理。堆浸技术已经在美国、加拿大、南非、澳大利亚、印度和俄罗斯等国的金矿厂广泛应用。

堆浸法原则流程见图 10-35。它是将开采出来的矿石转运到预先准备好的堆场筑堆，或直接在堆存的废石或低品位矿石上，用氰化浸出液进行喷淋、滴淋或渗滤，使溶液通过矿石而产生渗滤浸出作用。氰化浸出液多次循环、反复喷淋矿堆，然后收集浸出液，再用活性炭吸附法或金属锌置换法处理。

我国在 20 世纪 70 年代末开始试验研究含金矿石的堆浸技术，并相继在虎山、石山、小秦岭地区等几十个矿点进行了含金矿石的堆浸生产实践，取得了较好的效果。目前国内堆浸场的规模还不大，一般每堆为 1000 ~ 10000t，金回收率 50% ~75%。其生产步骤主要由以下几部分组成。

(1) 堆浸场构筑。堆浸场址一般选择在靠近采矿、运输方便的缓坡山地（自然坡度 10° ~ 15°)，先用推土机铲除杂草和浮土，然后夯实，修筑成坡度为 5°左右的地基，两边高，中间稍低，便于浸出液集中流入储液槽。堆浸场上铺两层聚乙烯塑料薄膜，其上再铺一层油毡纸，以使场地绝对不渗漏。现多用防渗膜。堆浸场四周修筑高 0.4m 左右的土埂并作排水沟，防止雨水流入场内。在堆矿石之前，先人工堆砌 0.3m 厚的大块贫矿石。

(2) 矿石筑堆。先将矿石破碎到 -50mm，然后搬运到堆场分层堆筑。块矿和粉矿要分布均匀，避免粉矿集中，影响矿堆的渗透性，筑堆高度视规模大小一般为 2.5 ~ 5m。

(3) 喷淋或滴淋浸出。在喷淋之前要洗堆，即用饱和石灰水洗涤，中和矿石中的酸性物质，待从矿堆底部流出的溶液 pH 值达到 9 以上时，开始喷淋浸出液。浸出液氰化物浓度 0.03% ~0.1%，pH 值 10 ~ 11，浸出液喷淋量 65L/(t · d)，喷淋时间 45 ~ 60 天，喷淋浸出采用三班作业，每隔 1h 喷淋 1h。

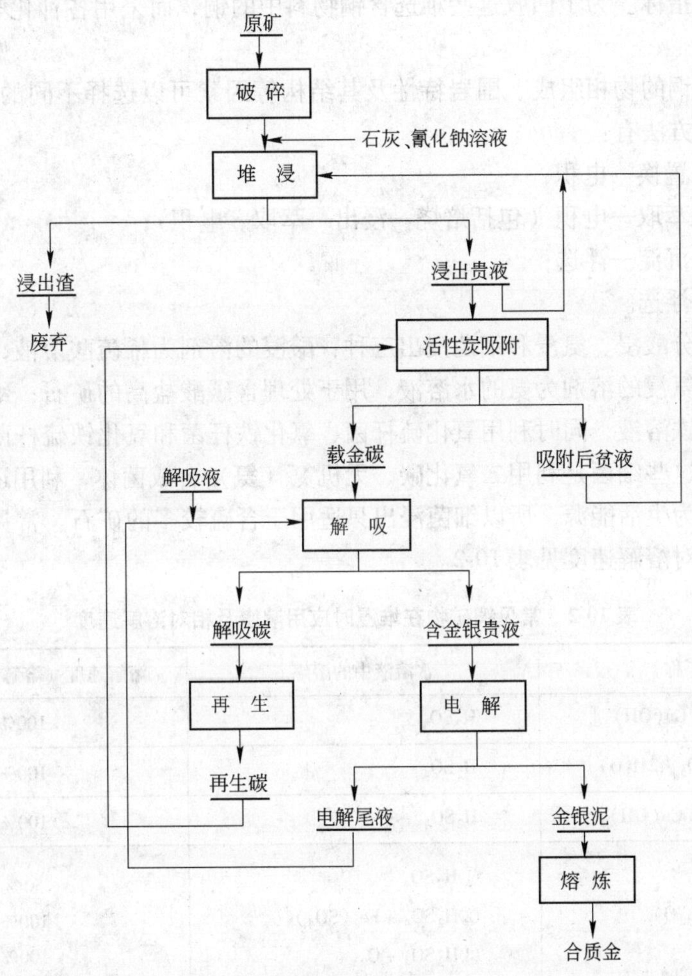

图 10-35　金矿石堆浸生产典型工艺流程图

(4) 活性炭吸附。碳吸附与喷淋浸出构成闭路，每天将待吸附的含金贵液分次用泵扬至吸附高位槽，经过澄清，利用位差给入吸附柱。液体从下部给入，通过碳床，从上部流出，然后返回浸出。

(5) 载金碳的解吸电解。解吸碳的再生活化以及金泥熔炼，与常规的氰化碳浆法完全相同。

10.4.2.2　难选低品位铜矿石的化学分选

A　概述

氧化率大于30%的氧化铜矿石，由于铜矿物呈硅孔雀石、结合铜等形态存在，其可浮性差，加上结合铜含量高，铜矿物嵌布粒度细，矿泥含量高，使之更难选。这种难选铜矿石常存在于许多铜矿体表面，有时成比较发达的氧化带；还有不少矿山在大规模开采初期，堆贮了大量含铜废石（低品位铜矿石）；在生产末期，还将出现无法采出的含铜残矿；有些浮选厂堆存有含铜高的老尾矿等。对于上述物料运用物理选矿方法处理，都很难获得满意的技术经济指标。为了回收这些难选含铜物料中的铜，而采用各种化学选矿方法进行处理。

根据物料中铜的物相组成、围岩特性及其结构等因素可以选择不同的化学处理方法，常用的化学处理方法有：

(1) 浸出—置换—电积；

(2) 浸出—萃取—电积（包括焙烧—浸出—萃取—电积）；

(3) 浸出—沉淀—浮选；

(4) 离析—浮选。

其中浸出又分酸浸、氨浸和细菌浸出三种：酸浸的溶剂为稀硫酸溶液，用于处理含碳酸盐少的矿石；氨浸的溶剂为氨的水溶液，用于处理含碳酸盐高的矿石；细菌浸出的溶剂为稀硫酸和硫酸铁溶液，同时利用氧化硫杆菌、氧化铁杆菌和氧化铁硫杆菌等细菌来加速浸出过程，因为这些细菌是利用二氧化碳、无机氮（氨）合成菌体，利用还原态的铁或硫氧化反应的能源为生活能源，所以细菌浸出只适用于含硫较多的矿石。常见铜矿物酸浸时应用的溶媒及相对溶解速度见表 10-2。

表 10-2 常见铜矿物在堆浸时应用溶媒及相对溶解速度

矿物名称	水溶液中的溶媒	溶解速度（溶解量（%）/时间）
孔雀石[$CuCO_3 \cdot Cu(OH)_2$]	H_2SO_4	100%/1h
硅孔雀石($CuSiO_3 \cdot 2H_2O$)	H_2SO_4	100%/1d
蓝铜矿[$2CuCO_3 \cdot Cu(OH)_2$]	H_2SO_4	100%/1h
赤铜矿(Cu_2O)	①H_2SO_4 ②$H_2SO_4 + Fe_2(SO_4)_3$ ③$H_2SO_4 + O_2$	50%/1h 100%/3d 100%/1h
辉铜矿(Cu_2S)	①$H_2SO_4 + Fe_2(SO_4)_3$ ②$H_2SO_4 + O_2$ ③H_2SO_4 + 细菌	95%/12d 30%/14d 90%/30d
铜蓝(CuS)	①$H_2SO_4 + Fe_2(SO_4)_3$ ②$H_2SO_4 + O_2$ ③H_2SO_4 + 细菌	60%/1h 26%/35d 50%/76d
斑铜矿(Cu_2FeS_4)	①$H_2SO_4 + Fe_2(SO_4)_3$ ②$H_2SO_4 + O_2$ ③H_2SO_4 + 细菌	95%/12d 27%/24h 100%/30d
黄铜矿(Cu_2FeS_2)	①$H_2SO_4 + Fe_2(SO_4)_3$ ②$H_2SO_4 + O_2$ ③H_2SO_4 + 细菌	30%/40d 低 100%/26d
自然铜(Cu)	①$H_2SO_4 + Fe_2(SO_4)_3$ ②$H_2SO_4 + O_2$	100%/1h 100%/3d

置换是利用金属铁使溶液中的Cu^{2+}成为金属铜沉淀。置换时，固液比为1∶3，开始的酸度2～3g/L，置换时间10～25min，铜的沉淀达87%～97%，铁的消耗为2.5～3.5kg/t。近十多年来此法已渐渐被溶剂萃取所代替。从低浓度铜的浸出液中萃取铜，主要用莱克斯型（Lix）和克勒克斯（Kelex）型萃取剂，即肟类和羟基喹啉类萃取剂，有些文献似乎更推荐后一种。

电积与一般冶金工厂的电解精炼工艺相似，其不同点是所用的阳极不同。电解精炼所用的阳极是用粗金属做成的可溶阳极，通电电解时，阳极逐渐溶解，纯金属则在阴极上沉积出来。而电积用的阳极是用含银1%的铅或含锑6%～15%的铅锑合金做成的不溶阳极。通电电解时，阳极并不溶解，只是电解液中欲提取的金属铜离子在阴极沉积而达到提取金属的目的。送电解的溶液含铜应在25～35g/L以上。

在一般情况下，采用上述流程比单一选矿方法能得到更高的精矿品位和回收率。

B　酸浸—萃取—电积法处理氧化铜矿实例

某矿铜厂采用酸浸—萃取—电积法处理氧化铜矿的生产实践表明，该工艺技术可靠，经济合理，与酸浸电积方法相比，铜回收率提高30%，使矿物资源得到了更充分的利用。

（1）矿石性质。该厂处理的原料是某铁矿脉石层或表土层里的伴生氧化铜矿，或呈零星鸡窝状分布的氧化铜矿石，其主要含铜矿物有孔雀石、蓝铜矿及少量硅孔雀石，化学成分和物相分析见表10-3和表10-4，从表中看出，铜矿物主要以单体氧化铜存在，硫化铜仅占1.8%，酸性脉石占53.4%，故采用酸浸极为有利。

表10-3　原矿化学成分

化学成分	Cu	S	Fe	CaO	MgO	SiO_2	Al_2O_3	MnO
含量/%	2.28	0.619	3.95	0.5	1.33	1.50	53.14	0.66

表10-4　原矿物相分析（%）

结合铜	单体氧化铜	硫化铜	总　铜
0.43	1.81	0.04	2.28

（2）酸浸—萃取—电积流程及主要作业。矿石首先进行筛分，根据其粒度不同分块矿和粉矿两种，分别进行渗滤浸出—电积和搅拌浸出—萃取—电积处理。原则流程见图10-36。

块矿在浸出池内进行渗滤浸出，浸出液可多次循环，故浓度高，可直接电积。粉块进行搅拌浸出，固液分离后，清液送萃取，获得高质量的富液进行电积铜。定期抽取一定量渗滤浸出电解废液作搅拌浸出的补加液，用以控制过程杂质铁的增长。该工艺流程中主要作业分述如下：

（1）浸出作业。原矿经筛分后，筛上产物（块矿）再经破碎称粒矿，用渗滤浸出处理，而筛下产物为粉矿，用搅拌浸出处理。

（2）渗滤浸出。浸矿槽用花岗岩砖砌成，内衬沥青和沥青纸防腐。容积分别为$30m^3$和$100m^3$。将直径为5～20mm的粒状矿装满于浸矿槽，然后用含硫酸30g/L的电积尾液灌

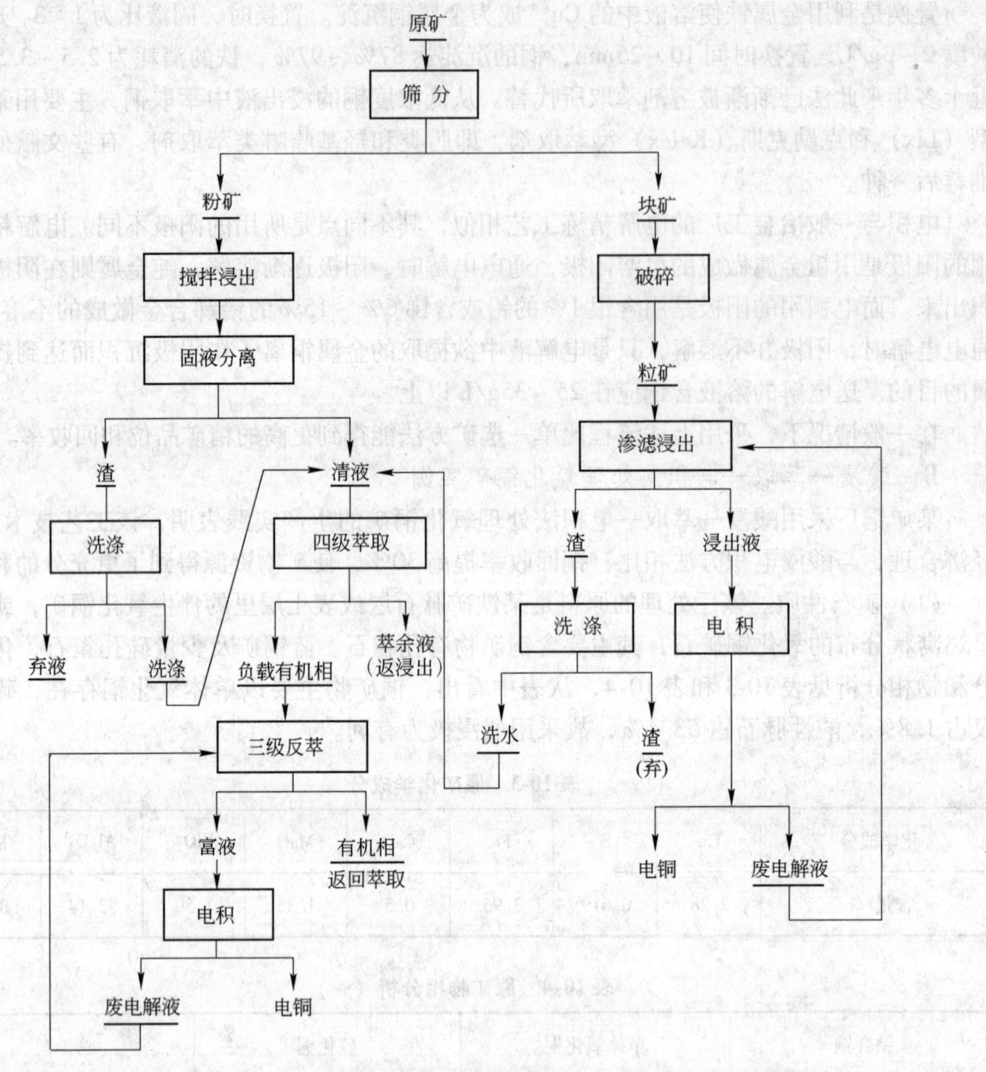

图 10-36 原则流程

槽，再用泵扬送循环浸出。为了提高铜的浸出率，用于浸出新矿的酸度为 60 ~ 70g/L，以后再保持 20 ~ 30g/L 游离酸，这样既提高了铜的浸出率，又降低了铁的溶解。渗滤浸出液中铁的积累速度为每天增加 0.4 ~ 0.7g/L，为了防止铁在电积液中积累，定期抽取部分废电解液送往搅拌浸出作业。渗滤浸出的液固比为 3 : 5。

搅拌浸出。浸出槽用花岗岩砖砌成，内衬耐酸瓷砖，容积为 $\phi 2m \times 2m$，采用涡轮搅拌器，浸出液固比为 4 : 1，浸出液酸度 20 ~ 30g/L，每槽装矿 1t，搅拌 3h 后补加 $1m^3$ 洗液，自然澄清，抽出上清液后逆流洗涤两次，最终浸出液（与洗液合并）含铜约 40g/L。

(3) 萃取作业。从浸出作业获得的含铜富液（含铜约为 4g/L），采用浅池式混合澄清萃取箱进行萃取。萃取箱的主要尺寸分别为：混合室（有效）$0.9m \times 0.9m \times 0.9m$，澄清室（有效）$0.9m \times 1.8m \times 0.45m$，搅拌转速 320r/min（萃取第四级 225r/min）。萃取作业生产条件见表10-5。

表 10-5 萃取作业生产条件主要参数

生产条件名称	参 数 值
进入料液	含铜3~5g/L pH=1.5~2
N510 浓度	10% ±（反式肟5%）
电积废液	含铜25~40g/L，H_2SO_4 150g/L
流 比	有机：料液：反萃取 =（4~5）：（3.5~5）：1.5
级 数	四级萃取，三级萃取

在铜的萃取中，萃取剂的消耗是衡量萃取设备和管理水平的重要标志。在正常情况下，N510的平均损耗为吨铜3.142kg。由于采用浅池式混合澄清萃取箱，故生产操作稳定，不论流比和流量大小，澄清室的相界面总保持一定的高度，没有波动。

（4）电积作业。电积槽由钢筋混凝土制成，内衬硬聚氯乙烯塑料板，每槽尺寸为长×宽×深=2m×0.8m×1m，阴极尺寸0.72m×0.64m，阳极为铅、锑合金，尺寸为0.72m×0.62m，硅整流器能力分别为3000A/45V和3000A/75V。

渗滤浸出系统和搅拌浸出—萃取系统分别进行电积，电积条件见表10-6。

表 10-6 电积作业操作条件

主要条件	作业分类	
	渗滤浸出—电积	搅拌浸出—萃取—电积
槽电压/V	2~2.3	1.7~1.9
电流密度/$A \cdot m^{-2}$	70~90	90~120
循环速度/$L \cdot h^{-1}$	170	100
吨铜添加剂/g	40	
电解周期/d	15	15
电流效率/%	62~70	82~86

由于渗滤浸出液含铁较高，因此电流效率较低，槽电压高，每吨铜耗电2800~3000kW·h。搅拌浸出—萃取得到的富液含杂质少，酸度高，每吨铜耗电1800~2000kW·h，铜的物理表面也比较致密光滑。两个系统所产的电铜含铜量均达到99.5%。为减少电积作业的酸雾，在每个槽面覆盖了12kg塑料浮球。

表10-7列出了两种工艺的原材料消耗及回收率比较数据。从表中可以看出，在原矿铜品位相近的情况下，酸浸—萃取—电积工艺既使铜的回收率约提高30%，质量也得到了保证，还明显地提高了经济效益，每吨铜仅原材料就可节省2097.53元。

表 10-7　两种工艺原材料单耗及回收率比较

流　程	原矿铜品位/%	回收率/%	每吨铜原材料消耗						
			矿/t	酸/t	直流电/kW·h	N510/kg	煤油/kg	交流电/kW·h	原材料消耗总金额
浸出—电积	2.46	37.94	106.97	6.575	3289.5	—	—	—	4621.41
浸出—萃取—电积	2.36	72.46	57.15	2.575	2391	3.142	48.9	465	2523.88

11 精矿、尾矿处理

11.1 精矿脱水

11.1.1 概述

除干式破碎、磨矿、空气分级、干式磁选、电选等作业外，大多数选分作业都是在水中进行的。

精矿含水量是衡量精矿质量的标准之一。湿法选矿得出的精矿含有大量的水分，这对精矿的直接使用或继续加工（如冶炼）都不合适。精矿中的水分还会给运输和装卸造成困难，并且增加运输费用。在水源缺乏的地区，更需回收选矿产品（精矿和尾矿）中的水返回再用（回水），以减少新鲜水的消耗量。

选矿过程中的某些中间产物，在进行下一步处理之前（如粗精矿再磨前，中矿再选前以及粗精矿再选前等），都必须排除多余的水。

从选矿产品中除去水分的过程叫做脱水。脱水的主要方法有自然排水、浓缩、过滤和干燥。

粗粒物料的脱水比较容易，一般采用自然排水，即利用水自身的重力作用排泄出来。但是，细粒物料用自然排水的方法，不但脱水过程很缓慢，而且细粒或细泥物料将随水流失。因此，细粒物料的脱水就比较复杂，一般要分几个阶段来完成。例如，欲将浮选精矿中的水分由60% ~80%降低至3% ~8%，通常要经过三个相连的脱水阶段来完成：浓缩、过滤、干燥。

浓缩产品的浓度一般为40% ~60%；过滤后滤饼的水分在15% ~20%以下，个别容易过滤的物料可能低于10%；干燥产品的水分在5% ~10%以下。

11.1.2 沉淀、浓缩

悬浮液在浓缩机进行沉降浓缩时，浓缩机的作业空间由上到下一般可分为5个区，如图11-1所示。A区为澄清区，得到的澄清液作为溢流产物从溢流堰排出。B区为自由沉降区，需要浓缩的悬浮液（浆体）首先进入B区，固体颗粒依靠自重迅速沉降，进入压缩区（D区），在压缩区，悬浮液中的固体颗粒已形成较紧密的絮团，仍然继续沉降，但其速度已较缓慢；E区为浓缩物区，因在此处设有旋转刮板（有时该区的一部分呈浅锥形表面），浓缩物

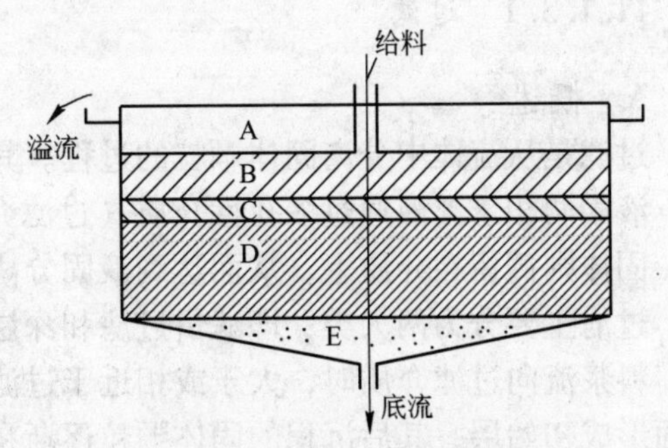

图11-1 浓缩机的浓缩过程

中的水又会在刮板的挤压作用下渗出，使悬浮液浓度进一步提高，最终由浓缩机底口排出，成为浓缩机的底流产品。在自由沉降区 B 与压缩区 D 之间，有一个过渡区 C，在该区中，部分颗粒由于自重作用沉降，部分颗粒则受到密集颗粒的阻碍，难以继续沉降，故又称为干涉沉降区或成层沉降区。

在上述 5 个区中，B、C、D 区反映了浓缩过程，A、E 两区则是浓缩的结果。因此，根据液体中固体物质的浓度和性质，可将整个沉降过程分为自由沉降、絮凝沉降、成层沉降和压缩沉降等四类。

连续工作的浓缩机（Thickener）（图 11-2）由一个圆柱形池体组成，池体直径大约为 2 ~ 200m，深度 1 ~ 7m。矿浆通过置于表面以下约 1m 的中心给料筒给入，尽可能减少扰动。澄清的液体溢流进入环形溢流槽，而在整个池体底部沉淀的固体，作为浓缩矿浆从中心的排料口排出。在池体内，有一个或几个旋转的径向耙子，每一个耙臂上都安装一系列的刮板，以便将沉淀的固体推向中心排料口。对于大部分现代浓缩机，如果耙臂的转矩超过了某个定值，即可自动提起，防止因过负荷而损坏。刮板还有助于压实沉淀的物料，并得到比单纯沉降时更稠的底流。固体在浓缩机中不断向下运动，然后向内流向浓缩底流排出口，而液体向上，并沿径向向外流动。通常，在浓缩机中没有恒定组成的区域。浓缩机的池体用钢材、混凝土建造，或两者兼用，直径小于 25m 的浓缩机用钢材建造。

图 11-2　浓缩机

11.1.3　过滤、干燥

11.1.3.1　过滤

A　概述

过滤是从流体中分离固体颗粒的过程。其基本原理是：在压强差（或离心力）的作用下，液固两相悬浮液通过多孔性介质（过滤介质）而使液、固两相分离。其中液体透过介质，固体则截留在介质上，从而达到液固分离颗粒的目的。

过滤主要分为两大类：即滤饼过滤和深层过滤（图 11-3）。滤饼过滤是在过滤机中进行，料浆流向过滤介质时，大于或相近于过滤介质孔隙的固体颗粒，先以架桥方式在介质表面形成初始层，其后沉积的固体颗粒逐渐在初始层上形成一定厚度的滤饼。滤饼厚度一般为 4 ~ 20mm。工业上的过滤大多数属于滤饼过滤；深层过滤时，固体粒子被截留于介质

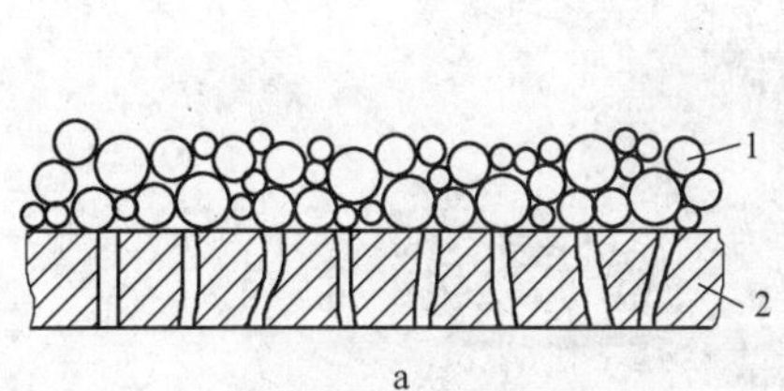

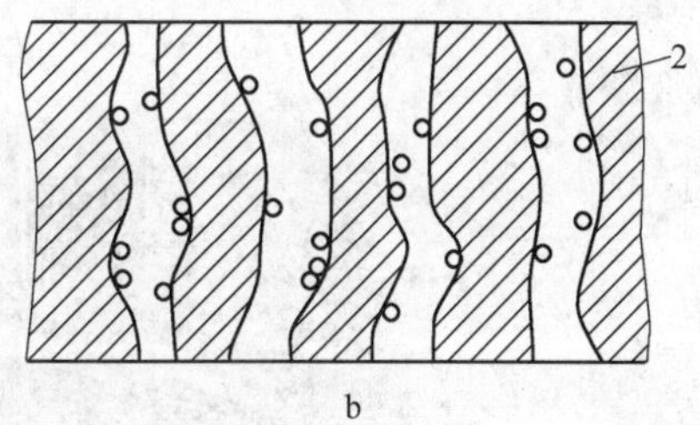

图 11-3 两种不同的过滤方式示意图

a—滤饼过滤；b—深层过滤

1—滤饼；2—过滤介质

内部的孔隙中，其过滤介质一般采用砂粒或其他多孔介质，厚度较大。料浆大多自上而下流动，有时自下而上的流动方式过滤效果更好。

B 过滤机

板框压滤机。这是一种间歇式加压过滤设备（图 11-4），它由多块滤板和滤框交替排列组装而成。在滤板和滤框的四角开有圆孔，可作为供滤浆、滤液和洗涤液进出的通道。在板框之间夹置滤布，滤液穿过两侧滤布后经滤板导出，而滤饼则留在框内。这种设备结构简单，过滤面积大，并可采用较高压差，因而能适应各种物料和处理量的要求。其缺点是板框拆装和清除滤饼的劳动强度较大。

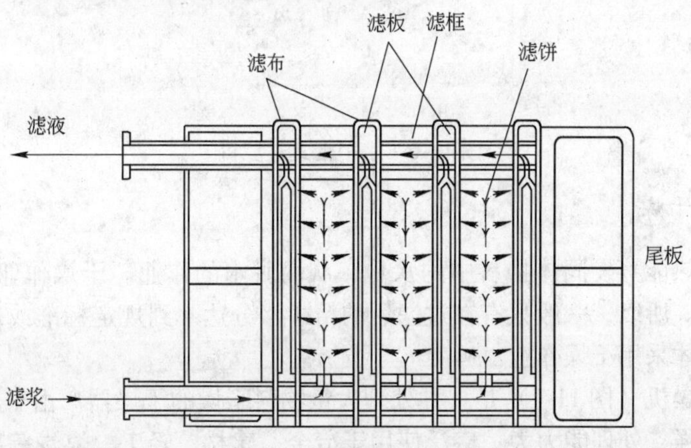

图 11-4 板框压滤机

转鼓真空过滤机。这是一种采用真空吸滤的连续式过滤机（图 11-5）。它的主要工作部件是一个水平安装的空心转鼓，其内分成若干扇格，而滤布则覆在转鼓表面，转鼓的下半部浸于滤浆槽中。当转鼓以低速度旋转时，就会使各扇格依次进行过滤、洗涤、脱水和卸渣等操作。因整个操作过程自动连续，故很适用于处理量大、浓度高且易于过滤的滤浆。

水平带式真空过滤机。它由橡胶排水带、滤布带和吸气盒等组成，如图 11-6 所示。排水带由主动辊带动，并同时带动由它支承着的滤布一起移动，排水带下方与一组吸气盒相接，分别引出滤液和洗涤液。将滤浆加到滤布带上，依次进行过滤、洗涤和脱水，最后卸下滤饼。

图 11-5 转鼓真空过滤机

图 11-6 水平带式过滤机

11.1.3.2 干燥

干燥是利用热能蒸发固体物料中的水分，从而脱水的作业。干燥作业消耗大量燃料、动力，费用最高。所以，一般只有在过滤后的精矿水分达不到规定标准或用户对产品水分有特殊要求时，才采用干燥作业。

回转圆筒干燥机（图 11-7）是一种处理大量物料干燥的干燥器。由于运转可靠，操作弹性大、适应性强、处理能力大，广泛使用于冶金、建材、轻工、煤炭等部门。回转圆筒

图 11-7 回转圆筒干燥机

干燥器一般适用于颗粒状物料，也可用部分掺入干物料的办法干燥黏性膏状物料或含水量较高的物料。

湿物料进入干燥机内，高湿物料被转动的筒壁上的抄板抄起，不断翻动形成料幕，热空气在筒体内直接与物料接触换热，湿分被汽化。根据工艺需要，热空气与物料可并流或逆流操作。物料在带有倾斜度的抄板和热气流的作用下，可调控地运动到干燥机另一段排出成品，被热风夹带的细粉由吸尘装置收集。

11.2 尾矿的贮存与输送

尾矿是金属或非金属矿山开采出的矿石，经选矿厂选出有价值的精矿后排放的“废渣”。这些尾矿由于数量大，含有暂时不能处理的有用或有害成分，如果随意排放，会造成资源流失，大面积覆没农田或淤塞河道，污染环境。为了综合利用矿物资源及消除对环境的污染，必须采取有效措施对尾矿进行处理。目前国外已出现少数“无尾矿”选矿厂，使尾矿得到了充分利用。变废为宝，化害为利，这是尾矿资源处理的重要原则。

选矿厂的尾矿设施一般包括尾矿贮存系统、尾矿库、尾矿输送系统、回水系统以及尾矿净化系统。

尾矿库指筑坝拦截谷口或围地构成的，用以堆存金属或非金属矿山进行矿石选别后排出尾矿或其他工业废渣的场所。尾矿库是一个具有高势能的人造泥石流危险源，存在溃坝危险，一旦失事，容易造成重特大事故。图 11-8 和图 11-9 分别为尾矿库和正在排放的尾矿示意图。

图 11-8 尾矿库

图 11-9 正在排放的尾矿

常见的尾矿输送方式有自流输送、压力输送和联合输送。自流输送是利用地形高差，使选矿厂的尾矿矿浆沿管道或溜槽自流到尾矿沉淀池。该方式简单可靠，不需要动力。压力输送是借助砂泵用压力扬送矿浆，由于砂泵扬程的限制，往往需要中间砂泵站和压力管道进行分段扬送，故比较复杂，在不能自流输送时，只能采用这种方式。联合输送即自流输送与压力输送相结合的方式。某段若有高差可以利用，可采取自流输送；否则，采用砂泵扬送。

11.3 尾矿水的回水再用与净化

11.3.1 尾矿水的回水再用

为避免工业同农业争水现象，降低选矿厂生产供水系统的基建经营费用，减少工业废水对下游的影响，尾矿水在选矿生产许可的条件下，应通过技术经济比较尽可能多回收利用，减少向下游排放。尾矿废水经净化处理后回水再用，一方面能解决水源的短缺，减少动力消耗，同时又能减少环境污染。

使用回水的方法主要有两种：（1）尾矿经浓缩机处理，浓缩机溢流作为回水使用；（2）尾矿沉淀池溢流水作为回水使用。在选矿厂内或选矿厂附近设置浓缩机将尾矿脱水，使一部分或全部溢流水作为回水送回选厂使用。浓缩机底流送到尾矿沉淀池。这一方法回水率可达40%～70%或更大（回水量占尾矿中水量的百分比称为回水率）。这一方法常使用于重选或磁选厂。该方法的优点是可以减少回水管的长度和动力消耗，还可以减少尾矿矿浆的输送量，但是回水水质较差。第二种方法是将尾矿矿浆全部输送到尾矿沉淀池以后，经过比较长时间的沉淀和分解作用，将澄清水送回选厂再用。尾矿沉淀池的回水率可达50%。如果场区工程地质条件较好，没有溶洞、断层等严重漏水的地质构造，回水率有时也可达到70%～80%。这一方法的优点是回水的水质较好，但回水的管路较长，动力消耗较大，经营费用较高。

11.3.2 尾矿水的净化

从尾矿池排出的澄清水在排入公共水系时，应遵照《工业企业设计卫生标准》的规定。若超过标准，则应根据环境保护条例采取适当净化措施。

当从尾矿沉淀池回水供选矿厂作生产用水时，如对回水的水质没有任何要求。仅需将排入公共水系的部分加以净化，以减小净化构筑物的压力。

净化构筑物的布置应尽量利用地形，采用自流的高程系统。混合池及沉淀池尽量利用土沟及土堤构成的池子。

尾矿水的净化方法一般有：

（1）自然沉淀。在尾矿沉淀池将尾矿液中的矿泥颗粒沉淀除去，有时采取一些辅助措施，如添加无毒药剂，促使微细粒凝聚或絮凝沉淀。

（2）物理化学净化。利用吸附材料，将某种有毒物质吸附除去。

（3）化学净化。加入适量的化学药剂，促使破坏有毒物质。

对一个选矿厂，尾矿水要不要净化，采取什么方法净化是最有效而且最经济，要做试验研究后，视情况才能决定。

12 矿物粉体造块工艺、设备及粉体材料

12.1 粉体造块基础

粉体成型是将粉体物料加工成具有一定尺寸和形状的块状物体，粉体固结则赋予成型制品以一定用途所要求的性能（如强度），不同的粉体原料，采用不同的粉体成型与粉体固结方式，可以生产出各种具有确定用途的产品，从而形成不同的工业领域，如粉末冶金、耐火材料、陶瓷工业、型煤生产、高温冶金炉料等。由于金属材料，特别是钢铁冶金的高速发展，粉体造块已成为应用广泛的工业领域。

为高温冶金提供的炉料，必须有一定的粒度大小和适宜的粒度分布。过大的炉料需破碎，过小的粉末需造块，以适宜高温冶炼的需要。

造块是在不完全熔化的条件下，将粉状物料变成块状物料。以造块形式提供的炉料称为熟料。相应地，以一定的粒度大小的原矿形式（块矿）提供的炉料称为生料。

造块在将粉状物料变成块状物料的同时，可以调整熟料的化学成分、矿物组成，一些冶金反应在造块过程中现行完成（如碳酸盐的分解、结晶水的脱除、某些造渣反应等），使熟料的冶金性质（如机械强度、还原性能、膨胀性能、粉化性能、软熔性能等）能更好地满足冶炼加工的要求。将使高温冶金的燃耗、电耗大大降低，成本下降，设备能力提高，特别是在大型高炉冶炼中尤为显著；因此，在世界冶炼界把提高冶炼熟料比作为主要的研究目标。

工业上粉状物料的主要来源：(1) 块矿开采、破碎过程中形成的矿石粉末，通常称为粉矿，一般粒度小于8mm；(2) 贫矿经过磨矿分选后所得到的高品位精矿，一般粒度小于0.1mm；(3) 冶炼或其他工艺过程形成的如除粉尘等细粒、含有价成分的粉末。

造块广泛用于高温冶金工业，包括黑色冶金和有色冶金。目前，世界上使用的造块方法主要为烧结法和球团法。

(1) 烧结法是将粉状物料（如粉矿和精矿）制粒后，进行高温固结，在不完全熔化的条件下烧结成块的方法，所得产品称为烧结矿，外形为不规则多孔状。烧结所需热能由配入烧结料内的碳与通入过剩的空气经燃烧提供，故又称氧化烧结。烧结矿主要靠液相固结，固相固结仅起次要作用。

(2) 球团法是将细粒物料（尤其是细精矿）造球后，再经高温固结的方法。所得产品称为球团矿，呈球形，粒度均匀，具有高强度和高还原性。球团矿中，固相固结起主要作用，液相黏结相很少。高温氧化焙烧时的热能主要由外部燃料燃烧的热气流来提供。

12.2 烧结及球团工艺

12.2.1 烧结工艺

近代烧结生产是一种抽风烧结过程，将混合料（铁矿粉、燃料、溶剂及返矿）配以适

量的水分，混合、制粒以后，铺在带式烧结机的炉箅上，点火后用一定的负压抽风，使烧结过程自上而下地进行。烧结矿从烧结台车上卸下，经破碎、冷却、整粒筛分，分出成品烧结矿、返矿和铺底料。如图 12-1 所示为现行常用的烧结生产工艺流程。

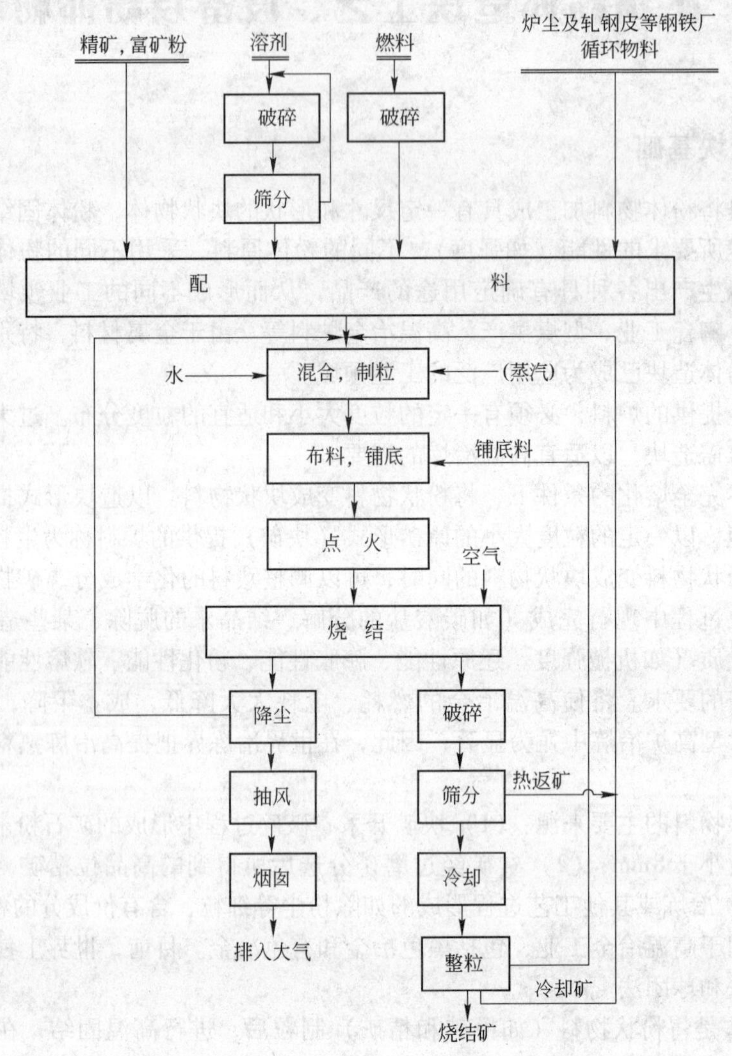

图 12-1 烧结生产工艺流程

典型的烧结流程生产工艺流程可分为八个工序系统：

（1）受料工序系统。主要包括翻车机系统、受料槽、精矿仓库、溶剂仓库、消燃仓库等，其任务是担负进厂原料的接收、运输和储存。

（2）原料准备工序系统。包括含铁原料的中和、燃料的破碎、熔剂的破碎和筛分，其任务是为配料工序做好符合生产要求的原料、熔剂和燃料。

（3）配料工序系统。包括配料间的矿槽、圆盘给料机、称量设施等；根据规定的烧结矿化学成分、使用的原料种类，通过计算，各原料按计算的质量进行给料，以保证混合料和烧结化学成分稳定及燃料量的调整。

（4）混合、制粒工序系统。主要包括一次混合、二次混合等工序，其任务是加水、润湿混合料，完成混合料混匀，成型过程，为烧结提供透气性良好的制粒小球。

（5）烧结工序系统。包括铺底料、布料、点火、烧结等。主要任务是将混合料烧结成合格的烧结矿。

（6）抽风工作系统。包括风箱、集尘管、除尘器、排风机、烟囱等。

（7）成品处理工作系统。包括热破碎、热筛分、冷却、冷破碎、冷筛分及成品运输系统。该工序任务在于分出5~50mm的成品烧结矿，10~20mm铺底料，小于5mm冷返矿。

（8）环保除尘工序系统。主要用电除尘器系统将烧结机尾矿部卸矿处、热筛、冷却、返矿及整粒系统各处扬尘点的废气，经除尘净化后，废气排入大气，粉尘经过润湿后加入烧结混合料再烧结，其任务是担负烧结生产的环境保护。

烧结法按烧结设备和供风方式的不同可分为三类：抽风烧结法、鼓风烧结法和烟气烧结法。国内外铁矿粉烧结生产中，广泛采用连续带式抽风烧结机，它具有劳动生产率高，原料适应性强，机械化程度高，劳动条件好，便于实现大型化和自动化的优点。间歇式抽风烧结机（盘），具有投资省、建设快、易掌握的优点，但其生产能力低，劳动条件差，在我国一些小地方的小型钢铁企业中仍继续发挥作用。鼓风烧结法，其特点是炉箅不黏结且不易烧坏、动力消耗少，风机寿命长，特别适合于有色金属硫化矿烧结，但劳动条件应得到很好的维护以防止SO_2溢出。

12.2.2 球团工艺

球团生产主要包括成型与焙烧固结两个环节。成型是采用圆盘造球机或圆筒造球机将铁精矿加工成具有一定粒度和强度的生球。焙烧固结是其生产过程中最复杂的工序，许多物理和化学反应，在此阶段完成，并且对球团矿的冶金性能，如强度、气孔度、还原性等有重大影响。

焙烧球团矿的设备有竖炉、带式焙烧机和链箅机—回转窑三种。不论采用哪一种设备，焙烧球团矿应包括干燥、预热、焙烧、均热和冷却五个过程。对于不同的原料，不同的焙烧设备、每个过程的温度水平、延续时间及气氛均不同。

干燥过程的温度一般为200~400℃，这里进行的主要反应是蒸发生球中的水分，物料中的部分结晶水也可排除。

预热过程的温度水平为900~1000℃。干燥过程中尚未排除的少量水分，在此进一步排除。这一过程中的主要反应是磁铁矿氧化成赤铁矿，碳酸盐矿物分解、硫化物的分解和氧化，以及某些固相反应。

焙烧带的温度一般为1200~1300℃。预热过程中尚未完成的反应，如分解、氧化、脱硫、固相反应等也在此继续进行。这里的主要反应有铁氧化物的结晶和再结晶，晶粒长大，固相反应以及由之而产生的低熔点化合物的熔化，形成部分液相，球团矿体积收缩及结构致密化。

均热带的温度水平应略低于焙烧温度。在此阶段保持一定时间，主要目的是使球团矿内部晶体长大，尽可能使它发育完整，使矿物组成均匀化，消除一部分内部应力。

冷却阶段应将球团矿的温度从1000℃以上冷却到运输皮带可以承受的温度。冷却介质为空气，它的氧势较高，如果球团矿内部尚有未被氧化的磁铁矿，在这里可以再充分氧化。

球团是较为广泛应用的造块工艺之一。与烧结生产工艺相比，球团生产具有下述特点：

（1）对原料要求严格，而且原料品种较单一。一般用于球团生产的原料都是细磨精矿，比表面积大于 1500 ~ 1900cm^2/g。水分应低于适宜造球水分，SiO_2 不能太高。

（2）由于生球结构较紧密，且含水分较高，在突然遇高温时会产生破裂甚至爆裂，因此高温焙烧前必须设置干燥和预热工序。

（3）球团形状一致，粒度均匀，料层透气性好，因此采用带式焙烧机或链箅机—回转窑生产球团时，一般可使用低负压风机。

（4）大多数球团料中不含固体燃料，焙烧球团矿所需要的热量由煤、液体或气体燃料燃烧后，热废气通过料层供热，热废气在球团料层中循环使用，因此热利用率较高。

球团生产的一般工艺流程见图 12-2。

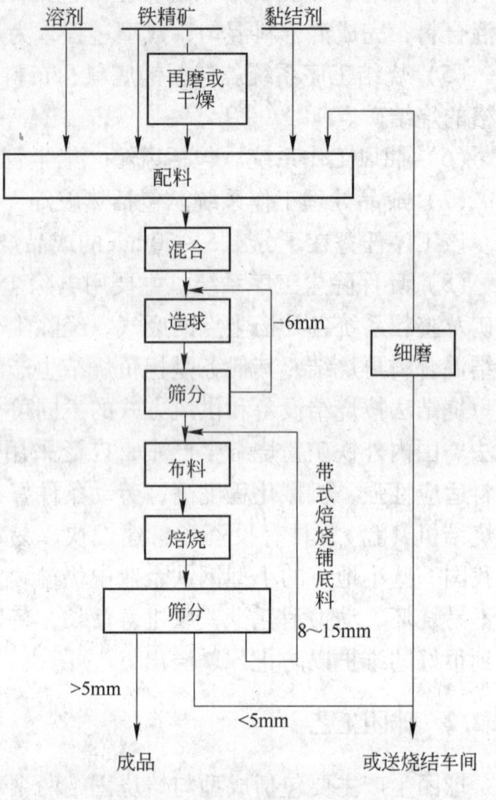

图 12-2 球团生产工艺流程图

12.3 粉体物理制备方法与设备

12.3.1 概述

粉体通常是指由大量的固体颗粒及颗粒间的空隙所构成的集合体。而组成粉体的最小单位或个体称为粉末颗粒，其大小一般小于 1000μm。而超细粉体（通常又称为超微粉体、超微粉）是指尺度介于分子、原子与块体材料之间，通常包括微米至亚微米级和 1 ~ 100nm 范围内的纳米级的微小团体颗粒，介于宏观物体与微观粒子之间。自 20 世纪 80 年代开始，由于具有优良的特性，超细粉体及纳米颗粒的制备逐渐发展起来，日趋成为各国研究的重点。随着物质的超微细化，其表面电子结构和晶体结构发生变化，产生了块状材料所不具有的表面效应、小尺寸效应、量子效应和宏观量子隧道效应，从而使超细粉体与常规颗粒相比较具有一系列优异的物理、化学性质，使之作为一种新材料，在宇航、电子、冶金、化学、生物和医学等领域中显示了广阔的应用前景。对于矿物进行超微细化处理，通过深加工可获得矿物粉体材料、功能矿物材料。

按所要求制备的粉体粒径范围，可以选择各种适当的物理制备方法，这些方法可以大致分为两种：一种是机械粉碎法，它是以大块固体为原料，将块状物质粉碎；另一种是经反方向由小极限的原子、分子的集合体来合成粉体的方法。物理法是粉体制备的重要方法。机械粉碎法是制备亚微米颗粒的传统粉碎法的延伸；而反向法（代表性的有蒸发、凝聚、溅射和真空沉积法等）是越过原子簇的领域，由粒径 2～3nm 的极微细颗粒的生长（指颗粒的聚集、结合）形成粉体的一种方法。粉体制备方法的要求为：（1）表面清洁；（2）粒径、粒度可控；（3）容易收集；（4）稳定易保存；（5）生产性好、质量高。物理法是获得上述特性的较为可靠的技术手段之一。

12.3.2 机械粉碎法

机械粉碎法是在传统机械粉碎技术基础上发展起来的，是指固体物料在粉碎力作用下料块或颗粒发生形变而破裂，粒度由大变小直至 1μm 或更细的过程。表 12-1 列出了各类超细粉碎设备的粉碎原理、给料粒度和产品粒度以及适用范围和粉碎方式。

表 12-1 超细粉碎设备的性能指标

设备类型	粉碎原理	给料粒度/mm	产品粒度/mm	适用范围	粉碎方式
冲击磨	冲击、摩擦、剪切	<8	3～74	中硬、软	干
振动磨	冲击、摩擦、剪切	<6	1～74	硬、中硬、软	干、湿
气流磨	冲击、碰撞	<2	1～30	中硬、软	干
搅拌磨	冲击、摩擦、剪切	<1	1～74	硬、中硬、软	湿、干
胶体磨	摩擦、剪切、分散	<0.2	1～20	中硬、软	湿

下面简要介绍几种常用的超细粉碎机械。

12.3.2.1 冲击磨

图 12-3 立式冲击磨的外形图

图 12-3 为某立式冲击磨的外形图，其粉碎成套系统见图 12-4，物料由加料机加入转盘上方，直接落入高速旋转的转盘，在离心力作用下与转盘外周打击轨道的靶料产生高速碰撞，物料相互碰撞实现粉碎。粉碎后的物料经上升气流带入涡轮分级机进行分级，合格的物料被分选出来，不合格的物料被抛掷到边壁经二次风冲洗后落入转盘中间，继续进行粉碎。其特点是不需压缩空气或磨矿介质，物料相互碰撞实现粉碎，消除了设备的磨损和铁质污染。适用于莫氏硬度 5 以上如碳化硅、刚玉、锆英砂、磨料、耐火材料等高硬度物料的加工。

12.3.2.2 振动磨

振动磨是一种应用较为广泛的超细粉磨设备。它的主要结构如图 12-5 所示，其槽形或管形筒体 1 支承于弹簧 4 上，筒体中部有主轴 3，轴的两端有偏心重块，主轴的轴承装

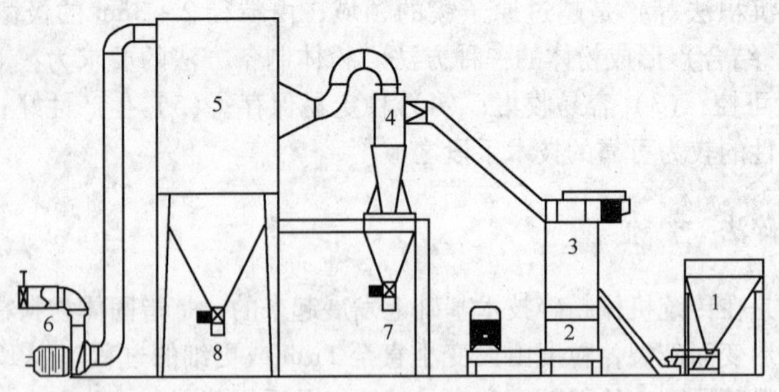

图 12-4 立式冲击磨粉碎系统

1—加料斗加料机；2—冲击磨主机；3—立式涡轮分级机；4—旋风收集器；
5—袋式除尘收集器；6—高压引风机；7—1 号成品；8—2 号成品

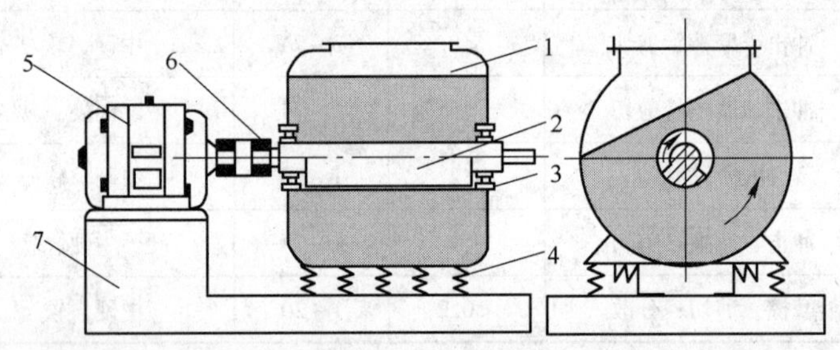

图 12-5 振动磨机

1—筒体；2—激振器；3—滚动轴承；4—弹簧；5—电动机；6—弹性联轴器；7—机架

在筒体上，通过挠性轴套 6 与电动机 5 连接。主轴快速旋转时，偏心重块的惯性离心力使筒体产生一个近似于椭圆运动轨迹的快速振动。筒体内装有研磨介质及物料，筒体的振动使研磨介质及物料呈悬浮状态。磨介之间的冲击、研磨等作用将物料粉碎。

振动磨可以干法或湿法生产，也可以间歇或连续工作。由于磨介尺寸较小，磨介的充填率较高，因而磨介总的表面积较大。磨介之间极为频繁的相互作用使振动磨获得较高的粉磨效率。

12. 3. 2. 3 搅拌磨

搅拌磨是 20 世纪 60 年代开始应用的粉磨设备，主要用于染料、涂料行业的料浆分散混合，后来发展成为一种新型的高效超细粉磨设备。搅拌磨是超细粉碎机中最有发展前途、能量利用率最高的一种超细粉磨设备，它与普通球磨机在粉磨机理上的不同点是：搅拌磨有内搅拌器，搅拌器的高速回转使研磨介质和物料在整个筒体内不规则地翻覆，从而产生不规则运动，使研磨介质和物料之间产生相互撞击和摩擦的双重作用，致使物料被磨得很细，并得到均匀分散的良好效果。

搅拌磨的种类很多，按照搅拌磨的结构形式可分为盘式、棒式、环式和螺旋式搅拌器；按其工作方式分为间歇式、连续式和循环式（图 12-6）三种类型；按工作环境分为

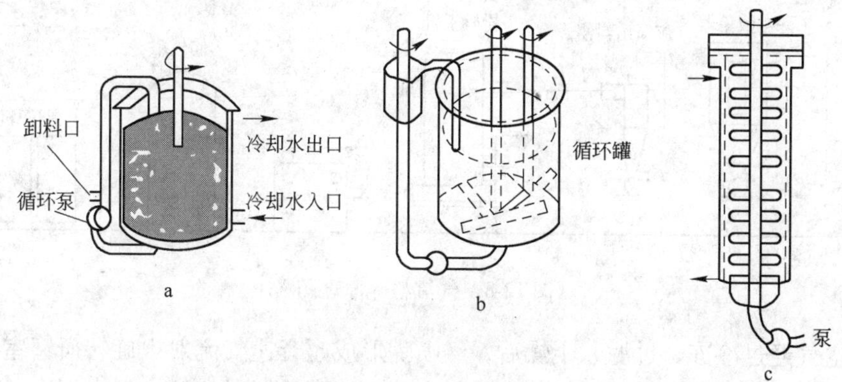

图 12-6 搅拌磨的类型

a—间歇式；b—循环式；c—连续式

干式搅拌磨和湿式搅拌磨（一般以湿式搅拌磨为主）；按安放形式可分为立式搅拌磨和卧式搅拌磨（图 12-7）；按密闭形式又可分为敞开式和密闭式等。

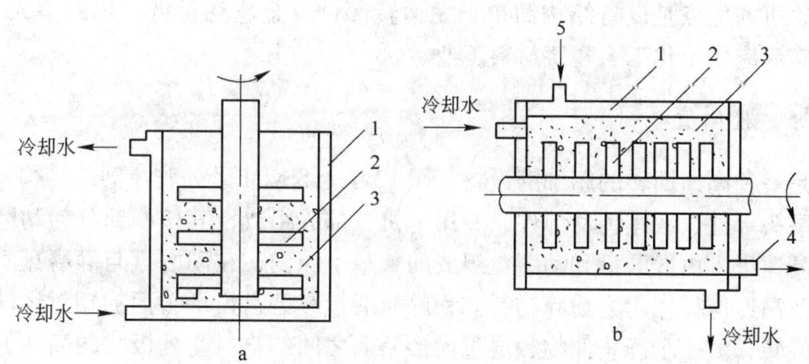

图 12-7 典型的搅拌磨示意图

a—立式敞开型；b—卧式密闭型

1—冷却夹套；2—搅拌器；3—研磨介质球；4—出料口；5—进料口

磨筒内设有搅拌器，当其回转时，搅拌叶片端的线速度大约在 3 ~ 5m/s，高速搅拌时还要大 4 ~ 5 倍。在搅拌器的搅动下，研磨介质与物料作多维循环和自转运动，从而在磨筒内不断地上下、左右相互置换位置产生激烈运动，由磨介重力及螺旋回转产生的挤压力对物料进行摩擦、冲击、剪切作用而粉碎。由于其综合的能耗绝大部分用于直接搅动研磨介质，因此能耗比球磨机、振动磨低。搅拌磨在工作过程中，除了研磨作用外，还有搅拌和分散作用，所以它是一种兼具多元功能的粉磨设备，广泛用于高性能粉体的机械法加工。

在超细粉体材料生产中，研磨介质通常采用氧化铝球（珠）或氧化锆球（珠）。氧化锆球珠的粒径一般为 0.2 ~ 2.5mm，密度一般不小于 6.0kg/dm^3。

12.3.2.4 气流粉碎机

气流粉碎机也称高压气流磨，是常用的超细粉碎设备之一。其工作原理见图 12-8，它

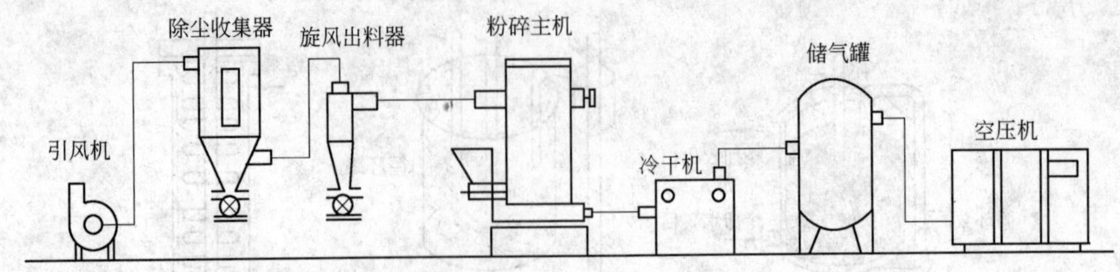

图 12-8 气流粉碎原理图

是将压缩空气经过冷冻、过滤、干燥后，经喷嘴形成超音速气流射入旋转研磨室，使物料呈流态化，在旋转粉碎室内，被加速的物料在数个喷嘴的喷射气流交汇点汇合，产生剧烈的碰撞、摩擦、剪切而达到颗粒的超细粉碎。粉碎后的物料被上升的气流输送至叶轮分级区内，在分级轮离心力和风机抽力的作用下，实现粗细粉的分离，粗粉根据自身的重力返回粉碎室继续粉碎，合格的细粉随气流进入旋风收集器，微细粉尘由袋式除尘器收集，净化的气体由引风机排出。

气流粉碎机的优点是设备结构简单，无运转部件，金属耗量低，生产率大，功耗低，破碎比大。广泛应用于化工、建筑材料工业。

12.3.2.5 胶体磨

胶体磨是一种高速回转的超细磨设备，图 12-9 为 SS-JM 系列胶体磨的结构示意图，其主要构造由磨头部件、底座传动部件、专用电机三部分组成，其核心部分为动磨盘和静磨盘。料浆以高速进入由静磨盘和动磨盘组成的狭窄空隙内，在动磨盘与静磨盘间产生机械剪切、研磨及高速搅拌作用力粉碎物料。粉碎研磨依靠磨盘齿形斜面的相对运动而成，其中一个高速旋转，另一个静止使物料通过齿形斜面之间的物料受到极大的高速剪切力和摩擦力，同时又在高频震动和高速旋涡等复杂力的作用下，使物料研磨、乳化、粉碎、混

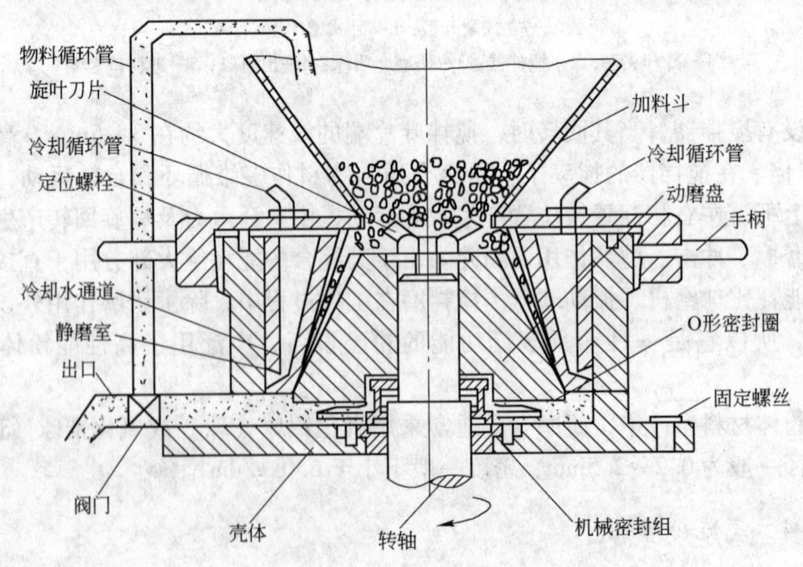

图 12-9 SS-JM 系列胶体磨工作原理

合、分散而制成胶体，故称胶体磨，可用于涂料、食品、化工、填料、胶体、医药等的超细磨和分散。

胶体磨的优点是无震动，占地面积小，用途广泛，调节容易；缺点是加工较硬物料时动磨盘上凸刃易磨钝，从而降低设备效能。

12.3.3 蒸发凝聚法

蒸发凝聚法又称气体中蒸发法，通常是在真空蒸发室内充入低压惰性气体（N_2、He、Ne、Ar 等），采用电阻、等离子体、电子束、激光、高频感应等加热源，使原料气化或形成等离子体，与惰性气体原子碰撞而失去能量，然后骤冷使之凝结成超细粒子。所得产品颗粒一般在 5 ~ 100nm 之间。由于制备过程一般不伴有燃烧之类的化学反应，全过程都是物理变化过程，因此，属于纯粹的物理制备方法。

蒸发凝聚法特别适合于制备由液相法和固相法难以直接合成的非氧化物系（如金属、氮化物、碳化物等）的超细粉体，粒径通常在 100nm 以下，且分散性很好。所得的粉体纯度高，结晶组织好，精度可控。蒸发凝聚法的代表性加热法有电阻加热法、等离子体喷雾加热法、高频感应加热法、电子束加热法和激光束加热法等。

12.3.3.1 电阻加热法

电阻加热法的蒸发源采用通常的真空蒸发中所使用的螺旋状纤维、篮筐状或者舟状的电阻发热体，因为蒸发原料通常是放在 W、Mo、Ta 等的螺线状载样台上，所以，有两种情况不能使用这种方法进行加热和蒸发：

（1）两种材料（发热体与蒸发原料）之间在高温熔融后形成合金；

（2）蒸发原料的蒸发温度高于发热体的软化温度。

图 12-10 为采用气体蒸发法制备超微颗粒的装置，其具体过程如下：预先将蒸发原料放在钨质的加热用载样台上，将蒸发室内抽成真空到 5×10^{-3}Pa 的高真空，然后将真空排气阀关闭，再由气体导入系统导入氩气或者氦气等惰性气体，使压力达到适合于蒸发的条件，然后将蒸发用的钨质载样台加热到比蒸发原料的熔点更高的温度，钨质载样台周围开始冒烟，出现与蜡烛火焰的边缘部分相类似的现象，这种烟雾中就含有超微颗粒。

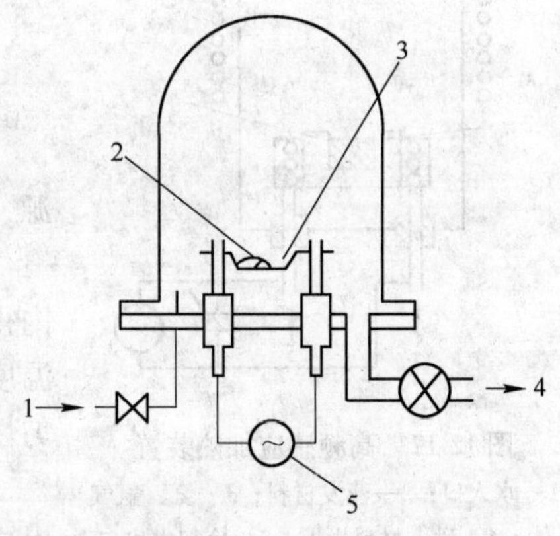

图 12-10 电阻加热气体蒸发法制备超微颗粒的装置
1—惰性气体；2—蒸发材料；3—舟形加热器；4—抽真空泵；5—加热用电源

目前，使用这一方法主要是进行 Ag、Al、Cu、Au 等低熔点金属的蒸发。有人用 Al_2O_3 等的耐火材料将钨丝进行了包覆，所以，熔融了的蒸发材料不与高温的发热体直接接触，可以在加热了的氧化铝坩埚中进行比上述 Ag 等金属更高熔点的 Fe、Ni 等（熔点在 1500℃左右）金属的蒸发。

该方法只是一种应用于超微颗粒研究中的超微颗粒制备方法。但是，由于这种方法只要在我们日常使用的实验设备上添加很少的一些部件就可以制备超微颗粒，所以，对于那些刚刚开展超微颗粒研究工作的人来说，仍不失为一种有意义的方法。

12.3.3.2 等离子体喷雾加热法

等离子体喷雾加热法（图12-11）是将蒸发材料的金属放置在水冷铜坩埚的上部，在它与安放其斜上方的等离子体枪之间加上高频直流电压，则等离子枪内的氦以及氩等惰性气体被电离，形成等离子体，将等离子体集束于水冷铜坩埚内的原料，进行加热和蒸发。

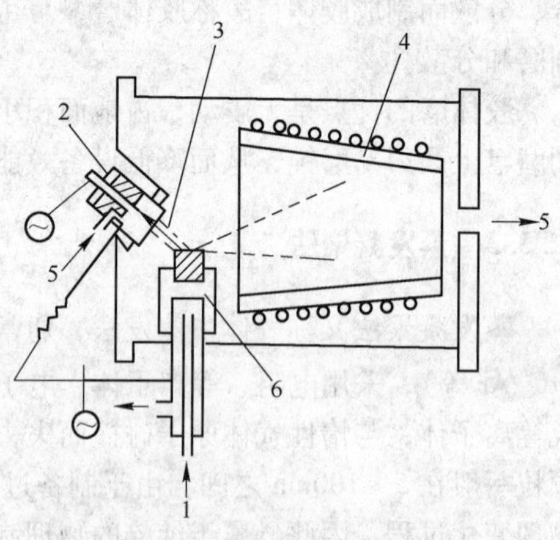

图12-11 等离子体喷雾加热装置
1—水入口；2—等离子体枪；3—等离子体焰；4—收集用水冷铜板；5—氦气进出口；6—坩埚

生成室内被惰性气体充满，通过调节由真空系统排出气体的流量来确定蒸发气氛的压力。增加等离子体枪的功率可以提高由蒸发而生成的超微颗粒量。当等离子体被集束后，使熔体表面产生局部过热时，由生成室侧面的观察孔就可以观察到烟雾（含有超微颗粒的气流）的升腾加剧，即蒸发生成量增加了。生成的超微颗粒黏附于水冷管状的铜板上，气体被排出蒸发室外。然后进行慢氧化处理，再打开生成室将附在圆筒内侧的超微颗粒收集起来。该状态的超微颗粒非常松散，如果是用1L的容器来收集超微颗粒物，则可以装满好几个容器。

12.3.3.3 高频感应加热法

高频感应加热（图12-12）在诸如真空熔融等金属熔融中应用有许多优点，用该方法熔融金属主要着眼于如下几点：

(1) 可以将熔体的蒸发温度保持恒定；

(2) 熔体内合金的均匀性好；

(3) 可以在长时间内以恒定的功率运转；

(4) 在真空熔融中，作为工业化生产规模的加热源，其功率可以达到兆瓦级。

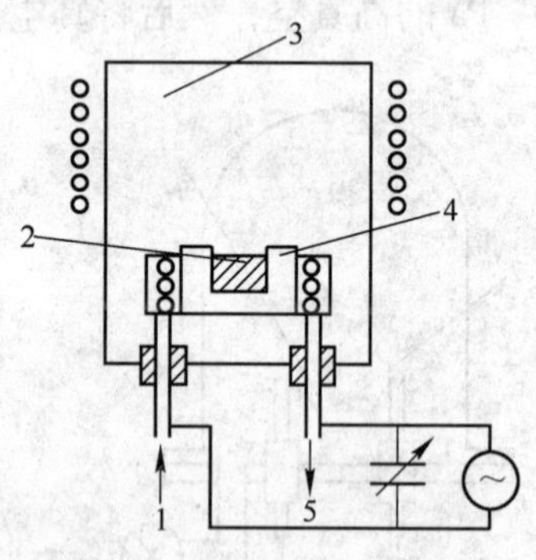

图12-12 高频感应加热装置
1—水入口；2—蒸发材料；3—氦、氩气体；4—耐火材料坩埚；5—冷却水出口

(1) 以及 (2) 是由于感应搅拌作用，熔体在坩埚内得以搅拌，致使蒸发面中心部分与边缘部分不会产生温度差，而且坩埚内的合金也一直保持着良好的均匀性。

这一加热方法的特征是规模越大（使用大坩埚），生成超微颗粒的粒度越趋向于均匀。高频感应加热中，在耐火坩埚内进行金属的熔融和蒸发时，由于电磁波的作用，熔体会发生由坩埚的中心部向上、向下以及向边缘部分的流动，这使熔体表面得到连续搅拌，使温度保持均匀。

12.3.3.4 电子束加热法

电子束加热（图12-13）用于熔融、焊接、溅射以及微加工等方面，通常是在高真空中使用，电子在电子枪内由阴极放射出来，电子枪内必须保持高真空（0.01Pa），因为阴极表面温度很高，为了使电子从阴极表面高速射出而加上了高电压。即使是在电子枪以后的电子束系统，只要压力稍微上升，就会发生异常放电，而且电子会与残留气体分子碰撞而发生散射，使电子束不能有效地到达所需要的地方（靶）。为此，将电子束加热用于熔融时，为了保持靶所在的熔融室内的压力在高真空状态，都安装有排气速度很高的真空泵。

12.3.3.5 激光束加热法

作为一种光学加热方法，近年来激光在许多方面得到应用。激光的利用可以说是超微颗粒制备中一种很有特点的方法，其装置见图12-14。它具有如下的优点：

（1）加热源可以放在系统外，所以它不受蒸发室的影响；

（2）不论是金属、化合物，还是矿物都可以用它进行熔融和蒸发；

（3）加热源（激光器）不会受蒸发物质的污染等。

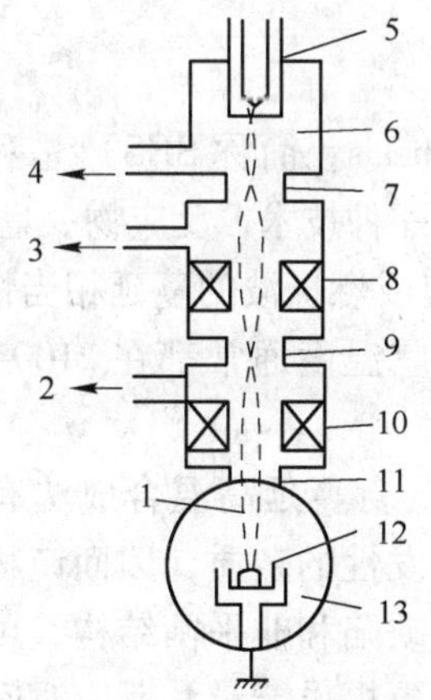

图12-13 电子束加热装置

1—电子束；2，3，4—排气口；5—电子枪；6—真空管；7—第一道小孔；8，10—电子束聚集线圈；9—第二道小孔；11—第三道小孔；12—被加热金属；13—氩、氦气

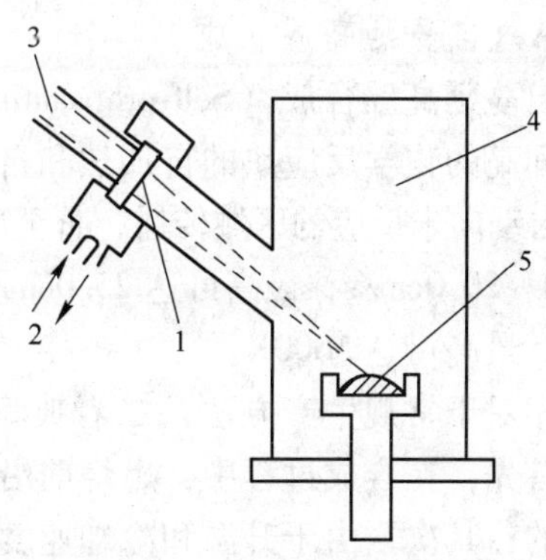

图12-14 激光加热装置

1—透镜；2—水进、出口；3—激光束；4—氩、氦气；5—蒸发材料

12.4 粉体化学合成方法与设备

粉体的化学合成是从物质的原子、离子或分子入手，经过化学反应形成晶核以产生晶粒，并使晶粒在控制下长大到其尺寸达到要求的大小。按照物质原始状态分类，粉体化学合成可分为气相法、液相法和固相法。粉体化学合成主要用于制备超细粉体及纳米颗粒，其特点是所得粒子性能优良，颗粒粒径小，尺寸分布均匀和颗粒纯度高。

12.4.1 气相化学反应法

气相法是直接利用气体，或者通过各种手段将物质变成气体，使之在特定气氛下发生化学反应，在保护气体环境下快速冷却过程中凝聚长大，形成超微粒的方法。该法在超微粉体材料的制备过程中占有重要地位，可制备出纯度高、分散性好、粒径分布窄的纳米超微粒，尤其是通过控制气氛，可制备出各类金属、碳化物、氮化物及硼化物等非氧化物纳米超微粒。气相法主要包括以下几种。

12.4.1.1　燃烧法

燃烧合成是一种伴随着相转变和结构变化的放热化学反应过程，燃烧一旦开始，燃烧波便自发蔓延形成所期望的化合物。燃烧法的实质是将一些能够产生强烈化学放热反应的物质混合均匀后，在某个部位点火（引发化学反应），依靠强烈化学反应的感应和传播，使反应以燃烧波的形式向前推进，同时反应物转化为生成物，反应持续不断地进行直至结束，整个过程在短时间内完成。燃烧合成除自蔓延高温合成外，还包括固态复分解、火焰合成和低温燃烧合成等方法。

燃烧法操作简单易行、实验周期短、节省时间和能源。更重要的是，反应物在合成过程中处于高度分散状态，反应时原子只需通过短程扩散或重排即可进入晶格位点，加之反应速度快，前驱体的分解和氧化物的形成温度又较低，使产物粒度小，分布比较均匀，因而比较适合超微粉体材料的制备。

A　自蔓延高温合成

自蔓延高温合成（Self-propagating High-temperature Synthesis，简称 SHS）是利用反应物之间高的化学反应热的自加热和自传导作用来合成材料的一种技术，反应物一旦被点燃，便会自动向未反应的区域传播，直至反应完全。燃烧法的反应或燃烧波的蔓延相当快，一般为0.1～20.0cm/s，最高可达25.0cm/s，燃烧波的温度或反应温度通常都在2100～3500K以上，最高可达5000K。

相对于常规生产方法，二者典型参数的比较见表12-2。自蔓延高温合成法有若干优点：首先，在合成过程中，燃烧前沿温度极高，可蒸发掉挥发性的杂质，因而产物通常是高纯的；其次，由于升温和冷却速度较快，易于存在高浓度缺陷和非平衡结构，可生成高活性的亚稳态产物；最后，反应物一旦点燃，就不需要外界再提供能量，反应时间只需数秒，因此可显著节约能源和时间，而且设备也比较简单。其主要缺点是不易获得高密度产品，不能严格控制反应过程。另外，自蔓延高温合成法所采用的原料往往是可燃、易爆或有毒物质，需要采取特殊的安全措施。

表12-2　自蔓延高温合成反应的几个典型参数之比较

参　数	SHS 法	常规方法
最高温度/℃	约1500	≤2200
反应传播速度	0.1～15	很慢，以 cm/h 计
合成带宽度	0.1～5.0	较长
加热速度/℃·h^{-1}	10^3～10^6	≤8
点火能量	≤500	
点火时间/s	0.05～4	

根据反应类型，自蔓延高温合成可分为固态—固态、固态—气态、金属间化合物和复

合物四种类型。

(1) 固态—固态反应。固态—固态反应中最简单的是由两个固态元素燃烧合成，如 Ti + C 合成 TiC，Zr + 2B 合成 ZrB_2，Ni + Al 合成 NiAl。较复杂的是化合物 + 元素生成多种产物，该化合物可以是氧化物、氟化物和氯化物等，元素通常是活泼金属 Al、Mg 或 Ti 等。需要说明的是，由于反应动力学等原因，产物常常比较复杂，不完全是化学方程式所预测的。

(2) 固态—气态反应。固态—气态反应一般为金属粉末在活泼性气体如氮、氧、氢中燃烧合成出所需要产物，如合成 AlN、Si_3N_4、BN、TiN、Ti(CN)、ZrN_xH_y 等。

(3) 金属间化合物的燃烧合成。一般金属间化合物的反应所释放的热量要比金属与非金属（如 C、B 和 N 等）之间的反应所释放的热量少。不过这些金属间化合物有极高的稳定性，表明这些元素的反应具有迅猛剧烈性。用 SHS 法进行金属间化合物的研究主要集中在铝的金属间化合物（如 NiAl、CoAl、TiAl、CuAl、ZrAl、PtAl）、镍钴化合物以及其他一些金属相化合物上。

(4) 复合相型的合成。用 SHS 工艺可制备陶瓷/金属(例如 Ti、TiC + N、ZrB + Fe、TiB_2 + Fe、TiC + Mo/Re 等)以及陶瓷/陶瓷复合材料(例如 TiC-Al_2O_3、MoS_2-NbS_2、TiB_2-TiC 等)。

B 固态复分解法

固态复分解法是低温点燃金属卤化物和碱金属主族化合物之间进行的固态置换反应，其通式为:

$$MX_m(\text{燃料}) + mAY_n(\text{气化剂}) \rightarrow MY_z(\text{目标产物}) + mAX + (mn - z)Y$$

式中 M——过渡镧系和主族金属元素；

X——卤族元素；

A——碱金属元素；

Y——非金属元素。

反应启动后进入一种快速自维持放热状态，反应温度大于1000℃，反应在数秒之内结束；固态复分解法与自蔓延高温合成法的区别在于：一是反应物不全为金属元素和化合物，还含有金属卤化物；二是发生典型的置换反应，迄今为止，许多重要的材料，如超导体（NbN，ZrN）、半导体（GaAs，InSb）、绝缘体（BN，ZrO_2）、磁性材料（CdP，SmAs）、硫化物（MoS_2，NiS_2）、金属间化合物（MoS_2，WSi_2）、磷族元素化合物（ZrP，NbAs）和氧化物（Cr_2O_3）等，都可由固态复分解法反应制备。

C 低温燃烧合成法

低温燃烧合成法是指有机盐凝胶或有机盐与金属硝酸盐的凝胶在加热时发生强烈的氧化还原反应，燃烧产生大量的气体，且可自我维持，并合成出氧化物粉末。这种燃烧反应的特点是点火温度低（150~200℃），燃烧火焰温度低（1000~1400℃），产生大量气体，可获得高比表面积的粉体。因此，与燃烧温度通常高于2000℃的自蔓延高温合成相比，称为低温燃烧合成。但是自蔓延高温合成的缺点是工艺可控性较差，而且由于燃烧温度一般高于2000℃，合成的粉末粒度较粗，低温燃烧合成在一定程度上弥补了自蔓延高温合成的不足。以金属盐的饱和水溶液（氧化剂）和有机燃料（还原剂）为原料，将各原料溶于水中，然后将盛有溶液的 Pyrex 硬玻璃容器放置于热板上或马弗炉中，加热至 300~500℃，溶液则发生沸腾、浓缩、冒烟，然后起火迅速燃烧，可得到泡沫状疏松氧化物超细粉体。火焰温度一般在 1000 ~ 1600℃之间，火焰持续 1 ~ 3min，整个燃烧合成过程在 5min 内即可完成。用金属硝酸盐（氧化剂）与柠檬酸（燃料）的凝胶燃烧法成功地合成了纳米 SiO_2 粉体，凝胶的着火温度为 250℃。低温燃烧法已合成出的氧化物粉体及其性能如表 12-3 所示，从表中可看出，低温燃烧法所制备的氧化物粉体尺寸在 0.1 ~ 2.0μm 之间、大部分晶粒尺寸在 300μm 以下。

表 12-3 低温燃烧法合成的氧化物粉及其性能

产 物	用 途	晶粒尺寸 /μm	密 度 /g·cm^{-3}	比表面积 /m^2·g^{-1}	平均粒子尺寸 /μm
α-Al_2O_3			3.21	8.3	4.3
β-Al_2O_3	固体电池		3.40	50.80	4.2
Pb-Al_2O_3	催化剂			19.0	
ZrO_2		≈30	3.0/3.2	3.9/13.3	1.97/1.92
TZP	增韧陶瓷	≈30	3.2 ~ 3.6	8 ~ 15	1.8 ~ 0.8
ZnO	变阻器	≈300			
Mg_2SiO_4	激光材料		1.8	43.0	11.0
$MgAl_2O_4$	耐火材料		3.00	21.80	5.2
$CaAl_2O_4$	高铝水泥	≈45	2.48	1.25	4.1
$Ca_3Al_2O_6$	高铝水泥		2.50	1.40	6.2
$CaAl_{12}O_{19}$	电视磷光与荧光灯		2.85	8.34	4.1
$MgCeAl_{11}O_{19}$	电视磷光与荧光灯		3.71	20.20	3.2
$Y_3Al_5O_{12}$	激光器		3.86	7.30	4.5
$LaAlO_3$	催化剂		5.30	3.00	4.0
$ZnAl_2O_4$	催化剂		3.60	8.70	5.4
$CoAl_2O_{14}$	颜料、釉料	11.82	3.26	58.3	2.1
$MgCr_2O_4$	耐火材料		3.40	72.0	0.93

对于非氧化物的合成，利用聚氯乙烯、聚苯乙烯、聚四氟乙烯、硝酸及镁与聚四氟乙烯混合物作为化学引发剂，可实现对燃烧合成碳化物的低温控制，合成出了晶态的碳化物粉体。

低温燃烧法合成超微粉体具有工艺简单、产品纯度高、粒度小、形态可控及活性高等优点，同时节省时间和能源，并可提高产物的反应能力。缺点是价格太高，分解出的气体对环境有污染。

D 火焰合成

火焰合成法也称气相燃烧法，它有别于典型的 SHS，其所有反应都发生在气相中，反应结果生成超细（通常是纳米级）粉体。其原理是：采用一种燃气（CO、CH_4 或 H_2 等）和一种原料气（$SiCl_4$ 或 $TiCl_4$ 等），在惰性气体的保护下，通入到高温富氧环境下进行燃烧，最后把燃烧产物冷却得到超微粉体。

例如：

$$SiCl_4 + O_2 \longrightarrow SiO_2(s) + 2Cl_2(g)\text{（氧化反应）}$$

$$SiCl_4 + H_2O \longrightarrow SiO_2(s) + 4HCl(g)\text{（火焰水解反应）}$$

$$TiCl_4 + C_2H_4 \longrightarrow SiO_2(s) + 2CO_2(g) + 4HCl$$

用气相燃烧法合成了纯金红石相及锐钛矿相混合的纳米氧化钛颗粒，添加晶型调节剂 $AlCl_3$ 可以降低晶粒尺寸，提高金红石含量。采用 $H_2/O_2/Ar$ 产生初级火焰，然后用 SiH_4/Ar 产生二级火焰，并采用 N_2 包裹火焰场，在高浓度时生成的粒子（6～8μm），比低浓度时生成的（18～20μm）要小。

与一般的固—固、固—液和 SHS 工艺相比，火焰合成的优势是生产的连续性和产物的高纯性。用火焰合成法已经合成出许多种细粉，如金属氮化物（Si_3N_4）、碳化物（SiC、B_4C、TaC）、硼化物（TiB、ZrB）、硅化物（$TiSi_2$）、光电硅、难熔金属（Ti、Ta、Zr、Hf 和 Nb）、纳米 SiO_2、TiO_2、Al_2O_3 和 Al_2TiO_5 等。

火焰合成法的优点是可以连续生产，产物纯度高，粒子凝聚少，且不需要后续工艺（如清洗等）；可通过调节其中气体比例、燃烧温度、物体在反应炉停留时间等参数来控制粒径，且粒度分布集中，产量和产率较高；还可制备复合粉体。其缺点是反应产物对设备有较大的腐蚀性。

12.4.1.2 热解法

气相热分解是在真空或惰性气体用各种高温源将反应区加热到所需要温度，然后导入气体反应物或将反应物溶液以喷雾法导入，溶液在高温条件下挥发后发生热分解反应后生成氧化物。气相热解法制备氧化物超微粉的装置如图 12-15 所示。

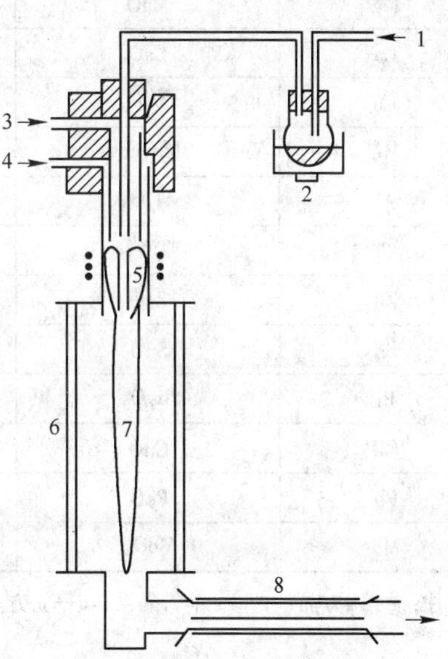

图 12-15 气相热解法装置图

1—载气；2—超声雾化器；3—等离子气；4—保护气；5—ICP；6—石英管；7—尾焰；8—静电粉末收集器

采用将反应室抽成高真空（10^{-6}Pa），然后通入惰性气体，使压力保持在 1kPa，从蒸发源蒸发纯含铝蒸气使之进入惰性气体中。惰性气体将蒸发源附近的超微粒子带到液氮冷却的冷却器上；接着提高冷却器的温度至室温，将压力约 1kPa 的 O_2 进入反应器，Al 被氧化。然后在室温下约 1.4GPa 压力下加压成型，即得粒径为 2～20nm 的超细 Al_2O_3 粉。目前，世界各国用气相热解法制备得到的纳米氧化物的形态与粒径如表 12-4 所示。

表 12-4 气相热解法制备的氧化物纳米粉

元素	产品	晶系	形态	粒径/μm
Zr	ZrO_2	t	球形	15
Y	Y_2O_3	m		
Sm	Sm_2O_3	m		
La	La_2O_3	h		

续表 12-4

元　素	产　品	晶　系	形　态	粒径/μm
Nd	Nd_2O_3	h	片　状	
Cr	Cr_2O_3	h		
Pr	Pr_2O_3	h		
	PrO_2	c	多面体	
Ce	CeO_2	c		
Fe	Fe_2O_3	c		
Ni	NiO	c	立方体	
Mg	MgO	c		
Ca	CaO	c		
Co	Co_3O_4	c		
Mn	Mn_3O_4	t		
Al	Al_2O_3	t	球　形	21
Ti	TiO_2	t		
Zn	ZnO	h	棒　状	
Sn	SnO	t		
Bi	Bi_2O_3	t	球　形	26
Cu	CuO	m		30
Pb	PbO	o	薄片状	
Mo	MoO_3	h		

注：t—四方晶系；m—单斜晶系；c—立方晶系；h—六方晶系；o—斜方晶系。

12.4.1.3　激光诱导合成超细微粒

激光诱导合成超细微粒的基本原理是利用反应气体分子对特定波长激光的共振吸收，诱导反应气体分子的激光光解（紫外光光解或红外多光子光解）、激光热解、激光光敏化以及激光诱导等化学反应，在一定条件（激光功率密度、反应池压力、反应气体配比、流速和反应温度等）下，反应生成物成核和生长，通过控制成核与生长过程即可获得超细粒子。

激光诱导的气相合成法随着激光技术的发展非常引人注目。一方面是由于具有不同功率和不同波长的激光器已经商品化，气相反应装置体系并不复杂且可调，便制备了组分或结构复杂的产物（如量子点或量子阱）。激光作为加热源，其特点是高功率、定向快速、加热和冷却速度较高。瞬间能完成气相反应体系内反应物能量的吸收与传递。当反应物的吸收带与激光波长重合或接近时，反应物可最有效地吸收激光能量，产生可控气相反应。当两者不一致时，也可通过引入六氟化硫等光增感剂的方式增强反应物的吸收，整个合成过程的成核、长大与终止十分迅速。此外，反应体系可选范围较大，原则上任何固体材料都可能被制成超细粉体。

从 $Al(CH_3)$-N_2O 混合气相前驱体出发，采用乙烯作增敏剂，通过二氧化碳激光

(1.2kW) 合成了粒度为15～20μm的Al_2O_3纳米超微粉体。其他激光气相合成的产物有各种金属或合金、氧化物或复合氧化物、碳化物、硼化物或硼碳化物以及复相微粒如SiCN、Si_3N_4/SiC等。

激光法制备陶瓷粉体具有蒸发能量密度高，粉末生成速度极快，表面洁净，粒度小而均匀可控的特点；但是激光器效率较低，电能消耗较大，难以实现大规模工业化，如使用功率为50～700W的CO_2激光器，产率一般不超过100g/h。采用高功率CO_2激光诱导高纯硅烷气相反应，可制备出粉体平均粒径为10～120μm，晶粒度与平均粒径比为0.3～0.7的各种纳米结晶硅粉（图12-16）。

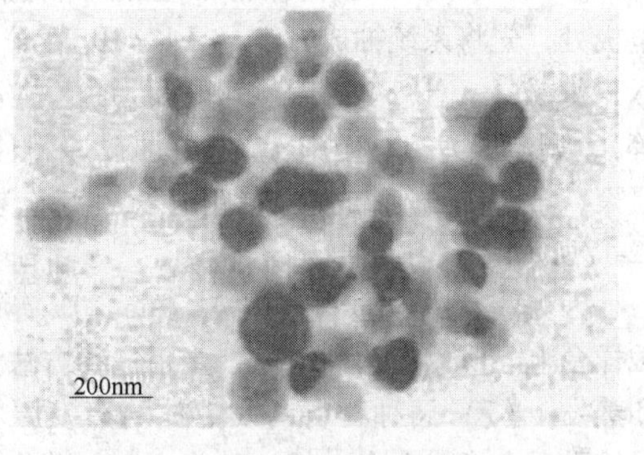

图12-16 纳米硅粉的透射电镜照片

12.4.1.4 气相蒸发法

气相蒸发法是指将金属、合金或化合物在惰性气体（或活泼性气体）中加热蒸发气化，然后在气体介质中冷凝而形成超微粉的方法。通过调节蒸发温度、气体种类和压力可以控制颗粒的大小。用气相蒸发法制备的超微粉具有如下特点：(1) 表面洁净；(2) 粒径分布较窄；(3) 粒度容易控制。根据加热方式的不同，可将气相蒸发法分为：电阻加热法、等离子体法、高频感应加热法、电子束加热法以及激光加热法。各种加热方法制备的纳米粉体特征如表12-5所示。

表12-5 气相蒸发法制备纳米粉体的方法与特征

名称	加热蒸发法	生成气氛	特征
电阻加热	蒸发原料放在电阻加热器上加热蒸发	惰性气体或还原性气体，压力为133～13332Pa	一次生成量较小，实验规模一次为数十毫克
等离子束加热	用等离子束加热水冷铜坩埚中的金属材料	惰性气体，压力为2.6×10^3～1×10^5Pa	实验室规模产量每批20～30g，几乎适用于所有金属
高频加热	高频感应加热耐火坩埚中的金属	惰性气体，压力为133～6500Pa	粒径容易控制，可达功率长时间运转
电子束加热	高真空电子束发生室与压力为133Pa的蒸发室保持压力差	惰性气体，反应性气体，压力为133Pa	可制取Ta、W等高熔点金属及TiN、AlN等高熔点化合物
激光束加热	用连续、高能激光束通过透镜聚焦照射原料	惰性气体，压力为1.3×10^3～1×10^4Pa	可蒸发矿物、化合物等，对SiC等金属化合物有效

A 电阻加热法

电阻加热法是将原料置于电阻加热器上蒸发来制备超微粒子的一种方法。利用这种方法可制备 Zn、Fe、Co、Ni、Mn、Mg、Al、Cr、Cd、Pb、Bi、Cu、Ag、Au 等金属的超微粒子，粒径在5 ~ 100μm 范围。过程是将要蒸发的金属原料置于真空室电极处，先将系统抽成真空（-1×10^{-4}Pa），然后注入少量载气（N_2、CH_4 等）和保护性气体（Ar、He 等），调节压力 10 ~ 10^4Pa，通电加热原料使之蒸发、凝聚，金属蒸气形成金属烟粒子，实验装置如图 12-17所示。

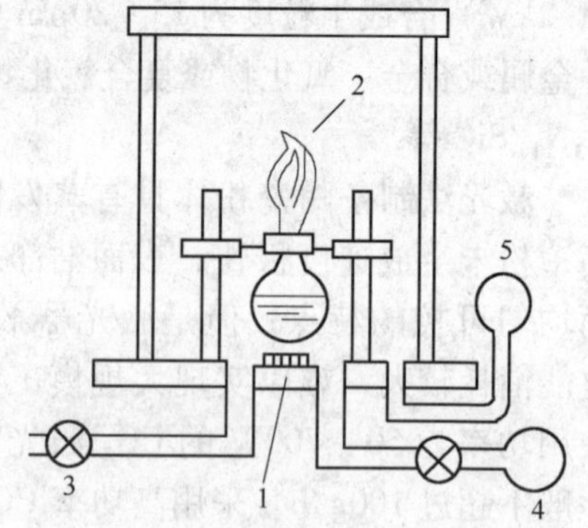

图 12-17　金属烟粒子蒸发装置图
1—加热电极；2—金属烟粒；3—排气口；4—惰性气体；5—真空表

因为蒸发原料通常放在 W、Mo、Ta 等的螺旋状载样台上，所以有两种情况不能用这种方法进行加热和蒸发：（1）两种材料（发热体与蒸发原料）在高温熔融后会形成合金；（2）蒸发原料的蒸发温度高于发热体的软化温度。电阻加热法设备简单。但产率较低（一般只有几毫克），一般只在实验室中用于制备 Al、Cu、Au 等低熔点金属的超微粉。

B　等离子体加热法

等离子体法是在惰性气氛或反应性气氛下通过直流放电使气体电离产生高温等离子体，从而使原料熔化并蒸发，蒸气遇到周围的气体就会被冷却或发生反应形成超微粉。其原理是：在等离子体发生装置中引入干燥气体，使干燥气体电离，并在反应室中形成稳定的高温等离子体焰流，等离子体高温焰流中的活性原子、分子、离子或电子以高速射到各种金属或化合物原料表面，使原料与等离子体或反应性气体发生气相化学反应、成核、凝并、生长，并迅速脱离反应区域，经过短暂的快速冷凝过程后，得到相应物质的纳米颗粒。等离子体按其产生方式可分为：直流电弧等离子体法、混合等离子体法、氢电弧等离子体法等。

a　直流电弧等离子体法

该法是在惰性气氛或反应性气氛下，通过直流放电使气体电离产生高温等离子体，使原料熔化、蒸发，蒸气遇到周围的气体就会被冷却或发生反应形成超微粒子。表 12-6 为用直流电弧等离子体法制备的金属纳米粒子。

表 12-6　直流电弧等离子体法制备的纳米粒子

种类	生成条件				生成速率 /g·min^{-1}	平均粒径 /μm
	压力/MPa	电压/V	电流/A	功率/kW		
Ta	0.10	40	200	8	0.05	15
Ti	0.10	40	200	8	0.18	20
Ni	0.10	60	200	12	0.8	20
Co	0.10	50	200	10	0.65	20
Fe	0.10	50	200	10	0.8	30
Al	0.053	35	150	5.3	0.12	10
Cu	0.067	30	170	5.1	0.05	30

采用直流电弧等离子体法，通过金属 $Ga\text{-}NH_3\text{-}N_2$ 体系反应性气体蒸发法，可合成重要的高活性半导体 GaN 超微粉体，其粒径为20～200nm。

b 混合等离子体法

混合等离子体法是一种以应用于工业生产中的射频（RF）等离子体为主要加热源，并将直流（DC）等离子体与射频等离子体组合，由此形成混合等离子体的加热方式。如图 12-18 所示。

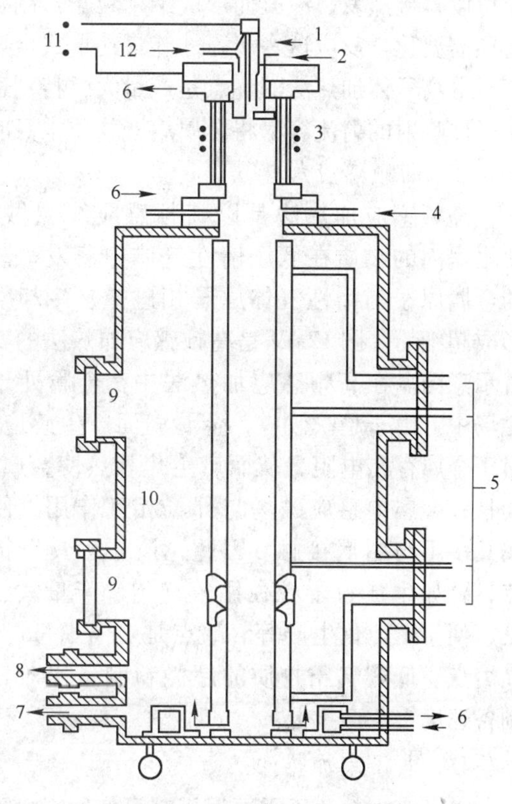

图 12-18 混合等离子体反应器结构示意图
1—氩；2—四氯化硅＋氩；3—高频感应线圈；4—氨＋氢；5—热电偶；6—冷却水；7—出气口；8—连续真空泵；9—观察窗；10—派来克斯玻璃管；11—直流电源；12—氢＋氩

使用混合等离子体作为加热源，可以输入金属和气体制备金属纳米颗粒，或者输入金属和气体的同时再输入反应性气体制备化合物纳米颗粒。混合等离子体法与直流等离子体法相比，由于产生电流电弧不需电极，可避免由于电极物质的熔化或蒸发而在反应产物中引入杂质。

c 氢电弧等离子体法

氢电弧等离子体法的原理是在制备工艺中使用氢气作为工作气体，其作用是可大幅度地提高产量，因为氢原子化合为氢分子时放出大量的热，从而产生强制性的蒸发，使产量大幅度增加。以纳米金属铅为例，该装置的产量一般可达 300g/h。另外，氢的存在可以降低熔化金属的表面张力，从而增加了蒸发速率。

用这种方法制备的金属纳米粒子的平均粒径与制备条件和材料有关，一般为几十纳米，粒子的形状一般为多面体，磁性纳米粒子一般呈链状。目前，使用这种方法已经成功地制备出 30 多种纳米金属和合金，也有部分氧化物。其中有 Fe、Co、Ni、Cu、Zn、Al、Ag、Bi、Sn、Mo、Mn、In、Nd、Ce、La、Pd、Ti 等金属纳米粒子；合金和金属间化合物有 CuZn、PdNi、CeNi、CeCu、ThFe 以及纳米氧化物 Al_2O_3，Y_2O_3、TiO_2，ZrO_2 等。

在惰性气氛中，由于等离子体温度高，用这种方法几乎可以制备出任何金属的超微粉：如 N_2、NH_3 等气氛下可制得 AlN、TiN、Si_3N_4 等金属氮化物；氧化气氛下可制得 WO_3、MoO_3、NiO 等金属氧化物。在原料中混入碳或在 CH_4、C_2H_6 气氛下可制得金属碳化物（如 WC、ZrC 等）。该技术已成为近年来的发展趋势，制备工艺与设备也在不断更新。这种方法的优点是：产率大，一次运转可制出几克至几十克的超微粉。缺点是：生成的超微粉的粒径分布较宽，而且难以制得较纯的氮化物或碳化物的超微粉。

采用等离子体加热法可以制备出金属、合金或金属化合物纳米粒子。其中，金属或合金可以直接蒸发、冷凝而形成纳米粒子，制备过程为纯粹的物理过程；而金属化合物的制备还需要化学反应这一步，才能最终形成金属化合物纳米粒子。

等离子体加热法的优点是产量大，特别适合于高熔点的各类超微粉的制备。但是，等离子体喷射的射流容易将金属熔融物质本身吹走。

C　高频感应加热法

高频感应加热法是以高频感应线圈做热源，使坩埚内的物质在低压惰性气体中蒸发，蒸发后的金属原子与惰性气体原子相碰撞、冷却凝聚而形成超细粉。图 12-19 是高频感应加热法的实验装置示意图。在高频感应加热法中，金属处于交变磁场中，由于趋肤效应，金属表面产生感应电流，由于金属存在电阻，从而产生焦耳热使金属蒸发；而且，金属中感应磁场与外场相互作用，使得金属几乎不与坩埚接触。因此，该方法具有很多优点，譬如生成粒子粒径比较均匀、产量大、无污染、便于工业化生产等。缺点是对 W、Mo、Ta 等高熔点、低蒸气压物质的超微粉制备困难，而且制备速度慢、产量低。

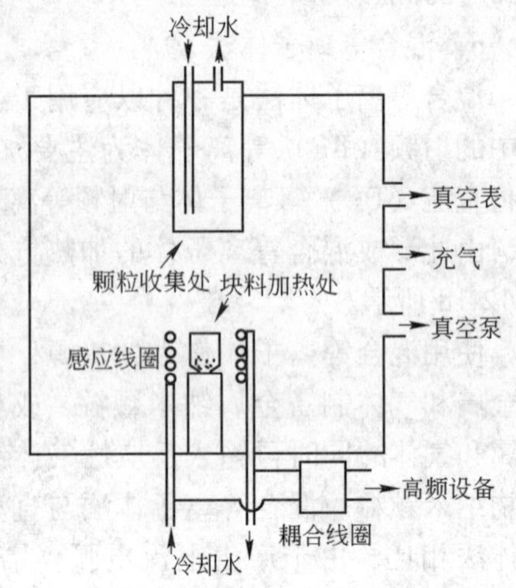

图 12-19　高频感应加热法的实验装置示意图

D　电子束加热法

电子束加热法不需要坩埚就可使原料熔融并蒸发，从而避免了由于坩埚反应而引起的杂质的混入。电子束加热蒸发法的主要原理是：在加有高速电压的电子枪与蒸发室之间产生差压，使用电子透镜聚焦电子束于待蒸发物质表面，从而使物质被加热、蒸发、凝聚为细小的纳米粒子。该方法适合制备 W、Mo、Ta 等高熔点金属以及 Zr、Ti 等活性大的金属的超微粉，而且通过控制不同的气氛可分别制备氧化物、氮化物、碳化物等高熔点超微粉。

E　激光加热法

激光加热法就是利用高能激光束在惰性气氛中直接照射金属（Fe、Ti、Ni、Zn、Mo 等）或氧化物（如 Al_2O_3，Fe_3O_4、SiO_2 等），让这些物质蒸发、冷凝后直接制备这些金属或氧化物的超微粉。或在 N_2、NH_3、CH_4、C_2H_6 等反应气氛中，将激光束照射到金属上，金属被加热蒸发后与气体发生反应，从而制备出其氮化物、碳化物等。这种方法的优点是：不论什么物质都可用它进行熔融和蒸发；制备的超微粉纯度高、粒径小，精度分布集中，球形性好；加热源不受蒸发物质污染。缺点是：能耗大，超微粉的回收率低，价格昂贵。

以 $Ti(\text{-}OC_3H_7)/O_2$ 为反应体系，C_2H_4 为光敏剂，可制备球形的纳米 TiO_2 粉体，经煅烧后，纯度可达 99.97%。用 $Si(\text{-}OC_2H_5)_4$ 和 $Ti(\text{-}OC_3H_7)$ 制备的纳米 SiO_2 和 TiO_2 粉，比表面可达 $400m^2/g$。此外，用激光蒸发金属靶材的方法，通过调整温度梯度、总压、金属蒸气的分压及控制过饱和度可获得 ZnO、TiO_2、ZrO_2、MgO 等一系列纳米氧化物粉体。用激光法合成的纳米粉体列于表 12-7 中。

表 12-7　激光法制备的纳米粉体及其性能

粉体名称	合成原料	粒径/μm	比表面积/$m^2 \cdot g^{-1}$
SiC	SiH_4/C_2H_4	20 ~ 30	50 ~ 100
Si_3N_4	SiH_4/NH_3	10 ~ 25	117
Si-C-N	$HMDS/NH_3$	20	—
Si	SiH_4/NH_3	10 ~ 100	51.5
Al_2O_3	Al/O_2	1 ~ 10	130 ~ 150
TiO_2	$Ti(i\text{-}OC_3H_7)_4/O_2$	6 ~ 200	—
ZnO	Zn/O_2	100	—
SiO_2	$SiCl_4/O_2$	—	—
Ti-V-O	$Ti(i\text{-}OC_3H_7)_4/VO(OC_3H_7)_3$	5	200
CaO	$CaCO_3$	35 ~ 50	—
Fe_2O_3	$Fe(CO)_5/O_2$	5 ~ 12	—
Fe	$Fe(CO)_5$	20 ~ 40	—
Fe/C	$Fe(CO)_5$	2 ~ 10	116
AlN	Al/N_2	6	—

12.4.2　液相化学反应法

依靠液相溶液化学反应制备各类物质的超细粉体是目前实验室和工业上广泛采用的方法。和气相化学反应法相比，液相法具有设备简单、原料容易获得、产率高、化学组成控制准确等特点。液相法主要用于制备氧化物和多元组分物质的超细粉体。目前已经开发了多种液相技术手段，如沉淀法、喷雾热解法、冷冻干燥法、微乳液法、溶胶—凝胶法等。

12.4.2.1　沉淀法

沉淀法是液相化学反应合成金属氧化物超细颗粒最普遍的方法。它是指原料溶液中添加适当的沉淀剂，经过化学反应生成不溶性的氢氧化物、碳酸盐、硫酸盐或醋酸盐等，然后再经过滤、洗涤、干燥，最后将沉淀物加热分解得到所需要的化合物粉末。沉淀法可用于合成单一或复合氧化物超微粉体材料。该方法的优点是：反应过程简单，成本低，易于进行大规模的工业化生产。沉淀法包括直接沉淀法、共沉淀法、均匀沉淀法等。

A　直接沉淀法

直接沉淀法是用沉淀操作从溶液中制备氧化物纳米微粒的方法。其原理是在金属盐溶液中加入沉淀剂，在一定条件下生成沉淀并析出，再将此沉淀过滤、洗涤并加热分解，即可制得所需要的超细粉。选用不同的沉淀剂可得到不同的沉淀物，常用的沉淀剂有：$NH_3 \cdot H_2O$、NaOH、$(NH_4)_2CO_3$、Na_2CO_3、$(NH_4)_2C_2O_4$ 等。以制备 ZnO 为例，以 $NH_3 \cdot H_2O$

为沉淀剂，发生如下反应：

$$Zn^{2+} + 2NH_3 \cdot H_2O = Zn(OH)_2 + 2NH_4^+$$

$$Zn(OH)_2 = ZnO(s) + H_2O$$

以碳酸盐为沉淀剂，则反应为：

$$Zn^{2+} + 2(NH_4)_2CO_3 = ZnCO_3 + 2NH_4^+$$

$$ZnCO_3 = ZnO + CO_2$$

以草酸盐为沉淀剂，则反应为：

$$Zn^{2+} + 2(NH_4)_2C_2O_4 + 2H_2O = ZnC_2O_4 \cdot 2H_2O + 2NH_4^+$$

$$ZnC_2O_4 \cdot 2H_2O = ZnC_2O_4(s) + 2H_2O$$

$$ZnC_2O_4 = ZnO(s) + CO_2 + CO$$

直接沉淀法操作简便易行，对设备技术要求不高，不易引入杂质，产品纯度高，有良好的化学计量性，成本较低。但洗涤原溶液中的阴离子较为困难，得到的粒子粒径分布较宽，分散性较差。

B 共沉淀法

共沉淀法是在含有两种或两种以上的金属离子的混合金属盐溶液中，加入合适的沉淀剂（如 OH^-、CO_3^{2-}、$C_2O_4^{2-}$ 等），经化学反应生成各种成分只有均一相组成的共沉淀物，然后进一步加热分解以获得超微粒。采用该法制备超微粉时，沉淀剂的种类与用量以及溶液的 pH 值、浓度、水解速度、干燥方式、热处理等均影响微粒尺寸的大小。共沉淀法的优点是：通过溶液中的化学反应能够直接得到化学成分均一的复合粉体；容易制备粒度小且较均匀的超细颗粒。

共沉淀法已被广泛用于制备钙铁矿型材料、尖晶石型材料、敏感材料、铁氧体及荧光材料的超微粉。例如，$BaTiO_3$ 超微粉的制取是向 $BaCl_2$ 和 $TiCl_4$ 或 Ba 和 Ti 的硝酸盐的混合水溶液中滴入草酸，得到高纯度的 $BaTiO(C_2H_4)_2 \cdot 4H_2O$ 沉淀，过滤、洗涤后在550℃以上的高温下进行热分解，即得 $BaTiO_3$ 超微粉。

C 均匀沉淀法

均匀沉淀是通过控制溶液中的沉淀剂浓度，使之缓慢增加，从而使沉淀由溶液中缓慢而均匀地产生出来的方法。均匀沉淀法可通过生成沉淀的速度，减少晶粒的团聚，能制备出纯度较高的纳米材料。在不饱和溶液中，利用均匀沉淀法均匀产生沉淀的途径有两种：

（1）溶液的沉淀剂发生缓慢的化学反应，导致氢离子浓度变化和溶液 pH 值的升高，从而使产物溶解度下降而析出沉淀。

（2）沉淀剂在溶液中反应释放出沉淀离子，使沉淀离子的浓度升高而析出沉淀。

表 12-8 列出了一些常见的均匀沉淀及有关的反应。

表 12-8 均匀沉淀所利用的化学反应

沉淀剂	试剂及产生沉淀的反应	沉淀成分
H^+	2-氯乙醇	Al、Sn
	$CH_2(OH)CH_2Cl + H_2O \longrightarrow CH_2(OH)CH_2(OH) + HCl$	Sn
OH^+	尿素或六亚甲基四胺	Al、Ge、Th、Fe(H)、Sn、Zr
	$(NH_2)_2CO + H_2O \longrightarrow 2NH_3 + CO_2$	
	$(CH_2)_6N_4 + 6H_2O \longrightarrow 6HCHO_4NH_3 + (NH_3)$ $PO_3 + 3H_2O \longrightarrow PO_4^{3-} + 3CH_3OH + 3H^+$	
PO_4^{3-}	磷酸三甲酯	Zr
	磷酸三乙酯	Zr、Hf
	焦磷酸四乙酯	Zr
	偏磷酸	Zr
	$HPO_3 + H_2O \longrightarrow PO_4^{3-} + 3H^+$	
	三氯氧化磷	
	$POCl_3 + 3H_2O \longrightarrow PO_4^{3-} + 3H^+ + 3HCl$	Mg
$C_2O_4^{2-}$	草酸盐 + 尿素	Ca
	$(NH_2)_2CO + H_2O \longrightarrow 2NH_3 + CO_2$	
	$NH_3 + HC_2O_4^- \longrightarrow C_2O_4^{2-} + NH_4^+$	Ca、Th
	草酸二甲酯	稀土类
	$(CH_3)_2C_2O_4 + 2H_2O \longrightarrow C_2O_4^{2-} + 2CH_3OH + 2H^+$	
SO_4^{2-}	草酸二乙酯	Mg、Zr
	氮基磺酸	Ba、Pb、Ra
	$NH_4HSO_3 + H_2O \longrightarrow SO_4^{2-} + NH_4^+ + H^+$	
	硫酸二甲酯	Ba、Ca、Sr
	$(CH_3)_2SO_4 + 2H_2O \longrightarrow SO_4^{2-} + 2CH_3OH + 2H^+$	Pb
S^{2-}	过硫酸铵 + 硫代硫酸	
	$S_2O_8^{2-} + 2S_2O_3^{2-} \longrightarrow 2SO_4^{2-} + S_4O_6^{2-}$	Pb、Sb、Bi
	硫代乙酰胺	Mo、Cu、As
	$CH_3CSNH_2 + H_2 \longrightarrow H_2S + CH_2CONH_2$	Cd、Sn、Mn

12.4.2.2 水解法

水解法就是利用金属盐在酸性介质中水解产生均匀分散的金属氢氧化物或水合氧化物，经过滤、洗涤、加热分解来制备超微粉体的方法，水解法又划分为：无机盐水解法、醇盐水解法以及微波水解法等。

A 无机盐水解法

无机盐水解法就是利用金属的氯化物、硫酸盐、硝酸盐或铵盐溶液，通过胶体化的手段合成超微粉的方法。如 $NaAlO_2$ 水解得到 $Al(OH)_3$ 沉淀，$TiO\text{-}SO_4$ 水解得到 $TiO_2 \cdot nH_2O$ 沉淀，再加热分解后分别得到 Al_2O_3 和 TiO_2 微粉。

无机盐水解法也可制备复合氧化物超微粉，例如将 $ZrOCl_2$ 和 YCl，混合溶液加氨水调节 pH 值进行水解，制得 $Zr(OH)_4$ 前驱体，经加热后可得到粒径小于 0.1μm 的掺 Y-ZrO_2 粒子。

B　醇盐水解法

醇盐水解沉淀法与溶胶—凝胶法一样。也是利用金属醇盐的水解和缩聚反应，但设计的工艺过程不同，此法是通过醇盐水解、均相成核与生长等过程在液相中生成沉淀产物，再经过液固分离、干燥和煅烧等工序，制备纳米粉体。

醇盐水解沉淀法的反应对象主要是水，不会引入杂质，所以能制备高纯度的纳米粉体；水解反应一般在常温下进行，设备简单，能耗低。然而，由于需要大量的有机溶剂来控制水解速度，致使成本较高，若能实现有机溶剂的回收和循环使用，则可有效地降低成本。

醇盐水解法是一种新的合成纳米粉的方法，它不需要添加碱就能进行加水分解，而且也没有有害阴离子和碱金属离子。其突出的优点是反应条件温和、操作简单，但成本昂贵是此法的一大缺点。它的制备工艺包括金属醇盐的合成、加水分解和溶胶—凝胶等步骤，图 12-20 即是醇盐法制取 Al_2O_3 纳米粉的工艺流程。

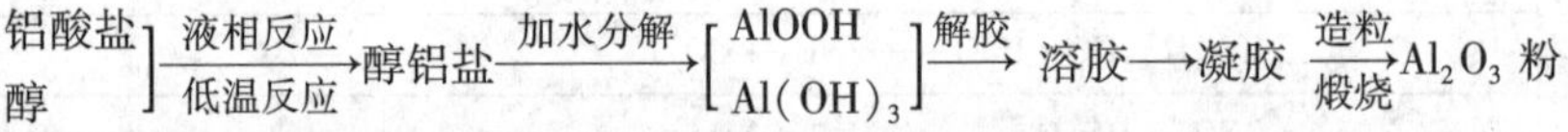

$$\left.\begin{matrix}\text{铝酸盐}\\\text{醇}\end{matrix}\right]\xrightarrow[\text{低温反应}]{\text{液相反应}}\text{醇铝盐}\xrightarrow{\text{加水分解}}\left[\begin{matrix}AlOOH\\Al(OH)_3\end{matrix}\right]\xrightarrow{\text{解胶}}\text{溶胶}\longrightarrow\text{凝胶}\xrightarrow[\text{煅烧}]{\text{造粒}}Al_2O_3\text{ 粉}$$

图 12-20　用醇盐水解法制备 Al_2O_3 超微粉的工艺流程图

C　微波水解法

传统水解法与微波辐射技术相结合是水解法制备超细粉体的进一步发展。利用金属铁盐在微波场作用下强迫水解可得均匀分散的立方体形 α-Fe_2O_3 纳米粒子，水解过程无需加酸，且产物的形成速率较常规加热方法有较大的提高。

12.4.2.3　溶剂蒸发法

溶剂蒸发法的主要过程是将金属盐溶液先制成微小液滴，再加热使溶剂蒸发，溶质析出所需的超微粉。根据溶剂的蒸发方式和化学反应发生与否，还可分为喷雾干燥法、喷雾热分解法和冷冻干燥法。该方法制得的超微粒子粒径较小，分散性好，但对操作要求高。

A　冷冻干燥法

冷冻干燥法是将金属盐的溶液雾化成微小液滴，快速冻结成固体，在低温减压下升华脱水，经焙烧得到纳米粉的方法，它分冻结、干燥、焙烧三个过程。其制备过程的特点是：（1）能由可溶性盐的均匀溶液来调制出复杂组成的粉末原料；（2）靠急速的冻结，可以保持金属离子在溶液中的均匀混合状态；（3）通过冷冻干燥可以简单地制备无水盐；（4）经冻结干燥生成多孔性干燥体，因此，气体透过性好。在煅烧时，生成的气体易逸出，同时粉碎性较好，所以容易微细化。该方法的关键是选择合适的溶剂和适当温度的冷源，收集升华出来的溶剂，以保证升华连续进行。表 12-9 列出了用冷冻干燥法所制各种微粒子。

表 12-9 用冷冻干燥法制备的微粒子

微粒子产物	原料盐	粒径/μm
W	铵 盐	0.004 ~ 0.006
W-25% Re	铵 盐	0.03
Al_2O_3	硫酸盐	0.07 ~ 0.22
$LiFe_5O_8$	草酸盐	10
$LiFe_{4.7}Mn_{0.3}O_8$	柠檬酸盐	20
$LaMnO_3$（添加 Sr、Pb、Co 等）	硝酸盐	比表面积 13 ~ 32m^2/g
MgO	硫酸盐	0.1
Mn-Co-Ni 氧化物	硫酸盐	12

冷冻干燥法具有一系列的优点：（1）生产批量大，适用于大型工厂制造超微粒子；（2）设备简单成本低；（3）粒子分布均匀。但该法由于成本较高，能源利用率低而未能大规模应用于工业生产中。

B 喷雾干燥法

在溶剂蒸发法中，为了在溶剂的蒸发过程中保持溶液的均匀性，必须将溶液分成小液滴，使组分偏析的体积最小，而且应迅速进行蒸发，使液滴内组分偏析最小。因此一般采用喷雾法。喷雾干燥法系用喷雾器将金属盐溶液喷入高温介质中，溶剂迅速蒸发，从而析出金属盐的超微粉。

图 12-21 是用于合成软铁氧体超微粉的装置，用这个装置将溶液化的金属盐送入喷雾器进行雾化。喷雾、干燥后的盐用旋风收尘器收集，然后进行燃烧就得到超微粉。

喷雾干燥技术是将液态物料雾化后在热的干燥介质中转变成干粉料，物料被雾化成极细的球雾滴，干燥和成粒过程在瞬间完成。该技术可制成均匀的球形颗粒，其流动性和堆积密度较大，粉末的粒度、水分、容重可以通过调节干燥器运行参数来控制。此外。由于喷雾干燥不经粉磨工序，直接得到所需纳米粉，所以只要在初始溶液中无不纯物，以及过程中无外来杂质进入，就有可能得到化学成分十分稳定的、高纯度、性能优良的纳米粉，而且该法在生产中易于连续运转，生产能力较大。因此它是一种潜力很大，适合于工业化生产的有效方法，但此法仅对可溶性盐有效，具有一定的局限性。

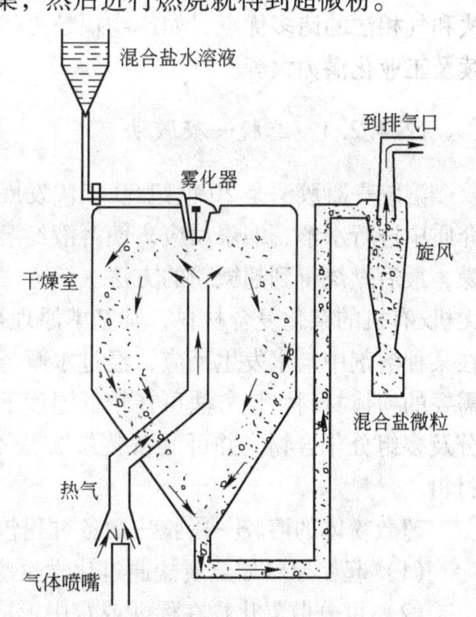

图 12-21 喷雾干燥装置的示意图

C 喷雾热解法

喷雾热解法起源于喷雾干燥法，是制备超细

粉体的较为新颖的方法。喷雾热分解法是指把溶液喷入高温的气氛中，溶剂的蒸发和金属盐的热分解同时迅速进行，从而直接制得金属氧化物超微粉的方法。多数情况下使用可燃性溶剂，利用其燃烧热分解金属盐，例如将 $Mg(NO_3)_2+Mn(NO_3)_2+4Fe(NO_3)_3$ 的乙醇溶液进行喷雾热分解，就可得到 $(Mg,Mn)Fe_2O_4$ 超微粉。表 12-10 列出了用喷雾热分解法制备超微粉的某些实例。

表 12-10 采用喷雾热分解法制备的复合氧化物超微粉

复合氧化物	原料盐	粒子形状	粒子直径/μm	
			平 均	范 围
$CoAl_2O_4$	硫酸盐	片 状	最大为 9μm	
$Cu_2Cr_2O_4$	硝酸盐	球 形	0.07	0.015 ~ 0.12
$PbCrO_4$	硝酸盐	球 形	0.22	0.015 ~ 0.4
$CoFe_2O_4$	氯化物	球 形	0.07	0.02 ~ 0.17
$MgFe_2O_4$	氯化物	球 形	0.04	0.015 ~ 0.18
$(Mg,Mn)Fe_2O_4$	氯化物	球 形	0.09	0.02 ~ 0.25
$MnFe_2O_4$	氯化物	球 形	0.06	0.02 ~ 0.16
$(Mg,Zn)Fe_2O_4$	氯化物	六角形	0.06	0.02 ~ 0.2
$(Ni,Mn)Fe_2O_4$	氯化物	六角形	0.06	0.02 ~ 0.15
$ZnFe_2O_4$	氯化物	六角形	0.12	0.015 ~ 0.18
$BaO \cdot 6Fe_2O_3$	氯化物	球 形	0.07	0.02 ~ 0.18
$BaTiO_3$	硝酸盐或乳酸盐	球形和立方形	1.2	0.07 ~ 0.35

喷雾热解法采用液相前驱体的气溶胶过程，可使溶质在短时间内析出，兼具传统液相法和气相法的诸多优点，如产物颗粒之间组成相同、粒子为球形、形态大小可控、过程连续及工业化潜力大等。

12.4.2.4 溶胶—凝胶法

溶胶—凝胶法是 20 世纪 60 年代发展起来的，它是以有机盐或无机盐为原料，在有机介质中进行水解、缩聚反应，使溶液经溶胶—凝胶化过程得到凝胶，凝胶经加热或冷冻干燥，最后燃烧得到超微粉的方法。该方法不仅可用来制备无机氧化物的超微粉，还可制备无机/有机的杂化复合材料，其基本原理是易水解的金属化合物（包括无机盐或金属醇盐）在某种溶剂中与水发生反应，经过水解与聚合过程逐渐凝胶化，再经过干燥煅烧处理得到需要的粉体材料，该方法可在较低温度下制备纯度高、粒度分布均匀、化学活性高的单组分及多组分化合物，并可制备传统方法不能或难以制备的粉体，特别是用于制备非晶态材料。

超微粉体的溶胶—凝胶法制备过程包括 4 个步骤（图 12-22）：

（1）起始原料如金属盐通过化学反应转变为可分散的氧化物；

（2）可分散氧化物在稀酸或水中形成溶胶；

（3）溶胶脱水形成球、纤维、碎片或涂层状的干凝胶；

（4）干凝胶受热生成氧化物超微粉体。

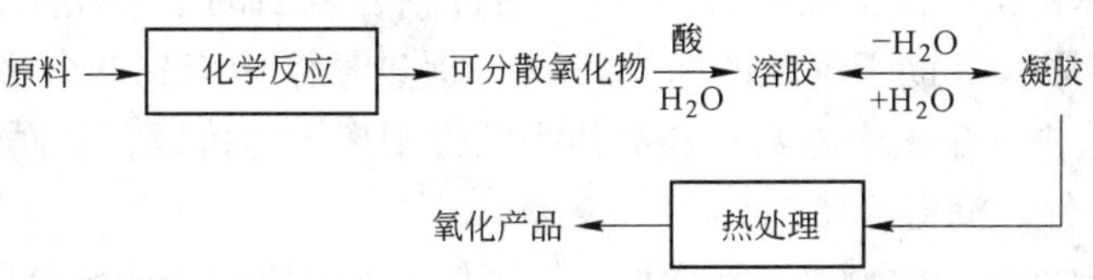

图 12-22　溶胶—凝胶法制备超细粉体过程示意图

对于非氧化物（碳化物及氮化物）超微粉体的制备，在凝胶阶段加入碳，在控制气氛下加热即得到含碳凝胶。利用凝胶化之前的溶胶，将其混合可制备多组分氧化物超微粉体材料。

12.5　矿物粉体材料表面改性

12.5.1　粉末表面改性的定义

粉末颗粒的表面改性又称表面修饰。它是指用一定的方法对颗粒表面进行处理、修饰及加工，有目的地改变颗粒表面的物理、化学性质，以满足粉末加工过程及应用的需要。表面改性的方法通常可分为化学法和物理法。物理方法包括机械力处理、辐射、溅射以及结合相应的真空技术处理等。化学方法包括浸泡、原位或非原位化学反应的表面吸附或沉积。

通过对粉末的表面改性处理，可实现对颗粒的亲水性修饰、亲油性修饰、改变磁性、改变电性、改变光学性质、增加耐热性等，由此便能显著改善或提高粉末的应用性能。例如对填料表面进行有机物或表面活性剂修饰可提高其在树脂和有机聚合物中的分散性和相容性，从而提高相应复合材料的力学性能。

改变颗粒的表面电性质，可增加其与带相反电荷纤维结合的强度，从而提高纸张强度和填料的留着率。对云母粉末进行氧化钛表面处理，可提高折射率，增加珠光效果。对膨润土进行有机阳离子覆盖处理，可提高其在弱极性或非极性体系中的膨胀、悬浮、触变等特性。

12.5.2　粉末颗粒的表面改性方法

12.5.2.1　物理法表面改性

粉末的物理法表面改性一般是指不用表面修饰剂而对颗粒表面实施的改性方法，包括电磁波、中子流、α 粒子流和 β 粒子流等的辐射处理、超声处理、电化学处理和等离子体处理等。这些物理法表面改性技术已经在矿物颗粒浮选等工程领域得到应用。下面对常见的表面修饰方法给予介绍。

A　超声处理

超声波的频率在 20～5000kHz，其波长短，能量易集中。超声波可产生强烈的振动及对介质的空化，并由此诱导出热、光、电、化学和生物现象，甚至使材料的特性和状态发生变化。

超声处理已在矿物浮选中得到广泛的应用。其主要作用包括：（1）清洗矿物颗粒表面污染物。（2）分解表面的试剂吸附层。（3）通过颗粒表面的空化作用，打破细粒浮选时水动力流体流动界限，有助于细粒的回收。（4）促进悬浮体结构的分散，减少聚沉倾向。（5）可改变晶体结构，顺磁中心数目和晶体中活性阳离子的价键，从而改变半导体和顺磁颗粒的磁性、电特性、润湿性等。

研究表明，超声处理后矿物可浮性增加。低频超声波主要用于药剂分散，降低表面张力以及矿物颗粒表面的清洗。高频的超声波可用于提高药剂的吸附能力和气泡在浮选中的分散。

B 辐射处理

辐射处理是将高能射线与物质相互作用，在极短的时间内将能量传递给介质，使介质发生电离和激发等变化，引起缺陷生成、辐射化学反应、热效应、荷电效应等，从而使颗粒表面性质发生变化。

电磁波、中子流、α 粒子流和 β 粒子流等在矿物颗粒表面改性领域均有应用。其作用表现在辐射能改变矿物表面结构及电荷性质，可使颗粒表面空位等晶体缺陷增加，从而改变了颗粒表面的能量状态，使其湿润性、吸附能力均有所增加。对于半导体矿物颗粒如硫铁矿，则可改变其载流子浓度、费米能级以及它们的导电形式，从而改变其浮选规律和可浮性。

此外，电子辐射加热处理可使某些矿物颗粒的磁性发生变化，使原来的弱磁性矿物转变为强磁性矿物，从而有利于磁力分选。有些矿物颗粒由于表面荷电性质改变，其电性和介电常数发生变化，从而有利于静电分离。高能辐射水-固体系时由于能促使水产生自由基 H^+、OH^- 及活性水分子 H_2O，从而加速矿物颗粒表面的氧化。

C 电化学改性

当固-液体系（如矿物颗粒-水的矿浆）达到稳定状态时各种无机离子达到平衡，整个体系存在一个平衡电位，即矿浆电位。当通过电极施加电场作用于整个矿浆时，各种离子的平衡被打破，矿浆的离子组成发生变化，从而引起矿物颗粒表面成分及特性发生变化。

用电化学作用于硫化物矿浆，可调节和控制导致硫化物疏水和亲水的电化学反应，比如颗粒表面可形成硫元素，从而改变颗粒悬浮特性。电化学处理铁锰矿物粉末的矿浆，可使颗粒表面得到清洗，其粗糙度增加，吸附表面活性剂的表面增加，有利于浮选效率的提高。电化学作用还可以改变矿物颗粒表面磁性。主要成分为 Fe_2O_3 的赤铁矿在电化学作用下表面可形成 Fe_3O_4 或 Fe_2O_3 等强磁性物质，从而使颗粒在磁场中的性能发生较大变化，有利于提高磁选回收率。

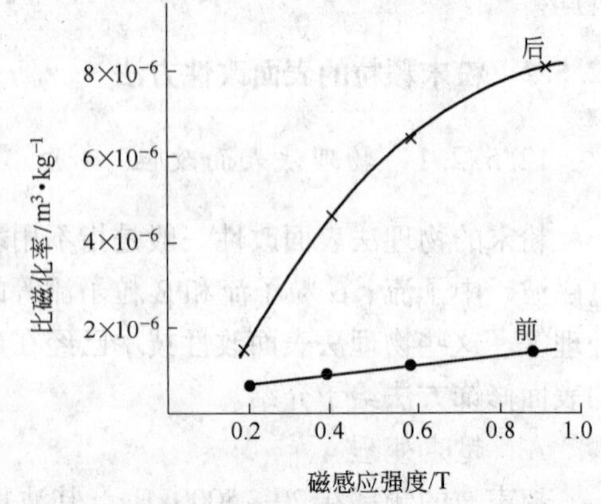

图 12-23 电化学处理前后菱铁矿比磁化率变化情况

用无膜电化学处理器，在一定浓度的碱性介质中，一定电流下，先阴极极化一定时间，再阴阳极互换，阳极极化一段时间。测量其磁性变化如图 12-23 所示，颗粒的磁化系数大幅增加，其原因是颗粒表面生成类似 Fe_3O_4 的物质。其电化学反应过程可写成：

阴极极化过程 $FeCO_3 + 2OH^- \longrightarrow Fe(OH)_2 + CO_3^{2-}$

阳极极化过程 $Fe(OH)_2 \longrightarrow Fe_3O_4 + 2H_2O + 2H^+ + 2e^-$

$Fe(OH)_2 + 2H_2O \longrightarrow Fe(OH)_3 + H^+ + e^-$

由于表面磁性的增强，可大大提高磁选的回收率。

D 等离子体表面改性

等离子体是由大量带正负电荷的粒子和中性粒子构成，并宏观表现为电中性，导电率很高的气态物质，是物质存在的第四状态。等离子体可通过高温下粒子的热运动，使分子、原子剧烈碰撞离解形成离子和电子；也可用加速电子束轰击低压气体，使电子碰撞中性粒子而形成等离子体；另外利用光、X 射线、γ 射线等电磁波能量，也可使气体电离产生等离子体。

等离子体按温度可分为高温等离子体，电子温度 $10^5 \sim 10^8$K；低温等离子体，电子温度（$3\times10^2 \sim 3\times10^5$K）。用于粉末表面改性的多为低温等离子体。

用等离子处理粉末的方法有：(1) 用聚合物气体的等离子体对粉末进行表面处理，在颗粒表面形成聚合物薄膜。(2) 用非聚合物气体如 Ar、He、H_2O 的等离子体处理粉末表面，除去粉末表面吸附的杂质，并在粉末表面引入各种活性基团。(3) 可由颗粒表面活性自由基引发聚合反应，从而生成大分子量的聚合物薄膜。

图 12-24 给出等离子体处理超细粉末的流态化床反应装置，为使粉末颗粒均匀暴露于等离子体中，应设法使粉末颗粒处于运动状态，颗粒间尽量分离。

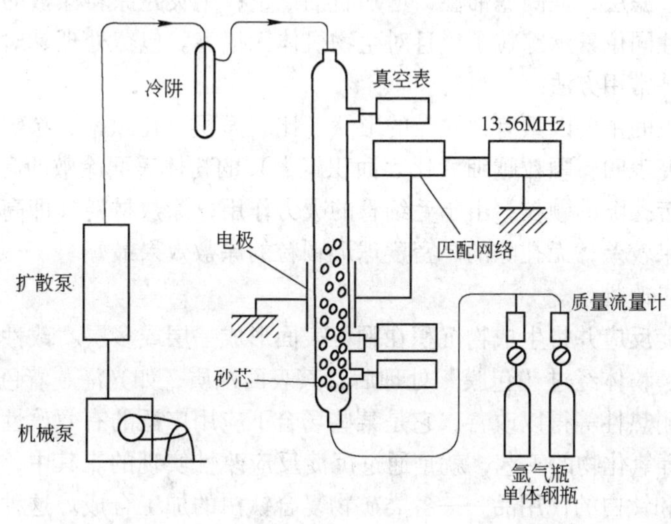

图 12-24 等离子体处理超细粉体的流态化床反应器

经等离子体处理后粉末颗粒的表面形态、结构和性质都发生变化。如云母粉末经聚合性单体-乙烯等离子体处理后，表面被一层数千埃的海星状的薄膜覆盖。用 Ar 等离子体处理，其表面出现规则的层状凸起，从而导致颗粒的酸碱性、湿润性、介质性质、热稳定性、磁性均发生变化。将无机物颗粒表面用于等离子体反应引入活性基团或形成聚合物可大大改善与聚合物的黏合性，从而提高聚合物填充体系的力学性能，如表 12-11 所示，不同表面修饰碳酸钙粉末从而使其填充的复合材料的力学性能有明显的提高。

表 12-11　填充不同表面改性 $CaCO_3$ 后复合材料的力学性能的变化

复合材料中 $CaCO_3$ 及用量	弯曲强度/MPa	冲击强度/MPa
50%未处理	177	7.9
60%未处理	157	6.6
60%用甲基丙烯酸甲酯（MMA）等离子处理	196	13.4
60%用苯乙烯等离子处理	275	13.3

等离子体粉末改性的工艺条件主要涉及处理时间、气体流量、放电功率气体选择与组合等。目前存在的主要问题是设备成本高。

12.5.2.2　化学法表面改性

A　包覆处理改性

包覆也称涂敷，是利用有机高聚物树脂等对粉体表面进行“包覆”以达到改善粉体表面性能的方法。如用酚醛树脂或呋喃树脂等涂敷石英砂以提高精细铸造砂的黏结性能。这种涂敷后的铸造砂既能获得高的熔膜铸造速度，又能保持模具和膜芯生产中得到高抗卷和抗开裂性能。涂敷呋喃树脂的 0.84～0.42mm 圆形高纯石英砂，在石油井孔内经高温固化可在裂隙中形成过滤层，提高滤油性，增加石油产量；用荧光涂料涂敷的石英砂作示踪矿物，可替代放射性同位素示踪粒子，且对生物机体无损害。包覆处理是对矿物表面进行简单改性处理的一种常用方法。

影响表面涂敷的主要因素有：颗粒的形状、比表面积、孔隙率、涂敷剂的种类、涂敷处理工艺等。研究表明，颗粒越细（比表面积越大）的粉体表面涂敷的高聚物量越多，涂层越薄。另外，带孔隙的颗粒，由于毛细管的吸力作用，涂敷材料（即高聚物）进入孔隙中，表面涂敷效果较差，无孔隙的高密度球形颗粒的涂敷效果最好。

B　沉淀反应改性

利用化学沉淀反应并将生成物沉积在颗粒表面形成一层或多层“改性层”的方法，称为沉淀反应改性。粉体经过“包膜”处理后，其表面性质，如光泽、着色力、遮盖力、保护性、耐久性、耐热性等得以改善，它是某些场合下应用广泛的有效改性方法。矿物表面涂敷 TiO_2、ZrO 等氧化物的工艺，就是通过沉淀反应改性实现的。其中，最典型的实例是云母钛珠光颜料和钛白的代用品——各类矿物复合钛白的加工合成。这种用作粉体表面沉淀反应改性的无机物一般是金属的氧化物、氢氧化物及其盐类。

粉体的沉淀反应包膜改性大多采用湿法，即在分散的粉体水浆液中，加入所需的改性（包膜）剂，在适当的 pH 值和温度下，使无机改性剂以氢氧化物或水合氧化物的形式均匀沉淀在颗粒表面，形成一层或多层包膜，然后经过洗涤、脱水、干燥、焙烧等工序使该包膜牢固地固定在颗粒表面，从而达到改进粉体表面性能的目的。表面沉淀反应改性一般在反应釜或反应罐中进行。影响沉淀反应改性效果的因素比较多，主要有浆液的 pH 值、浓度、反应温度和反应时间，颗粒的粒度、形状以及后续处理工序（洗涤、脱水、焙烧）。

其中 pH 值及反应温度因直接影响无机改性剂（如钛盐等）在水溶液中的水解产物，是沉淀反应改性最重要的控制因素。

C　表面化学包覆

这是利用表面化学方法，如有机物分子中的官能团在无机粉体矿粒（填料或颜料）表面的吸附或化学反应对颗粒表面进行局部包覆使颗粒表面有机化而达到表面改性的方法。这是目前无机填料或颜料主要的表面改性处理方法。除利用表面官能团改性外，这种方法还包括利用游离基反应、螯合反应、溶胶吸附以及偶联剂处理等进行表面改性。

表面化学改性是目前生产中应用最广泛的改性方法，主要用来加工生产在橡胶和塑料中使用的以补强为目的的矿物填料，也用于其他行业，如在黏结永磁的生产中，使用锆类偶联剂对亲水的磁粉进行表面改性，可增加其与亲油性载体的黏合作用。

表面化学方法改性常用的改性剂主要有偶联剂、高级脂肪酸及其盐、不饱和有机酸和有机硅等。偶联剂是最常用的矿物表面改性剂，按化学结构分为硅烷类、钛酸类、锆类和有机络合物等类型。高级脂肪酸及其盐是最早使用的矿物表面改性剂，特别适用于表面含金属活性粒子的矿物。近年来国内又合成出铝酸酯偶联剂及其有机铝、磷、硼等化合物，使用效果良好。

偶联剂等改性剂对矿物表面进行改性主要有预处理法和整体掺和法两种途径。预处理法是将矿物颗粒粉体首先进行表面改性，再加入到基体中形成复合体。预处理法又可分为干式和湿式两种处理方法。整体掺和法是将塑料等制品的部分加工工艺与矿物填料的改性工艺相结合，具体过程是矿物填料与高分子聚合物混炼时加入偶联剂原液，然后经成型加工或高剪切混合挤出，直接制成母料。一般认为，预处理改性的效果优于整体掺和法，因为在有树脂存在时，偶联剂受到稀释，而且还可能因树脂的作用而相互结块。

表面化学包覆改性一般在高速加热混合机或捏合机、流态化床、研磨机等设备中进行。这是因为粉体（如填料）的表面改性处理（如浸渍）也可以在反应釜或反应罐中完成，处理完后再进行脱水干燥。此外，还可以采用所谓“流体磨”对粉体进行表面改性处理，英国和日本等国家制造的这种设备已应用于生产实践中。

D　机械化学表面改性

机械化学表面改性就是通过粉碎、磨碎、摩擦等方法增强粒子的表面活性。这种活性使分子晶格发生位移、内能增大，从而使粒子温度升高、熔解或热分解。在机械力或磁力作用活性的粉体表面与其他物质发生反应、附着，达到表面改性的目的。

在研磨粉体粒子时，引起化学键的断裂、新生成的表面有活性极高的离子或基团。这时周围如有聚合物的单体存在，则可在活性点上开始聚合反应，从而在粉体表面连接高分子。若被研磨的还有线性聚合物，则聚合物中的键可被切断，该切断点可与粉体表面上的活性点发生反应，从而在粉体表面连接高分子。

如金属氧化物粉体在粉碎时，新生表面上会有金属离子裸露，这时若与脂肪酸共存，则可发生反应而形成脂肪酸盐，从而在表面上导入有机基团：

$$M^+ + HO-\underset{\underset{O}{\|}}{C}-C_6H_3(Y)(NH_2) \longrightarrow M^+-O-\underset{\underset{O}{\|}}{C}-C_6H_3(Y)(NH_2)$$

进一步还可以在该基团上引入发色基团而成为颜料。

E　胶囊化处理

胶囊化改性是在粒子表面上一层其他物质的膜，使粒子表面的特性发生改变。它是制备具有一定的表面包覆层的处理技术，是形成单粒子膜，或者多分子、多粒子层膜的处理技术。

胶囊化改性工艺中，粉体颗粒一般称芯物质或核物质，包膜物为膜物质。胶囊的作用是：控制芯物质的放出条件，即控制制造胶囊的条件以调节芯物质的溶解、挥发、发色、混合以及反应时间；对在相间起反应的物质起到隔离作用，以备长期保存；对有毒物质可以起到隐藏作用。胶囊化改性的实例较多，如采用 in situ 聚合法可制成聚甲基丙烯酸酯包覆的钛白粉胶囊改性粉体，利用高速气流冲击法可实现聚甲基丙烯酸甲基的尼龙-12 上的包覆，利用沉淀反应可将金属氧化物（氧化钛等）包覆于白云母颗粒表面而制得珠光云母等。

下面仅举两个例子介绍胶囊化表面改性过程。

（1）附着微胶囊化方法。含有尿素的肥料组成物，被均一粒径的氧化锌粉末包覆的例子。为使附着性改善，将纯度为 90% ~99% 的氧化锌粉末添加 1% ~10% 的碳、氧化铁、氧化锰和氧化钙。将氧化锌粉末与含有尿素的肥料组成物（粒料）进行干混能进行胶囊化。这时氧化锌粉末不仅在料粒表面形成附着，而且深入表面的凹凸部分，形成坚固的氧化锌壁膜。

（2）利用表面沉积法制备微胶囊。利用沉淀反应表面改性胶囊化方法，可以即时地在二氧化钛表面沉积氧化铝。将二氧化钛分散于水后的浆料加热至 60℃，用浓硫酸调节 pH 值达 1.5 ~2.0，调节过程中边调节 pH 值边分两次加入铝酸钠水溶液，在二氧化钛的表面先形成氧化铝，在其上再沉积无定形氧化铝，得到以氧化铝为壁的二氧化钛胶囊。

（3）其他表面改性方法。接枝改性是在一定的外部激发条件下，将单体烯烃或聚合烯烃引入填料表面的改性过程，有时还需要在引入单体烯烃后激发导致填料表面的单体烯烃聚合。由于烯烃和聚烯烃与树脂等有机高分子基体性质基本接近，所以增强了填料与基体间的结合而起到补强作用。酸碱处理也是一种表面辅助处理方法，通过酸碱处理可以改善粉体表面（或界面）的吸附和反应活性。此外还有化学气相沉淀和物理沉淀等方法。

第三篇 矿山安全概论

13 矿山安全管理

矿山安全管理是一门高度综合性的边缘科学，也是一门应用性很强的科学。研究这门科学的目的，在于探索、揭示矿山安全管理的活动规律和管理对策，实现矿山安全管理思想科学化，管理组织系统化，管理方法现代化，管理人员专业化，提高矿山安全管理水平，控制矿山灾害事故的发生，保护劳动者在生产过程中的安全健康，保障生产正常进行。

13.1 现代矿山安全管理概述

矿山安全管理是矿山企业管理的一个重要组成部分，是矿山管理者以安全为目的，对矿山安全生产进行的计划、组织、指挥、协调和控制等方面的一系列活动。现代矿山安全管理是在传统安全管理基础上发展起来，强调以人为中心的、系统的安全管理。其重点是激励矿山员工的士气和发挥其主观能动作用方面，即充分调动每位矿山员工的主观能动性和创造性，由“要我安全”变为“我要安全”，让每位员工主动参与矿山安全管理。

13.1.1 现代矿山安全管理的产生与发展

矿山安全问题是随着矿山生产的产生而产生，随着矿山生产的发展而发展的。人们在利用矿产资源进行生产劳动的过程中，会遇到形形色色的不安全和不卫生因素，而矿山安全管理正是针对这些不安全和不卫生因素，为实现矿山安全生产而组织和使用人力、物力和财力等各种资源的过程。它利用计划、组织、协调、指挥、控制等管理机能，控制来自自然界的、人为的、机械的等不安全因素和不安全行为，避免发生矿山事故，保障矿山职工的生命安全和健康，保证矿山生产的顺利进行。

现代矿山安全管理吸收了现代自然科学、社会科学和管理科学成果，其技术核心就是实现矿山生产系统的本质安全化，即运用系统论、控制论和信息论、可靠性工程以及人机工程的基本理论和方法，对矿山安全生产实行全面、系统、科学的最佳管理，以期实现生产工艺、人员、设备和环境的最佳安全匹配状态，从而实现由传统的经验型管理向现代的系统安全管理的转变，由伤亡事故管理为中心的事故管理型向以危险源控制为中心的事故预防性管理模式的转变，由相对被动的静态管理模式向主动的动态安全管理方式转变。

13.1.2 现代矿山安全管理的特点

现代矿山安全管理具有系统性、主动性、动态性、预防性等特点。

（1）系统性。把矿山企业视为一个整体，把安全生产的好坏作为衡量整个矿山系统质量的标志，提倡全员、全面、全过程、全方位的管理，实现安全生产管理的系统化。

（2）主动性。利用系统分析方法，通过综合分析与评价，变被动的事故分析与事故处理为主动的事故预测和安全评价，按矿井各类事故发生规律进行主动治理。

（3）动态性。将系统安全信息不断地进行“决策—执行—反馈”，“再决策—再执行—再反馈”，形成安全管理的信息流，使安全管理不断地向前发展。

（4）预防性。以预防事故为中心，进行预先安全分析与评价，以做到预测和预防事故。

13.1.3 现代矿山安全管理的内容

现代矿山安全管理除认真贯彻执行国家、部门、地方的相关安全生产方针、政策、法律和法规，建立健全安全工作组织机构，制定并执行安全生产规章制度外，还充分调动矿山企业各级管理者和广大矿山职工的安全生产积极性，推动矿山企业安全工作不断向前发展。

其管理内容主要包含以下几个方面：

（1）矿山系统相关操作规程、作业标准的制定。

（2）矿山各作业场所不安全因素的消除及安全作业条件的研究。

（3）矿山系统危险性的识别，矿山危险源的控制管理。

（4）矿山系统人机关系和最佳配合研究。

（5）矿山系统可能发生的事故类型和后果预测。

（6）矿山系统各类事故应急措施研究。

13.2 矿山安全生产法规体系

13.2.1 安全生产法规概述

安全生产法规是指调整在生产过程中所产生的同劳动者的安全与健康，以及生产资料和社会财富安全保障有关的各种社会关系法律规范的总和。我们通常说的安全生产法规是对有关安全生产的法律、规程、条例、规范的总称。

13.2.1.1 分类

安全生产法规分为行政法规和地方性法规。

（1）行政法规。国务院根据宪法和法律，并按照《行政法规制定程序暂行条例》规定制定的政治、经济、教育、科技、文化、外事等各类法规的总称。安全生产行政法规的法律地位和法律效力低于有关安全生产的法律，但高于地方性安全生产法规、地方政府安全生产规章等。

（2）地方性法规。地方立法机关制定或认可的，其效力不能及于全国，只能在地方区域内发生法律效力的规范性法律文件。地方性安全生产法规的法律地位和法律效力低于有关安全生产的法律、行政法规，但高于地方政府安全生产规章。经济特区安全生产法规和民族自治地方安全生产法规的法律地位和法律效力与地方性安全生产法规相同。

13.2.1.2　作用

安全生产法规的作用体现在：

（1）保护劳动者的安全与健康；

（2）提高劳动效率；

（3）促进劳动关系的巩固和发展。

建立健全安全生产法规制度就是要求企业的安全管理围绕行业安全的特点和需要，在技术标准、行业管理条例、工作程序、生产规范和生产责任制度方面进行全面的建设，实现安全生产管理的目标。

13.2.2　安全生产法规体系的基本框架

我国安全生产法规体系共分为五个层次：

（1）国家基础法和一般法，如宪法、刑法、民法通则、企业法、经济合同法、治安管理条例等；

（2）国家安全专业综合法规，如安全生产法、劳动法、矿山安全法、道路交通安全管理条例、消防法、化学危险品安全管理条例等；

（3）国家安全技术标准，如电气安全、压力容器安全、职业卫生、防火防爆、机械安全等方面的国家标准400余种；

（4）行业、地方法规，如爆炸危险场所安全规定、压力管道安全管理与监察规定、建筑安装工人安全技术操作规程等；

（5）企业规章制度，即企业针对安全生产特点自行制定的安全生产技术操作规程及相关的规章制度，如企业安全操作规程、企业安全责任制度等。

13.2.3　矿山安全法规体系的构成

我国的矿山安全法规体系包括《矿山安全法》和一切含有调整矿山安全法律关系的行政法规、地方性法规、部门规章和地方政府规章以及规范性文件。现行有效的矿山安全法规体系中，共有法律3部，行政法规7部，地方性法规25部，另有部门规章和规范性文件若干。此外，在《刑法》、《矿产资源法》及其实施细则、《劳动法》、《国务院关于特大安全事故行政责任追究的规定》等法律法规中也有涉及矿山安全的相关条款。

矿山安全法规体系的构成可分为以下三个层次：

（1）矿山安全法律。法律属于第一个层次。由全国人大常委会审议通过的《安全生产法》和《矿山安全法》为矿山安全法规体系的母法。

（2）矿山安全法规。法规属于第二个层次，包括行政法规和地方性法规两个方面的内容。

1）矿山安全行政法规。由国务院制定和颁布的有关矿山安全法规及其他有关法规，其中最主要的是《矿山安全法实施条例》以及国务院制定的与矿山安全有关的其他单行法规，如1991年2月颁布的《企业职工上午事故报告和处理规定》等。

2）矿山安全地方性法规。由省、自治区、直辖市人大或人大常委会审议通过的有关矿山安全的法规，如全国各省制定的《实施矿山安全法办法》。

（3）矿山安全行政规章。行政规章属于第三个层次，包括部门规章和地方人民政府规章两个方面的内容。

1）矿山安全部门规章。由国务院行政主管部门制定的有关矿山安全的规定、规则、办法和规程、标准。如原劳动部制定的矿山建设工程安全设施“三同时”规定、安全生产条件审查规定、矿山事故调查处理规定、培训教育规定、矿长安全资格考核规定和其他主管矿山部门制定的规程、国家经贸委制定的《尾矿库安全管理规定》、国家安全生产监督管理局制定的《非煤矿矿山建设项目安全设施设计审查与竣工验收办法》、《非煤矿矿山企业安全生产许可证实施办法》以及国家标准《爆破安全规程》、《金属非金属矿山安全规程》等。

2）矿山安全地方政府规章。由省、自治区、直辖市政府制定的有关矿山安全的规定，属于政府规章层次类型。

另外，省、自治区、直辖市人民政府有关部门制定的一些矿山安全方面的规范性文件，也属于矿山安全法规体系中比较低层次的规定。同时，还应包括矿山企业制定的安全规定，例如岗位安全生产责任制、安全操作规程、作业规程、安全规定等。

13.3 矿山安全生产监督管理体系

13.3.1 安全生产监督管理体制概述

13.3.1.1 安全生产监督管理体制内容

《安全生产法》中“安全生产监督管理”一章中的“监督”是广义的监督，所构成的广义安全生产监督体制包括以下几方面：

（1）县级以上地方各级人民政府的监督管理。

（2）负有安全生产监督管理职责的部门的监督管理。

（3）监察机关的监察。

（4）安全生产社会中介机构的监督。

（5）基层群众性自治组织的监督。

（6）新闻媒体的监督。

（7）社会公众的监督。

1982年2月13日，国务院颁发了《矿山安全监察条例》，以法规的形式确定了国家矿山安全监察工作的地位，改变了长期以来单纯依靠“计划、布置、检查”等行政管理手段推动矿山安全工作的局面。

根据《安全生产法》的规定，我国现阶段实行的国家安全生产监管体制是：国家安全生产综合监管与各级政府有关职能部门专项监管相结合的体制。安全生产的综合监管部门是国家安全生产监督管理局，专项监管的部门有公安部的消防局负责消防安全，公安部交通管理局负责机动车辆监管，交通部海事局负责船舶水上交通运输安全监管，煤矿安全生产监察局负责煤矿安全监察，质量技术监督局负责特种设备的安全监管。国家的安全生产有关部门合理分工、相互协调，构成了我国安全生产监督管理体系。

13.3.1.2 我国安全生产监督管理的基本原则

我国安全生产监督管理的基本原则为：

（1）坚持“有法必依、执法必严、违法必究”的原则。

（2）坚持以事实为依据，以法律为准绳的原则。

（3）坚持行为监督与技术监督相结合的原则。

（4）坚持监督与服务相结合的原则。

（5）坚持教育与惩罚相结合的原则。

13.3.2 我国矿山安全生产监管机制

13.3.2.1 我国矿山安全监管机制的五层面

我国安全生产监督管理部门正在努力构建“政府统一领导、部门依法监督、企业全面负责、群众参与监督、社会监督支持”的安全生产工作新格局，通过政府、部门、企业、群众与社会从不同角度、不同层次、不同方面共同推动着矿山安全工作的顺利进展。

矿山安全监管机制的这五个层面之间相互联系、相互促进、相辅相成，它们是统一的、有机的整体，缺一不可，不能相互替代。它们各有特点，各有职责，共同构建成市场经济条件下矿山安全生产工作的监督体系。

13.3.2.2 矿山安全监察

矿山安全监察是为了保障矿山职工在生产中的安全和健康，保护国家资源和人民生命财产不受损失而采取的矿山安全管理法规、安全监督制度和矿山开采、爆破、提升运输、电气安全、通风防尘、防水、防火等各种技术措施的总称。

A 矿山安全监察的监督形式

矿山安全监察的监督形式一般可分为四种：国家行政监督、矿山内部监督、民主安全监督和群众安全监督。

（1）国家行政监督。是指由国家安全生产监督管理局及其派出机构，代表国家对矿山安全生产方面进行行政监督的行为，其任务的执行是依靠建立安全监察机构，遵照《矿山安全法》、各类不同矿山的《安全规程》以及相关的法律、法规的规定，进行监督检查。

（2）企业内部监督。就矿山实际而言，就是每一个矿山建立自己的监察制度和机构，负责监督检查国家安全生产方针、政策，矿山安全法律、法规，行业安全规程、规定、技术标准及安全生产规章制度的贯彻执行。

（3）民主安全监督。是指矿山企业职工代表大会、工会和全体职工，对矿山安全工作的参与管理并进行监督。按有关法规要求，充分发挥矿山安全的民主管理和民主监督作用。这对保障矿山安全，防止事故发生，维护职工安全生产的合法权益，促进矿山企业实现安全生产具有重要作用和深远意义。

(4) 群众安全监督。按照《矿山安全法》的规定，矿山企业安全生产、建设行为除必须接受职工代表大会、工会的民主监督外，还必须实行矿山安全群众监督制度。矿山安全的群众监督，主要是每一位职工参与管理和建立群众安全监督岗来实现。矿山企业必须支持群众安全监督组织的活动，发挥职工安全监督作用。

群众有权制止违章作业，拒绝违章指挥，当工作地点出现险情时，有权立即停止作业，撤到安全地点；当险情没有得到处理不能保证人身安全时，有权拒绝作业。

B　矿山安全监察内容

矿山安全监察的内容一般包括：矿山开采的一般监察；爆破作业监察；提升与运输的安全监察；井下电气设备监察。

(1) 矿山开采的一般监察。根据《矿山安全法》和相关法规对矿山开采的一般规定：准备进行采矿的单位，应该首先对地质、水文和矿体情况比较了解，选择矿山工业场地和居民区的设置，应避免山崩、泥石流、洪水淹没和尘毒等灾害。然后，向主管部门申请，如采矿服务站。服务站根据申请者的资金、设备和技术等条件进行审批，由县人民政府颁发《采矿许可证》，并在《采矿许可证》上注明允许开采的规模、范围和时间。领到《采矿许可证》的单位，必须到县公安局办理《爆破作业许可证》后，方准采矿。对中、小型矿山，尽量做到所需资料齐全，在开采前应有矿山开拓、采矿、排水等设计资料；边探边采的小矿体，应有简易的开采方案和必要的安全措施，生产矿井至少应有两个行人安全出口；采用轨道运输时，人行道的有效宽度不得小于0.8m；并应设台阶和扶手，人行道的垂直高度不小于1.8m；人力运输的巷道不小于0.7m，机车运输的巷道不小于0.8m。采矿方法，必须根据矿体的赋存条件、围岩稳定情况、设备能力等慎重选择。但不论采用哪一种方法，都应遵守《矿山安全规程》所规定的条款。

(2) 爆破作业监察。爆破作业是矿山作业危险性最大的作业，对其进行严格安全监察是重要的内容。为此，必须使用符合国家标准或部颁标准的爆破器材，不准使用擅自制造的炸药。凡从事爆破工作的人员，都必须经过培训，考试合格，并持有《爆破员作业证》，才准进行爆破作业。进行爆破器材加工和爆破作业的人员禁止穿化纤衣服。

(3) 提升与运输的安全监察。竖井升降人员必须用罐笼。禁止同时提升人员、物料或爆破器材；凿井期间可以采用吊桶，但升降距离不得超过40m，上方要装保护伞；提升系统应设置限速保护装置、主传动电机的短路与断路保护装置、过卷保护装置、过电流及无电压保护装置；运输设备应安全可靠，经常检查并及时处理隐患。

(4) 井下电气设备监察。井下电气设备必然是防爆型，禁止接零，所有的电气设备的金属外壳及电缆配件、金属构筑物等都要接地，每个主接地板的接地电阻不得大于2Ω。用架空线往井下变配电室送电时，在井口线路终端及井下变配电室一次母线侧，都要装设避雷装置。此外，矿井必须建立完善的通风系统，自然通风不能满足要求时，应采用机械通风。矿区及附近的积水或雨水有浸入渗下的可能时，应根据具体情况，采取有效措施防止地表水渗漏到井下。矿山每年应编制防火计划，防火计划应根据采掘计划、通风系统和安全出口的变动及时修改。

13.3.3　我国矿山安全生产监督管理机构及职责

我国矿山的安全生产监督管理工作由国家安全生产监督管理局（国家煤矿安全监察局）负责。国家生产监督管理局是国务院主管安全生产综合监督管理的直属机构，也是国务院安全生产委员会的办事机构。其内设职能机构11个，如图13-1所示。

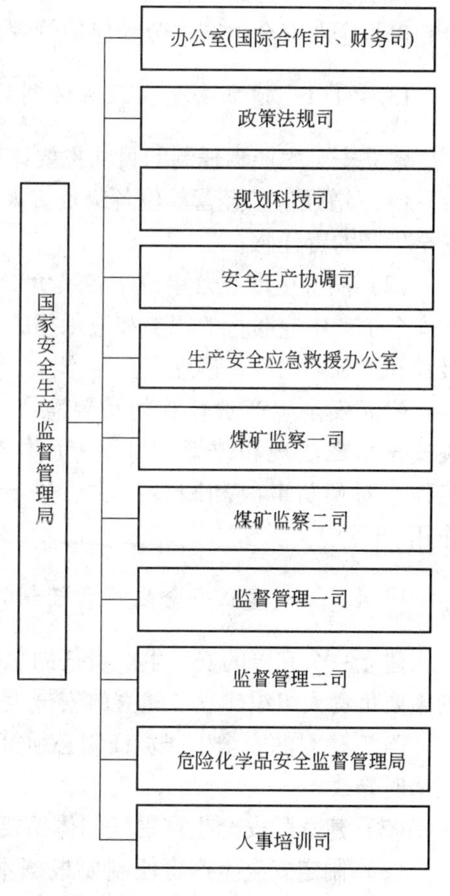

图13-1　国家安全生产监督管理局内设职能机构图

国家安全生产监督管理局的主要职责为：

(1) 承担国务院安全生产委员会办公室的日常工作；

(2) 综合管理全国安全生产工作；

(3) 依法行使国家安全生产综合监督管理职权；

(4) 依法行使国家煤矿安全监察职权；

(5) 负责综合监督管理危险化学品和烟花爆竹安全生产工作；

(6) 负责发布全国安全生产信息，协调重大、特大和特别重大事故的调查处理工作；

(7) 组织、指挥和协调安全生产应急救援工作；

(8) 指导、协调全国安全生产检测检验工作；

(9) 组织、指导全国安全生产宣传教育工作；

(10) 拟定安全生产科技计划，组织、指导安全生产重大科学技术研究和技术示范工作等。

(11) 组织实施注册安全工程师执业资格制度，监督和指导注册安全工程师执业资格考试和注册工作；

(12) 监督检查新建、改建、扩建工程项目的安全设施与主体工程同时设计、同时施工、同时投产使用情况；

(13) 监督检查生产经营单位作业场所职业卫生情况和重大危险源监控、重大事故隐患的整改工作，依法查处不具备安全生产条件的生产经营单位；

(14) 组织开展与外国政府、国际组织及民间组织安全生产方面的国际交流与合作；

(15) 承办国务院交办的其他事项。

13.4　矿山安全生产组织保障体系

13.4.1　安全生产责任制

安全生产责任制是根据我国“安全第一，预防为主，综合治理”的安全生产方针和相关安全生产法规建立的各级领导、职能部门、工程技术人员、岗位操作人员在劳动生产过程中对安全生产层层负责的一种制度。它根据“管生产的同时必须管安全”的原则，明确规定了各人员在安全生产方面应做的事情和应负的责任。

安全生产责任制是企业中一项最基本的安全制度，是企业岗位责任制的一个组成部分，也是企业安全生产、劳动保护管理制度的核心。

13.4.1.1 建立安全生产责任制的目的和意义

建立安全生产责任制的目的主要体现在以下两个方面：

(1) 增强生产经营单位各级负责人员、各职能部门及其工作人员和各岗位生产人员对安全生产的责任感；

(2) 明确生产经营单位中各级负责人员、各职能部门及其工作人员和各岗位生产人员在安全生产中应履行的职责和应承担的责任，充分调动各级人员和各部门在生产方面的积极性和主观能动性，确保安全生产。

建立安全生产责任制的重要意义，一方面体现在具体落实我国安全生产方针和有关安全生产法规和政策；另一方面体现在通过明确责任使各类人员真正重视安全生产工作，对预防事故和减少损失、进行事故调查和处理、建立和谐社会等均具有重要作用。

13.4.1.2 建立安全生产责任制的要求

建立一个完善的安全生产责任的总要求是：横向到边、纵向到底，并由生产经营单位的主要负责人组织建立。建立的安全生产责任制具体应满足如下要求：

(1) 建立的安全生产责任制必须符合国家安全生产法律法规和政策、方针的要求，并能适时修改；

(2) 建立的安全生产责任制体系要与生产经营单位管理体制协调一致；

(3) 制定安全生产责任制要根据本单位、部门、班组、岗位的实际情况，明确、具体，具有可操作性，防止形式主义；

(4) 制定、落实安全生产责任制要有专门的人员与机构来保障；

(5) 在建立安全生产责任制的同时，建立安全责任制的监督、检查等制度，特别要注意发挥职工群众的监督作用，以保证安全生产责任制得到真正落实。

13.4.1.3 矿山安全生产责任制的主要内容

矿山安全生产责任制的主要内容可分为横向和纵向两个方面。

横向方面是指矿山企业的各个职能部门（包括党、政、工、团）的安全生产职责。具体可按照本单位的职能部门的设置（如设计、设备、安全、生产、基建、技术、人事、档案、财务、工会、团委、党办等部门），分别对其在安全生产中应承担的职责作明确规定。

纵向方面是指矿山企业从上到下，所有类型人员的安全生产职责。建立安全生产责任制时，可先将本单位从负责人到各岗位工人分成相应的层级，然后结合本单位的实际工作，对不同层级的人员在安全生产中应承担的职责作出规定。

13.4.2 安全管理制度

矿山安全管理制度是指为了贯彻《安全生产法》、《矿山安全法》及其他安全生产法律、法规、标准，有效地保护矿山职工在生产过程中的安全健康，保障矿山企业财产不受损失而制定的安全管理规章制度。

《矿山安全法》规定矿山企业必须建立健全安全生产责任制，对职工进行安全教育培训，向职工发放劳动防护用品；矿山企业职工必须遵守有关矿山安全的法律、法规和企业规章制度；工会依法对矿山安全工作进行监督。

13.4.2.1 制定安全管理制度的原则

安全管理制度的制定是一项非常重要的工作。一般来说，制定安全管理制度应遵循七项原则：

（1）应该掌握国家、行业管理部门关于安全生产的规定和要求，必须符合国家有关安全管理法律、法令和法规；

（2）必须将“安全第一、预防为主”的安全生产方针作为安全生产的根本宗旨，在任何时候、任何地方首先考虑的是安全；

（3）必须适合企业的生产、经营特点。制定安全管理制度之前，应充分研究企业生产的工艺流程、危险源分布、员工的教育和学历状况、事故记录、环境状况等因素；

（4）要贯彻“纵向到底、横向到边”的原则，即制度要涵盖到企业生产的所有场所、所有人；

（5）既要有原则性，又要有可操作性，条文要具体，制定的指标要切实可行。对于原则性的条款，必须颁布相应的执行细则；

（6）企业的各项规定要与安全管理制度配套，切忌各项制度与规定之间相互冲突；

（7）企业要制定明确的安全目标，实行目标责任制。

13.4.2.2 重点管理制度

金属非金属矿山企业应重点健全和完善安全生产责任制、安全目标管理制度、安全例会制度、安全检查制度、安全教育培训制度、设备管理制度、危险源管理制度、事故隐患排查与整改制度、安全技术措施审批制度、劳动防护用品管理制度、事故管理制度、应急管理制度、安全奖惩制度、安全生产档案管理制度等14项安全管理制度。

13.4.3 安全生产管理机构及安全管理人员

矿山安全生产管理机构及安全管理人员的设置，应遵循下列要求：

（1）《安全生产法》。第十九条规定：矿山、建筑施工单位和危险物品的生产、经营、贮存单位，应当设置安全生产管理机构或者配备专职安全生产管理人员。

第二十条规定：生产经营单位的主要负责人和安全生产管理人员必须具备与本单位所从事的生产经营活动相应的安全生产知识和管理能力。

危险物品的生产、经营、贮存单位以及矿山、建筑施工单位的主要负责人和安全管理人员，应当由有关主管部门对其安全生产知识和管理能力考核合格后方可任职。考核不得收费。

(2)《金属非金属矿山安全规程》。4.2 规定：矿山企业应设置安全生产管理机构或配备专职安全生产管理人员。专职安全生产管理人员，应由不低于中等专业学校毕业（或具有同等学力）、具有必要的安全生产专业知识和安全生产工作经验、从事矿山专业工作五年以上并能适应现场工作环境的人员担任。

(3)《矿山安全法实施条例》。第三十条规定：矿山企业应当根据需要，设置安全机构或者配备专职安全工作人员。专职安全工作人员应当经过培训，具备必要的安全专业知识和矿山安全工作经验，能胜任现场安全检查工作。

13.4.4 安全生产教育与培训

安全生产教育培训是矿山企业安全管理的一项重要内容，是贯彻企业方针、目标，提高矿山企业负责人、生产管理人员和生产工人安全素质，防止不安全行为，实现安全生产和文明生产的重要途径，是预防事故和职业病、保护劳动者在生产过程中的安全与健康的重要措施，是矿山企业生产管理的一项基础性工作。

1963 年国务院发布的《关于加强生产经营单位生产中安全工作的几项规定》中，就把安全生产教育培训制度的建立作为基本的安全生产管理制度之一。《安全生产法》从两个方面对安全教育培训制度进行了规范：一是要将安全生产教育培训纳入各级政府及其有关部门安全生产管理责任；二是生产经营单位要建立、健全安全生产教育培训责任制度。根据有关法律法规的规定，安全生产教育培训制度的内容包括：

(1) 生产经营单位主要负责人和管理人员的安全生产资格培训。《安全生产法》第二十条规定，生产经营单位的主要负责人和安全生产管理人员必须具备与本单位所从事的生产经营活动相应的安全生产知识和管理能力。危险物品的生产、经营、储存单位以及矿山、建筑施工单位的主要负责人和安全生产管理人员，应当由有关主管部门对其进行安全生产知识和管理能力的考核，合格后方可任职。

(2) 从业人员的“三级”教育培训。即对新从业人员必须进行入厂教育、车间教育和班组教育，并经考试合格才许进入操作岗位。在实行“三级教育”时，只要符合“三新”条件都必须进行教育培训。“三新”的条件是：1）新入厂的从业人员；2）新调动工种的从业人员；3）采用新工艺、新技术、新材料或者使用新设备的情况。

(3) 特种作业人员的安全培训。特种作业人员是指其作业的场所、操作的设备、操作的内容具有较大的危险性，容易发生伤亡事故，或者容易对操作者本人，以及对他人和周围设施的安全造成重大危害的作业人员称为特种作业人员。由于特种作业的危险性大，对从事特种作业的人员，要进行专门的安全技术和操作知识的教育和训练，经过国家有关部门考核合格后才能上岗作业。

《安全生产法》第二十三条规定，生产经营单位的特种作业人员必须按照国家有关规定经专门的安全作业培训，取得特种作业操作资格证书，方可上岗作业。特种作业人员的范围由国务院负责安全生产监督管理的部门会同国务院有关部门确定。

(4) 转岗、变换工种和“四新”安全教育。随着市场经济体制的不断完善和发展，企业内部的改革，优化组合、产品调整、工艺更新，必然会有岗位、工种的改变。转岗、变换工种和“四新”（新工艺、新材料、新设备、新产品）安全教育都是非常重要的。教育的内容及方法和车间、班组教育一样。

(5) 复工教育。是指职工离岗三个月以上的（包括三个月）和工伤后上岗前的安全教育。教育内容及方法和车间、班组教育相同。

(6) 复训教育。复训教育的对象是特种作业人员。劳动部门将定期对已取得上岗操作证的特种作业人员进行复审，凡复审合格的将发给复审合格操作证书，复审不合格的，禁止继续从事特殊工种作业。

(7) 全员安全教育。全员教育实际上就是每年对全厂职工进行安全生产的再教育。许多工伤事故表明，生产工人安全教育隔了一段较长时间后对安全生产会逐渐淡薄，因此，必须通过全员复训教育提高职工的安全意识。

(8) 经常性安全生产教育培训。安全生产教育培训不能一劳永逸，必须经常不断地进行。经过安全生产教育培训已经掌握了的知识、技能，如果不经常使用，可能会逐渐淡忘；随着生产技术进步，生产状况变化，有新的安全知识，技能需要掌握；已经建立起来的对事故预防工作的浓厚兴趣，随着时间的推移会逐渐淡漠；在生产任务紧急情势下，已经树立起来的“安全第一”思想可能发生动摇，安全态度会发生变化。因此，必须开展经常性的安全教育。

13.4.5 安全生产投入与措施计划

13.4.5.1 安全生产投入

矿山企业必须保证适当资金用于更新安全生产装备、器材、仪器、仪表及其他安全生产投入，以保证企业达到法律、法规、标准规定的安全生产条件，并对由于安全生产所必需的资金投入不足导致的后果承担责任。

根据企业性质的不同，安全生产投入资金的保证人也不同。一般而言，股份制企业、合资企业等的安全投入资金由董事会予以保证；工商户等个体经济组织由投资人予以保证；一般国有企业由厂长或者经理予以保证。上述保证人承担由于安全生产所必需的资金投入不足而导致后果的法律责任。

安全生产投入主要用于以下几个方面：

(1) 职工的安全生产教育与培训；

(2) 增设新的安全装备、器材、仪器、仪表等以及这些安全设备的日常维护；

(3) 按照国家标准为职工配备劳动保护用品；

(4) 建设与改善安全技术措施工程，如通风工程、防火工程等；

(5) 重大安全生产科学研究；

(6) 其他有关预防事故发生的安全技术措施费用。

13.4.5.2 安全技术措施计划

安全技术措施计划是企业安全计划方面一项十分重要的工作，其技术核心是安全技术，即以工程技术手段解决安全问题，预防事故发生或有效减少事故伤害和损失。其编制依据主要是国家和行业主管部门颁发的安全生产劳动保护法规、条例、标准以及本公司需要解决的保证人身安全和生产安全的措施项目。

安全技术措施计划编制的范围和内容包括：

(1) 以防止火灾、爆炸、灾害、工伤为目的的一切措施。如安全防护装置、保险及信号装置等；

(2) 以改善劳动条件，减轻劳动强度，预防职业病和职业中毒为目的的劳动保护技术措施。如通风、防毒、除尘、防暑降温和消除噪声等；

(3) 劳动保护科研、劳动卫生检测、安全宣传教育等设施。如编写安全技术教材、举办安全培训班及购置安全图书、仪器、设备等。

13.4.6 工伤保险

工伤保险是指劳动者在工作中或在规定的特殊情况下，遭受意外伤害或患职业病导致暂时或永久丧失劳动能力以及死亡时，劳动者或其遗属从国家和社会获得物质帮助的一种社会保险制度。工伤保险作为社会保险制度的一个组成部分，是国家通过立法强制实施的，是国家对职工履行的社会责任，也是职工应该享受的基本权利。

《安全生产法》第43条规定："生产经营单位必须依法参加工伤社会保险，为从业人员缴纳保险费。"

国务院第375号令《工伤保险条例》对工伤保险基金、工伤认定、劳动能力鉴定、工伤保险待遇、监督管理与法律责任等作了规定。

《矿山安全法》第38条规定："矿山企业对矿山事故中伤亡的职工按照国家规定给予抚恤或者补偿。"

14 矿井通风与安全

矿井通风与安全是矿山开采工作的重要组成部分，是保证金属非金属矿山安全生产的重要条件。矿井通风的基本任务是采用安全、经济、有效的通风方法，向井下各个作业点供给足够的新鲜空气，稀释和排出各种有毒有害及放射性气体和粉尘，调节井下气候条件，创造一个良好的工作环境，以保证井下职工的安全健康，提高工人劳动效率。

14.1 矿内主要有毒、有害气体

矿山井下空气中的有毒、有害气体，主要是指一氧化碳（CO）、氮氧化物（NO 和 NO_2）、硫化氢（H_2S）、二氧化硫（SO_2）和沼气等。以沼气为主的这些有毒有害气体总称为瓦斯。

14.1.1 有毒、有害气体的性质、危害及来源

14.1.1.1 一氧化碳（CO）

A 一氧化碳的性质

一氧化碳俗称煤气，是一种无色无味的可燃气体，比重为0.97，比空气稍轻，可均匀散布于空气中，故不用特殊仪器不易察觉。一氧化碳微溶于水，一般化学性质不活泼，可自燃但不助燃，当空气中一氧化碳含量按体积计在13%～75%时，遇火能引起爆炸。

B 一氧化碳的危害

一氧化碳毒性很强，它的毒性是因为人体血液内所含血红蛋白对它的亲和力比对氧的亲和力大250～300倍，因此一氧化碳吸入人体后，就阻碍了氧和血红蛋白的正常结合，使人体各部分组织和细胞产生缺氧现象，引起窒息和中毒以致死亡。

一氧化碳中毒程度和中毒速度与下列因素有关：(1) 空气中一氧化碳的浓度；(2) 与一氧化碳接触的时间；(3) 呼吸频率和呼吸深度。

人处于静止状态时，一氧化碳的浓度与中毒程度的关系如表14-1所示。

表14-1 一氧化碳的浓度与中毒程度的关系

CO浓度		中毒时间	中毒程度	征 兆
Mg/L	%(按体积计)			
0.2	0.016	数小时		无征兆或有轻微征兆
0.6	0.048	1h以内	轻微中毒	耳鸣、头痛、头晕与心跳
1.6	0.128	0.5～1h	严重中毒	除有轻微中毒的各种征兆外，并出现四肢无力、呕吐、感觉迟钝、丧失行动能力
5.0	0.40	短时间内	致命中毒	丧失知觉、痉挛、呼吸停顿、假死

一氧化碳中毒除有表 14-1 中所述征兆外，其显著特征是嘴唇呈桃红色，两颊有红斑点。

若一氧化碳的浓度达到 1% 时，人只要呼吸几口即可失去知觉；如果长期在含有 0.01% 的一氧化碳空气中生活与工作，会产生慢性中毒。因此，我国矿山安全规程规定：矿内空气中一氧化碳浓度不得超过 0.0024%（按体积计算），按重量不得超过 0.03mg/L。爆破后，通风机连续运转条件下，CO 的浓度降至 0.02% 及以下时，才可进入工作面。

C　一氧化碳的来源

矿井在正常情况下，除爆破过程中可能产生少量一氧化碳外，一般很少出现。不过一旦发生瓦斯、煤尘爆炸，火灾，甚至是最初起的自燃热源，都会生成大量的一氧化碳。

14.1.1.2　硫化氢（H_2S）

A　硫化氢的性质

硫化氢是一种无色、微甜，具有腐鸡蛋臭味的易燃气体，比重为 1.19，易溶于水，常温、常压下一个体积的水可溶解 2.5 个体积的硫化氢，故它常积存于巷道的积水中。当空气中硫化氢含量为 4.3% ~45.5% 时，具有爆炸危险。

B　硫化氢的危害

硫化氢是剧毒气体，对眼睛黏膜及呼吸道有强烈的刺激作用，不但能引起鼻炎、气管炎和肺水肿，还能使血液中毒，让人体缺氧。当空气中硫化氢含量较低时，以腐蚀刺激作用为主；含量较高时能引起人体迅速昏迷或死亡，这时腐蚀、刺激作用往往不明显。硫化氢的中毒症状与含量关系见表 14-2。

表 14-2　硫化氢中毒症状与含量的关系

H_2S 浓度		中 毒 征 兆
Mg/L	%（按体积计）	
0.14	0.01	流清鼻涕、呼吸困难、结膜炎、头晕
0.28	0.02	眼、鼻、喉部刺激痛、头疼、呕吐、瞳孔缩小、四肢无力、神志不清、眼底网膜充血
0.70	0.05	30 分钟即可失去知觉、瞳孔放大、脸色苍白，窒息，不救即死
0.98	0.07	可以致命
1.40	0.10	几分钟即可死亡

我国矿山安全规程规定：井下空气中硫化氢的最高允许浓度为 0.00066%（体积）或 10mg/m^3（重量）。这是指长期在这种环境下工作也不致受害的安全浓度。

C　硫化氢的来源

井下的硫化氢气体，一般是由于坑木腐烂，含硫矿物遇水分解而生成的。因为它有易溶于水的特性，所以常积存于老空积水中。矿井一旦发生涌水事故，常常会放出大量的硫化氢，毒化井下空气，威胁工作人员安全。我国个别矿井硫化氢吸附于煤层内，在采煤过程中便会不断涌出，给生产带来严重威胁，甚至危害工人的身体健康。

14.1.1.3 氮氧化物（NO 和 NO_2）

氧化氮主要是指一氧化氮（NO）和二氧化氮（NO_2），其他还有 N_2O、N_2O_3 和 N_2O_5 等，除 N_2O_5 为白色固体外，其他氮氧化物在常温下都是气体。

一氧化氮是一种极不稳定的气体，在常温下能很快与空气中的氧化合成二氧化氮。所以，井下的氮氧化物以二氧化氮为主。

A 二氧化氮的性质

二氧化氮是一种红褐色且具有特殊气味的气体，比重 1.57，易溶于水而生成腐蚀性极强的硝酸，常存在于巷道的下部。

B 二氧化氮的危害

二氧化氮遇水后生成硝酸，对人的眼、鼻、呼吸器官、肺组织具有强烈的腐蚀破坏作用，特别是破坏肺组织很易引起肺浮肿。

二氧化氮中毒后有较长潜伏期，初期没有什么感觉，经过 4～12h 甚至 24h 以后才发生中毒征兆，即使在危险的浓度下，起初也只是感觉呼吸道受刺激，开始咳嗽吐黄痰，但经过 6～24 小时后肺部浮肿，呕吐，呼吸困难，以致很快死亡。二氧化氮中毒者的特点是手指头及头发变黄。二氧化氮中毒症状与含量关系如表 14-3 所示。

表 14-3 二氧化氮中毒症状与含量的关系

NO_2 浓度（体积）/%	中毒症状
0.004	2～4 小时后有咳嗽症状
0.006	短时间即感到喉受刺激，咳嗽胸痛
0.01	短时间出现严重咳嗽，支气管刺激声带痉挛，恶心，呕吐，腹痛，泻肚，神经麻木
0.025	短时间作用即会很快死亡

我国矿山安全规程规定，井下风流中二氧化氮的最大允许浓度为 0.00025%（体积）。

C 二氧化氮的来源

井下空气中二氧化氮的主要来源是井下爆破，这是因为通常爆破后产生的一氧化氮极不稳定，与氧结合生产二氧化氮。所以爆破后应加强通风或喷雾洒水，排除二氧化氮后才能进入。

14.1.1.4 二氧化硫（SO_2）

A 二氧化硫的性质

二氧化硫是一种无色、有强烈硫黄气味及酸味的气体。其比重为 2.2，易溶于水，常温常压下 1 体积水可溶解 4 个体积的二氧化硫。风速较小时，二氧化硫易积聚在巷道底部，由于它对眼睛及呼吸道有强烈的刺激作用，矿工们称之为“瞎眼气体”。

B 二氧化硫的危害

二氧化硫遇水后生成硫酸，故对人的眼睛和呼吸器官有强烈的刺激、腐蚀作用，易使喉咙及支气管发炎，呼吸麻痹，严重时会引起肺水肿。

当空气中二氧化硫浓度为 0.0005% 时，嗅觉器官能闻到刺激味；浓度为 0.002% 时，就能引起眼睛红肿、流泪、咳嗽、头痛、喉头发痒等症状；浓度达到 0.05% 时，将可能引起急性支气管炎，肺水肿，短时间内中毒死亡。

所以我国矿山安全规程规定，井下空气中二氧化硫含量不得超过0.0005%（体积）或15mg/m³（重量）。

C 二氧化硫的来源

矿井空气中二氧化硫主要来源于含硫矿物的缓慢氧化或自燃；从含硫矿层中涌出；井下电缆及橡胶类物品燃烧及在含硫矿物中爆破等。

14.1.1.5 氨气（NH_3）

A 氨气的性质

氨气是一种无色、有浓烈臭味、有剧毒性气体，比重为0.596，易溶于水。当空气中的氨气浓度达到30%时遇火有爆炸性。

B 氨气的危害

氨气有剧毒。它对皮肤和呼吸道黏膜有刺激作用，可引起喉头水肿、咳嗽、头晕，严重时会导致人员失去知觉，以致死亡。

我国矿山安全规程规定，井下风流中氨气的最大允许浓度为0.004%（体积）。

C 氨气的来源

矿井空气中氨气的主要来源有：煤岩爆破；矿井发生火灾或爆炸事故时产生等。

14.1.1.6 氢气（H_2）

A 氢气的性质

氢气无色、无味、无毒，比重为0.07，难溶于水，不助呼吸，能燃烧，是井下最轻的有害气体。

B 氢气的危害

氢气点燃温度比甲烷低100~200℃，当空气中氢气浓度达到4%~74%时具有爆炸危险。我国矿山安全规程规定：井下充电室风流中以及局部积聚处的氢气浓度不得超过0.5%。

C 氢气的来源

井下氢气的主要来源是蓄电池充电，有些中等变质的煤层中也有氢气涌出。此外，矿井发生火灾和爆炸事故中也会产生。

14.1.1.7 甲烷（CH_4）

A 甲烷的性质

甲烷又称沼气，无色、无味、无毒，比重为0.554，微溶于水，在适当的含量下能燃烧和爆炸。

B 甲烷的危害

甲烷是一种具有窒息性和爆炸性的气体，对煤矿安全生产的威胁最大，在煤矿生产中，通常把以甲烷为主的这些有毒有害气体总称为瓦斯。

对矿井中涌出量较大的甲烷（瓦斯）气体，《煤矿安全规程》对其安全浓度和超限后的措施都有更为详尽的规定，具体见《煤矿安全》教材。

C 甲烷的来源

矿井空气中甲烷的主要来源是在矿井生产过程中从煤层中释放出来的。

14.1.2 防止矿井内有害气体的措施

(1) 加强通风。用通风的方法将各种有毒、有害气体稀释到矿山安全规程规定的含量以下，这是目前防止有害气体危害的主要方法之一；

(2) 加强对有毒、有害气体的检查。严格执行矿山安全规程，制定各项检查制度，采用合理的检查方法和手段，及时发现存在的隐患和问题，以便采取有效措施处理；

(3) 抽放措施。如果某种有害气体的产生量较大，可采取抽放措施。如对煤层或围岩中存在的大量高浓度瓦斯，可以采用抽放的方法加以解决，既可以减少井下瓦斯涌出，减轻通风压力，抽到地面的瓦斯还能加以利用；

(4) 加强对通风不良处和井下盲巷的管理。工作面采空区应及时封闭；临时通风的巷道要设置栅栏，揭示警标，需要进入时必须首先进行有害气体检查，确认无害时方可进入；

(5) 放炮喷雾或使用水炮泥。喷雾器和水炮泥爆破后产生的水雾能溶解炮烟中的二氧化氮、二氧化碳等有害气体，降低其浓度，方法简单有效。且在水中加入适量的石灰或些药剂，效果会更好；

(6) 井下人员必须随身佩戴自救器。一旦矿井发生火灾、瓦斯煤尘爆炸事故，人员可迅速使用自救器撤离危险区；

(7) 若有人员缺氧窒息或中毒时，应立即将中毒者转移到有新鲜空气的地方，并根据具体情况采取人工呼吸（二氧化碳、硫化氢中毒者除外）或其他急救方法进行急救。

14.2 矿井通风的安全管理

矿井开采过程中，全矿所需风量、矿井风阻、矿内空气成分都会随着生产条件的变化（如采矿方法的改变，矿井开采深度的增加，炸药消耗量的变化，采区搬移，巷道延伸，以及瓦斯涌出量的变化等）而变化。因此，定期进行通风检查，风量、风阻测定，进行风量再调节，是保证矿井通风良好的必要条件。

矿井通风安全管理的内容可根据本矿的具体情况和生产条件有所侧重，但主要是：

(1) 矿内空气成分（含各种有毒、有害气体），空气含尘量及温度检查；

(2) 全矿或个别巷道风阻、风量和风速的检查；

(3) 风量分配和风流控制；

(4) 矿井主要扇风机工况的检查，辅扇和局扇工作状况检查；

(5) 主要通风构筑物和通风巷道的检查与维护。

此外，还有高沼气矿井中瓦斯抽放系统的检查，自然发火矿井火区密闭的检查等。各生产矿井应设有专业性的通风管理机构来完成上述各项工作。

14.2.1 矿井风速和风量的检查

检查矿井风速和风量的目的是确定全矿总进风量和各作业点的进风量是否满足生产需

要；检查各主要巷道的风速是否符合规定；检查漏风情况等。

《煤矿安全规程》规定，每个矿井都要建立测风制度，至少十天进行一次全面测风；采掘工作面根据实际需要进行测风，每次测风结果都要写在测风地点的记录牌上；矿井通风部门根据测风结果，进行通风管理。

14.2.1.1　测风站的布置

矿井的总进风道、总回风道、采区的进风道和回风道、采掘工作面的进、回风道等处都要定期测风。为了既方便又准确地测定风量，测风工作应在测风站内进行。因此，主要测风地点都要建立测风站。

测风站必须符合下列要求：

(1) 测风站应设在支架齐全、没有漏风、断面变化不大的平直巷道中；

(2) 测风站的长度不得小于4m，前后10～15m内应没有拐弯及其他障碍；

(3) 测风站不得设在风流分支或汇合处附近；

(4) 测风站应挂有记录牌，上面注明地点、编号、断面积、测风日期、平均风速、风量、测定人等。

服务期限较长的或地压较大区段的测风站，最好用砖或混凝土修建，在水泥或木支架的巷道中可设置木板测风站。木板测风站的背板要平整，两帮和顶板要填塞严实，与巷道壁接触严密，使巷道内的全部风流都能从测风站内通过。在无测风站的巷道里需要测风时，应选择较为平直，断面无明显变化的巷道作为简易临时测风站。

14.2.1.2　风速的限定

风速是指风流单位时间内流过的距离。井巷中的风速过高或过低都会影响工人的身体健康。风速过低时，汗水不易蒸发，人体多余热量不易散失，人就会感到闷热不舒服，同时瓦斯也容易积聚；风速过高时，容易使人感冒，矿尘飞扬，对安全生产和工人的身体健康都不利。因此，《煤矿安全规程》规定了采掘工作面和各类井巷的最低、最高容许风速，具体见表14-4。

表14-4　井巷中规定的最低和最高允许风速

井巷名称	最低风速 /m·s^{-1}	最高风速 /m·s^{-1}	备注
无提升设备的风井、风硐		15	
专用物料提升井		12	
风桥		10	
人员升降、材料提升井筒		8	(1) 修理井筒时，风速不得超过8m/s； (2) 设梯子间的井筒风速不得超过8m/s
主要进、回风道		8	
架线电机车巷道	1.0	8	
运输巷道，采区进、回风道	0.25	6	
采煤工作面、掘进中的煤巷和半煤岩巷	0.25	4	
掘进中的岩巷	0.15	4	
其他通风人行巷道	0.15		

14.2.1.3　风量、风速检查步骤

（1）测点的布置。测点的布置是根据检查工作的目的与要求，在矿井通风系统图和有关中段平面图上布置并按顺序编号。

测点布置的原则是：保证通过对所有测点的风速测定与计算后，可得到全矿总进风量和总回风量、各翼、各中段的进风量和回风量、各主要作用地点的进风量和回风量的数据，并能得到主要漏风地点、漏风区段的漏风量的数据。在遵守该原则的前提下，布置测点数目越少越好。在图纸上将测点布置好后，将测点标定在井巷的适当位置。

（2）测点断面的测定与计算。将测点标定到井巷适当位置后，做上醒目标志，然后测定测点所在位置的井巷断面尺寸并计算井巷断面积（m^2），并按顺序测点序号将各测点的井巷断面积记录在专用表格上。

（3）进行实测。用预先经过检查和校正的风表依次测定各测点所在巷道断面上的平均风速（一般每个测点连续测三次，取平均值），并用温度计和湿度计测定空气中的温度和湿度，用空盒气压计测定气压，将测得的数据记录在专用表格上。

（4）风量计算与校正。根据风量（m^3/s）等于断面上的平均风速（m/s）与净断面面积（m^2）的乘积关系，计算出通过各测点的风量。然后将实测条件下的风量值按照下列公式（14-1）换算成统一的空气密度条件下的风量值：

$$Q_c = \frac{Q_i \rho_i}{\rho_c} \tag{14-1}$$

式中　Q_c——标准空气密度条件下的风量，m^3/s；

Q_i——实测条件下的风量，m^3/s；

ρ_i——实测条件下的空气密度，kg/m^3；

ρ_c——矿井空气的标准密度（压入式通风时，主要指扇风机出风口的空气密度；抽出式通风时，主要指扇风机入风口的空气密度），一般情况下，$\rho_c = 1.2kg/m^3$。

（5）分析。将全矿的、各中段的、各翼的以及各主要作业地点的进风量和回风量标示在通风系统图和有关的中段平面图上；分析漏风地点或漏风区段以及漏风量的大小，提出减少漏风的措施；分析矿内风量分配是否合理，总风量和各作业地点的风量是否满足需要或更多。最后提出测定报告，报告的内容包括测定结果、现状分析、存在的问题、改进措施与建议等。

14.2.2　风流的控制

由于在矿井开采的实际过程中，产量增加、风阻增大、开采延深以及瓦斯涌出量增加等因素，都会导致各作业工作面风量不足。为保证井下各个用风地点得到所需风量、控制风流的方向和数量而设置的构筑物，统称为通风构筑物。

进入矿井工作面的风量及全矿总风压在很大程度上，取决于通风构筑物的设置状况，如：因通风构筑物的质量太差，会造成全矿井漏风率大为提高；因扇风机风硐构筑不良，断面过小，转弯太急，可能使矿井总风阻大为增加等。因此，合理地安设通风构筑物，使其通常处于完好状态，是矿井通风技术管理的一项重要任务。

根据通风构筑物的用途不同，可分为引导风流的通风构筑物、隔断风流的通风构筑物和控制风流的通风构筑物。引导风流的通风构筑物主要有风硐、风桥等；隔断风流的通风构筑物主要有防爆门、防突门、风门、挡风墙等；控制风流的通风构筑物主要有调节风窗等（见第6章）。

14.2.3 通风阻力测量及降低阻力的方法

14.2.3.1 通风阻力测量

矿井通风阻力测量就是测量巷道的阻力、风量，并求出其风阻值。其目的在于检查通风阻力的分布是否合理，某些巷道或区段的阻力是否过大，为改善矿井通风系统，减少通风阻力，降低矿井通风机的电耗以及为采用均压技术防灭火提供依据。此外，通过阻力测量，还可求出矿井各类巷道的风阻值和摩擦阻力系数值，以备通风技术管理和通风计算时使用。

目前矿井普遍采用倾斜压差计和胶皮管的测量方法。测量路线是根据生产的需要选择的。测量使用的工具有皮托管、胶皮管、风表、秒表及皮尺等。井下测量时全套仪器布置如图14-1所示。在测点安置皮托管，调整倾斜压差计使U形管二液面处于同一水平，用胶皮管连接两测点，压差计的读数就是两测点间的风压差，同时测量各点的风量。依次重复上述测量工作，即得各段风路的风压值及风量值。通过所得资料分析，得出通风系统中阻力的分布，找出阻力较大的地点，以便查明通风困难的原因，采取措施改善矿井的通风状况。

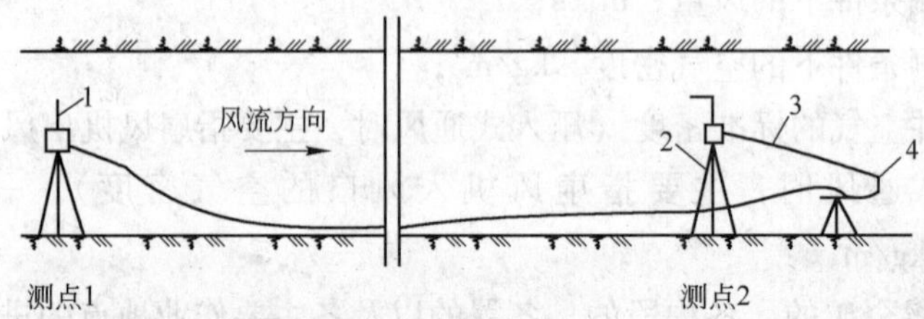

图14-1 通风阻力测量示意图

1—静压管；2—三脚架；3—皮管；4—倾斜压差计

测量中应注意的事项：

（1）在选择测量路线前应对井下通风系统的现实情况做详细的调查研究，并参看全矿通风系统图，根据不同的测量目的选择测量路线。若为全矿性阻力测定，则首先选择风路最长、风量最大的干线为主要测量路线，然后再决定其他若干条次要路线，以及那些必须测量的局部阻力区段；若为局部区段的阻力测定，则根据需要仅在该区段内选择测量路线。

（2）为了提高测量精度，皮托管应安置在风流正常、稳定的地点，即在测点之前至少有3m长的巷道内支架良好，没有空顶、空帮、凹凸不平或堆积物等情况。若测点设在风流分支点或其他局部阻力地点的前后时，在局部阻力地点前时，其距离应大于巷道宽的

3~4倍；在局部阻力地点后时，其距离应大于巷道宽的12~14倍。

(3) 铺设胶皮管之前，应将管内空气挤出，使管内外空气重率相等。测量时保护胶皮管，不准受外物挤压和打圈，防止水或其他杂物进入管中，影响压力传递。

(4) 在并联风路中，只沿一条路线测量风压（因为并联风路中各分支的风压相等），其他各风路只布置测风点，测出风量，以根据相同的风压来计算各巷道的风阻。

(5) 在局部阻力特别大的地方，应设置两个测点进行测量。但如时间紧急，局部阻力的测量可以留待以后进行，以免影响整个路线的测量工作。

(6) 如巷道很长且漏风大时，测点的间距宜尽量缩短，以便逐步追查漏风情况。

(7) 当两测点的压力大，而且风流不稳定时（如在井底车场，风硐附近），玻璃管液面动荡很厉害，不好读数，可在短胶皮管中塞一小棉花球或再添接一个细玻璃管起缓冲作用。

(8) 测一条完整风路（从进风井口至扇风机风硐）后，其测量结果可用扇风机房水柱计读数来校核。即根据扇风机房水柱计读数算出来的矿井通风总阻力应和井下测量算出来的通风总阻力相等。事实上很难做到完全相等，一般误差为10%~15%左右。否则说明测量准确性低，必须研究分析产生误差的原因，确定是否局部或全部重测。

14.2.3.2 降低井巷通风阻力的方法

井巷通风阻力是造成风压降的根本原因，降低井巷通风阻力，就能减少风压消耗，增加矿井风量，提高矿井通风能力，对保证矿井安全生产和提高经济效益都有十分重要的意义。因此，无论是矿井通风设计还是生产矿井通风技术管理工作，都要尽可能地降低矿井通风阻力。

由于矿井通风系统的阻力等于该矿井通风系统最大阻力路线上的各分支的摩擦阻力和局部阻力之和，因此，在确定降阻之前，要熟悉该矿井的最大阻力路线分布情况，找出阻力较大的分支，对其实施降阻。

摩擦阻力是矿井通风阻力的主要组成部分，因此要以降低井巷摩擦阻力为重点，同时注意降低某些风量大的井巷的局部阻力。因为井巷的摩擦阻力与局部阻力的性质、产生原因不同，因而减少这两种阻力的方法也不相同。

A 降低井巷摩擦阻力的措施

(1) 扩大井巷断面。扩大井巷断面是减少摩擦阻力的主要措施。在其他参数不变时，井巷断面扩大33%，摩擦风阻R_f值就可减小50%，井巷通过风量一定时，其通过阻力和能耗可减小一半。但断面增大会增加基建投资，需同时考虑长期节电的经济效益。从总经济效益考虑的井巷合理断面称为经济断面，在通风设计时应尽量采用经济断面。在生产矿井改进通风系统时，对于主风流线路上的高风阻区段，常采用这种措施，如把某段总回风道的断面扩大，必要时甚至开掘并联巷道。

(2) 减小摩擦阻力系数α。在矿井设计时应尽可能采用相对粗糙度小（即α值小）的支护方式，施工时要注意保证施工质量，尽可能使井巷壁面光滑。砌碹巷道α值较小，通常只有支架巷道的30%~40%，因此，对服务年限长的通风井巷应尽量采用砌碹支护方式；锚喷支护的巷道应尽量采用光爆工艺；对于支架巷道，也要尽可能使支架整齐，必要时用背板等护好帮顶。

(3) 选用周长较小的井巷。在井巷断面积相同的条件下，圆形断面的周长最小，拱形次之，矩形和梯形的周长较大，在条件允许时，应尽量采用圆形或拱形巷道断面。因此，立井井筒常采用圆形断面，斜井、石门、大巷等主要井巷则采用拱形断面，次要巷道以及采区内服务时间不长的巷道才采用梯形断面。

(4) 改善通风系统，尽量缩短风流路线。因巷道的摩擦阻力和巷道长度成正比，故在进行通风系统设计和改善通风系统时，在满足开采需要的前提下，要尽可能缩短风路的长度。

(5) 避免巷道内风量过于集中。巷道的摩擦阻力与风量的平方成正比，巷道内风量过于集中时，摩擦阻力就会大大增加，因此要尽可能使矿井的总进风早分开，使矿井的总回风晚汇合。

B 降低局部阻力的方法

局部阻力的产生是由于风流的速度或方向突然发生变化，导致风流本身产生剧烈冲击，形成极为紊乱的涡流而造成的能量损失。所以减少局部阻力的方法就是减少风流的冲击和涡流。因此，降低局部阻力的方法有：

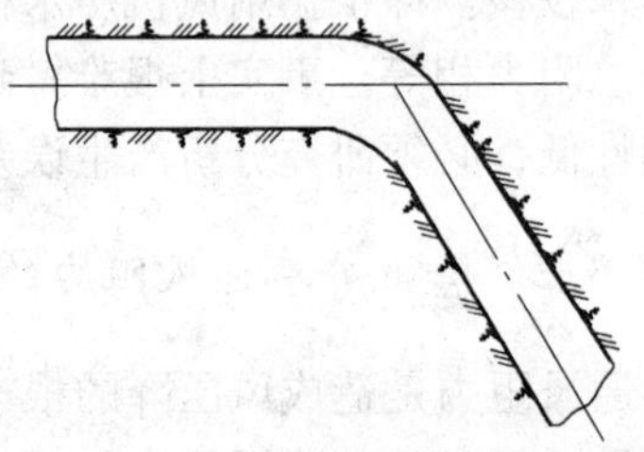

图 14-2 巷道拐弯处为圆弧形

(1) 巷道转弯时，转角越小越好（图 14-2），尽可能避免井巷直角转弯，在转弯处的内侧和外侧要做成圆弧形，有一定的曲率半径；

(2) 断面大小悬殊的井巷相连时，要把连接的边缘做成斜线或圆弧形（图 14-3），其连接处断面应逐渐变化，尽量避免井巷断面的突然扩大或突然缩小；

(3) 减少产生局部阻力地点的风速和巷道的粗糙度，在风流容易发生冲击的地点设置导风装置，如图 14-4 所示；

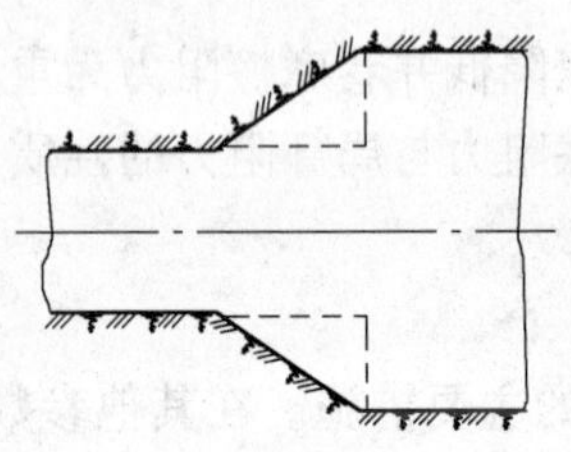

图 14-3 巷道连接处为斜线形

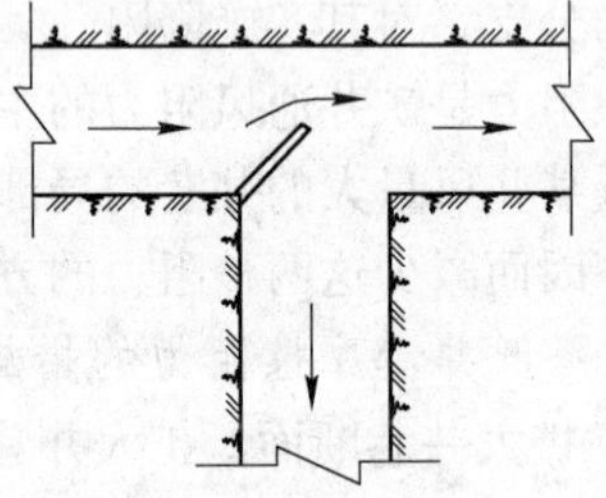

图 14-4 在风流容易产生冲击处设导风板

(4) 及时清理巷道中的堆积物，尽量避免成串矿车长时间地停留在主要通风巷道中，以免阻挡风流，使通风情况恶化；

(5) 要加强矿井总回风道的维护和管理，对冒顶、片帮和积水处要及时处理。

14.3 矿井瓦斯的安全管理

矿井瓦斯通常也简称瓦斯，是矿井中主要由煤层气构成的以甲烷为主的有害气体，它和煤矿中的火灾、水灾、矿尘及冒顶事故等构成煤矿的“五大自然灾害”。为此，了解矿井瓦斯的有关知识，防止它的危害，对保证煤矿安全生产和职工的生命安全，是非常必要的。

14.3.1 瓦斯性质及其危害

14.3.1.1 瓦斯性质及其赋存状态

瓦斯是成煤过程中的一种伴生气体，地质学上称之为煤成气。它无色、无味、无臭，无毒，微溶于水，对空气的相对密度为0.554，具有燃烧爆炸性。瓦斯具有很强的扩散性，扩散速度是空气的1.34倍。从广义上讲，凡是从煤层或岩层中放出或生产过程中产生涌入矿井内的气体，统称矿井瓦斯。其主要成分为：甲烷（CH_4）（又称沼气）、二氧化碳（CO_2）、氮气（N_2），还有少量的硫化氢（H_2S）、一氧化碳（CO）、氢气（H_2）、二氧化硫（SO_2）及其他碳氢化合物气体等。从狭义上讲，矿井瓦斯就指甲烷，即沼气（CH_4）。其原因是沼气为井下有害气体的主要成分，同时沼气对煤矿的危害也最严重。因此，长期以来人们习惯上称为矿井瓦斯的气体就是沼气。

瓦斯在煤体及围岩中的存在状态有两种，即游离（自由）状态和吸附（结合）状态，情况如图14-5所示。

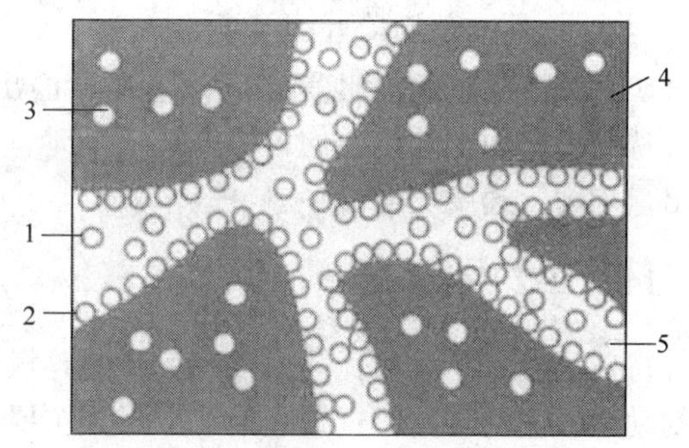

图14-5 瓦斯在煤体中的存在状态示意图

1—游离瓦斯；2—吸着瓦斯；3—吸收瓦斯；4—煤体；5—空隙

A 游离状态（自由状态）

在地下煤体裂隙和孔隙中以自由气体状态存在的瓦斯就是游离状态的瓦斯。游离状态的瓦斯气体分子能在煤的裂隙或孔隙中自由运动，因而产生气体压力。

B 吸附状态（结合状态）

吸附状态的瓦斯因结合形式不同，可分为吸着和吸收瓦斯两种。吸着状态的瓦斯是指在煤中裂隙和孔隙表面固体分子的吸引力作用下，瓦斯分子被吸附于煤中裂隙和孔隙表面，形成很薄的吸附层；吸收状态的瓦斯是指存在于煤体中极微小的孔隙中的瓦斯，其存在形式与气体溶解于液体相似。吸附状态的瓦斯分子，由于受煤体分子的吸引不能自由运动，因而不呈现压力。

煤体中瓦斯的存在状态处于一种不断交换的动平衡状态，当压力或温度发生变化时，这一平衡就会被打破。例如，当外界的压力降低或温度升高时，则一部分吸附瓦斯将转化为自由瓦斯，称之为解吸现象；反之，当外界的压力升高或温度降低时，一部分自由瓦斯可以转化为吸附瓦斯，称之为吸附现象。在开采煤层时，受采动影响的自由瓦斯首先散放出来，随之一部分吸附瓦斯解吸为自由瓦斯也散放出来，使解吸现象不断地进行，形成煤矿瓦斯不断涌出。

吸附瓦斯转化为自由瓦斯的过程中要释放出能量，特别是在短时间内大量的吸附瓦斯转化为自由瓦斯时，将释放出大量的能量。有人认为：这种能量是形成煤矿瓦斯喷出及突出的原因之一。

14.3.1.2　瓦斯的危害

矿井瓦斯的危害主要有两个方面：

（1）当空气中瓦斯浓度很高时，空气中的氧含量相对降低，会使人窒息。当其浓度达到一定值时，遇火会发生燃烧或爆炸，且爆炸时可产生1850℃以上高温和高压的强大冲击波，从而造成人员伤亡和设备损坏。

（2）瓦斯爆炸将产生大量的有毒有害气体，如一氧化碳、二氧化碳等，空气中含氧量减少，造成大量人员中毒伤亡。如果有煤尘参加爆炸，一氧化碳量将更大。实践证明，大量的一氧化碳产生，是造成人员伤亡的主要原因。

14.3.2　瓦斯涌出与矿井瓦斯等级划分

由受采动影响的煤层、岩层以及由采落的煤、矸石向井下空间放出瓦斯的现象叫瓦斯涌出。根据瓦斯涌出形式不同，可分为普通涌出和特殊涌出两种。

14.3.2.1　普通涌出

矿井瓦斯的普通涌出是煤矿井下瓦斯涌出的主要形式，是瓦斯经过煤体或岩石的裂隙，从某暴露面上缓慢、均匀、连续不断地向采掘空间释放。其特点是范围大，时间长、涌出量均匀，速度缓慢。

14.3.2.2　特殊涌出

特殊涌出是指大量瓦斯或伴有大量的碎煤和岩石在极短的时间内突然地涌出，并有强大的动力效应的现象。这种瓦斯放散形式主要有瓦斯喷出和煤与瓦斯突出。

一个矿井中只要有一个煤（岩）层发现瓦斯，该矿井即为瓦斯矿井。为保障煤矿安全生产，并做到经济合理，瓦斯矿井必须依照矿井瓦斯等级进行管理。

矿井瓦斯等级，根据矿井相对瓦斯涌出量、矿井绝对瓦斯涌出量和瓦斯涌出形式划分为：

（1）低瓦斯矿井：矿井相对瓦斯涌出量小于或等于10m^3/t；且矿井绝对瓦斯涌出量小于或等于40m^3/min；

（2）高瓦斯矿井：矿井相对瓦斯涌出量大于10m^3/t或矿井绝对瓦斯涌出量大于40m^3/min；

（3）煤（岩）与瓦斯（二氧化碳）突出矿井。

每年必须对矿井进行瓦斯等级和二氧化碳涌出量的鉴定工作，报省（自治区、直辖市）煤炭管理部门审批，并报省（自治区、直辖市）煤矿安全监察机构备案。

新矿井设计文件中，应有各煤层的瓦斯含量资料。

低瓦斯矿井中，相对瓦斯涌出量大于10m^3/t或有瓦斯喷出的个别区域（采区或工作面）为高瓦斯区，该区应按高瓦斯矿井管理。

14.3.3　瓦斯爆炸条件及瓦斯爆炸预防

14.3.3.1　瓦斯爆炸条件

瓦斯发生爆炸必须具备3个基本条件：一是瓦斯浓度在爆炸界限内，一般为5%～

16%；二是混合气体中氧的浓度不低于12%；三是有足够能量的点火源。

14.3.3.2　预防瓦斯爆炸的主要措施

根据瓦斯爆炸的条件，预防瓦斯爆炸一般应从两个方面采取措施，即防止瓦斯积聚和防止瓦斯被引燃。另外，防止瓦斯爆炸事故扩大的措施也通常被作为预防瓦斯爆炸措施的一部分。

A　防止瓦斯积聚的措施

（1）加强通风。加强通风是防止瓦斯积聚的根本方法。主要包括：选择完善、合理、可靠的通风系统；加强通风管理，保证足够的风量和风速，实行分区通风，杜绝不符合《煤矿安全规程》要求的串联通风；掘进工作面杜绝扩散通风，避免发生循环风；保证控制风流的通风设施完好和不漏风等。

（2）加强检查和监测井下瓦斯浓度。瓦斯检查是预防瓦斯爆炸事故的主要措施之一。任何矿井都必须按《煤矿安全规程》规定的检查地点、检查次数和检查要求，对井下瓦斯进行检查；井下任何地点发现瓦斯浓度超过《煤矿安全规程》规定时都必须采取相应的措施。同时，矿井还必须装备安全监控系统，采用先进的瓦斯自动检测报警装置，当瓦斯浓度超限时可自动切断电源，防止瓦斯爆炸事故发生。

（3）及时处理积聚瓦斯。及时处理积聚瓦斯是矿井日常瓦斯管理工作的重要内容，也是预防瓦斯爆炸的关键工作。煤矿井下易发生局部瓦斯积聚的地点主要有：采煤工作面上隅角、采煤机附近、顶板冒落的空洞中、采煤工作面切顶线附近、低风速巷道的顶板附近等。

（4）抽放瓦斯。对于采用一般通风方法不能解决瓦斯越限的矿井或工作面，可以采用抽放瓦斯的方法，将瓦斯抽排至地面。

B　防止瓦斯被引燃的措施

防止瓦斯被引燃的原则是，禁止一切非生产火源的出现，对生产中可能产生的火源要严格管理和控制。具体措施如：防止明火、爆破火花、电火花和摩擦火花等。

C　防止瓦斯爆炸事故扩大的措施

建立完善合理、抗灾能力强的通风系统，并编制《矿井灾害预防和处理计划》。如：教育职工熟悉发生瓦斯爆炸事故时应采取的措施，撤出和躲避的避灾路线和避灾地点；所有下井人员都应佩戴自救器，并能够熟练使用等。

14.4　矿尘的危害及防治

14.4.1　矿尘的产生

矿尘是指在矿井生产过程中所产生的并能长时间悬浮于空气中的各种矿物细微颗粒的总称。其中，悬浮于空气中的矿尘称为浮尘；已沉落的矿尘称为落尘。其主要来源是在开拓、掘进、装卸、运输和提升等生产环节中，随着岩体和煤体的破碎而产生的。其中，打眼、爆破、放顶等工序生成的矿尘最多。

（1）表明矿尘产生状况的指标：

1）矿尘浓度：即悬浮于单位体积空气中的矿尘量，mg/m^3；

2）产尘强度：单位时间进入矿内空气中的矿尘量，mg/s；

3）相对产尘强度：每采掘1t矿（岩）所产生的矿尘量，mg/t。

（2）矿尘产生量的影响因素：

1）地质构造。地质构造复杂、断层、褶皱较多，岩层和煤层遭到破坏的地区，开拓、开采时矿尘的产生量较大。

2）生产的机械化程度、有无消尘措施及开采强度。采掘机械化程度高，采掘强度大时，矿尘的产生量大。在地质条件和通风状况基本相同的情况下，采用不同的机械及有无防尘措施，产尘量相差很大。

3）煤、岩的物理性质。一般情况下，煤质脆、节理发育、结构疏松、水分少的煤层，开采时，矿尘的产生量大；

4）采煤方法。在同一工作面采煤方法的不同，矿尘的产生量也不同。如：在急倾斜煤层用倒台阶采煤法比用水平分层采煤法产尘量大；在缓倾斜煤层中，全面冒落采煤法比充填采煤法生成的煤尘的量大；

5）作业环境。作业环境中温度、湿度及通风状况的不同也会影响矿尘的产生。如：当作业场所的湿度高、湿度低时，浮尘的浓度就大；在急倾斜倒台阶采煤工作面下行通风比上行通风产尘量少。

14.4.2 矿尘的危害

矿尘的危害性是多方面的，它的存在不但会导致生产环境恶化，机械设备磨损加剧，机械设备使用寿命的缩短，还严重危害人体健康，引起各种职业病。

人体在长期吸入矿尘后可能会引起呼吸道发炎或肺部发生病变，如尘肺病。有些粉尘会引起支气管哮喘，过敏性肺炎，甚至呼吸系统肿瘤等。另外，矿尘还能刺激眼膜，引起角膜炎，造成视力减退；矿尘沾在皮肤上，还会阻塞毛孔，可能引起皮肤炎症等。

尘粒在呼吸性系统中的沉积可分为上呼吸道区、支气管区与肺泡区，能进入到肺泡区的粉尘称为呼吸性粉尘，危害最大。我国常将粒径小于5μm的粉尘称为呼吸性粉尘。随空气进入呼吸道粉尘，粒径大于5μm的被气管分泌黏液黏着，通过咳嗽随痰吐出；粒径小于5μm的进入细胞后，部分被吞噬细胞捕捉并排出体外，还有小部分沉积在肺泡中，在肺组织内形成纤维性病变和矽结节，逐步发展，肺组织部分失去弹性，则呼吸功能减退，出现咳嗽、气短、胸痛、无力等症状，严重时丧失劳动能力。

尘肺病是我国发病范围最广、危害最为严重的职业病，特别是在矿山，我国的尘肺病人约80%发生在矿山。

尘肺病分为三期：（1）一期：体力劳动时感到呼吸困难，胸痛，轻度咳嗽；（2）二期：在重体力劳动或一般工作中感到呼吸困难，胸痛，干咳或咳嗽带痰；（3）三期：即使休息或静止不动也感到呼吸困难，胸痛，咳嗽带痰。

14.4.3 矿尘的防治

14.4.3.1 矿尘浓度标准

矿尘对人体健康和生产危害较大，为保护工人免受矿尘危害，防止尘肺病的发生，国家制定了卫生标准。《工业企业设计卫生标准》（TJ 36—79）就规定了各作业场所粉尘最高容许浓度值，见表14-5。

《金属非金属矿山安全规程》要求，入风井巷和采掘工作面的风源含尘量不得超过0.5mg/m^3。

表14-5 作业场所粉尘最高容许浓度

物质名称	最高容许浓度①/mg·m^{-3}
含有10%以上游离二氧化硅的粉尘②	2
石棉粉尘及含有10%以上石棉的粉尘	2
含有10%以下游离二氧化硅的滑石粉尘	4
含有10%以下游离二氧化硅的水泥粉尘	6
含有10%以下游离二氧化硅的煤尘	10
铝、氧化铝、铝合金粉尘	4
玻璃棉和矿渣棉粉尘	5
烟草及茶叶粉尘	3
其他粉尘③	10

①作业场所总粉尘浓度，即工人工作地点空气中有害物质所不应超过的数值。

②含有80%以上游离二氧化硅的生产性粉尘，宜不超过1mg/m^3。

③其他粉尘，系指游离二氧化硅含量在10%以下，不含有毒物质的矿物性和动植物性粉尘。

14.4.3.2 矿山综合防尘措施

矿山作业采取综合防尘措施，才能达到有效的除尘效果，使工作面粉尘浓度达到国家规定的卫生标准。目前较行之有效的综合防尘八字措施：风、水、密、护、革、管、教、查，即通风防尘、湿式作业、密闭尘源、个体防护、技术革新、科学管理、宣传教育、定期检查。

A 通风防尘

通风防尘就是利用矿井通风手段，引进新鲜风流，稀释或排出进入矿内空气中的矿尘。通风除尘必须具备一定的风速，规程规定的最低排尘风速是：硐室型采场不应小于0.15m/s；巷道型采场和掘进巷道不应小于0.25m/s；电耙道和二次破碎巷道不应小于0.5m/s。

在巷道中，风速过高又会造成已落矿尘重新飞扬。规程规定井巷最高风速是：采矿场和采准巷道不得超过4m/s；运输巷道和采区进风道不得超过6m/s；提升人员和物料的井筒，主要进风道和回风道、修理中的井筒不得超过8m/s。

B 湿式作业

湿式作业是矿山必须采取的一项有效而简便的防尘措施。它包括湿式凿岩、水封爆破、喷雾洒水、刷洗井巷周壁、喷雾净化风流等。

湿式作业的前提是必须有防尘用水。矿井防尘用水量和贮水池集中供水，其水压根据所用凿岩机和喷雾器的工作水压来确定，供水水压可用贮水池与用水地点间的高差来保证，并可用中间降压站、自动减压阀或普通水阀门来调节。

在分散的小矿区和边远矿段、当耗水量较小时，可采用独立供水装置。通常是采用移动水箱，借助压缩空气作为动力，将水箱中的水输送到用水地点，来供给各湿式作业机具。

规程规定，防尘用水中固体悬浮物不得大于150mg/L，其 pH 值要求在6.5～8.5之间。

C 密闭尘源

通常产生强度高的产尘点（如溜井倒矿、振动放矿等），往往会使矿尘向外围扩散，不易控制。如果在不影响正常作业的前提下，将产尘点密闭起来，并使密闭空间内保持一定的负压，矿尘就不会扩散。

D 个体防护

在采取各种通风防尘措施之后，矿内空气仍会有一些微细矿尘，这时防止矿尘吸入人体的措施就是个体防护。

目前个体防护的工具主要是防尘口罩。对防尘口罩性能的要求是，对呼吸性粉尘（粒度在5μm以下）的阻尘率应不低于96%，并且呼吸阻力小，佩戴方便，不影响视野。

15 矿山爆破安全

爆破工程是利用炸药爆炸瞬间释放的巨大能量，破坏炸药周围介质或使其变形，从而达到一定的工程目的的技术。采矿工程中，在矿石或岩石上钻凿炮眼称为凿岩，将炸药装入炮眼，把矿石或岩石从它们母体上崩落下来，称为爆破。矿山爆破工程就是利用炸药爆炸来破碎岩石和矿石的技术。

15.1 爆破作业安全管理

在所有行业的作业工种中，爆破作业的危险性最高，由于爆破作业离不开对外部作用敏感的爆破器材和炸药，爆破事故一旦发生就是不可逆转和损失惨重的。因此，矿山爆破的安全管理是矿山安全管理的重要组成部分。

矿山爆破作业必须严格遵守《爆破安全规程》、《金属非金属地下矿山安全法规》、《冶金群采矿山安全试行规程》等的有关规定。

15.1.1 管理制度及作业规定

15.1.1.1 管理制度

（1）进行爆破作业的企业，必须建立专门的管理机构和配备专门的管理人员。必须设有爆破工作领导人、爆破工程技术人员、爆破班长、爆破员和爆破器材库主任。其中，爆破工作领导人、爆破工程技术人员应由经过爆破安全技术培训考试合格的工程师、技术员担任；爆破器材库主任和爆破班长应由爆破技术人员或经验丰富的爆破员担任。

（2）各种爆破作业必须使用符合国家标准或部颁标准的爆破器材，不准使用擅自制造的炸药；

（3）凡从事爆破工作的人员，都必须经过培训和考试，取得当地县公安部门颁发的《爆破员作业证》后才准进行爆破作业。取得《爆破员作业证》的新爆破员，应在有经验的爆破员指导下实习三个月后，方准独立进行爆破工作。爆破员从事新的爆破工作，必须经过专门培训。

15.1.1.2 作业规定

（1）一切进行爆破工作的人员、单位及主管部门，都必须严格遵守《爆破安全规程》，在煤矿井下爆破还必须同时遵守《煤矿安全规程》。各种爆破必须使用符合国家规定标准的爆破器材。新的爆破技术、工艺和爆破器材，必须经主管部门鉴定合格后，方准在爆破工作中推广使用。

（2）一切爆破作业必须按审批的爆破说明书和爆破设计书进行。爆破设计书应由单位的主要负责人批准。爆破说明书由单位总工程师或爆破工作领导人批准。

(3) 大爆破作业应有现场指挥。大爆破设计书的审批权限由各主管工业部规定，大爆破作业除报主管部门批准外，应征得当地县（市）公安部门同意。

(4) 硐室爆破，蛇穴爆破、深孔爆破、金属爆破、拆除爆破以及在特殊环境下的爆破工作，都必须编制爆破设计书。

(5) 进行裸露药包爆破和浅眼爆破时应编制爆破说明书。其内容包括装药量、装药结构、起爆方法、填塞长度等。

(6) 当爆破作业地点有下列情形之一时，禁止进行爆破作业：

1) 有冒顶或边坡滑落危险；

2) 工作面有涌水危险或炮眼温度异常；

3) 通道不安全或通道阻塞；

4) 距工作面 20m 内风流中瓦斯含量达到或超过 1%，或有瓦斯突出征兆；

5) 进行中深孔、深孔爆破时，爆破参数或施工质量不符合设计要求；

6) 危险区边界上未设警戒；

7) 危及设备、支架、巷道或建筑物安全，无有效防护措施；

8) 光线不足或无照明；

9) 未严格按照规程要求做好准备工作。

(7) 在城镇居民区、风景名胜区、重点文物保护区和重要设施附近进行爆破，须征得主管部门批准，与当地有关主管部门协商，并征得当地县（市）以上公安部门同意。

(8) 进行爆破器材加工和爆破作业的人员，禁止穿化纤衣服。在大雾天、雷雨时、黄昏和夜晚，禁止进行露天爆破。需在夜间进行爆破时，必须采取有效的安全措施，并经主管部门批准。遇雷雨时应停止爆破作业，并迅速撤离危险区。用明火照明时，明火应远离爆破器材，以防灯具点燃爆破器材。

(9) 装药时，必须遵守以下规定：

1) 装药要使用木制炮棍；

2) 装起爆药包时，严禁投掷或冲击；

3) 一旦起爆药包没装到位，禁止拔出或硬拉起药包中的导火索、导爆索或电雷管脚线，应按处理盲炮的有关规定处理。

(10) 进行填塞工作时，必须遵守以下规定：

1) 装药后，必须保证填塞质量，禁止采用无填塞爆破；

2) 浅孔爆破时，一般填塞长度为孔深的 1/3；

3) 禁止使用石块和易燃材料填塞炮孔；

4) 堵塞要十分小心，不得破坏起爆线路；

5) 禁止捣固直接接触药包的填塞材料或用填塞材料冲击起爆药包。

(11) 爆破工作开始前，必须确定危险区的边界并设置明显的标志。地下爆破应在有关通道上设置岗哨。回风巷应设路障，并挂上“爆破危险区，不准入内”的牌子；

(12) 爆破员进入放炮地点后，应检查有无冒顶、危石、支护破坏和盲炮现象。如果发现有这些现象，应及时处理。若不能处理时，应设立危险警戒或标志。

(13) 处理盲炮必须遵守以下规定：

1) 无关人员不准在场；

2）处理盲炮时应在危险区边界设立警戒，危险区内禁止进行其他作业；

3）禁止拉出或掏出起爆药包；

4）电力起爆发生盲炮时，须立即切除电源，将爆破网路短路。

（14）处理裸露爆破的盲炮，允许用手小心地去掉部分封泥，在起爆药包上重新安置新的起爆药包，加上封泥起爆。

（15）处理浅眼爆破的盲炮，可采取以下方法：确认炮孔的起爆线路完好时，重新起爆；可采用打平行眼装药爆破，平行眼距盲炮孔口不得小于30cm，为确保平行炮眼的方向，允许从盲炮孔口起取出长度不超过20cm的填塞物；可用木制、竹制或其他不发生火星的材料制成的工具，轻轻地将炮眼内大部分填塞物掏出，用药包诱爆。

15.1.2 爆破器材安全管理

爆破器材大都属于危险品，应遵守国家《爆破安全规程》的规定，对爆破器材的位置、结构、设施、容量和管理都有严格的要求。

15.1.2.1 爆破器材的贮存

爆破器材在贮存过程中，必须严格管理，必须贮存在爆破器材库里，并且在贮存和保管过程中，须严防爆破材料变质、自爆或被盗而导致重人事故。

A 爆破器材库的种类、设立与容量要求

爆破器材库是专门存放爆破器材的场所，不得和其他物品混用。且设立爆破器材库必须凭县（市）以上主管部门的批准文件、设计图纸和专职人员登记表，向所在地市（县）公安局申请，经审查许可后，方可建立爆破材料库。

爆破器材库按用途可分为矿区总库和地面分库，按修建位置可分为地面爆破材料库和井下爆破材料库，按服务年限分，又可分为永久爆破材料库（即服务年限大于两年的爆破材料库）、临时爆破材料库（即服务年限小于两年的爆破材料库）和短期临时爆破材料库（即服务年限在三个月以内的爆破材料库）。

地面总库专对地面分库或井下爆破材料库供应爆破材料，禁止从总库直接将爆破材料发给放炮员。总库的炸药贮存量不得超过本单位半年生产用量，起爆器材不得超过一年生产用量。

地面分库可将爆破材料供应井下爆破材料库，也可直接发给放炮员。其贮存量不得超过三个月的生产用量，起爆器材不得超过半年生产用量。

硐室式库的最大容量不得超过100t。井下只准建分库，其炸药库容量不得超过3昼夜生产用量，起爆器材不得超过10昼夜生产用量。

B 爆破器材的安全保管

爆破器材的安全保管具有两方面的意义：一是确保爆破器材的质量，不发生变质、自爆等现象；二是确保爆破器材不发生人为和意外事故。

爆破器材的质量管理，指的是库内爆破器材必须是质量和性能都完全清楚的器材，对质量不合格或性能不明确的爆破器材不得进库；对库内爆破器材要定期检查，一旦发现质量变化，性能变化且已不符合要求的，应及时销毁；对爆破器材的存放条件（如温度、湿度等）应经常测定，对不正常的环境条件应及时采取措施，创造良好的库内环境条件。

爆破器材库必须是经过培训的专人负责管理，制定严格的管理制度。无关人员一律不得进入库区，与库区管理无关的工具设备和杂物也一律不得存放库区。爆破器材的进出库管理尤其重要，必须严格按照有关部门审批时间和数量进库和出库，使用剩余的爆破器材必须按数存放在临时库或爆破中一起销毁，杜绝爆破器材流入民间和非责任人手中。

爆破器材库除设置必要的防火防盗器材或装置外，还要有完善的防火防盗管理措施，一旦发现被盗，应及时向当地公安部门报案。

15.1.2.2　爆破器材的运输

爆破器材在装运过程中，如果受到撞击、冲击或摩擦，很可能被引发爆炸。因而在装运过程中必须严格执行《中华人民共和国民用爆炸物品管理条例》、《爆破安全规程》及《煤矿安全规程》中的有关条款，确保安全。

爆破器材的运输必须事先经公安机关允许并指定专人负责，在武装人员监护下进行。其运输工具必须是经有关机关签订的专车运输，不能和其他物品或人员混运，并标以鲜明的“危险”标志，且运输负责人不得携带任何烟火或发火物品。

爆破器材的运输路线，必须经公安部门同意，不得随意改变。且其运输应尽量选在白天，如必须在夜间运输，一定要有充足的照明，但不能用明火，可用矿灯或手电。但雷管不能在夜间装卸。夜间运输时，车辆前后应标有危险的信号灯。

不同感度的爆破器材应分车运输，利用同一车辆运输的爆破器材应符合表15-1的要求。运送硝化甘油炸药时，必须采取防冻措施，已冻结或半冻结的硝化甘油炸药禁止运输。

表15-1　爆破器材允许同库存放条件

爆破器材名称	雷管类	硝铵类炸药	导火索	黑火药	射孔弹类	导爆索类	属 A_1 类单质炸药	属 A_2 类单质炸药
雷管类	√	×	×	×	×	×	×	×
硝铵类炸药	×	√	√	×	√	√	√	√
导火索	×	√	√	×	√	√	√	√
黑火药	×	×	×	√	×	×	×	×
射孔弹类	×	√	√	×	√	√	√	√
导爆索类	×	√	√	×	√	√	√	√
属 A_1 级单质炸药	×	√	√	×	√	√	√	√
属 A_2 级单质炸药	×	√	√	×	√	√	√	√

注：1. 表中“√”表示可同库存放；“×”表示不可同库存放；

2. 雷管类包括火雷管、导爆管雷管和电雷管；

3. 属 A_1 级单质炸药类为黑索金、泰安、奥克托金和上述单质炸药为主要成分的混合炸药或炸药块（柱）；

4. 属 A_2 级单质炸药类为梯恩梯和苦味酸及以梯恩梯为主要成分的炸药或炸药块（柱）；

5. 导爆索类包括各种导爆索和以导爆索为主要成分的产品，包括继爆管和爆裂管。

15.2 爆破事故预防

15.2.1 爆破事故分析

爆破事故在矿山伤亡事故中占有较大比例。矿山爆破工程中的意外事故主要有炸药的早爆、自爆、迟爆、拒爆、燃烧和炮烟中毒等。

（1）早爆。炸药的早爆通常是在实施爆破前，运送爆破材料、制作引药、装药连线过程中发生的意外爆炸，是爆破工程中发生频率最高、危害最大的爆破事故。它具有突发性，一旦发生早爆事故，会造成人员伤亡，并易引起瓦斯煤尘爆炸，危害极大。爆破施工中，杂散电流、静电、雷电、射频电等外来电流都可能引起电雷管早爆。此外，爆破器材在运输、储存、加工、检测和装填过程中受到猛烈冲击、摩擦或受热也会发生爆炸或由燃烧转为爆炸。

（2）自爆与迟爆：

1）自爆。自爆是由于爆破器材所含成分不相容或爆破器材与环境不相容而发生的意外爆炸。例如：含有氯酸盐的硝铵炸药中的氯酸盐与硝酸铵发生化学反应引起的自爆，即属于爆破器材所含成分不相容造成。我国已命令禁止生产含有氯酸盐的硝铵炸药，并规定任何爆破器材新品种定型时，必须提供其所含成分具有相容性的科学依据。

爆破器材与环境不相容可分为：

物理不相容。例如：在高温矿区爆破时可能发生物理不相容造成的自爆；

化学不相容。例如：高硫矿物爆破时使用硝铵炸药发生的自爆。

2）迟爆。迟爆是炸药在正常起爆后产生了拒爆（盲炮），但当人们尚未处理或正在处理时突然发生的意外爆炸。

发生迟爆的主要原因是爆破器材的质量方面，如：雷管起爆威力不够，只引燃了炸药，后才转为爆炸，或者炸药起爆感度低，雷管爆炸时仅引燃了炸药，后转为爆炸等等，这些都会造成迟爆现象。

（3）拒爆。拒爆是指爆破装药的一部分或全部在起爆后没有爆炸的现象，也称盲炮。

产生拒爆的原因有很多，可分为：

人为因素。如：爆破设计不合理，装药、填塞不慎引起的爆破网路断路、短路或炸药与雷管分离等；

物的因素。如：爆破器材变质或过期，爆破器材质量不合格等。

（4）炸药燃烧和炮烟中毒：

1）炸药燃烧。矿用炸药中混有木粉、松香、石蜡或柴油成分，遇到引火源会引起燃烧，放出大量的热，并产生大量的有毒有害气体，可令作业人员中毒，造成重大伤亡事故。

2）炮烟中毒。炮烟是指炸药燃烧或爆炸后产生的有毒有害气体的总称，主要成分有：一氧化碳（CO）、二氧化碳（CO_2）、氮氧化物（NO、NO_2、N_2O_5）、硫化氢（H_2S）和二氧化硫（SO_2）等。炮烟对人体的危害很大，不同的毒物对人体的毒理作用不同。

炮烟中毒是金属非金属矿山井下最主要的伤亡事故之一。大多数炮烟中毒事故都是发生在通风条件差的情况下违章行为造成的。

（5）其他爆破事故。除了上述的几种爆破事故外，采掘过程中还会出现打残眼、避炮不当、看回头炮等不安全行为以及炸药加工、储存、运输和销毁过程中可能出现的其他爆破事故。

15.2.2 爆破事故预防

爆破事故常引起重大伤亡或降低爆破效率，因此，研究造成这些事故的原因及其对策是爆破安全管理的重要任务之一。

针对上述的爆破事故，应采取如下的预防和处理措施。

15.2.2.1 早爆事故的预防

根据前述早爆事故产生的原因，具体预防措施可归纳为：

（1）杂散电流的防治。井下爆破时，应经常监测杂散电流情况，当超过30mA时，必须采取可靠的防治措施，如：及时清除撒落的硝铵炸药和巷道积水，防止化学电；在爆区采取局部或全部停电的方法，使杂散电流迅速下降，必要时可将爆区一定范围内的铁轨、风水管等金属导体拆除，在装药联线过程中，避免起动和关闭电器等。

（2）静电的防治。尽量减少静电的产生和将已产生的静电电荷导入大地，以及研制抗静电雷管等。如：采用喷雾洒水提高井下空气相对湿度，严禁干式打眼，应采用湿式打眼；消除人体静电的产生，在要求高的爆破作业中，作业人员应穿防静电服装和鞋袜。井下工作人员严禁穿化纤衣服等。

（3）雷电的预防。预防雷电早爆的常用措施有：加强天气预报工作，尽量避免在雷雨天爆破；爆破作业如遇雷雨，应立即停止，一切人员撤至安全地点，并将爆破器材撤离爆区等。

（4）射频电和高压感应电的预防。在高频高压电源附近进行电爆破施工时，应保持规定的安全距离；尽量缩小爆破网路尺寸，使网路导线所圈定的闭合面积最小；爆破网路必须铺平顺直，防止弯曲圈绕等。

除了上述四种预防早爆事故的措施外，还要防止机械能和热能引起的早爆事故，冲击、摩擦、挤压等机械能以及火源和热源都可能引起爆破材料早爆，必须按照爆破材料的运输、贮存和使用中的安全措施严格执行，以防止此类早爆事故发生。

15.2.2.2 自爆与迟爆事故的预防

预防自爆事故的主要措施有：加强爆破器材的选购和检验管理，建立健全入库和使用前的检验制度，不合格的产品严禁发放；提高爆破员的专业知识水平，改进操作技术，严防爆破器材的早爆发生。

例如：防止高温造成自爆的措施有：装药前必须测定孔底温度。当孔底温度达到60～80℃时，英国用沥青牛皮纸包装炸药，炸药不得直接接触孔壁，并且装药至起爆的持续时间不得超过1h；当孔底温度达到80～140℃时，应该用石棉织物或其他绝缘材料严密包装炸药，孔内禁止用雷管而应该用经过防热处理的黑索金导爆索引爆炸药，装药至起爆的允许持续时间应经过模拟实验确定；当孔底温度超过140℃时，则应用耐高温爆破器材。

选用合格的爆破器材是防止迟爆的基本途径，具体措施有：选用合格的炸药和雷管，装药密度应处于最佳密度之间，装药时防止用力过猛捣实炸药；保证足够的起爆能，使炸药达到稳定爆轰；电雷管使用前应严格检查其起爆能力和引火装置，确保电雷管的延期时间准确。

15.2.2.3 拒爆事故的预防

拒爆事故的预防措施有：

（1）禁止使用不合格的爆破器材，不同类型、不同厂家、不同批量的雷管不得混用，爆破材料在使用前，须严格检查其质量和性能；

（2）联线后检查整个线路，查看有无联错或漏联，接头要悬空，并进行爆破网路的计算和起爆前的检测，实测值与计算值之差应小于10%；

（3）经常检查发爆器和放炮母线，并对发炮器的起爆能力进行验算；

（4）装药前应认真清除炮孔内的岩（煤）粉，装药时要用炮棍轻推药卷和引药，防止捣实药卷使密度过大或捣坏雷管脚线；

（5）在有水和潮湿炮孔装药时，应采取有效的防水措施或选用抗水炸药；

（6）对硝铵类炸药要采取措施防止间隙效应的发生。

15.2.2.4 炸药燃烧和炮烟中毒事故的预防

根据引发炸药燃烧的原因，可采取相应的预防措施：首先应严格检查炸药雷管的质量，不合格的药卷和雷管不能使用；并按规定制作引药，装药前认真清除炮眼中的煤（岩）粉；其次装药时轻送炸药，不要猛力捣实药卷，严禁采用盖药和垫药，并采取措施防止间隙效应发生。

防止炮烟中毒事故发生的常用预防措施有：

（1）选用质量合格的允许在井下使用的炸药，并优先选用有毒气体生成量少的含水炸药，且要保证炮眼封泥长度和质量；

（2）一次爆破的炸药量要与通风能力相适应，每爆炸1kg炸药需要的风量不能小于$25m^3/min$；

（3）加强通风管理、减少漏风和通风阻力，局扇位置要符合规定、防止形成循环风，采掘工作面应避免串联通风；

（4）放炮前后，在放炮地点20m范围内要充分洒水，以便吸收、溶解部分有毒气体和粉尘，采掘工作面要实施综合防尘；

（5）放炮后要有足够的通风时间，炮烟被新鲜风流冲淡吹散后，作业人员可进入工作面，在通过炮烟区时，要用湿毛巾堵住口鼻、迅速通过；

（6）放炮工作面排烟的回风巷道，应有足够的断面，不应长期堆积坑木、煤、矸等障碍物。在距放炮地点一定距离的回风巷道中，最好挂绳、立牌作为警戒，防止有人进入浓炮烟区。

16 矿山地压控制

人们进行地下采矿活动过程中，进行着两种截然相反的工作，即破坏岩体和维护岩体。如：开挖井巷、开采矿体，就是破坏岩体；但在采掘体周围的岩体（围岩）则要维护，使之稳定安全。了解地压、控制地压，就是为了维护围岩，从而保证井下（地面）安全作业。

广义上说，地压是指地下工程活动所引起的任何形式的围岩失稳破坏的过程。在岩体中开挖了巷道，若巷道周围的岩体不够稳固就可能发生破坏、崩塌，要是其中架设了支架，它就要承受围岩的压力，如果支架强度不足以抵抗围岩的压力，则将发生破坏，如图16-1所示。巷道围岩或支架破坏的现象即所谓地压现象。由于巷道开挖于地层之中，它所承受的压力就是地层压力。因此从狭义上说，地压就是指巷道中的支架所承受的地层压力。

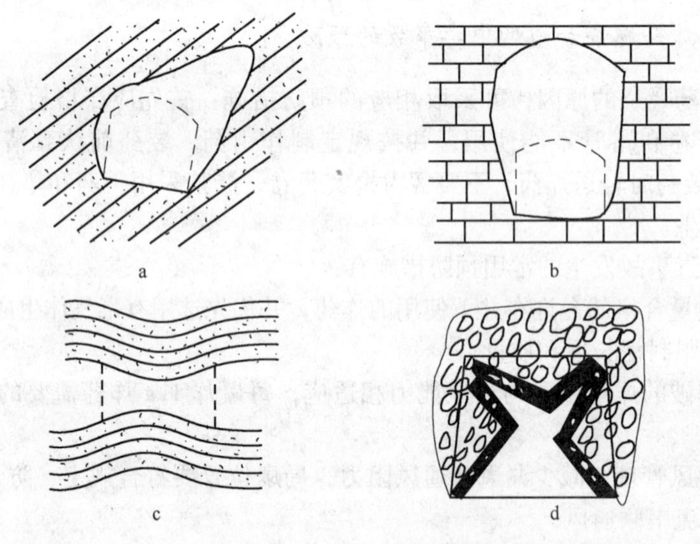

图16-1 巷道的几种破坏形式

16.1 冒顶、片帮及其预防

在采矿生产活动中，冒顶片帮事故是最常发生的事故。由于岩石不够稳定，当强大的地压传递到顶板或两帮时，岩石就会遭受破坏而引起冒顶片帮。

16.1.1 冒顶片帮事故发生的原因

正常状况下，岩矿在地壳内部是处于应力平衡状态的。由于开掘、采矿，切割了岩矿，破坏了原岩的应力平衡状态，使井巷、采场周围岩矿的应力重新分布，以致使岩矿出现变形；加上岩层的节理、断裂构造等的共同作用，顶板岩矿的变形继续增大，直至出现了顶板的下沉弯曲，当裂隙扩大到一定程度后，顶板岩矿就发生坍塌冒落，这种冒落就是常说的冒顶事故，如果冒落部位处于巷道的两帮就叫片帮。

冒顶事故的发生，一般是由于自然条件，生产技术和组织管理等多方面的主客观因素共同作用的结果。具体分析主要有以下原因：

(1) 采矿方法不合理和顶板管理不善。采矿方法不合理，采掘顺序、凿岩爆破、支架放顶等作业不妥当是导致此类事故的重要原因。例如，某矿矿体顶板岩石松软、节理发达、断层裂隙较多，过去采用了水平分层充填采矿法，加上采掘管理不当，结果形成了顶板暴露面积过大，冒顶事故经常发生。后来该矿改变了采矿方法，加强了顶板管理，冒顶事故就有了显著的减少。

(2) 缺乏有效支护。支护方式不当、不及时支护或缺少支架、支架的支撑力和顶板压力不相适应等是造成此类事故的另一重要原因。例如，某矿采场顶板与底盘的走向断层相交形成了三角岩构造，对此本应选用木垛与支柱的联合支护方案，但只打了 40 多根立柱，结果顶板来压后，立柱大部分被压坏，发生了冒顶事故。

一般在井巷掘进中，遇有岩石情况变坏，有断层破碎带时，如不及时加以支护，或支架数量不足，均易引起冒顶片帮事故。

(3) 检查不周和疏忽大意。在冒顶事故中，大部分属于局部冒落及浮石砸死或砸伤人员的事故。这些都是由于事先缺乏认真、全面的检查，疏忽大意等原因造成的。冒顶事故一般多发生于爆破后 1 ~2h 这段时间里。这是由于顶板受到爆炸波的冲击和震动而产生新的裂缝，或者使原有断层和裂缝增大，破坏了顶板的稳固性。这段时间往往又正好是工人们在顶板下作业的时间。

(4) 浮石处理操作不当。浮石处理操作不当引起冒顶事故，大多数是因处理前对顶板缺乏全面、细致的检查，没有掌握浮石情况而造成的。如撬前落后、撬左落右、撬小落大等。此外还有处理浮石时站立的位置不当，撬毛工的操作技术不熟练等原因。有的矿山曾发生过落下浮石砸死撬毛工的事故，其主要原因就是撬毛工缺乏操作知识，垂直站在浮石下面操作。

(5) 地质矿床等自然条件不好。如果矿岩为断层、褶曲等地质构造所破坏，形成压碎带。或者由于节理、层理发达、裂缝多，再加上裂隙水的作用，破坏了顶板的稳定性，改变了工作面正常压力状况，容易发生冒顶片帮事故。对于回采工作面的地质构造，顶板的性质不清楚（有的有伪顶，有的无伪顶，还有的无直接顶只有老顶），容易造成冒顶事故。

(6) 地压活动。有些矿山没有随着开采深度的不断加深而对采空区及时进行处理，因而受到地压活动的危害，频繁引发冒顶事故。

(7) 其他原因。不遵守操作规程进行操作、精神不集中、思想麻痹大意、发现险情不及时处理、工作面作业循环不正规、推进速度慢、爆破崩倒支架等，都容易引起冒顶片帮事故。

16.1.2 冒顶前的预兆

大多数情况下，在冒顶之前，会有以下预兆出现：

（1）发出响声。岩层下沉断裂。顶板压力急剧加大时，木支架会发出劈裂声，紧接着出现折梁断柱现象；金属支柱的活柱急速下缩，也发出很大声响；铰接顶梁的楔子被弹出或挤出；底软时支柱钻底严重。有时也能听到采空区内顶板发生断裂的闷雷声。常常在井下工作人员还没有听到之前，老鼠在洞里已经听到了，所以在井下岩层大破坏或大冒落之前，有时会看到老鼠“搬家”，甚至可以看到老鼠像受惊的野马，到处乱窜。

（2）掉碴。顶板严重破裂时，折梁断柱就要增加，随之出现顶板掉碴现象。掉碴越多说明顶板压力越大。

（3）片帮。冒顶前岩壁所受压力增加，片帮增多，这就说明有冒顶危险。

（4）裂缝。顶板的裂缝，一种是地质构造产生的自然裂隙，一种是由采空区顶板下沉引起的采动裂隙。老工人的经验是：流水的裂缝有危险，因为它深；缝里有水锈的不危险，因为它是老裂缝；茬口新的有危险，因为它是新生的。如果这种裂缝加深加宽，说明顶板继续恶化。

（5）脱层。顶板快要冒落的时候，往往会出现脱层的现象。检查顶板时要用问顶棚方法，如果声音清脆表明顶板完好；若顶板发出“空空”的响声，说明上下岩层之间已经离层。

（6）漏顶。破碎的顶板，在大面积冒顶以前，有时因为背顶不严和支架不牢出现漏顶现象。漏顶如不及时处理，会使棚顶托空、支架松动，顶板岩石继续冒落，就会造成没有声响的大冒顶。

（7）淋雨增加。顶板的淋头水量有明显的增加。所以在井下工作的人员，当听到或者看到上述冒顶预兆时，必须立即停止工作，从危险区搬到安全地点。必须注意的是，有些顶板本来节理发育裂缝就较多。有可能发生突然冒落，而且在冒落前没有任何预兆。

16.1.3 冒顶片帮事故的预防

要防止冒顶片帮事故的发生，必须严格遵守安全技术规程，从多方面采取综合预防措施，主要措施如下：

（1）选用合理的采矿方法。选择合理、安全的采选矿方法，制定具体的安全技术操作规程，建立正常的生产秩序和作业制度，是防止冒顶片帮事故的重要措施。

（2）搞好地质调查工作。对于工作面推进地带的地质构造要调查清楚，通过危险地带时要采取可靠的安全措施。

（3）加强工作面顶板的管理与支护和维护。为了防止掘进工作面的顶板冒落，必须使永久支架与掘进工作面之间的距离不得超过3m，如果顶板松软，这个距离还应缩短。在掘进工作面与永久支架之间，必须架设临时支架。

必须加强工作面顶板的管理，对所有井巷均要定期检查，如发现有弯曲、歪斜、腐朽、折断、破裂的支架，必须及时进行更换或维修。要选择合理的支护方式，支架要有足够的强度。采用锚杆支护、喷射混凝土支护、锚喷联合支护等方法维护采场和巷道的顶板时，支护要及时，不要在空顶下作业。

（4）及时处理采空区。矿山开采应处理好采矿区与采空区的关系，采用正确的开采顺序，及时充填、支护或崩落采空区。

（5）坚持正规循环作业。要坚持正规循环作业，加快工作进度，减少顶板悬露时间。

（6）加强对顶板和浮石的检查与处理。浮石是采场和掘进工作面爆破后极为常见而普遍存在的，要严格检查和清理，防止浮石掉落造成伤亡事故。可采用简易方法和仪器对顶板进行检查与观测，常用的简易方法有木楔法、标记法、听音判断法、震动法等。

此外，还可采用顶板警报器、机械测力计、钢弦测压仪、地音仪等仪器观测顶板及地压活动。

16.1.4 处理冒顶事故的基本原则

冒顶事故发生后，为了防止事故的扩大，应积极组织进行处理，尽快抢救遇险人员，使采矿工作早日恢复。处理的方法应根据冒顶区岩层冒落的高度、冒落岩石的块度、冒顶的位置和冒顶影响范围的大小来决定。同时，还要根据岩层厚度、开采方法等采取相应的措施。处理顶板事故的主要任务是抢救遇险人员及恢复通风等，其基本原则为：

（1）探明冒顶区范围和被埋、压、截堵的人数及可能的所在位置，并分析抢救、处理条件，采取不同的抢救方法。

（2）迅速恢复冒顶区的正常通风，如一时不能恢复，则必须利用压风管、水管或打钻向埋压或截堵的人员供给新鲜空气。

（3）在处理中必须由外向里加强支护，清理出抢救人员的通道。必要时可以向遇险人员处开掘专用小巷道。

（4）在抢救处理中必须有专人检查和监视顶板情况，加强支护，防止发生二次冒顶；并且注意检查瓦斯及其他有害气体情况。

（5）在抢救中遇有大块岩石，不许用爆破方法处理，如果威胁遇险人员则可用千斤顶、撬棍等工具移动石块，救出遇险人员。

16.1.5 处理冒顶事故的具体措施

巷道冒顶大多发生在岩层松软区和破碎带内，巷道冒顶的处理应根据实际情况，因地制宜地采取相应措施，如：

（1）撞楔法。当顶板冒落矸石块度小，冒顶区顶板碎矸没有停止下落或一动就下落时，要采取撞楔法来处理冒顶。具体操作是：处理冒顶时先在冒顶区选择或架设撞楔棚子，棚子方向应与撞楔方向垂直；把撞楔放在棚梁上，尖端指向顶板冒落处，末端垫一方木块；然后用大锤用力击打撞楔末端，使它逐渐深入冒顶区将碎矸石托住，使顶板碎矸不再下落；之后立即在撞楔保护下架设支架。撞楔的材料可以是木料、荆笆条、钢轨等。

（2）锚喷法。在巷道内有压风系统，且围岩条件允许的情况下，采用锚喷法处理冒顶，不仅节省时间，节约材料，而且作业比较安全，是目前比较广泛使用的方法。在处理冒顶时，要将浮石处理干净，清洁岩面，要注意人员和设备的安全。

（3）木垛法。当冒顶范围不大，且冒落区顶板在一定时间内尚能保持平衡状态时，可采用木垛法。

（4）穿梁护顶法。当冒顶高度不大但长度较大，用木垛法难以处理时，可采用穿梁护顶法。

(5) 人工假顶法。当巷道冒顶严重，其他方法难以处理时，可采用钻孔注浆形成人工假顶的方法处理。

16.2 岩爆及其预防

岩爆是岩体破坏的一种形式，是处于高应力或极限平衡状态的岩体或地质结构体，在采矿开挖活动的作用下，其内部储存的应变能瞬间释放，造成开挖空间周围部分岩石从母岩体中急剧、猛烈地突出或弹射出来的一种动态力学现象。岩爆的发生常伴随着岩体震动。

16.2.1 岩爆发生的原因

未受采矿活动扰动前，矿区内的岩体处于稳定的初始平衡状态（这里没考虑地壳运动产生的自然地震）。采矿活动的开展破坏了上述这种平衡状态，导致岩体内的应力重新分布。应力重新分布将产生两种结果：一种是应力场重新调整后，岩体趋于新的平衡（也就是应力未超过岩体强度极限）；另一种是应力变化后，某一处的应力超过了该处岩石材料（或岩体构造）的强度，使岩体丧失了稳定性，也就是发生了破坏。岩体的破坏可能是缓慢的破坏，也可能是突然猛烈的破坏。研究岩爆就是研究岩体的后一种破坏形式——突然猛烈破坏。

岩体突然猛烈破坏的原因很复杂：它可以是由于地下工作面的开挖使地下空间临空面岩体应力急剧升高，岩体平衡状态被打破而使这部分岩体在瞬间发生破坏；也可以是由于地下开挖造成应力升高，使部分开挖工作面自由暴露面附近岩体处于高应力（或极限平衡）状态，这时岩体内积聚了相当大的应变能。随后在其附近的采矿活动产生了新的应力波，传到处于高应力（或极限平衡）状态的岩体处，由于应力叠加值超过了岩体（或岩体结构面）强度，导致大面积岩体在瞬间突然破坏。

16.2.2 岩爆破坏的表现形式及破坏机理

16.2.2.1 岩爆破坏的表现形式

矿山地震学研究结果表明，矿山岩爆是矿山岩体强烈震动的结果。矿山岩体震动事件中只有小部分会导致矿山岩爆现象的发生。大量矿山岩爆实例表明，岩爆发生时岩爆破坏的表现形式主要有以下几种：

(1) 地下坑道临空面岩石突然破坏产生裂隙，导致岩石体积向空区内膨胀，有时甚至导致巷道完全闭合而被堵死；

(2) 巷道周边岩石板状或片状突然弯曲折断；

(3) 节理裂隙（可能是节理发育岩体的原有裂隙，也可能是完整岩石在应力高度集中区内瞬间产生的裂隙）切割成的岩块被震落或弹射出，这时岩爆的震源与岩体破坏地点不在一处；

(4) 接近失稳状态的巷道顶板岩块（节理裂隙切割出来的楔块）受震动扰动突然掉落（重力做功为主）。

16.2.2.2　岩爆的破坏机理

分析上述岩石破坏表现形式（结合岩爆的震源机理），岩爆破坏巷道的机理可归纳为以下两种：

（1）岩体破裂导致岩体体积肥胀（有时伴随岩石弹射，有时无弹射现象）地下巷道周边应力超过岩体强度时，岩体内会产生裂隙导致岩体膨胀。如果岩体破坏迅速发生，这种破坏机理通常称作应变型岩爆（这与震源机理相同）。这是地下巷道和土木工程隧道中最常见的岩爆。

（2）地震能传播导致岩块弹射破坏机理。远处震源的应力波传播到地下空间自由面，导致原已存在的地质构造分割出来的离散岩块的猛烈弹射。岩块弹射的速度和可能造成破坏的严重程度与岩爆震源释放的能量大小和震源距巷道自由面的距离有关。

16.2.3　影响岩爆的因素及相应处理措施

岩爆是矿岩受到开挖影响和扰动后发生猛烈破坏的一种自然现象，是矿岩本身力学性质（内在因素）和外界影响因素（诱发因素）某种组合的结果。

影响岩爆发生的因素即有内在因素和诱发因素两大类。

岩爆的内在因素是指未受开挖影响时，矿岩本身的力学性质和矿岩所处的原岩应力场。如：岩性、岩体结构构造特征（断层、褶皱、节理和坚硬/软弱夹层的发育程度和优势方位）、岩体强度、岩体含水率、岩石破坏特征（岩爆倾向性）和原岩应力场等，其中最主要的是岩石的岩爆倾向性和原岩应力场。

岩爆的内在因素有些可以通过采取主动措施加以改变，如岩层注水可以改变岩体含水率；岩体预处理可以降低岩体的强度和岩爆倾向性。另一些岩爆的内在因素是无法改变的，如岩性、原岩应力场和岩体内固有的结构构造等就没法改变。

诱发岩爆的因素主要是指有关生产的工艺和技术。如采矿方法、采场（巷道）的形状和结构参数、采掘工作面推进方向和速度、回采顺序以及支护形式等都影响到岩爆的发生。

从理论上讲，诱发岩爆的因素都是可以改变或改善的，如：避免在采场内留孤岛或半岛矿柱；选择巷道和采场的合理形状和结构参数，防止岩体应力过分集中；不采用相向推进采掘顺序，而是沿构造走向或垂直背离走向推进工作面；充分利用班末集中爆破后的通风时间将人员撤离井下工作面，避开岩爆高发期；以及按岩爆特点选择支护形式减轻岩爆破坏程度等。

16.2.4　岩爆前兆

岩爆是岩体破坏的一种表现形式，其特点是岩体在瞬间失去承载能力。既然是岩体破坏就离不开应力的升高和应变能的积聚。研究岩爆的前兆就是研究岩爆发生前岩体表现出来的特征，这些特征有些是人们在生产过程中可以直接察觉到的，另一些必须借助于检测仪器才能认识或察觉到。综合众多研究者的研究成果，岩爆发生前岩体的特征可归纳为以下几个方面：

（1）用金刚石钻机进行地质勘探时，取出的岩心呈规则饼状。理论上讲，饼状岩心出现本身就可以理解为小规模的孔内岩爆。

（2）生产凿岩过程中，出现岩粉量增加且岩粉颗粒变粗的现象。岩粉量越大说明微型岩爆越强烈。

（3）凿岩工在凿岩放炮过程中发现有“好打好爆”的明显特征，如：凿岩速度快、进尺率高等。

（4）开挖空间周边岩体位移速度加快。位移速度加快是岩体破坏前的突出特征之一。

（5）矿山地震学参数的变化规律。借助于矿山微震监测技术对矿山岩体变化实现实时监测，从地震学参数的变化了解矿山的岩爆现象。

利用上述岩爆发生前岩体对采矿活动反应特征的变化特点可以对破坏性岩爆进行预测和预报。

17 矿山火灾控制

矿山火灾是工矿企业中的主要灾害事故之一，具有很大的破坏作用，往往造成人员伤亡、机械设备受损、矿产资源烧毁或冻结等。因此，掌握矿山火灾发生的原因与规律，加强管理和按章作业，就有可能减少或防止火灾的危害。

17.1 概述

凡是发生在矿山地面或井下，威胁矿山生产，造成损失的非控制燃烧均称为矿山火灾。根据发生火灾的地点不同可分为地面火灾和矿井火灾两种。地面火灾是指发生在矿井工作场地的厂房、露天矿场、井架、仓库、贮矿堆等处的火灾；矿井火灾是指发生在井下（如巷道、采场、井筒、井下硐室、井底采场和采空区等）和发生在地面但火焰及有害气体可随风流进入井下威胁井下安全的火灾。

矿井火灾与地面火灾不同，由于井下空间有限，供氧量不足，当火源不是靠近通风风流时，火灾只是在有限的空气流中缓慢地燃烧，没有地面火灾那么明显的火焰，但却生成大量有毒有害气体，这是矿井火灾易于造成重大事故的一个重要原因。另外，发生在采空区或矿柱内的自燃火灾，是在特定条件下，由矿岩氧化自热转为自燃的。

17.1.1 矿井火灾分类

根据引火热源的不同，矿井火灾可分为外因火灾（外源火灾）和内因火灾（自燃火灾）两种。

17.1.1.1 外因火灾

外因火灾是指由于外部热源（如：明火、放炮、机械摩擦、静电、电流短路等）引燃可燃物造成的火灾。其特点是：可发生在矿井任何地点，但多发生在风流畅通的地点（如采掘工作面、井筒、井口房、井底车场、机电硐室、运输机巷、火药库等），这些地点氧气充足，发火突然，来势较猛，很快出现烟雾和火焰，故易于及时发现和扑灭。但如发现不及时或灭火方法不恰当，火势发展迅速，则可能酿成重大火灾。

17.1.1.2 内因火灾

内因火灾是由于矿岩本身的物理、化学反应热所引起的，是矿岩自身吸氧、氧化、发热、热量逐渐积累达到着火温度而形成的火灾。它的发生有一个或长或短的过程，有预兆。其特点为：火源隐蔽，往往发生在人们难以或不能进入的采空区或矿柱内，很难及早发现，也不容易找到火源的准确位置，从而增加了灭火的困难，火灾可能持续很长时间，以致有的自燃火灾可以持续数月、数年、数十年而不灭。燃烧的范围逐渐蔓延扩大，还会烧毁大量矿藏资源，冻结大量可采储量。

17.1.2　矿井火灾危害

矿井火灾危害主要体现在：

（1）矿井火灾会毁坏设备和资源，造成巨大经济损失；

（2）产生大量有毒有害气体，且有毒有害气体会随风流扩散至相当大的区域甚至全矿，容易造成人员伤亡；

（3）在火源及邻近处产生高温，从而引燃邻近处可燃物，使火灾范围迅速扩大，甚至引起爆炸。

17.2　矿山火灾原因

17.2.1　外因火灾的发生原因

在我国非煤矿山中，矿山井下存在的可燃物种类较少，主要是木材、油类、橡胶或塑料、炸药及可燃性气体等。其中，木材主要用于各种巷道、硐室的支架；油类包括各种采掘设备和辅助设备的润滑油、液压设备用油及变压器油等；橡胶、塑料主要用于电线、电缆包皮及电气设备绝缘等。因此，矿井外因火灾绝大部分是因为木支架与明火接触，电气短路、照明和电气设备的使用和管理不善，在井下违章进行焊接作业、使用火焰灯、吸烟或无意、有意点火等外部原因所引起的。

引起外因火灾的原因可概括如下：

（1）明火引起的火灾。明火引起的火灾，主要是在矿井作业的职工使用电石灯、吸烟、电焊火星、使用大灯泡或电炉取暖等与各种易燃物如棉纱、碎木屑、油毛毡接触引起的火灾。爆破作业和焊接等明火是引发矿井火灾事故的主要原因。

（2）电弧和电火花引发的火灾。井下电气设备、照明灯具、电源线路、绝缘击穿、电气开关熄弧不良等，会产生强烈的电弧或电火花，瞬间温度可达1500～2000℃，容易点燃可燃性物质而引发火灾。另外，由于各种原因产生的静电放电也会产生电火花，引燃可燃性气体。

（3）过热物体引发的火灾。过热物体的高温表面是常见的矿山火灾引火源。矿井各种机械设备的运转部位在润滑不良、散热不佳或在设备发生故障的状态下，会因摩擦发热而温度急剧升高，从而引燃可燃物，导致发生火灾。随着目前矿山机械化、自动化程度的不断提高，井下电气设备越来越多，若对电气设备的使用、维护不当，其线路和设备就可能因过负荷而发热。另外，井下使用的电热设备、白炽灯也是不可忽视的引火源，在散热不良而热量蓄积的情况下，也可引燃附近的可燃物。

17.2.2　内因火灾的发生原因

矿山内因火灾是由于矿物本身的氧化自燃引起的，主要发生在开采有自燃倾向的硫化矿床矿山。当堆积的含硫矿物与空气接触时，会氧化发热，同时向空气中散发热量，在通风不良的情况下，当氧化生成的热量大于向周围散发的热量时，热量积聚使该物质温度升高，并加速矿石氧化，物质不断升温，直到其着火温度，即引起自燃。

17.2.2.1 影响物质自热、自燃的因素

若物质氧化过程产生的热量低于向周围介质散发的热量，则无升温自热现象。因此，影响物质自热、自燃的因素可归结为以下三个方面：

（1）该可燃物质的氧化特性；

（2）空气供给的条件；

（3）可燃物质在氧化或燃烧过程中与周围介质热交换的条件。

其中，第一个因素是属于物质发生自燃的内在因素，仅取决于物质的物理化学性质；而后面两个因素则取决于矿床的地质情况和开采的技术条件。

17.2.2.2 矿岩氧化过程的发展阶段

任何一种矿岩自燃的发生，即为矿岩的氧化过程，在此整个过程中，由于氧化程度的不同，必然呈现出三个不同的发展阶段，即氧化、自热和自燃。

这三个阶段可用矿岩的温升来表示和划分，根据矿岩从常温到自燃整个温升过程的激化程度，可分为：

（1）低温氧化阶段：即常温至100℃矿岩水分蒸发阶段；

（2）高温氧化阶段：即100℃至矿岩着火温度阶段；

（3）燃烧阶段：即矿岩着火温度以上阶段。

任何一种矿岩的自燃必须经过上述温升的三个阶段，矿岩是否属于自燃矿岩，也必须根据温升的三个阶段来确定。

17.3 矿山火灾扑灭

矿山井下一旦发生火灾时，矿山企业的首要任务是：一方面保障井下作业人员的安全，另一方面要采取一定的通风措施，控制风流，不允许风流发生逆转造成火烟弥漫井巷或有害气体毒化井巷以及发生瓦斯爆炸。

17.3.1 矿井灭火的一般要求

（1）离城市15km以上的大、中型矿山，应成立专职消防队，小型矿山应有兼职消防队，自然发火矿山或有瓦斯的矿山应成立专职矿山救护队。救护队必须配备一定数量的救护设备和器材，并定期进行训练和演习。对工人也应定期进行自救教育和自救互救训练。

（2）矿井每年应编制防火计划，该计划的内容包括防火措施、撤出人员和抢救遇难人员的路线、扑灭火灾的措施、调度风流的措施、各级人员的职责等。防火计划要根据采掘计划、通风系统和安全出口的变动及时修改。

（3）矿山应规定专门的火灾信号，当井下发生火灾时，能够迅速通知各工作地点的所有人员及时撤出灾险区。安装在井口及井下人员集中地点的信号，应声光兼备。

（4）当井下发生火灾时对风流的调度，主要通风机继续运转或反风，应根据防火计划和具体情况，做出正确判断，由安全部门和总工程师决定。

（5）矿内一旦发生火灾时，应立即根据“救灾计划”镇静地采取下述紧急措施：保护井下工人安全，撤出灾区及危险区的人员；迅速控制火灾及其火烟；侦察火区，确定火

源和制定切实有效的灭火方法。

17.3.2 火灾时期风流控制

控制火灾的发展、蔓延以及避免工人遭受有毒烟气的毒害，首要的办法就是控制通风风流。因为矿内火灾时期产生的烟气会随着井下风流迅速传播，甚至可能引起风流逆转等风流紊乱现象，加剧烟气传播，严重威胁井下人员生命安全。所以，按需要合理地控制风流和火烟，有助于扑灭火灾和保护工人的安全。

矿内发生火灾时，火灾所波及的巷道内空气成分会发生改变，空气温度升高而容重减少，形成与自然热风压类似的热风压，也称火风压。火风压的出现，好似在该处安了一台辅助通风机工作，这就可能使矿内局部的或全矿的风流状况（风向和分风量）发生变化，扰乱原来正常的通风系统，火烟随着风流扩大传播，引起井下工人中毒，同时给灭火工作增加困难。

由于矿内通风系统复杂，矿内发生火灾的性质和地点不同，火风压出现的情况不同，导致风流的逆转情况及火烟的传播情况也不同。因此，控制风流和火烟必须根据具体情况采用不同方法，如：非瓦斯矿井回风道发生火灾时，一般可以考虑正常通风或降低一些风量的方法；当非瓦斯矿井总进风道及井底车场发生火灾时，一般可以考虑采用人工反风的方法。除此之外，还有按需局部停风的方法、风流短路和用防火门隔断风流的方法等。

17.3.3 矿井灭火法

根据火灾发生的条件是三个燃烧要素（即可燃物、助燃物和热源）需同时存在，相互结合，缺一不可，灭火就是要去除或控制其中的一两个或全部要素。因此，灭火的方法一般可以分为：消除可燃物、隔绝空气和降低燃烧温度三个方面。但在实际应用中，每种灭火方法的作用并不单单局限于某一方面，具体采用哪一种灭火方法，要根据矿井自身条件和火灾情况而定。

17.3.3.1 直接灭火法

一旦发生矿内火灾时，应该优先考虑采用直接灭火法。具体方法如下：

（1）挖除可燃物。这是扑灭矿井火灾最彻底的方法，即将已经发热或燃烧的矿物、岩石以及其他可燃物挖出、消除、运出井外。但是采用这种方法的条件是：火灾处于初起阶段，涉及范围不大；无爆炸危险；火源位于人员可直接到达的地点。这种灭火方法具有一定的危险性，工作必须要组织好，同时要制定严格的安全措施。

（2）用水、灭火剂、惰性气体、泡沫剂、砂子或岩粉等在火源区域及其附近直接将火扑灭。

17.3.3.2 封闭火区灭火法

当用直接灭火法不能把火扑灭时，应考虑采用封闭火区灭火法。封闭灭火法是在通往火区的所有巷道内建筑防火墙、填平地面塌陷区裂隙，以阻止空气进入火源地，从而使火区因缺氧而熄灭。

采用封闭灭火法时，要充分考虑迅速而严密地控制和封闭火区的迫切性，以及在封闭过程中引起可燃性气体爆炸的可能性。因此，对于防火墙的类型和强度、建造地点和施工快慢、封闭过程中的通风、最后封闭的程序等，都必须慎重作出决定。

火区封闭后，应设法加速火灾熄灭。首要的措施是减少火区的漏风。因此，必须采取补充措施——平衡风压，即尽量减小火区进风与回风两侧的风压差。

17.3.3.3 联合灭火法

当矿内火灾也不能用封闭灭火法消灭时，应立即采用联合灭火法。目前最常用的就是向封闭火区注入泥浆或惰性气体。

（1）灌浆灭火。灭火灌浆与预防性灌浆在技术上大体相同，只是灌浆方式和灌浆参数必须根据灭火需要和具体条件来确定。一般的原则是：在确定了火源中心及其发展动向以后，用泥浆包围火源附近的燃烧蔓延区，在该区城内先外围后中心地实行全面灌浆，或在火势蔓延的前方注一带泥浆“篱笆”以阻止火灾发展。如果利用钻孔灌浆，钻孔不要布置在地表塌陷区，更不要将钻孔打入采空区内的矿柱中。若采用消火巷道来注浆，则应注意在火区附近掘进消火巷道的安全性。

（2）灌注惰性气体灭火。向封闭火区内灌注惰性气体的灭火作用是很大的，因为往封闭火区注入惰性气体（CO_2、N_2、炉烟和水蒸气等）可以排挤出火区内的空气、降低空气中的含氧量、冷却火源、增加密闭区内的气压以减少漏风；同时惰性气体易于渗入矿、岩的空隙面包围燃烧体，阻止其氧化。但是，用这种方法需要一定的设备，气体消耗量大，成本较高，且要求封闭非常严密。

17.4 矿山火灾预防

17.4.1 外因火灾事故的预防

外因火灾的预防要从其发生的条件着手，由于矿井空气的存在是不可避免的，因此防止矿山外因火灾主要有以下两方面措施：一方面是尽量减少可燃物的存在；另一方面是防止失控的高温火源。具体可采取如下措施：

（1）采用非燃性材料代替木材。如：矿井的井筒、井架、井口建筑物、进风平巷、主要运输巷道等都采用不燃材料建筑；已经使用木支护的也逐渐用不燃性材料替换下来。

（2）加强对井下可燃物的管理。如：对井下常用的可燃物（油类、木材、炸药等）严格管理；生产使用过的废油、棉纱、布头、油毛毡、蜡纸等易燃物应放入有盖的铁桶内，并及时运至地面集中处理等。

（3）严格控制火源。如：加强对电石灯、吸烟等明火的管理；认真检查电气设备、电源线路，发现接头松动、电线老化破损漏电，应及时处理或更换，以免引起线路短路，产生火花。

（4）有效制定防火措施。如：在井口或井巷实施焊接作业时，须经安全、保卫部门批准并制定可靠的防火安全措施。

17.4.2 内因火灾事故的预防

由于内因火灾的发展要经历起始、自热、明火、燃烧和熄灭几个阶段，因此，在早期就识别内因火灾，对预防火灾发生及迅速扑灭火灾是相当重要的。

17.4.2.1 内因火灾的早期识别

内因火灾的各个阶段会表现出不同的特征，主要取决于自燃物质的种类和所处的环境。为了早期识别火灾，就必须了解起始和自热阶段的特征。如：硫化矿石自热阶段温度逐渐升高，同时产生大量水分，使附近空气呈过饱和状态，在巷道壁和支架上凝结成水珠，俗称“巷道出汗”；在冬季，可以看到从地表缝隙、钻孔口冒出蒸汽，或出现局部地段冰雪融化现象；在硫化矿石的自燃阶段会产生 SO_2，可嗅到其刺鼻的臭味；当木材参与氧化时，空气中 CO、CO_2 的含量也逐渐增多，并且开始出现木材干馏的臭味等。

这些预兆的出现是在矿石氧化自热已经发展到相当程度之后，甚至已经开始发火燃烧。为了更早地、更加准确地识别内因火灾，对它的识别不能单靠人的感觉和经验，还需依靠更科学的方法，如（1）化学分析法：通过分析可疑地区的空气成分或地下水成分的变化来确定矿石自热的有无及发展情况；（2）物理测定法：通过测定可疑地区空气温度、湿度和岩石温度等，直接、准确地鉴别内因火灾的发生、发展情况。

17.4.2.2 内因火灾的预防措施

A 合理选择开拓方式和采矿方法

合理地选择开拓方式和采矿方法，可以干净、快速地回采矿石，在时间上和空间上减少矿石与空气的接触。主要技术措施如下：

（1）在开拓方式上要尽量采用脉外巷道的方式和少留矿柱，以便尽可能减少矿体暴露于空气中的时间和空间，易于迅速隔离任何采区。

（2）合理地划分采区尺寸，并快速回采，以便使采区的回采时间短于自燃发火期，采完后立即将其封闭。

（3）开采顺序上应该做到先采上层后采下层，以及自井田边界向井田中央回采。

（4）合理地选择采矿方法。从防火角度比较各种采矿方法时，必须考虑下述因素：矿石的损失量及其集中程度、遗留在采空区中的木料量及其分布、回采强度、对采空区封闭的可能性及其严密性。

（5）及时从采场清除粉矿，做好顶板的管理工作。

B 建立合理的通风制度

实践证明，内因火灾的发生往往是发生在通风系统混乱、漏风严重的矿井里，所以建立合理的通风制度应遵循以下原则：

（1）采用机械通风，保证矿井风流稳定，风压适中。通风机风压的大小应保证风流方向稳定，不受自然风压的不利影响，但通风机风压又不能过大，风井应有反风装置，并须经常检查和试验反风装置的反风效果以及井下的风门对反风的适应性。

（2）结合开拓方式和回采顺序，选择合理的通风系统。各作业区采用独立风流并联通风，以降低总风压，减少漏风量，便于调节和控制风流。

（3）加强通风状况和通风构筑物的检查和管理。注意降低有漏风地点的巷道风阻，严防向采空区的漏风，提高各种密闭墙、风门的质量。

（4）为了调节通风状况而安设风窗、风门、风墙或辅扇时，应该安在地压较小、巷道周壁无裂缝的位置上。还应密切注意，有了这些通风设施以后，是否会使本来稳定且对防火有利的通风状况变为对防火不利。

C 密闭采空区或局部充填隔离

密闭与充填是将可能发生自燃的地区与外界隔绝，以防止氧化。对于矿柱的裂缝，一般用泥浆堵塞其入口和出口，而对采空区除堵塞裂缝外，还在通往采空区的巷道口上建立防火墙。防火墙按其作用分临时防火墙和永久防火墙两种。

临时防火墙的作用是暂时隔断风流，阻止自燃的发展，以便准备灭火工作，或者保护工人在安全条件下建造永久防火墙。对临时防火墙的要求是结构简单、建造迅速。

永久性防火墙的作用是长期严密隔绝采空区，因而要求坚固和密实。同时，永久防火墙必须有足够的厚度，边缘嵌入巷道周壁应有 0.5m 以上的深度，墙上应安设 2 ~3 根钢管，以备测温、采集气样和放水。

D 预防性灌浆

预防性灌浆是向可能发生和已经发生内因火灾的采空区注入泥浆，让其中的泥土沉降下来，填充灌浆区内的空隙、钻入缝隙中并且包裹矿岩和木料碎块，水则过滤出来的一个行之有效的预防和消灭内因火灾的方法。这一方法的防火作用在于：隔离了矿岩、木料同空气的接触，防止氧化，加强了采空区密闭的严密性，减少漏风。如果矿岩已经自热或自燃，泥浆也起冷却作用，降低封闭区内的温度，阻止自燃过程的继续发展。

E 使用阻化剂

阻化剂多为无机盐类化合物，这些化合物附着在矿岩表面上时能吸收空气中的水分，形成含水液膜，从而抑制、延缓具有自燃倾向矿岩的氧化反应，以达到预防火灾的目的。同时，水分蒸发时还能起到吸热降温作用。

阻化剂可用喷洒或压注的方法进入矿体。主要用在缺土少水、人口稠密的地区，顶板为灰质页岩和泥质页岩等不易用黄泥沼浆的矿山。

18 矿井水灾控制

矿井水灾也是矿山的重大自然灾害之一。它不仅会影响生产与建设，甚至还能淹没整个矿井，威胁矿工的生命安全。特别是突然大量涌水，可能造成严重伤亡事故。

在矿井生产与建设过程中，一般都会遇到渗水或涌水现象。如果渗入或涌入矿井的水量超过矿山正常的排水能力，采场或巷道就会被淹而酿成矿井水灾事故。

导致矿山水灾的水源有地下水和地面水两类。地下水是指含水层水、断层裂隙水和老空积水等。地表水是指矿区附近地面的江河、湖泊、水库、池沼、雨水、废弃露天矿坑和塌陷区积水及冰雪融化水等。这些水源的水可能经过各种通道或岩层的裂隙进入矿内。我们把所有的流入矿井中的水都叫做矿井水。为了维持正常生产与建设，必须将矿井水排除井外。如果矿井涌水量超过了矿井的正常排水能力时，就会造成矿井水灾。

按照矿井水灾涌水特点的不同，矿井水灾可分为普通涌水和突水两种形式。普通涌水是指随着采掘工作的不断进行，水从煤层或围岩中不断地向采掘空间涌出。其特点是范围大、时间长、量均匀、速度缓。突水（又称透水）是指矿井在正常生产中突然发生的涌水现象。其特点是来势猛、水量大，在正常生产中突然发生，一旦防范不力或排水能力不足，就会造成较大的损失和危害。因此，矿井水灾主要是指矿井突水。

造成矿井水灾的原因是多方面的，概括起来主要有以下几个原因：

（1）资料不清，盲目施工。对井田内水源的分布情况，岩层的透水性，断层、裂隙及其与水源和煤层的关系等水文地质资料不清楚，或掌握不准确，就进行盲目施工，缺乏必要的预防措施，就有可能造成水灾。

（2）井筒位置不适当。把井筒（井巷）布置于不良的地质条件中或强含水层附近，施工后在矿山压力和水压力共同作用下，易导致顶底板透水事故。或将井筒位置选择在当地最高洪水位以下的河谷或洼地，一旦暴雨袭来，山洪暴发，就可能造成淹井事故。

（3）技术差错。由于对断层附近、生产矿井与废弃矿井之间、采空区与新采区之间是否留设煤柱和确定煤柱尺寸时出现技术决策错误，该设煤柱的没有设，或所留设的煤柱尺寸太小，起不到应有的作用，导致矿井水灾发生。另外，测量误差或探水钻孔方向偏离，没有准确掌握水源位置、范围、水量和水压等技术参数；或者是巷道掘进方向偏离探水钻孔方向，超出了钻孔控制范围，与积水区掘透等技术差错也会导致涌水事故。

（4）麻痹大意。许多事例说明，造成水灾的主要原因不是由于地质资料不清或技术措施不正确，而是由于忽视安全生产，思想上麻痹大意，丧失警惕，违章作业造成的。据某矿务局对1956~1966年10年水灾事故统计表明：由于资料不全和情况不清造成的水灾事故仅占20%；由于没有执行探放水制度，在构造破碎带违章作业及灌浆质量不高等原因造成的水灾事故占80%。这充分说明思想上麻痹大意，丧失警惕，是造成水灾的主要原因。

大量涌水事故表明：造成矿井水灾必须有两个基本条件，即存在水源和涌水通道。水源就是上述的地面水和地下水，涌水通道则是水源进入矿井的渠道，如井筒、塌陷裂缝、断层、裂隙、钻孔和溶洞等。因此，我们应从消除水源、杜绝涌水通道着手，搞清水灾发生的可能原因，并有针对性地采取措施，加强管理，杜绝违章，从而避免矿井水灾。

18.1　矿井透水

在矿山水灾中，以矿井透水事故发生最多，后果最为严重。矿井透水是在采掘工作面与地表水或地下水相沟通时突然发生大量涌水，淹没井巷的事故。国内外各类矿山，因矿井透水淹井造成严重灾难的事例屡见不鲜。例如：1935 年，山东省鲁大公司淄川炭矿公司北大井（即现在的淄博矿务局洪水煤矿），由于水文地质情况不明，又未采取必要的探水措施，在巷道掘进与朱龙河连通的周瓦庄断层时，河水突然灌入，涌水量高达 578 ~ 648m^3/min，经过 78h 后，全矿井被淹没，造成 536 人死亡，这是世界上最大的矿井水灾之一。

近年来，各类矿井的透水事故还是时有发生，如 1999 年山东芜矿谷家台二矿区发生特大井下透水事故，造成 29 人死亡；2001 年广西南丹县境内的大厂矿区拉甲坡锡矿和龙山锡矿透水，导致两个矿同时被淹，死亡 81 人，造成惨重的伤亡事故和巨大的经济损失。

18.1.1　透水征兆

采掘工作面透水之前，一般都会出现一些征兆，预示透水事故即将发生。若井下人员熟知这些征兆，就可以事先预测到透水事故的发生，从而及时采取恰当措施防止发生矿井水灾。

透水之前通常会出现下列征兆：

（1）矿床发潮发暗。某些本来是干燥、光亮的矿体，由于水的渗入，就变得潮湿、暗淡，如果挖去一层，还是如此，说明附近有积水；

（2）巷道壁“出汗”，这是由于积水透过岩石微孔裂隙凝聚在巷道岩壁表面形成的。透水前顶板“出汗”多呈尖形水珠，有“承压欲滴”之势，这可以和自然征兆中“巷道出汗”的平形水珠相区别；

（3）顶板淋水加大，犹如落雨状；有时透水前底板突然涌水；工作面温度下降，空气变冷，产生雾气，岩层里有“吱吱”的水叫声。这是因为被淹井巷的积水具有较大的水压，能够把水从岩层中挤出来，水与裂缝摩擦而发出“吱吱”水叫声，表示有涌水危险。

（4）工作面空气中有害气体增加，从积水区散发出来的气体有沼气、二氧化碳和硫化氢等；采矿场或巷道“挂红”，水的酸度大，味发涩，有臭鸡蛋气味；

（5）出现压力水流。若出水清净，则说明距水源稍远；若出水混浊，则表明已临近水源。

上述为一般预兆，有时也会遇到特殊情况，如巷道上方有一条盲巷通老空，并有较厚的游泥隔水，预兆不明显，造成假象，结果当巷道掘过去即引起岩石松动，发生突然透水。当发现工作面有涌水预兆或发生大量涌水时，说明已接近水区，应停止作业，迅速报告有关部门，及时采取有效措施。

18.1.2　透水时的措施

井下一旦发生透水事故时，在透水现场的人员除了立即向上级领导报告外，应迅速组织抢救，尽可能就地取材，加固工作面，设法堵住出水点，以防事故继续扩大。如水势很猛，无法抢救，应组织人员迅速按避灾路线撤至上一水平或地面。万一来不及撤至安全地点而被堵在天井、切巷等独头巷内，遇难人员要保持镇静，避免体力的过度消耗，等待救援。

矿领导接到井下透水报告后，应该按照事先编制的安全措施计划迅速组织抢救。立即通知矿山救护队，同时根据事故地点和可能波及的地区，通知有关人员撤出危险区，尽快关闭巷道防水闸门，待人员撤至井底车场后，再关闭井底车场的防水闸门，以保护水泵房，组织排水恢复工作。

透水后，井下排水设备要全部开动，并精心看管和维护排水设备，使其始终处于良好的运转状态。如系老空水突然涌出，往往带有大量的有害气体（硫化氢、甲烷等），威胁未被水淹的地区，因此要保证通风正常，迅速排除有害气体。积极组织抢救井下遇难人员，正确判断遇难人员所在位置，切不可只凭水位标高来分析井下被淹范围。

当矿井或矿井部分地区被淹后，发现有人被堵于井下，应首先制订营救人员的措施，判断人员所在地点，并根据涌水量和排水设备的能力，估计排除积水的时间。如需较长时间，可考虑向遇难地点打钻输送食物，但水位必须低于人员所在独头上山的最高标高。

18.1.3 被淹井巷的恢复

被淹井巷的恢复工作包括排除积水、修整井巷和恢复生产等内容。其中排水工作比较复杂，应该由矿主要领导统一指挥，组织工程技术人员和工人查清水源情况，弄清淹没特点和排水工作条件，及时掌握井巷被淹的实际情况，选择最有效的排水方法和排水制度。

当水量不大或补给水源有限时，可采用增加排水能力的办法，直接排出井下积水。当井下涌水量特别大时，必须先堵住水源然后再排水。在恢复被淹井巷排水时，要特别注意加强通风工作，以利于排出积水附近的二氧化碳、甲烷、硫化氢等有害气体。此外，排水恢复期间还需采取以下措施：

（1）经常检查爆炸性气体的浓度（如甲烷、硫化氢等），当井筒空气中这些气体的浓度达到一定数值时，应停止向井筒输电排水，而应加强通风。定期取样分析气体成分。司泵人员应由救护队员担任。

（2）严禁在井筒内或井口附近用明火灯或有其他火源，以防井下爆炸性气体突然大量涌出时引起爆炸。

（3）在井筒内安装排水管，或其他工作人员，都必须佩戴安全带与自救器。在修复井巷时，应特别注意防止冒顶与坠井事故的发生。

18.2 矿井防治水

18.2.1 地面水的防治

地面防水是指在地表修筑各种防排水工程，防止或减少大气降水和地表水涌入工业场地，或通过渗漏区或井口进入井下。对于以降水和地表水为主要水源的矿井，地面防治水特别重要，是预防矿井水灾的第一道防线。

要做好地面防治水工作，应先掌握地表水的性质、特点及变化规律，再根据矿区不同的地形、地貌及气候，从以下几方面采取相应的措施。

（1）防止井口灌水。防止井口灌水必须使井口（平硐口）的标高位于当地历年来最高洪水位以上，因为井口（平硐口）的位置标高是能否灌水的决定性因素。如果受地形限制找不到合适地点时，必须修筑坚实的高台，使井口位于其上，对于不能达到上述要求的矿井，应在井口附近修筑可靠的泄洪沟和防洪堤坝，以阻挡暴雨山洪直接灌入矿井。位于山麓地区或依山平原的矿井，山洪可能流入矿区，甚至淹没矿井。因此，应在井田边界平行于等高线方向挖排水沟，拦截洪水并将它引到井田之外。

（2）防止地表渗水。矿区疏干塌陷区、含水层露头区、采矿引起的开裂或陷落区、老窖等位于地面汇流积水区内产生的严重渗漏，会对矿井安全构成威胁，应采取地表防渗措施。

防止地表渗水可采取以下措施：

1）对于井田范围内的江河、湖泊、池沼等地表水，应尽可能将其疏干或改道。

2）当河流、沟渠底部漏水时，可采取局部或全部铺底办法加以消除。

3）对通向井下的裂隙、溶洞、废钻孔和古井老窑等，都必须用黏土填平夯实，或用水泥砂浆灌注堵塞，以防漏水。

4）对矿区内的洼地、塌陷坑、沼泽等易于积水的地区，可根据具体情况，采取防积水措施：面积不大的，可用黏土填平夯实，使其高出地面；面积大的，可以开凿疏水沟渠，或安设水泵排干，使水不能积存于矿区内。

（3）加强防汛工作。除了上述技术措施之外，还应在雨季汛期到来之前，加强防汛工作。做好雨季防汛准备和检查工作是减少矿井水灾的重要措施。地面防水，由于工程量大，分布面广，容易出现漏洞。因此，在雨季到来之前，应对地面防水工程进行全面检查，发现问题及时解决。如矸石、炉灰、垃圾等杂物不得堆放在山洪、河流冲刷到的地方，以免淤塞河道、沟渠。

18.2.2 井下防治水

矿山进行的采掘活动会直接或间接破坏含水层，引起地下水涌入矿坑。为了防止矿坑突水，应采取相应的井下防水技术措施，尽量减少矿坑涌水量，以保证矿井正常生产。

18.2.2.1 掌握水情

要做好矿井防治水工作，必须先掌握水情（水源及涌水通道等），为此必须做好水文观测和矿井地质工作。矿井水文观测和水文地质工作是各项防治水工作的基础和依据。

A 水文观测

（1）收集当地气象、降水量、河流水文资料（河流的流速、流量、水位、枯水期和洪水期等）；查明地表水体的分布、水量和补给、排泄条件；了解洪水泛滥对矿区、工业广场和居民点等的危害程度。

（2）通过探水孔和水文观测孔，观测各种地下水源的水位、水压和水量的变化规律，并进行分析，找出矿井水的来源及矿井水与地下水、地表水的补给关系。

（3）掌握矿井涌水量在各季节的变化规律。

B 做好矿井地质工作

要查明矿井水源和可能涌水的通道，为防治水提供依据，应掌握以下情况：

（1）冲积层的厚度及组成，各分层的含水性和透水性；

（2）裂隙和断层的位置、错动距离、延伸长度、破碎带的范围及其含水情况与导水性能；

（3）含水层与隔水层的位置、数量、厚度，各含水层的涌水量、水压、透水性及其到开采矿层的距离；

（4）老窨和现采小窑的开采范围、深度和采矿区的积水及分布情况，以及废弃钻孔的处理情况等；

（5）因回采而造成的塌陷坑、裂隙带、沉降带的高度及其对涌水的影响。

18.2.2.2　井下探水

井下探水是防止水害的重要手段之一，是指在水文地质条件复杂地段施工井巷时，先于掘进，在坑内钻探以查明工作面前方水情，为消除隐患、保障安全而采取的井下防水措施。

“有疑必探，先探后掘”是防止井下水害的基本原则。《规程》规定，当采掘工作面遇到下列情况之一时，必须探水，确认无突水危险后，才能前进：

（1）接近水淹井巷、老空、老窑或小窑时；

（2）接近含水层、导水断层、陷落柱时；

（3）接近可能出水钻孔和各类防水矿柱时；

（4）接近可能与地表水体相通的断裂破碎带或裂隙发育带时；

（5）上层采空区积水，在两层间垂直距离小于采高 40 倍或巷高 10 倍的下层采掘工作以及采掘工作面有明显出水征兆时；

（6）接近有水或稀泥的灌浆区时；

（7）接近其他可能出水地区时。

18.2.2.3　疏放排水

疏放排水是指在井下布置专门的放水或吸水钻孔，或专门的疏水巷道，有计划、有步骤地降低充水含水层的水位和水压，均衡矿井涌水量，改善井下作业条件，并局部疏干地下水，为矿层开采创造必要的安全条件。

疏放水时的安全注意事项：

（1）探到水源后，在水量不大时，一般可用探水钻孔放水；水量很大时，需另打放水钻孔。放水钻孔直径一般为 50～75mm，孔深不大于 70m。

（2）放水前应进行放水量、水压及矿层透水性试验，并根据排水设备能力及水仓容量，拟定放水顺序和控制水量，避免盲目性。

（3）放水过程中随时注意水量变化、出水的清浊和杂质、有无有害气体涌出、有无特殊声响等，发现异状应及时采取措施并报告调度室。

（4）事先定出人员撤退路线，沿途要有良好的照明，保证路线畅通。

（5）为防止高压水和碎石喷射或将钻具压出伤人，在水压过大时，钻进过程应采用反压和防喷装置，并用挡板背紧工作面以防止套管和煤（岩）壁突然鼓出。挡板后面要加设顶柱和木垛，必要时还应在顶、底板坚固地点砌筑防水墙，然后才可放水。

（6）排除井筒和下山的积水前，必须有矿山救护队检查水面上的空气成分，发现有害气体，要停止钻进，切断电源，撤出人员，采取通风措施冲淡有害气体。

18.2.2.4 截水

截水是利用水闸墙、水闸门和防水矿（岩）柱等物体，临时或永久地截住涌水，将采掘区与水源隔离，使某一地点突水不致危及其他地区，减轻水灾危害的重要措施。其中水闸墙（门）是大水矿山为预防突水淹井，将水害控制在一定范围内而构筑的特殊闸墙（门），是一种重要的井下堵截水措施；防水矿（岩）体是在矿体与含水层（带）接触地段，为防止井巷或采空空间突水危害，留设一定宽度（或高度）的矿（岩）体不采，以堵截水源流入矿井。

18.2.2.5 注浆堵水

注浆堵水也是矿井防治水害的重要手段之一。即是把用水泥、水玻璃、化学材料以及黏土、砂、砾石等配制的浆液压入井下岩层空隙、裂隙或巷道中，使其扩散、凝固和硬化，使岩层具有较高的强度、密实性和不透水性而达到封堵截断补给水源和加固地层的作用。

矿井注浆堵水，一般在下列场合使用：

(1) 当涌水水源与强大水源有密切联系，单纯采用排水的方法不可能或不经济时。

(2) 当井巷必须穿过一个或若干个含水丰富的含水层或充水断层，如果不堵住水源将给矿井建设带来很大的危害甚至不可能掘进时。

(3) 当井筒或工作面严重淋水时，为了加固井壁、改善劳动条件、减少排水费用等，可采用注浆堵水。

(4) 某些涌水量特大的矿井，为了减少矿井涌水量，降低常年排水费用，也可采用注浆堵水的方法堵住水源。

(5) 对于隔水层受到破坏的局部地质构造破坏带，除采用隔离矿柱外，还可用注浆加固法建立人工保护带；对于开采时必须揭露或受开采破坏的含水层和沟通含水层的导水通道、构造断裂等，在查明水文地质条件的基础上，可用注浆帷幕截流，建立人工隔水带，切断其补给水源。

18.3 矿井排水

排除井巷积水的方法有直接排水法和先堵后排法两种。局部积水或涌水小时，可在地面或井下打专门钻孔进行直接排水。涌水量较大的矿井则应建立包括水仓、泵房、排水管路、水泵、供电等完善的排水系统，保证足够的排水能力，当涌水量特别大，增加排水能力也不能将水排干时，应该先堵塞涌水通道，截断补给水源，然后再排水。

18.3.1 矿井排水设施安全要求

(1) 井下主要排水设备，应由同类型的三台泵组成，其中任一台的排水能力，必须在20h 排出一昼夜的正常涌水量；两台同时工作时，能在20h 内排出一昼夜的最大涌水量。井筒内应装设两条排水管，其中一条工作，一条备用。

(2) 矿井最大涌水量超过正常涌水量一倍以上的矿井，除备用水泵外，其余水泵应在

20h 内排出一昼夜最大涌水量。

(3) 井底主要泵房的出口应不少于两个，其中一个通往井底车场，出口处应装设密闭防水门；另一个用于斜井与井筒连通，斜井巷上出口应高出水泵房地面标高 7m 以上，水泵房地面标高，应高出井底车场轨面 0.5m。

(4) 水仓应由两个独立的巷道系统组成。涌水量较大的矿井，每个水仓的容积，应能容约 2 ~4h 的正常涌水量。一般矿井主要水仓总容积，应能容纳 6 ~8h 的正常涌水量。

18.3.2 矿井排水设备

根据被淹井巷的具体情况，可以因地制宜地采用多种措施和方法。排水使用的排水设备有吊桶、水箱、箕斗、离心式水泵、气泡泵等。

(1) 用吊桶、水箱、箕斗排水。利用矿井提升卷扬机，使用大吊桶、水箱或箕斗在竖井筒中提水。这种方法设备简单，人员不必进入井筒内，比较安全，其缺点是排水能力受提升速度限制，井筒内水中往往漂浮许多木头，妨碍容器浸入水中盛水。

(2) 用离心式水泵排水。离心式水泵扬程高、扬水量大，可以长时间连续排水。在竖井井筒内使用立式离心吊泵，占用井筒断面小，安装、拆卸容易，可以及时随着水位变化上下移动。在斜井井筒内可以使用安装在平板车上的普通卧式离心泵，也可以用特殊构造的可以斜着工作的离心泵。在斜井中有冒落的岩石时，可以使用一种插入式吸水管。在用离心式水泵排出被淹井巷积水时，需要有专人进入矿井看管和维护，人员可能呼吸笼罩在水面上的有毒有害气体；在井筒内安装、移动水泵、排水管有坠落危险。

(3) 用气泡泵排水。气泡泵是一种利用压缩空气排水的设备，压缩空气进入气泡泵的混合器后与水混合，使水变成容重较小的乳状水，在水头压力的作用下上升到一定高度后经排水口流出。气泡泵构造简单、轻便，上下移动迅速，几乎只需要在地面看管，在淹没矿井的排水条件下最合适。利用气泡泵排水较用离心泵排水多耗电 50% ~150%，但是，从加快排水速度、争取早日恢复生产的角度，还是可以接受的。

19 尾矿库的安全管理

尾矿库安全是矿业领域的重要课题之一。从矿山开采出来的矿石，经过选矿破碎，从中选出有用的矿物后剩下的矿渣叫尾矿。选矿厂在选别矿石后会产生大量的尾矿，通常是以矿浆状态排出，并堆存在尾矿库里。尾矿库是为防止尾矿大面积覆没农田和污染水系而建造的用以贮存尾矿的场所，其目的就是要保障矿山生产的顺利进行和生命财产安全，保护生态环境。

然而，尾矿库是一座人为形成的高位泥石流危险源，其内存储的尾矿具有很大的势能。随着当前矿业生产的快速增长，尾矿库作为选矿厂生产设施的重要组成部分，其数量及尾矿坝的高度都随着矿业需求的增长而增长，一旦发生溃坝等事故，就可能造成大量人员伤亡、财产损失和环境污染。因此，近年来金属非金属矿山尾矿库的安全性受到了广泛关注。

19.1 概述

人类对矿物原料的大规模采掘，给环境带来了巨大的扰动。据统计，全世界每年产出金属和非金属矿石、煤、石材、黏土、砂砾约 90 亿吨，而相应的排弃废石和尾矿约 300 亿吨。我国是一个矿业生产大国，矿业固体废料的积存量和年排放量十分巨大，每年产生的矿山尾矿达到 6.5 亿吨，累计库存 70 亿吨以上。目前，这类废料除一小部分作为矿山充填或综合利用外，绝大部分都以自然堆积法储存于尾矿坝中，这些尾矿不仅要侵占大量的土地，污染着矿区与周边地区的环境，而且每年还需要投入大量处理这些废料的资金，尾矿已成为矿山企业沉重的包袱。

19.1.1 尾矿的分类

由于尾矿来自于矿石，各种不同矿石的尾矿有很大变化，甚至同一种矿石也因矿体赋存性质和选矿方法不同会有很大差异，因此很难系统归纳。现根据尾矿的基本物理特性将其分作 4 类：

（1）软岩尾矿。主要由页岩型矿石产生的，包括天然碱不溶物、细煤废渣等。这些尾矿虽然包含一定数量的砂质颗粒，但尾矿泥的黏土性质显著地从总体上影响尾矿的物理性质和状态。

（2）硬岩尾矿。主要以砂质颗粒为主，包括铅、锌、铜、金、银、钼、镍、钴、锡、钨、铬、钛等类型矿石。该类尾矿虽然尾矿泥占很大比例，但因源于破碎的是母岩而非黏土，因此在总体上不能对尾矿状态起到控制性的影响。

（3）细尾矿。其含很少或不含砂质颗粒，包括磷酸盐黏土、铝土矿红泥、铁细尾矿、沥青砂尾矿中的矿泥。这些矿泥的特性对这些尾矿的性态起着支配作用，它们需要非常长的时间沉淀和固结，极为软弱，可能需要很大的库容。

（4）粗尾矿。从总体上讲，这些尾矿的特性受相应粗砂颗粒所决定，就石膏尾矿而论，则受无塑性粉砂所决定。这种类型尾矿包括沥青砂的粗粒尾矿、铀矿、石膏、粗铁尾矿和磷酸盐砂尾矿。

由于同一类尾矿具有大体相近的物理特性，因而也可能具有大体相近的排放问题，故在对所要处理的一种尾矿缺少实际资料的情况下，尾矿的类别也可能提供有益的参考。此外，对于特定的选矿厂，磨矿工艺的变化可能产生大量的细粒尾矿，从而改变尾矿的类属，并引起新的排放问题。因此，上述分类只反映各种尾矿类型的总体物理特性和工程行为，而在某些场合，化学特性和环境因素可能远比物理特性更重要。

19.1.2 尾矿废水的分类

从综合工程意义上讲，尾矿库的设计不是由固体物质性质决定的，而是由废水性质决定的，因此，要系统地阐明尾矿库工程的风险水平，就不能单独地考虑尾矿的物理性质，还需全面了解尾矿废水的化学性质。

浮选和溶浸都可能使矿石化学变性。在浮选过程中添加各种有机化学药品，如脂肪酸、油和聚合物，因为它们一般浓度较低，毒性较低，污染较小。然而，浮选中 pH 值的调节可能对选矿废水中无机成分产生重大影响，如果实行酸性或碱性溶浸，则加重这种影响。矿石中现有的化学-矿物成分，是决定选矿废水化学性质的最重要因素，选矿过程中 pH 值的调节可能从母岩中解离出许多组分，因此，pH 值往往是选矿废水成分的有效指示器。现根据 pH 值将尾矿废水分作以下 3 类：

（1）中性废水。简单的洗选和重选作业可造成这种条件，其 pH 值没有显著变化，废水中的化学成分主要限于母岩中以中性 pH 值可溶解的那些，而可能使硫酸盐、氯化物、钠和钙的浓度略有提高。

（2）碱性废水。废水 pH 值提高也可能导致硫酸盐、氯化物、钠和钙的浓度提高。虽然存在某些金属污染物，但高浓度的阳离子重金属很少。

（3）酸性废水。降低 pH 值，提高了许多金属污染物的平衡水平，酸性溶浸的废水可能含有较高含量的像铁、锰、镉、硒、铜、铅、锌和汞这样的阳离子成分。酸性废水中像硫酸盐和（或）氯化物这些阴离子浓度也相应提高。

此外，还有专门性废水类型。酸性和碱性溶浸铀可能解离出放射性镭（Ra-226）和钍(Th-230)。如果废水要从尾矿库中排出，则必须强行采用石灰中和和（或）氯化钡共沉淀方法，使镭（Ra-226）浓度降低到较低水平。

如果溶浸金-银或浮选铅和钨，则废水中将会有有毒成分氰化物。氰化物较不稳定，在有氧存在的情况下，很快蜕变成低毒性氰化物形式。氰化物自然蜕变的机理有酸化作用、空气中 CO_2 吸收和挥发作用、光分解、氧化作用和生物分解作用，这些过程最终使尾矿库废水中氰化物浓度降低，但可能需要相当长的时间，这取决于氰化物的浓度水平。

还有一种含砷毒性废水。在砷与矿石共生的场合，选矿过程使砷解离在废水中。对于含金的砷黄铁矿，一定要先通过焙烧除砷，以便有效地浸出，然后排放到适当地点，最好不排进矿库。

19.1.3 尾矿设施

尾矿设施是矿山生产设施的重要组成部分，通常由以下 4 部分组成:

(1) 尾矿水力输送系统。用以将选矿厂排出的尾矿浆送往尾矿库堆存，主要包括尾矿浓缩池、尾矿输送管槽、砂泵站和尾矿分散管槽等。

(2) 尾矿回水系统。用以回收尾矿库或浓缩池的澄清水，送回选矿厂供选矿生产重复利用，包括回水泵站、回水管道和回水池等。

(3) 尾矿堆存系统。一般常简称为尾矿库，用以储存选矿厂排出的尾矿，包括库区、尾矿坝、排洪构筑物及坝的观测设备等。

(4) 尾矿水处理系统。用以处理不符合重复利用或排放标准要求的尾矿水，使之达到标准，包括水处理站和截渗、回收设施等。

实际上，尾矿设施既是兴利设施，同时又是一个重大危险源，其各组成部分中以尾矿库最为重要。尾矿库一旦失事，会给尾矿库下游人民生命财产造成灾难性的损失。因此，尾矿库的建设与维护管理成为矿山生产建设管理的重中之重。在尾矿处理工艺过程的选择、设计和优化过程中，必须充分考虑到尾矿库工程的经济、能源和环境等因素，重点解决矿石特性、选矿前景、可能的浸出剂、预计溶浸中的杂质、要回收的金属种类、可能的提纯工艺，可能的副产品，环境约束，能源需求量，侵蚀和总费用等问题。

19.2 尾矿库水的控制

地表尾矿库设计中，使所需处理的水量与坝型相适应是一个非常关键的问题。因此，在早期规划阶段，必须预计排入尾矿库的尾矿固料量、选矿废水、降水量和径流流入量，并考虑适当的水控制方法。

对坝体抗洪的安全性而言，地表水控制措施的正确设计十分重要。经验表明，有些尾矿坝可能经受住边坡、渗流引起的破坏，甚至局部液化，但却经受不住防洪措施不当所引起的漫坝破坏。库水漫过坝顶之后，尾矿坝遭受快速下切侵蚀，很短时间即可完全溃坝。

尾矿坝的水文分析方法和水力结构物设计方法与普通蓄水结构物基本相同，但尾矿坝的洪水设计准则和水处理方法与普通水坝相比略有区别。

19.2.1 正常流入量处理

在地表水处理中，正常流入尾矿库水（即正常气候条件下，正常选矿作业排入尾矿库的废水、大气降水和地表径流水等）的处理是首先要考虑的问题，而流入水量与流出水量之间的水平衡是正常流入水量处理的关键。因此，在整个工作期间，库内水量应保持相对稳定，实现平衡。

流入尾矿库的水源主要有选厂排放的水，尾矿库区汇水面积内的地表径流矿山排水、沉积滩和沉淀池上直接降雨。不可能控制降雨量，但可以根据当地年平均降雨量作出粗略估计。如果地处山区，因高程和地势影响，实际降雨量可能变化很大。尾矿库的尾矿浆体水含量因作业不同而变化很大，按重量比，一般在 50% ~85%。如果已知选厂尾矿的产出率和排放浓度，可以很容易地计算出排水量。通过提高浆体浓度（例如高浓度排放）可以在有限范围内控制尾矿废水量。通过尾矿库区选择可使地表径流量减小，但年平均径流量估计比较复杂，除受降雨因素影响外，还受土壤类型、植被和坡度的影响。特定尾矿库区的降雨和径流数据最好取自当地气象站和水文站。

为了设计有效的水控制系统，还需考察尾矿库的流出水。流出水包括选厂循环再利用水、蒸发、渗流、尾矿孔隙保有水和直接排水。其中，返回选厂的再利用水量，各地区因选矿性质不同，差异较大，水平衡估计，一般采用类比法，即根据相似规模的相当类型尾矿的物理和化学性质、尾矿库基础地质条件、尾矿坝和渗流设施的特性。渗流水控制方法主要包括坝体分带和排水，布设降压井、防渗墙和截流沟，不透水铺盖，改变沉淀位置等；蒸发量可根据区域性年平均蒸发量等值线图估计出；尾矿孔隙中保有的水可以看作是从尾矿排放过程中“消耗掉”的水，可以根据单位孔隙比的概念估计出其量；直接排泄是尾矿库排出水的主要方式之一，控制方法包括溢水系统（溢水塔、输水平硐等）和导水工程，或通过溢洪道排出。尾矿库水管理中，应尽可能避免直接排放至环境，为防止水污染，应经水处理后再排放。而且，应尽可能在选厂内进行水处理，因为在选厂内消除污染可能比在尾矿库区内处理水经济得多。

水平衡方法只能粗略估计尾矿库的预计蓄积水量。实际上，水流入量和流出量都是对很多因素敏感的变量，在尾矿库缺少实际作业经验的情况下，这些影响因素又很难确定。例如气候因素经常发生偏离“平均”条件的季节性和年度变化，按年度采用假定的“干”和“湿”状态划分潜在的水蓄积或排空的上限和下限。

应当承认，在尾矿库的整个服务期间，随着尾矿表面的升高和覆盖面积的扩大，尾矿库表面积、沉淀池水量和支流汇水量也在变化。因此，要全面掌握长期水平衡变化就必须对尾矿库整个服务期间的不同时期进行分析。类似地，渗流流出量在尾矿库的整个服务期间也是变化的，而且在任一时期都比较难以估计。

尽管水平衡方法存在这些局限性，但却可以预测过剩水是否在尾矿床内长期蓄积，判别是否需要采取导水渠道或其他措施以减少流入水量。如果在干燥气候条件下，选厂排放水处理比较简单，只需构筑较高尾矿坝，扩大沉淀池表面积以增强蒸发。在这种场合，为了预测达到稳态条件的高程（这里净流入量和蒸发损失平衡），从而预测池水稳定的高程，需要进行分期水平衡分析。如果水平衡分析表明有长期水蓄积，则可以限制采用某些不适合贮水的升高坝型。水平衡分析也可用来快速诊断降水量远远超过流出量的某些危险场合，以便采取有效措施，防止灾害发生。

19.2.2 洪水处理

洪水处理的规划和理化估计主要考虑降雨、融雪或两者共同作用引起的极端事件。洪水危及尾矿库的方式主要有以下两种：一是通过提供过大的入库水量，漫坝而引起坝体破坏；二是通过坝址侵蚀，引起坝面损坏或最终破坏。

洪水的主要威胁是漫坝的危险，最好是通过合理选择尾矿库址来控制入库水量。处理洪水方法主要包括以下 7 种：

（1）在库内蓄积洪水是控制洪水的主要方法，即无论何时尾矿库都以充足的容积接受设计洪水流入量，而上升坝仍保持适当的超高。如果以某种保守程度确定设计洪水量，在尾矿库整个服务期限内未必能经受到如此大的洪水，即使出现设计洪水，如果处在干燥气候地区，所蓄积的径流量最终被蒸发掉；在其他地区，如果洪水受尾矿废水污染，则需要以适当速度加以处理和释放，但这种处理费用往往很高，有时甚至很难处理。

（2）根据库基地形、尾矿坝升高和排洪能力需求，在库内预设一系列排水井并通过库底基础的排水涵洞排出洪水是最常用的排水方法。排水井的结构尺寸和排水方式（窗口式、框架式、叠圈式、石坝块式）可根据排水能力选择和设计。

（3）在选矿废水排入尾矿库之前进行水处理，以防混入洪水后造成污染危险。这种方法适用于某些地区、地形制约实际坝高和尾矿库容积，并兼有高降雨量和高负荷选矿废水排放量，使得尾矿库不能蓄积洪水量的情况。这时，洪水可以经由溢洪道排泄。有些地区，雷、暴雨的可能最大降雨量决定溢洪道设计，峰值流速（而不是总流入量）是最重要的。但是，升高坝使用溢洪道很不方便，每次坝升高必须在新的坝顶标高构造新的溢洪道，这明显增加施工的成本和困难，在极端情况下，可能需改为一次建成的挡水坝。

（4）利用引水渠道为尾矿库周围排洪。但是，在多数场合，引水渠道适用于疏导正常径流量。如果设计洪水量较大，相应需要较大的渠道（一般，可能最大洪水的引水渠道宽超过 30m），且为防止过高水流速度的冲蚀又需抛石护堤，这样，若设计引水渠过长，则施工可能很不现实，除非引水渠开挖材料可作为升高坝的初期坝的构筑材料。

（5）露天矿山，通过废石场与采场的合理规划也能为尾矿库提供有利的水控制条件。可以把选厂和尾矿库布置在采场和废石场的下游区。如果采场位于尾矿库的排水区域内，矿坑本身的容积可能储积最大洪水。如果运输距离合理，可以把废石场跨过尾矿库排水区域横向布置，即在基本上不发生额外支出情况下通过废石散体实现极端洪水的导流。但采场安全防洪问题和废石场可能的泥石流危险需另作评价。

（6）在尾矿库上游，尽可能靠近尾矿库、横跨尾矿库排水区构筑导流堤。这是一种与引水渠相关的方法，适用于尾矿库处在较浅的基岩上，岩石中开挖引水渠费用太高的情况。靠近导流堤的水，流速可能很高，如果导流堤是采用天然土构筑的，可能需要片石护堤，当然，最好采用露天开采的大块、耐侵蚀废石构筑。

（7）在尾矿库的上游构筑单独的洪水控制坝。这种方法适用于非常特殊的场合，例如尾矿库处在一个狭小、缩窄的谷地，上游排水区域又很大，而陡峭的谷坡不可能在尾矿库周围采用引水渠或导流堤排洪。洪水控制坝应能完全蓄积其上游排水区域的预计洪水径流量，并穿经坝下布置涵洞，以逐渐排空坝内所蓄积的水。但应尽可能避免使用这种方法，因为洪水控制坝需要大量的，甚至超过尾矿坝本身的筑坝材料，而且又不能分阶段构筑，一定要在尾矿库作业之前完成，以实现预期的防洪作用。另外，掩埋式涵洞的维修也成问题，涵洞的有限寿命可能使之必须在尾矿库废弃和土地复垦之后再提供永久性水控制设施。

19.3 尾矿库的渗漏控制

目前，世界性水资源日益短缺，人们对环境的保护意识日益提高，废水管理法规也日益健全，减少和控制尾矿库的渗漏已经成为矿山工程项目环境评价和管理评价的关键问题之一，从而推动了尾矿库渗漏控制技术的长足进步。然而，在尾矿管理中，人们对尾矿库渗流及其携带污染物对地下水的影响等问题的认识还是很肤浅。

19.3.1 渗漏控制目标

渗漏控制方法必须与渗漏水的化学特性和特定库区场地条件相适应。尽管有关影响污染物经由尾矿、土壤和地下水运动的某些地球化学过程、水文地质过程的研究才刚刚开始，还不能完全确定出渗流的特定影响及选择出最适于把这些影响降低到最小程度的控制方法，但是，基于现有的尾矿知识和相关技术，在明确确定的控制目标下，采取适当的工程措施，可以实现比较经济而有效的控制。

渗漏控制的一般性规则是：不是所有选厂废水都含有毒性组分，因矿石类型、选矿工艺和 pH 值不同，污染物范围可从毒性重金属（即镉、硒、砷）一直到相对无毒材料（诸如硫酸盐或悬浮固体物）。而且，决定这些组分危害性的浓度在不同废水中变化范围很宽；含有毒性组分的选厂废水渗漏未必会造成扩延的地下水污染，地球化学过程可能阻滞或控制某些组分的迁移，这在降低 pH 值废水所伴生的最令人烦恼的金属离子迁移率方面也是最有效的；如果某毒性组分进入地下水域，必须根据水文地质因素、基线水质量、现时和将来预计使用的地下水资源条件确定地下水环境的最终影响，然后作出使其影响最小的渗漏控制措施。

19.3.2 垫层

垫层是渗漏控制的最后策略，是为了防止渗漏或使渗漏量最小，从而使污染物释放量最小，在地下水保护要求严格、选厂废水中毒性组分浓度较高的场合所采用的。垫层系统的特点是：任何一种垫层的成本都比较高，但如果条件适宜，垫层抗渗效果非常好。这主要因为垫层在地表铺设，可以在控制条件下施工和检查；与渗流障系统和渗流返回系统相比，它不受地下条件的限制，不需考虑地下土壤、岩石性质或地下水条件，可以在任何充分干的地面上进行正常施工，而渗流障系统和渗流返回系统的效果和施工的可行性，完全取决于下部不透水层的存在和所穿过土层的性质。但是垫层必须具有耐废水化学腐蚀和各种物理破裂的性能。

实际上，垫层都会发生一定程度的渗漏，即便是合理设计、规范施工的垫层，也不能保证在整个作业期间起到所预计的作用，或者达到“零排放”。可能发生泄漏的主要原因是：合成薄膜经由缺口和接缝发生渗漏；黏土垫层如果在尾矿排放之前缩干，可能产生收缩裂缝；断裂作用可能增大天然地质垫层的渗透率；垫层没有足够的柔性，经受不住应力破坏（在饱和尾矿 30m 深处，总应力约为 600kPa）。

根据垫层材料，垫层可分 3 类：尾矿泥垫层、新土垫层、合成垫层（包括合成橡胶膜、热性塑胶膜、喷射膜、沥青混凝土）。

19.3.3 渗流障

渗流障（包括截流沟、泥浆墙和注浆幕）的使用条件是：尾矿坝设有不透水心墙，而且渗流障要与心墙很好连接。显然，在没有心墙条件下，透水的旋流砂或矿山废石所筑的坝不宜采用渗流障，因此要求上升坝的渗流障必须与初期坝同时施工，将渗流障埋设在下游型坝的上游段，中心线型坝的中心段。渗流障一般不适于上游型坝，因为它没有，也不可能有不透水心墙。事实上，透水基础对上游坝稳定性具有有利的影响，阻止基础渗流可能引起坝内水面升高。渗流障起到使渗流侧向运动的作用。因此，只有当透水基础地层下覆盖连续的不透水地层时，渗流障才能充分有效。为了显著地减少渗漏量，渗流障必须穿过透水基础地层达到不透水地层。

19.3.4 渗漏返回系统

渗漏返回系统是渗漏控制的第一道防线，即在尾矿坝下游把渗漏废水集中起来，再泵回尾矿库，从而消除或减少地下水中污染物迁移。

返回系统作业有两种基本形式：集水沟和集水井。一般地，沿坝下游坡脚附近开挖集水沟，再将渗漏水汇集到池中泵回尾矿库。其适用条件相似于截流沟，下覆连续的较浅的透水层，集水沟挖穿透水层而达不到透水层。集水沟可以单独使用，也可辅助其他渗漏控制措施一起使用。因不要求坝体中设置不透水心墙，可用于透水的上游坝、下游坝或中心线坝。沟内设置反滤层，以防发生管涌。集水井是沿坝下游打一排水井，截流受污染的渗漏水，从井内抽出，泵回尾矿库。井深应足以拦截污染渗流。集水井很昂贵，一般不为尾矿库渗漏控制所选用，但可作为补救措施，防止已污染的含水层进一步被破坏。

19.4 尾矿库险情预测

根据不完全统计，导致尾矿库溃坝事故的直接原因中，坝体稳定性不足约占20%，洪水约占50%，渗流破坏约占20%左右，其他约占10%。而事故的根源则是尾矿库存在隐患。尾矿库建设前期工作对自然条件（如水文、气象、工程地质等）了解不够，设计不当（如考虑不周，盲目压低资金而置安全于不顾，由不具备设计资格的设计单位进行设计等）或施工质量不良是造成隐患的先天因素。在生产运行中，尾矿库由不具备专业知识的人员管理，未按设计要求或有关规定执行，是造成隐患的后天因素。

尾矿库险情预测是通过日常检查尾矿库各构筑物的工况，及时发现不正常现象，借以判定可能发生的事故。

（1）坝前尾矿沉积滩是否已形成，尾矿沉积滩长度是否符合要求，沉积滩坡度是否符合原控制（设计）条件，调洪高度是否满足需要，安全超高是否足够，排水构筑物、截洪构筑物是否完好畅通，断面是否足够大，库区内有无大的泥石流，泥石流拦截设施是否完好有效，岸坡有无滑坡和塌方的征兆。这些项目中如有不正常者，就是可能导致洪水溃坝成灾的隐患。

（2）坝体边坡是否过陡，有无局部坍滑或隆起，坝面有无发生冲刷、塌坑等不良现象；有无裂缝，是纵缝还是横缝，裂缝形状及开展宽度，是趋于稳定还是在继续扩大，变化速度怎样（若速度加快，裂缝增大，是其下部有局部隆起，这是发生坝体滑坡的前期征兆），浸润线是否过高，坝基下是否存在软基或岩溶，坝体是否疏松。这些项目中如有异常者，就是可能导致坝体失稳破坏的隐患。

（3）浸润线的位置是否过高（由测压管中的水位量测或观察其出逸位置），尾矿沉积滩的长度是否过短，坝面或下游有无发生沼泽化，沼泽化面积是否不断扩大，有无产生管涌、流土，坝体、坝肩和不同材料结合部位有无渗流水流出，渗流量是否在增大，位置是否有变化，渗流水是否清澈透明。这些项目中如有不正常者就是可能导致渗流破坏的隐患。

19.5 尾矿库的维护

尾矿坝大多远离矿区，易受自然的、社会的多种不利因素的影响，其管理工作较为复杂，且难度较大，应予以特别关注。在尾矿坝的维护管理工作中，应严格按设计要求及有关的技术规程、规范的规定进行，根据各种不同类型尾矿坝特点做好维护工作，及时处理好坝体出现的隐患，使尾矿坝在正常状态下运行。

19.5.1 尾矿坝的安全治理

19.5.1.1 尾矿坝裂缝的处理

裂缝是一种尾矿坝较为常见的病患，某些细小的横向裂缝有可能发展成为坝体的集中渗漏通道，有的纵向裂缝也可能是坝体发生滑坡的预兆，应予以足够的重视。

(1) 裂缝的种类与成因。土坝裂缝是较为常见的现象，有的裂缝在坝体表面就可以看到，有的隐藏在坝体内部，要开挖检查才能发现。裂缝宽度最窄的不到1mm，宽的可达数十厘米，甚至更大。裂缝长度短的不到1m，长的数十米，甚至更长。裂缝的深度有的不到1m，有的深达坝基。裂缝的走向有的是平行坝轴线的纵缝，有的是垂直坝轴线的横缝，有的是大致水平的水平缝，还有的是倾斜的裂缝。

裂缝的成因，主要是由于坝基承载能力不均衡、坝体施工质量差、坝身结构及断面尺寸设计不当或其他因素所引起。有的裂缝是由于单一因素所造成，有的则是多种因素所形成。

(2) 裂缝的检查与判断。裂缝检查需特别注意坝体与两岸山坡接合处及附近部位，坝基地质条件有变化及地基条件不好的坝段，坝高变化较大处，坝体分期分段施工接合处及合拢部位，坝体施工质量较差的坝段，坝体与其他刚性建筑物接合的部位。

当坝的沉陷、位移量有剧烈变化，坝面有隆起、坍陷，坝体浸润线不正常，坝基渗漏量显著增大或出现渗透变形，坝基为湿陷性黄土的尾矿库开始放矿后或经长期干燥或冰冻期后以及发生地震或其他强烈振动后都应加强检查。

检查前应先整理分析坝体沉陷、位移、测压管、渗流量等有关观测资料。对没条件进行钻探试验的土坝，要进行调查访问，了解施工及管理情况，检查施工记录，了解坝料上坝速度及填土质量是否符合设计要求；采用开挖或钻探检查时，对裂缝部位及没发现裂缝的坝段，应分别取土样进行物理力学性质试验，以便进行对比，分析裂缝原因；因土基问题造成裂缝的，应对土基钻探取土，进行物理力学性质试验，了解筑坝后坝基压缩、重度、含水量等变化，以便分析裂缝与坝基变形的关系。

裂缝的种类很多，如果不了解裂缝的性质，就不能正确地处理，特别是滑动性裂缝和非滑动性裂缝，一定要认真予以辨别。滑坡裂缝与沉陷裂缝的发展过程不同，滑坡裂缝初期发展较慢而后期突然加快，而沉陷裂缝的发展过程则是缓慢的，并到一定程度而停止。只有通过系统的检查观测和分析研究才能正确判断裂缝的性质。

内部裂缝一般可结合坝基、坝体情况进行分析判断。当库水位升到某一高程时，在无外界影响的情况下，渗漏量突然增加，个别坝段沉陷、位移量比较大的，个别测压管水位比同断面的其他测压管水位低很多，而浸润线呈现反常情况的，注水试验测定其渗透系数大大超过坝体其他部位的；当库水位升到某一高程时，测压管水位突然升高的，钻探时孔口无回水或钻杆突然掉落的，相邻坝段沉陷率（单位坝高的沉陷量）相差悬殊等现象都可能预示已产生内部裂缝。

（3）裂缝的处理。发现裂缝后都应采取临时防护措施，以防止雨水或冰冻加剧裂缝的开展。对于滑动性裂缝的处理，应结合坝坡稳定性分析统一考虑，对于非滑动性裂缝可采取以下措施进行处理：采用开挖回填是处理裂缝比较彻底的方法，适用于不太深的表层裂缝及防渗部位的裂缝；对于坝内裂缝、非滑动性很深的表面裂缝，由于开挖回填处理工程量过大，可采取灌浆处理。一般采用重力灌浆或压力灌浆方法。灌浆的浆液，通常为黏土泥浆；在浸润线以下部位，可掺入一部分水泥，制成黏土水泥浆，以促使其硬化；对于中等深度的裂缝，因库水位较高不宜全部采用开挖回填办法处理的部位或开挖困难的部位，可采用开挖回填与灌浆相结合的方法进行处理。裂缝的上部采用开挖回填法；下部采用灌浆法处理。先沿裂缝开挖至一定深度（一般为2m左右）即进行回填，在回填时按上述布孔原则，预埋灌浆管，然后对下部裂缝进行灌浆处理。

19.5.1.2 尾矿坝渗漏的处理

尾矿坝坝体及坝基的渗漏有正常渗流和异常渗漏之分。正常渗流有利于尾矿坝坝体及坝前干滩的固结，从而有利于提高坝的整体稳定性，异常渗漏则是有害的。由于设计考虑不周、施工不当以及后期管理不善等原因而产生非正常渗流，导致渗流出口处坝体产生流土、冲刷及管涌等多种形式的破坏，严重的可导致垮坝事故。因此，对尾矿坝的渗流必须认真对待，根据情况及时采取措施。

A 造成坝体渗漏的原因

（1）造成坝体渗漏的设计方面原因有：土坝坝体单薄，边坡太陡，渗水从滤水体以上逸出；复式断面土坝的黏土防渗体设计断面不足或与下游坝体缺乏良好的过渡层，使防渗体破坏而漏水；埋设于坝体内的压力管道强度不够或管道埋置于不同性质的地基，地基处理不当，管身断裂；有压水流通过裂缝沿管壁或坝体薄弱部位流出，管身未设截流环；坝后滤水体排水效果不良；对于下游可能出现的洪水倒灌防护不足，在泄洪时滤水体被淤塞失效，迫使坝体下游浸润线升高，渗水从坡面溢出等。

（2）施工方面的原因有：土坝分层填筑时，土层太厚，碾压不透，致使每层填土上部密实，下部疏松，库内放矿后形成水平渗水带；土料含砂砾太多，渗透系数大；没有严格按要求控制及调整填筑土料的含水量，致使碾压达不到设计要求的密实度；在分段进行填筑时，由于土层厚薄不同，上升速度不一，相邻两段的接合部位可能出现少压或漏压的松土带；料场土料的取土与坝体填筑的部位分布不合理，致使浸润线与设计不符，渗水从坝坡逸出；冬季施工中，对碾压后的冻土层未彻底处理，或把大量冻土块填在坝内；坝后滤水体施工时，砂石料质量不好，级配不合理，或滤层材料铺设混乱，致滤水体失效，坝体浸润线升高等。

（3）其他方面原因，如白蚁、蛇、鼠等动物在坝身打洞营巢；地震引起坝体或防渗体发生贯穿性的横向裂缝等也是造成坝体集中渗漏的原因。

B 造成坝基渗漏的原因

(1) 造成坝基渗漏的设计方面原因有：对坝址的地质勘探工作做得不够；设计时未能采取有效的防渗措施，如坝前水平铺盖的长度或厚度不足，垂直防渗墙深度不够；黏土铺盖与透水砂砾石地基之间，并无有效的滤层，铺盖在渗水压力作用下破坏；对天然铺盖了解不够，薄弱部位未做处理等。

(2) 施工方面的原因有：水平铺盖或垂直防渗设施施工质量差；施工管理不善，在库内任意挖坑取土，天然铺盖被破坏；岩基的强风化层及破碎带未处理或截水墙未按设计要求施工；岩基上部的冲积层未按设计要求清理等。

(3) 管理运用方面的原因有：坝前干滩裸露暴晒而开裂，尾矿库放水等从裂缝渗透；对防渗设施养护维修不善，下游逐渐出现沼泽化，甚至形成管涌；在坝后任意取土，影响地基的渗透稳定等。

C 造成接触渗漏的原因

造成接触渗漏的主要原因有：基础清理不好，未做接合槽或做得不彻底；土坝两端与山坡接合部分的坡面过陡，而且基础清理不彻底或未做防渗漏墙；涵管等构筑物与坝体接触处，因施工条件不好，回填夯实质量差，或未设截流环（墙）及其他止水措施，造成渗流等。

D 造成绕坝渗漏的原因

造成绕坝渗漏的主要原因有：与土坝两端连接的岸坡属条形山或覆盖层单薄的山坡，而且有透水层；山坡的岩石破碎，节理发育，或有断层通过；因施工取土或库内存水后由于风浪的淘刷，岸坡的天然铺盖被破坏；溶洞以及生物洞穴或植物根茎腐烂后形成的孔洞等。

19.5.1.3 尾矿坝滑坡的处理

尾矿坝滑坡往往导致尾矿库溃决事故，因此，即使是较小的滑坡也不能掉以轻心。有些滑坡是突然发生的，有些是先由裂缝开始的，如不及时发现，任其逐步扩大和蔓延，就可能造成重大的垮坝事故。

A 滑坡的种类及成因

滑坡的种类按滑坡的性质可分为剪切性滑坡、塑流性滑坡和液化性滑坡；按滑坡的形状可分为圆弧滑坡、折线滑坡和混合滑坡。

造成滑坡的原因勘探设计方面有：在勘探时没有查明基础有淤泥层或其他高压缩性软土层，设计时未能采取相应的措施；选择坝址时，没有避开位于坝脚附近的渊潭或水塘，筑坝后由于坝脚处沉陷过大而引起滑坡；坝端岩石破碎、节理发育，设计时未采取适当的防渗措施，产生绕坝渗流，使局部坝体饱和，引起滑坡；设计中坝坡稳定性分析所选择的计算指标偏高，或对地震因素重视不够以及排水设施设计不当等。

施工方面的原因有：在碾压土坝施工中，由于铺土太厚，碾压不实，或含水量不合要求，干重度没有达到设计标准；抢筑临时拦洪断面和合拢断面，边坡过陡，填筑质量差；冬季施工时没有采取适当措施，以致形成冻土层，在解冻或蓄水后，库水入渗形成软弱夹层；采用风化程度不同的残积土筑坝时，将黏性土填在土坝下部，而上部又填了透水性较大的土料，放矿后，背水坡上部湿润饱和；尾矿堆积坝与初期坝二者之间或各期堆积坝坝体之间没有结合好，在渗水饱和后，造成滑坡等。其他原因有：强烈地震引起土坝滑坡；持续的特大暴雨，使坝坡土体饱和，或风浪淘刷，使护坡遭破坏，导致坝坡形成陡坡以及在土坝附近爆破或者在坝体上部堆有物料等人为因素。

B 滑坡的检查与判断

滑坡检查应在高水位时期、发生强烈地震后、持续特大暴雨和台风袭击时以及回春解冻之际进行。

从裂缝的形状、裂缝的发展规律、位移观测资料、浸润线观测分析和孔隙水压力观测成果等方面进行滑坡的判断。

C 滑坡的预防及处理

防止滑坡的发生应尽可能消除促成滑坡的因素。注意做好经常性的维护工作，防止或减轻外界因素对坝稳定性的影响。当发现有滑坡征兆或有滑动趋势，但尚未坍塌时，应及时采取有效措施进行抢护，防止险情恶化；一旦发生滑坡，则应采取可靠的处理措施，恢复并补强坝坡，提高抗滑能力。抢护中应特别注意安全问题。

滑坡抢护的基本原则是：上部减载，下部压重，即在主裂缝部位进行削坡，而在坝脚部位进行压坡。尽可能降低库水位，沿滑动体和附近的坡面上开沟导渗，使渗透水能够很快排出，若滑动裂缝达到坝脚，应该首先采取压重固脚的措施。因土坝渗漏而引起的背水坡滑坡，应同时在迎水坡进行抛土防渗。

因坝身填土碾压不安，浸润线过高而造成的背水坡滑坡，一般应以上游防渗为主，辅以下游压坡、导渗和放缓坝坡，以达到稳定坝坡的目的。在压坡体的底部一般可设双向水平滤层，并与原坝脚滤水体相连接，其厚度一般为 80 ~ 150m。滤层上部的压坡体一般用砂、石料填筑，在缺少砂石料时，亦可用土料分层回填压实。

对于滑坡体上部已松动的土体，应彻底挖除，然后按坝坡线分层回填夯实，并做好护坡。

坝体有软弱夹层或抗剪强度较低且背水坡较陡而造成的滑坡，首先应降低库水位，如清除夹层有困难时，则以放缓坝坡为主，辅以在坝脚排水压重的方法处理。地基存在淤泥层、湿陷性黄土层或液化等不良地质条件，施工时又没有清除或清除不彻底而引起的滑坡，处理的重点是清除不良的地质条件，并进行固脚防滑。因排水设施堵塞而引起的背水坡滑坡，主要是恢复排水设施效能，筑压重台固脚。

处理滑坡时应注意：开挖与回填应符合上部减载、下部压重的原则。开挖回填工作应分段进行，并保持允许的开挖边坡。开挖中，对于松土与稀泥都必须彻底清除。填土应严格掌握施工质量，土料的含水量和干重度必须符合设计要求，新旧土体的结合面应刨毛，以利结合。对于水中填土坝，在处理滑坡阶段进行填土时，最好不要采用碾压施工，以免因原坝体固结沉陷而开裂。滑坡主裂缝，一般不宜采取灌浆方法处理。

滑坡处理前，应严格防止雨水渗入裂缝内。可用塑性薄膜、沥青油毡或油布等加以覆盖，同时还应在裂缝上方修截水沟，以拦截和引走坝面的积水。

19.5.1.4 尾矿坝管涌的处理

管涌是尾矿坝坝基在较大渗透压力作用下而产生的险情，可采用降低内外水头差减少渗透压力或用滤料导渗等措施进行处理。

A　滤水围井

在地基好、管涌影响范围不大的情况下可抢筑滤水围井。在管涌口沙环的外围，用土袋围一个不太高的围井，然后用滤料分层铺压，其顺序是自下而上分别填0.2～0.3m厚的粗砂、砾石、碎石、块石，一般情况可用三级级配。滤料最好要清洗，不含杂质，级配应符合要求，或用土工织物代替砂石滤层，上部直接堆放块石或砾石。围井内的涌水，在上部用管引出。如险处水势大猛，第一层粗砂被喷出，可先以碎石或小块石消杀水势，然后再按级配填筑；或铺设土工织物，如遇填料下沉，可以继续填砂石料，直至稳定。若发现井壁渗水，应在原井壁外侧再包以土袋，中间填土夯实。

B　蓄水减渗

险情面积较大，地形适合而附近又有土料时，可在其周围填筑土埂或用土工织物包裹，以形成水池，蓄存渗水，利用池内水位升高，减少内外水头差，控制险情发展。

C　塘内压渗

若坝后渊塘、积水坑、渠道、河床内积水水位较低，且发现水中有不断翻花或间断翻花等管涌现象时，不要任意降低积水位，可用芦苇秆和竹子做成竹帘、竹箔、苇箔（或荆篱）围在险处周围，然后在围圈内填放滤料，以控制险情的发展。如需要处理的管涌范围较大，而砂、石、土料又可解决时，可先向水内抛铺粗砂或砾石一层，厚15～30cm，然后再铺压卵石或块石，做成透水压渗台；或用柳枝秸料等做成15～30cm厚的柴排（尺寸可根据材料的情况而定），柴排上铺草垫厚5～10cm，然后再在上面压砂袋或块石，使柴排潜埋在水内（或用土工布直接铺放），亦可控制险情的发展。

如堤坝后严重渗水，采用一些临时防护措施尚不能改善险情时，宜降低库内的水位，以减少渗透压力，使险情不致迅速恶化，但应控制水位下降速度。

19.5.2　尾矿坝的抢险

尾矿坝的险情常在汛期发生，而重大险情又多在暴雨时发生。汛期尾矿库处于高水位工作状态，调洪库容有所减少，遇特大暴雨极易造成洪水漫顶。同时，浸润线的位置处于高位，坝体饱和区扩大，使坝的稳定性降低。此外，风浪冲击也易造成坝顶决口溃坝。因此，做好汛期尾矿坝抢险工作对于确保尾矿库的安全运行至关重要。

首先，应根据气象预报和库情，制订出各种抢险措施及下游群众安全转移措施等计划和预案，从思想、组织、物质、交通、联络、报警信号等各个方面做好抢险准备工作。其次，加强汛期巡检，及早发现险情，及时采取抢护措施。

19.5.2.1　防漫顶措施

尾矿坝多为散粒结构、如果洪水漫顶就会迅速冲出决口，造成溃坝事故。当排水设施已全部使用但水位仍继续上升，根据水情预报可能出现险情时，应抢筑子堤，增加挡水高度。

在堤顶不宽、土质较差的情况下，可用土袋抢筑子堤。在缺土、浪大、堤顶较窄的场合下，可采用单层木板或帚捆子堤。当出现超过设计标准的特大洪水时，应在抢筑子堤的同时，报请上级批准，采取非常措施加强排洪，降低库水位，如选定单薄山脊或基岩较好的副坝炸出缺口排洪，开放上游河道预先选定的分洪口分洪或打开排水井正常水位以下的多层窗口加大排水能力（这样做可能会排出库内部分悬浮矿泥），以确保主坝全体的安全。严禁任意在主坝坝顶上升沟泄洪。

19.5.2.2 防风浪冲击

抢护尾矿坝坝顶受风浪冲击而产生的决口，除参照前面有关办法进行处理外，还可采取防浪措施处理。如：用麻袋或草袋装土（或砂）约70%，放置在波浪上下波动的部位，袋口用绳缝合，并互相叠压成鱼鳞状。当风浪较小时，还可采用柴排防浪，用柳枝、芦苇或其他秸秆扎成直径为0.5~0.8m长10~30m的柴枕，枕的中心卷入2根5~7m的竹缆做芯子，枕的纵向每0.6~1.0m用铅丝捆扎。在堤顶或背水坡钉木桩，用麻绳或竹缆把柴枕连在桩上，然后推放到迎水坡波浪拍击的地段。可根据水位的涨落，松紧绳缆，使柴排浮在水面上。

挂树防浪是砍下枝叶繁茂的灌木，使树梢向下放入水中，并用块石或砂袋压住；其树干用铅丝、麻绳或竹缆连接于堤坝顶的桩上。木桩直径0.1~0.15m，长1.0~1.5m，布置形式可为单桩、双桩或梅花桩等。

19.5.3 尾矿库的巡检

尾矿库的任何事故都不是突然爆发的，而是由隐患逐渐发展扩大，最终导致事故发生。巡检工作就是从不正常现象的蛛丝马迹上及时发现隐患，以便采取措施消除之。因此，尾矿库的巡检工作非常重要。应建立巡检制度，规定巡检工作的内容、办法和时间等。

尾矿库的巡检应检查尾矿堆积与坝顶高程是否一致，坝上放矿是否均匀，尾矿沉积滩是否平整，沉积滩长度、坡度是否符合要求，水边线是否与坝轴线大致平行，库内水位是否符合规定，子坝堆筑是否符合要求，尾矿排放是否冲刷坝体、坝坡，坝体有无裂缝、滑坡、塌陷、表面冲刷、兽蚁洞穴等危及坝体安全的现象，坝面护坡、排水系统是否完好，有无淤堵、沉降、积水等不良现象，坝体下游被面、坝脚、坝下埋管出坝处、坝肩等部位有无散浸、渗水、漏水、管涌、流土等现象，渗流水量是否稳定，水质是否有变化，观测设施（测压管、测点、水尺、警示设备、孔隙水压力计、测压盒、量水堰等）是否完好等。

排水构筑物的巡检应检查排水井、排水管涵、隧洞、截洪沟、溢洪道等是否完好，有无淤堵，排水井、斜槽盖板的封堵方式、材料、方法是否符合要求，有无损坏，启闭设备，有无锈蚀，是否灵活可靠，下游泄流区有无障碍物妨害行洪等。

其他，尚应检查交通道路是否畅通，通信、照明系统是否完好有效，防汛物资、器材和工具是否完好、齐备，岗位人员是否到位，管理制度与细则是否完善并行之有效等。

值得特别指出的是，上述巡检工作仅是日常的巡检内容，汛期尚应根据气象预报加强检查，并做好预留工作。汛前、汛后、暴雨期、地震后等应对尾矿库进行全面的安全大检查，必要时应请主管部门派人参与共同检查。

19.6 尾矿库的安全检查和评价

19.6.1 尾矿库安全检查

19.6.1.1 防洪安全检查

(1) 检查尾矿库设计的防洪标准是否符合《尾矿库安全技术规程》(AQ 2006—2005) 的规定。当设计的防洪标准高于或等于本规程规定时，可按原设计的洪水参数进行检查；当设计的防洪标准低于本规程规定时，应重新进行洪水计算及调洪演算。

(2) 尾矿库水位检测，其测量误差应小于20mm。

(3) 尾矿库滩顶高程的检测，应沿坝（滩）顶方向布置测点进行实测，其测量误差应小于20mm。

当滩顶一端高一端低时，应在低标高段选较低处检测1~3个点；当滩顶高低相同时，应选较低处不少于3个点；其他情况，每100m坝长选较低处检测1~2个点，但总数不少于3个点。

各测点中最低点作为尾矿库滩顶标高。

(4) 尾矿库干滩长度的测定，视坝长及水边线弯曲情况，选干滩长度较短处布置1~3个断面。测量断面应垂直于坝轴线布置，在几个测量结果中，选最小者作为该尾矿库的沉积滩干滩长度。

(5) 检查尾矿库沉积滩干滩的平均坡度时，应视沉积干滩的平整情况，每100m坝长布置不少于1~3个断面。测量断面应垂直于坝轴线布置，测点应尽量在各变坡点处进行布置，且测点间距不大于10~20m（干滩长者取大值），测点高程测量误差应小于5mm。尾矿库沉积干滩平均坡度，应按各测量断面的尾矿沉积干滩加权平均坡度平均计算。

(6) 根据尾矿库实际的地形、水位和尾矿沉积滩面，对尾矿库防洪能力进行复核，确定尾矿坝安全超高和最小干滩长度是否满足设计要求。

(7) 排洪构筑物安全检查主要内容：构筑物有无变形、位移、损毁、淤堵，排水能力是否满足要求等。

(8) 排水井检查内容：井的内径、窗口尺寸及位置，井壁剥蚀、脱落、渗漏、最大裂缝开展宽度，井身倾斜度和变位，井、管联结部位，进水口水面漂浮物，停用井封盖方法等。

(9) 排水斜槽检查内容：断面尺寸、槽身变形、损坏或坍塌，盖板放置、断裂，最大裂缝开展宽度，盖板之间以及盖板与槽壁之间的防漏充填物，漏砂，斜槽内淤堵等。

(10) 排水涵管检查内容：断面尺寸，变形、破损、断裂和磨蚀，最大裂缝开展宽度，管间止水及充填物，涵管内淤堵等。

(11) 对于无法入内检查的小断面排水管和排水斜槽可根据施工记录和过水畅通情况判定。

(12) 排水隧洞检查内容：断面尺寸，洞内塌方，衬砌变形、破损、断裂、剥落和磨蚀，最大裂缝开展宽度，伸缩缝、止水及充填物，洞内淤堵及排水孔工况等。

（13）溢洪道、截洪沟检查内容：断面尺寸，沿线山坡滑坡、塌方，护砌变形、破损、断裂和磨蚀，沟内淤堵等。对溢洪道还应检查溢流坎顶高程、消力池及消力坎等。

19.6.1.2 尾矿坝安全检查

（1）尾矿坝安全检查内容：坝的轮廓尺寸、变形、裂缝、滑坡和渗漏、坝面保护等。尾矿坝的位移监测可采用视准线法和前方交汇法；尾矿坝的位移监测每年不少于4次，位移异常变化时应增加监测次数；尾矿坝的水位监测包括库水位监测和浸润线监测；水位监测每月不少于1次，暴雨期间和水位异常波动时应增加监测次数。

（2）检测坝的外坡坡比。每100m坝长不少于2处，应选在最大坝高断面和坝坡较陡断面。水平距离和标高的测量误差不大于10mm。尾矿坝实际坡陡于设计坡比时，应进行稳定性复核，若稳定性不足，则应采取措施。

（3）检查坝体位移。要求坝的位移量变化应均衡，无突变现象，且应逐年减小。当位移量变化出现突变或有增大趋势时，应查明原因，妥善处理。

（4）检查坝体有无纵、横向裂缝。坝体出现裂缝时．应查明裂缝的长度、宽度、深度、走向、形态和成因，判定危害程度，妥善处理。

（5）检查坝体滑坡。坝体出现滑坡时，应查明滑坡位置、范围和形态以及滑坡的动态趋势。

（6）检查坝体浸润线的位置。应查明坝面浸润线出逸点位置、范围和形态。

（7）检查坝体排渗设施。应查明排渗设施是否完好、排渗效果及排水水质。

（8）检查坝体渗漏。应查明有无渗漏出逸点，出逸点的位置、形态、流量及含沙量等。

（9）检查坝面保护设施。检查坝肩截水沟和坝坡排水沟断面尺寸，沿线山坡稳定性，护砌变形、破损、断裂和磨蚀，沟内淤堵等；检查坝坡土石覆盖保护层实施情况。

19.6.1.3 尾矿库库区安全检查

（1）尾矿库库区安全检查主要内容：周边山体稳定性，违章建筑、违章施工和违章采选作业等情况。

（2）检查周边山体滑坡、塌方和泥石流等情况时，应详细观察周边山体有无异常和急变，并根据工程地质勘察报告，分析周边山体发生滑坡可能性。

（3）检查库区范围内危及尾矿库安全的主要内容：违章爆破、采石和建筑，违章进行尾矿回采、取水，外来尾矿、废石、废水和废弃物排入，放牧和开垦等。

19.6.2 尾矿库安全评价

尾矿库安全评价属专项安全评价，包括建设期间的安全预评价和安全验收评价、生产运行期间的安全现状综合评价及闭库前的安全评价。尾矿库安全评价除需遵守安全评价规定外，还应遵守如下规定：

（1）尾矿库安全评价前期应进行现场考察，察看地形地貌、不良地质现象、人文地理、周边环境等。安全验收评价还应查看工程施工情况；安全现状评价还应查看尾矿坝运行情况、排洪设施完好程度等。

（2）企业应根据各项评价的目的和要求分别向评价单位提供以下资料：

1）尾矿库现状地形图及上、下游有关资料；

2）水文气象资料；

3）尾矿库（坝）工程地质勘察报告（含堆积坝物理力学指标）；

4）尾矿库安全设施设计资料；

5）尾矿库安全设施施工资料；

6）尾矿库运行管理（含安全管理、事故及其处理情况）资料；

7）其他有关资料。

（3）安全预评价、验收评价及现状评价报告的重点内容，应符合《尾矿库安全技术规程》（AQ 2006—2005）的要求。

（4）安全评价报告应有附件和附图。附件包括任务委托书或评价委托合同、岩土勘察物理力学指标表和与安全评价有关的文件。附图包括尾矿库平面图、尾矿坝横剖面图、带有最危险滑弧位置的尾矿坝稳定计算简图及建议的尾矿库整治方案图等。

第四篇 矿业经济概论

20 矿业与国民经济

20.1 矿业及其生产特征

20.1.1 矿业概述

矿业是指勘查、开采和加工利用矿产资源的产业。在学科上一般把矿产勘查、矿产开采和矿物加工（选矿）作为矿业学科（地矿学科）的研究范围。

矿产资源是指各种成矿物质在地质作用下形成的赋存于地壳内或地表的具有开发利用价值的自然富集物，包括能源矿产、金属矿产和非金属矿产。按其在天然条件下的物理状态可分为固态矿产（如煤、铁矿、大理岩等）、液态矿产（如石油、矿泉水等）和气态矿产（如天然气等）。

我国根据矿产资源的地质可靠程度，将其分为查明矿产资源和潜在矿产资源。查明矿产资源是经矿产勘查已发现的矿产资源，按照地质工作程度又分为探明的、控制的和推断的矿产资源；潜在矿产资源是根据地质依据和物化探异常预测而未经查证的矿产资源。

矿业企业是指以矿产的开采加工和经营为主的企业。按照开采对象的不同，一般分为石油和天然气开采业、煤炭开采业、金属矿开采业和其他矿开采业四大类。在金属矿开采业中，按照企业生产链的延伸情况，分为采、选、冶联合企业（产品为金属），采、选联合企业（产品为精矿）和只进行采矿的企业（产品为矿石），其中采选联合企业较多。

矿业运行机制大体可分为计划经济体制模式与市场经济体制模式。在计划经济体制下，地质勘查和开采均由国家计划控制。国家承担勘查费用和风险、对兴办矿山进行投资、给矿山下达生产任务、对其产品实行调拨。盈利上交国家，亏损由国家补贴。在市场经济体制下，政府一般只进行基础性地质工作，进一步的勘查和开采工作，由地勘公司或矿业公司进行。这些公司要进行某矿产的勘查和开采，必须依法按规定向政府主管部门提出申请，经审查合格并交纳规定的费用以取得矿业权（探矿权、采矿权），由矿业公司筹集资金进行矿业活动并承担风险。矿业权依法可以流转。政府通过矿业法规、税费调节、勘查开采登记、提供基础地质服务等手段，保证矿业活动的正常进行，促进矿业的发展。

20.1.2 矿业生产过程

矿业作为一个产业，其全部生产过程分为四个阶段，即：矿产普查勘探阶段、可行性研究阶段、矿山设计施工、矿业生产阶段。

20.1.2.1 矿产普查与勘探阶段

对给定勘查范围内的矿产资源进行发现、认识、研究和评价，确定是否适合工业开发利用。对适于工业开发利用的矿床，查明矿床的规模和空间分布，研究矿石的矿物组分、品位和性质，计算矿产储量，阐明矿床的开采技术条件、水文地质条件和矿区地理、经济与环境条件，对矿床作出地质评价和经济评价，为矿山建设与生产提供各项必需的技术经济资料。

在矿产普查与勘探阶段，根据工作需要，一般均要在勘查范围内进行一系列的地质、地球物理和地球化学工作，并应用钻探和其他勘探工程对矿体进行圈定。矿产普查与勘探工作在经济上的特点是投资大、风险高、周期长。从矿产普查到完成对一个有工业开发价值矿床的勘探，一般要经历数年乃至十几年时间。为了有效进行勘查工作和降低风险、减少投资失误，把矿产普查与勘探过程划分为若干相互衔接、先后有序的工作阶段（我国划分为普查、详查、勘探三个阶段），每完成一个工作阶段，都要进行评价，在此基础上对是否继续进入下一工作阶段作出决策。

矿产普查与勘探作为矿业生产的一个独立阶段，处于矿业生产过程的最前端，为矿山企业的生产建设提供必需的资料。但在矿山企业建成投产以后，矿产勘查和地质勘探工作并未结束，而是存在于矿山基建、生产到闭坑的全部期间。其主要任务是进行生产勘探，在矿床边缘、深部和外围找矿，扩大资源，增加储量；对矿产资源的开发利用进行监督和管理；开展矿区工程地质、水文地质和环境地质的研究工作，为矿山持续、正常和安全生产提供地质服务。

20.1.2.2 矿产开发可行性研究阶段

根据已获得的矿产储量和矿区地质、技术与经济资料，对拟进行的矿产开发建设项目，从技术、经济等各个方面进行研究，确定该项目的可行性，为投资决策提供科学依据。矿产开发可行性研究一般包括以下各项内容：

（1）矿产资源可靠性检核。对矿产储量和有关地质资料进行核查检验，研究其可否作为进行设计和生产建设的依据。必要时，需进行现场勘查或补充勘探工作。

（2）建设条件可行性。研究拟建项目的内部与外部建设条件，诸如地形、工程地质、水文地质等状况，以及厂址、道路、供水、供电、外部运输等条件。

（3）技术可行性。研究矿床开采和矿石加工利用在技术上的可行性，包括矿床开采工艺和设备、选矿方法和流程，以及开采顺序、生产规模、资源综合利用等。一般要进行矿石物理力学性质研究和矿石可选性试验。

（4）经济可行性。在拟定矿床采选工艺、技术装备和生产规模的基础上，计算投资、成本、利润和各项经济效果指标，分析和评价该项目在经济上的可行性。

（5）市场可行性。对拟建项目矿产品现有市场供需状况进行调查和分析，预测该矿产品未来市场的供需形势，分析本项目产品竞争能力，对产品流向和销售前景进行预测等。

（6）环境可行性。研究本项目对环境的影响，分析矿业生产中排放的污染物种类、性质、危害性，计算排出量，根据环保法规要求，制订相应的防治措施。露天矿山要研究和提出复垦方案，地下矿山要研究预防和整治地表塌陷的措施。估算环境整治所需费用。

综合上述研究结果，对拟进行的矿产开发项目是否可行作出结论，并提出可行性研究报告。

可行性研究是矿业生产全过程中，由对矿产资源的认识进入实际开发的最关键一环。鉴于矿业生产对象（矿床及其地质环境）的不确定性和复杂性，以及建设周期长、生产环节多等特点，做好可行性研究尤为重要。

20.1.2.3 矿山设计与建设阶段

矿山设计一般包括初步设计和施工图设计。对于个别技术上特别复杂的大型矿山，根据需要可按初步设计、技术设计和施工图设计三阶段进行。

初步设计是项目决策后根据可行性研究报告所作的具体实施方案。一般包括矿山规模、总体布局、开拓系统、采矿方法、选矿流程、矿山机电、安全环保、综合利用和经济效果等部分。设计深度应满足项目投资招标、材料设备订货、土地征用和施工准备等要求。

施工图设计是根据初步设计的内容和要求绘制有关的施工图，作为施工的依据。主要包括矿山构筑物和建筑物的结构详图、设备及井巷安装图、井巷及其连接处的结构与支护详图等。

矿山建设就是按照矿山设计进行施工，以形成矿山生产所必须的各种系统，并达到设计中规定的矿山综合生产能力要求和各项技术标准。开采固体矿产的矿山建设，主要包括矿山工程、土建工程和建筑安装工程。矿山工程如露天矿山的剥离、掘沟工程，地下矿山的井巷、硐室工程等。

为了尽早出矿和提高经济效益，若矿山主要生产系统已按设计建成，已完成投产准备和规定的生产准备矿量，当矿山综合生产能力已达到设计规模的25%～30%（大型矿山）或30%～50%（中小型矿山）时，经验收合格可以投产，边生产边建设，经过一定时间达到设计生产规模。

20.1.2.4 矿产开采与加工阶段

矿产开采工艺取决于矿产的种类、矿石性质和矿床开采条件等相关因素。矿石采出以后，一般都要进行矿物加工，即选矿。这些内容前面已有详细论述。

矿产开采和加工阶段是矿业生产全过程中产出商品和取得效益的阶段，在此之前所发生的各种费用（地勘投入、矿山基建投资等），只有通过矿产品的生产和销售才能收回，并获得矿业生产的利润。

矿产开采和加工期间的长短，因矿产资源储量大小和生产规模的不同而不同，少则数年，多则上百年。大型矿床的开发一般都是分期进行，在矿床开采期间多次进行扩建和技术改造，并随着矿床开采条件的变化和矿产品价格的升降，及时调整生产规模和矿石工业指标等生产经营参数。由于矿产资源的耗竭性，随着矿业生产的进行，开采范围内的矿产资源逐渐减少以致枯竭，最终矿业生产完全结束而闭矿。

20.1.3 矿业生产特征

矿业生产与制造业、加工业、建筑业等相比，有其特殊性。从经济角度看，这些特殊性主要有以下10点。

（1）投资时间较长，见效速度很慢。矿业的开发建设周期包括矿产勘查、可行性研究、设计施工、投产，一般需要10年以上或更长时间。在我国，完成一个大型金属矿床的勘查，一般需要8~10年，建成一个大型露天矿山，约需3~5年，建成一个大型地下矿山，约需4~7年，从矿产勘查到建矿投产约需12~17年。在这样长的时期内有投入无产出，对吸引投资是十分不利的。

（2）不确定性投资，带来较大风险。在找矿和勘查过程中，存在着多种风险。首先是能否在规定范围内找到矿床？其次是找到的矿床是否具有工业开发利用价值？最后是找到的具有工业开发利用价值的矿床能否投入开发以及何时能够开发？据蒋志对金矿的研究，普查阶段的成功率是5%~10%。

在矿产开采与加工阶段，仍然存在较大风险。在我国作为设计依据的工业储量，是详查后得到的B级与C级储量的总和，按规范规定，C级储量的允许误差为40%，B级为20%。这意味着工业储量有20%~40%的误差是正常的。任何一项参数相对于预测值的负向变化，都会对生产成本、产品产量和质量造成负面影响，从而使实际收益低于预期收益。据对山东省焦家金矿1980~1985年资料的研究，若矿石地质品位下降1g/t，年纯收入将减少488.5万元。

在矿业生产期间内，还存在着市场变化产生的风险，以及政府矿业政策变化可能带来的风险。

（3）矿址相对固定，不可自由选择。矿山建设的地点由矿产所在位置决定，不能像一般工厂那样可以进行厂址选择，以趋利避害。矿产地一般在山区，地形复杂，交通不便，经济不发达。为了矿山生产，常常要配套建设相应的外部运输、供水、供电、通信等系统，以及建设工人村、商业、医疗、教育和其他服务设施，这些外部工程和设施，工程量大，投资多，延长了建设周期，降低了总投资的效益。但从地区经济看，由于矿业生产的牵动和辐射效应，将促进当地经济的发展。

（4）产品由矿床决定，不能任意改变。矿业生产所得到的产品种类，是由矿石中的有用成分所决定的。一般说来，矿业企业的产品单一，而且从投产至闭矿不会发生大的变化，不存在产品升级换代或产品结构调整问题。对于有伴生矿、共生矿的矿床，在资源综合利用的基础上，可以有多种产品，但产品种类也是由伴生组分、共生组分所决定的。与其他产业相比，矿业企业的产品结构简单，生产工艺和流程较为固定，但适应市场变化的能力较差。

（5）规模受限储量，不能任意确定。矿山生产规模是矿业生产中的一项重要参数，它不仅对开采工艺和设备的选择有影响，而且还涉及到基建投资的大小和生产成本的高低。在确定矿山生产规模时，必须考虑本矿的储量规模，储量大的矿床是建设大型矿山的基础。一般说来，在一定储量规模基础上，有一个合理的矿山生产规模区间，可在此区间范围内根据相关技术、经济因素综合考虑确定，而不能不考虑储量大小任意确定生产规模。

（6）资源影响效益，差别非常巨大。矿产资源丰度包括自然丰度与社会丰度。自然丰度如矿石品位、矿石性质、矿床赋存要素等；社会丰度如矿产地的区位条件、交通运输、供水、供电条件和矿产地经济发展水平等。这些因素都对矿产资源开发的经济效果具有重要影响。由于资源丰度的不同，等量的投入将得到不等量的产出，或者，等量的产出需要不等量的投入。开采优等资源的企业，其单位产品的成本远远低于开采劣等资源的企业。由于矿产品的价格是以开采劣等资源企业的产品成本为基础形成的，因而开采优等资源的企业将获得超额利润，这种因矿产资源丰度不同而产生的收益，叫做矿山级差收益，是矿业生产中特有的一种经济规律。

（7）能力随之变化，需要及时补偿。固体矿产开采中的采矿生产能力是由准备好的生产矿量保证的，随着矿块和阶段（台阶）的采完，由这些储量所体现的采矿生产能力即行消失。因此，为了保证采矿生产按设计规模持续进行，必须有计划地超前进行生产探矿、开拓和采准工作，开辟新水平，准备新的生产矿块，补偿消失的生产能力，建立新水平正常生产所必须的各种系统。这样就要求不断投入资金。我国把这部分维持采矿简单再生产的资金叫做“维简资金”。这部分资金的来源，依照国家规定标准按年产矿石量提取，计入矿石生产成本。采矿生产中这种特有的规律，使生产过程复杂化，并增加了生产成本。

（8）条件逐渐恶化，成本自然递增。对矿床的开采，一般是由浅而深，由近而远，由富而贫，由易而难。因而，开采深度逐渐增加，运输线路逐渐延长，矿石品位逐渐下降，开采条件渐趋复杂，这样就形成矿业生产成本具有自然递增的特性。据对山东省招远金矿的研究，在1980～1986年期间，因开采深度下降和开采范围的扩展，导致单位黄金生产成本平均每年递增2.25%。

（9）作业场所移动，工作环境恶劣。固体矿产的开采，不论是采用露天开采或地下开采，作业场所都不是固定不变的，而是随着采矿或掘进（剥离）的推进而不断移动。这一特点对采掘机械、开采工艺和生产管理等具有多方面的影响，如要求采掘机械具有机动性等。

从事矿产勘查和开采的工作人员，在露天或地下作业，工作环境恶劣。特别是地下矿山，潮湿阴暗，空气污浊，并潜伏着顶板冒落、瓦斯爆炸、矿井淹没等灾害性危险。在各种工业安全事故中，矿业是最高的。矿业生产中潜伏的灾害性增加了矿业投资的风险。

（10）资源逐渐耗减，生产由兴而衰。资源耗竭是矿业生产中的特有规律。对于一定的开采范围，随着矿业生产的进行，资源的总量逐渐减少，最终因资源枯竭而闭矿。矿业企业因本矿资源的耗减将经历由兴盛到衰减而至闭矿的不同时期。开采大型、特大型矿床的企业，资源耗减的速度很慢，在相当长的时期内可保持企业的兴盛繁荣，但总有枯竭闭矿之日。中小矿业企业资源耗减速度较快，在企业兴盛时期就应考虑“闭矿”问题。“闭矿”是矿业生产中一个特有的现象。“闭矿”要解决诸如残矿回收、矿井封闭、清理债务、企业转产、职工再就业等一系列技术、经济和行政方面的问题。

20.2 矿业与国民经济

20.2.1 矿业在国民经济中的地位和作用

人类对矿产资源的认识和开采利用历史悠久，并对人类社会的进步和经济发展做出了重要贡献。历史学家以人类对矿物利用的演变用来划分人类文明发展的各个阶段——旧石器时代、新石器时代、青铜器时代、铁器时代等，足以说明其作用之大和影响之深。

矿业作为一种现代产业，是在18世纪产业革命之后形成和发展起来的。矿业生产的产品，品种繁多，按照各种矿产品的用途，可以划分为：能源矿产品，金属材料矿产品，化工原料矿产品，非金属材料和建材矿产品，贵金属与宝石矿产品等。

矿业为国民经济各个部门提供矿物燃料和矿物原料。在我国，95%的能源、80%以上的工业原材料和70%以上的农业生产资料，都来自矿产资源。全世界能源生产和消费构成中，矿物能源曾一度达九成。

综上所述可以认为，矿业在国民经济中处于基础产业的重要地位。这是因为，国民经济各个部门、各种产业的地位，是由其产品在国民经济中作用的性质决定的。矿业以其产品（矿物燃料、原料和材料等）向国民经济提供各部门生存和发展必不可少的重要的物质基础，因而矿业与国民经济其他部门的关系，就其产品作用的性质而言，不是并列的，而是处于基础地位的关系。矿业对于国民经济的发展，具有广泛而重要的作用，主要表现在以下几个方面：

（1）保证作用。矿业为国民经济的各个部门和人民生活提供必需的能源和矿物原料，矿物原料是工业的“粮食”，矿物燃料是国民经济的“血液”，有了它们才能保证国民经济正常运行。离开矿产品，国民经济将陷于瘫痪，现代化生产将完全停顿。

（2）拉动作用。矿业在整个社会生产中处于产业链的最前端，矿业的发展将对整个社会生产具有广泛而强劲的拉动作用。一个国家和一个地区的经济发展，开始阶段一般是优先开发利用本国或本地区的资源，把资源变为财富，把资源优势变为经济优势。矿产的开发，将带动矿产品的加工、制造、利用、运输、贸易等一系列后序产业的发展。矿产开发将促进机械、电力、化工、建筑、交通运输等相关产业的发展。通过这些产业的发展和传递作用，对整个国民经济或地区经济产生广泛的影响。

（3）辐射作用。矿产资源的开发，将以矿业为主导，以矿区为中心，并辐射周围而形成独具特色的经济社区，有些并逐渐发展成为矿业城市。由于矿产地一般在经济不发达的山区或穷乡僻壤，这些矿区或矿业城市的形成和发展，必将对整个国民经济布局和全国经济发展的协调与平衡，起着重要的作用。以矿产的开发为先导和基础，形成了一些区域性的经济聚焦点和矿业城市。我国至少有12个城市矿业产值超过城市工业产值的70%，如大庆、玉门、德兴、鹤岗、锡林浩特等，有29个城市矿业产值占城市工业产值的30%～70%。这些矿业城市的兴起和发展，对于我国工业化和城市化进程，特别是不发达地区的经济发展，产生了巨大的推动作用。

（4）就业效应。就业对于国民经济繁荣和国家稳定至关重要。矿业一般是劳动密集型产业，特别是在资金缺乏与技术落后的发展中国家，矿业需要大量的劳力，提供了广泛的就业机会。矿业的就业效应，除表现为其本身提供就业机会之外，还包括因开发矿产而兴办的各种生产与服务业所提供的就业机会。据研究，矿业的就业乘数约为2.5，即矿业中每就业1人将使其他行业增加2.5人就业，包括前期产业和后续产业。矿业的经济乘数约为1.5，即矿业中每1元的收入，将给其他行业带来1.5元收入。

（5）出口创汇。由于矿产资源地域分布的不均衡性，矿产资源丰富的国家通过出口矿产品换取外汇对国民经济发展做出贡献，特别是发展中国家，矿产品及其加工产品常常是本国主要出口货物，是取得外汇的重要来源，如盛产石油的沙特阿拉伯、科威特、委内瑞拉、伊拉克等国。又如智利的铜矿、巴西的铁矿、南非的黄金和钻石等，都是本国的重要出口货物。在澳大利亚，矿产品出口额占全国商品出口总额的一半。

以上是一般性地就矿业与国民经济其他部门的关系而言，矿业是处于国民经济的基础产业位置，并从一般意义上论述了矿业对国民经济的各种作用和影响。而具体到各个国家，则由于各国所拥有的矿产资源种类、质量和数量差别极大，以及经济发展水平不同等原因，矿业在本国经济中的地位、作用和比重，亦相差甚远。一般说来，在发展中国家，占比重较大，在发达国家，占比重较小。

20.2.2　矿业发展与经济增长

鉴于矿业在国民经济中的基础地位，以及矿产品作为能源和矿物原料在经济发展与人民生活中所具有的极其重要而又无可替代的作用，矿业的发展对推动经济增长具有十分重要的意义。两者之间的关系是，经济发展对矿产品的大量需求推动了矿业的发展，而矿业的发展一方面用能源和矿物原料对经济增长起到了支持和保证作用，另一方面矿业的发展通过其对其他经济部门的拉动、传递和辐射效应，进一步刺激和推动了整个经济的增长。

发达国家经济发展的历程表明，工业化初期一般要消耗大量能源和各种矿物原料，工业化是建立在矿产品的大量消耗基础之上的。英国在19世纪的前80年中，煤炭消费量增长15倍，生铁消费量增长40倍。美国南北战争后的48年中，生铁消费量增长27倍，煤炭消费量增长38倍，石油消费量增长98倍。我国1949～1960年期间，国民经济发展速度为10.89%，而钢铁发展速度为54.13%，原煤发展速度为25.78%，采掘业总产值增长速度为31.53%。各国在工业化初期阶段对矿产品的大量需求同经济结构的转换有关，一是国民经济由以农业为主转向以工业为主，即由以农业生产和以农产品原料加工制造为主转向以工业生产和以矿物原料的加工制造为主，能源由人力、畜力、风力和水力为主转向以矿物能源为主；二是在工业结构中一般以冶金、机电、采矿、化工、铁路等重工业为主，这些部门都要消耗大量的能源和矿物原料，要求矿业有较快的发展以支持经济的持续增长。随着经济的进一步发展和科学技术的进步，发达国家的经济结构发生了变化，先是制造业的比重越来越大，而后是电子工业、信息产业、服务业的比重逐渐上升，而消耗大量能源和矿物原料的传统工业在国民经济中的比重大大下降。这种变化导致经济发展对矿物原料的需求强度下降。同时，由于科学技术的进步，使得能源效率提高，矿物原料消耗降低；人工合成材料塑料等的推广应用，替代了部分金属材料；开采条件好的和品位高的富矿、优质矿逐渐枯竭，开采成本越来越高。由于对矿物原料需求的下降和开采成本的上升，矿业发展的速度逐渐减缓。

就一般意义而言，矿业对于经济发展具有重要的推动作用。但对于不同的国家、不同的地区、不同的时期，其作用的方式、内容、发生作用的程度，是有明显差别的。

优势矿产对于国家、地区的经济发展具有导向作用。一个国家、地区的矿产赋存状况，特别是其所拥有的重要矿产（如能源矿产、金属矿产）或特种矿产（如金、银等贵金属矿产、放射性矿产）具有明显优势时，往往对该国家该地区的经济发展具有导向作用，对其经济结构、产业结构具有决定性的影响。如石油蕴藏极丰富的中东地区一些国家，石油工业在国民经济中具有举足轻重的主导作用。南非的金矿、智利和赞比亚的铜矿、澳大利亚和巴西的铁矿等，都对本国的经济发展和经济结构具有不同程度的导向作用。

矿产赋存的不均衡性和矿产需求的普遍性，是地区之间、国家之间发展贸易的强大动力。矿产赋存在地域分布上的不均衡性不仅表现为有些国家矿藏丰富，而另一些国家矿藏贫乏；而且表现为即使矿藏丰富的国家，也不会矿种齐全、样样俱丰，必定有某种或若干种矿产不能满足本国经济发展的需要，必须通过贸易来解决矿产赋存在地域上的不均衡性造成的矿产供给与需求之间的矛盾。这种矿产品供给与需求之间的格局，对全世界的贸易结构、产品流向和收入分配产生了重要的影响。矿产资源贫乏的日本，需要从其他国家输入大量的石油、煤炭、铁矿等矿产品。而盛产石油的科威特、沙特阿拉伯等国，靠输出石油换来大量外汇，短时期内成为“巨富”。这些都是矿产赋存不均衡性影响各国经济发展的生动例证。

不同的经济发展水平和不同的经济结构对矿业增长有不同的要求。作为资源大国和矿业大国的美国，1961~1970 年采矿工业的年均增长率为 3.2%，1971~1980 年为 2.2%，其中金属采矿业为 -1.1%，1960~1975 年采矿工业固定资产投资额占全国比重为 4%~6%，1990 年美国工业矿物产值约为 210 亿美元，占当年美国国民生产总值 54800 亿美元的 0.38%。发达国家矿业增长的下降，主要与经济结构、产业结构的调整有关，特别是对矿产品需求量小的电子工业、信息工业与金融业、服务业等第三产业的扩张有关。而有些国家和地区，其本身的产业结构和经济结构对矿业的依存度甚小，如新加坡、我国的香港等。

经济发展水平不同的国家开发同等矿产产生不同效果。经济发达国家由于有充裕的资金、先进的技术和科学的管理，开发矿产资源产生的经济效果明显高于经济落后的发展中国家，这主要表现在三个层次上：

（1）矿产开采与加工过程中资源回收水平不同；

（2）矿产品的加工深度和精度不同；

（3）矿产品使用的效率不同。

我国矿产资源回收率总体水平比发达国家低约 10%~20%。我国主要产品单位能耗比国外先进水平高 30% 以上，仅电、钢、合成氨、水泥熟料等 9 种产品，每年要比国外先进水平多消耗 1.5 亿吨标准煤。

矿业生产和矿产品使用中的环境污染、生态破坏对经济发展具有负向作用。矿产资源的开发利用，特别是产业革命以来大规模现代化的矿业生产，有力地支持和促进了经济的持续、高速增长。但与此同时，也严重地污染了环境、破坏了生态，人类社会为此不得不付出沉重的代价。为了预防污染、治理环境、复垦造田和恢复生态，需要耗费大量的资金、人力和物力，这些是矿业对经济发展的负向作用。

矿产资源对于经济发展是把双刃剑。随着矿产资源的耗竭，经济发展是否也会逐渐逼近其“增长极限”？从全球来看，矿业对经济增长在长时期内将具有重要作用。在未来，当矿产资源的耗竭进一步加剧，当采用矿产资源的代价过高，而非矿物燃料、新能源和非矿物新材料可以经济地推广应用，那时，矿业和其他许多以矿产品为能源和原材料的产业一样，将大大降低在经济与社会发展中的作用，逐渐退出经济发展的主战场。

21 矿业生产与矿产供需

21.1 生产与成本

在经济学中，生产是指人们利用现有资源创造所需物品的一切经济活动。经济学认为，在生产过程中，厂商为获得最大利润，总是力图使一定产出量所需要的投入资源量或者成本最小，或者使一定投入资源量或者成本所创造的产出量最大。

生产理论所研究的核心问题，就是投入（成本）与产出之间的相互关系。

21.1.1 生产函数

生产函数是指在一定技术水平条件下，生产者最大可能产出量与投入生产要素量之间的关系。所谓生产要素，是指生产商品所投入的各种经济资源，一般包括土地、资本和劳动。这里的土地包括为生产提供场所、原料和动力的一切自然资源，诸如陆地、海洋、矿藏、森林、风力、水力等；资本包括便于有效地生产所需要的一切人造物品，诸如建筑物、机器设备、运输工具等有形资产和商标、专利权等无形资产；劳动包括生产过程中所投入的一切人类活动，诸如工人的体力劳动、领导者与技术人员的脑力劳动等。

若以 Q 表示产量，以 A，B，…，N 表示生产要素的投入量，则生产函数可以表示为：

$$Q = f/(A,B,\cdots,N) \tag{21-1}$$

生产函数可以是对单个生产者而言，亦可以是对整个社会而言。社会的生产函数称为总量生产函数。

典型的生产函数有柯布-道格拉斯（Cobb-Douglas）生产函数，其形式为：

$$Q = \beta L^{\alpha} K^{1-\alpha} \tag{21-2}$$

式中 Q——产量；

L——劳动投入量；

K——资本投入量；

β——正常数；

α——小于1的正常数。

柯布-道格拉斯生产函数为一总量生产函数，它是根据美国某时期内资本与劳动这两种生产要素对社会产量的影响关系而得出的。

里昂惕夫（Waslie Leontief）生产函数是另一种典型的总量生产函数，其形式为：

$$Q = \min(K/a, L/b) \tag{21-3}$$

式中 Q——产量；

K——资本投入量；

a——资本消耗系数，即单位产量的资本投入量；

L——劳动投入量；

b——劳动消耗系数，即单位产量的劳动投入量。

里昂惕夫生产函数表明，生产一定数量的产品所需要的各种投入要素量之间的比例关系是固定的，超出该比例的生产要素起不到增加产量的作用。里昂惕夫生产函数是投入产出分析的基础。

将生产函数理论用于研究矿业生产规律时，应注意到矿业产量在较大程度上取决于作为生产对象的矿产资源的数量、质量和丰度。在许多情况下，相等的资本与劳动投入，由于不同的矿产质量和不同的赋存条件而会得到不等的、有时甚至差别很大的产出。这是矿业生产所具有的一种特殊规律性。

21.1.2 收益递减规律

为研究生产要素投入量的变化对产量的影响，可以将产量区分为总产量、平均产量和边际产量三种。

总产量是指某可变要素与一定量的其他生产要素的组合所生产的商品数量的总和。平均产量是指总产量对可变要素的平均值，它表示单位可变要素提供的产量。边际产量是指每增加一个单位可变要素所引起的总产量的变化量。随着可变生产要素投入量的增加，总产量、平均产量与边际产量先是上升，直至达到某一最大值。这种产量随生产要素投入量的增加而上升的现象，称为收益递增。升至某一最大值之后，产量便随生产要素投入量的继续增加而下降。这种在技术水平与其他生产要素投入量不变的条件下，产量随可变生产要素投入量的增加而下降的现象，称为收益递减。这是可变技术系数的生产函数所具有的一般特征，因此称为收益递减规律。

收益递减规律可以是对边际产量而言，也可以是对平均产量而言。有时，它还可以对总产量而言，此时称为绝对的收益递减。

收益递减现象的产生是因为可变要素的投入量达到足以使固定要素被充分利用的界限以后，继续增加可变要素的投入量，会使单位可变要素没有技术上必要数量的固定要素与之配合，其效率便会降低，边际产量亦会下降。

21.1.3 成本理论

如前所述，成本是指生产过程中所使用的生产要素的价格。但是，成本所包含的具体内容却因决策目的不同而异。

21.1.3.1 成本种类

成本可以分为固定成本与可变成本。固定成本是指短期内不随产量的变动而变化的成本，它是由相对固定的生产要素所引起的费用，诸如地租、利息、厂房与设备折旧费、管理人员的薪金、保险费等。

可变成本是指直接随产量的变动而变化的成本，它是由可变要素所引起的费用，诸如工人工资、原料费、动力费等。

一定时期内，成本对产量的比值，称为该期的平均成本。相应于固定成本和可变成本，平均成本可以有平均固定成本和平均可变成本之分。为增加一单位产品所引起的成本变化，称为边际成本，它是对特定的产量而言的。

21.1.3.2 短期成本规律

在短期内，平均固定成本随产量的增加而递减。

一般而言，平均可变成本随着产量的增加，先是递减，但达到一定的限度后，平均可变成本便转为随产量的增加而递增。这是因为，当产量很低时，可变要素的效率不能充分发挥出来。随着可变要素投入量与产量的增加，要素效率亦提高，单位产量分摊的平均可变成本亦相应地降低。但是，当可变要素投入量增加到一定值以后，由于受收益递减规律的支配，平均可变成本转为随产量的增加而上升。

边际成本和平均成本随产量的变化，亦呈现与平均可变成本相类似的定性规律，即先是随产量的增加而递减，而后转为递增。

从理论上说，边际成本总是先于平均成本由递减而转为递增，并且两者于平均成本取最小值时相等。这是因为就平均成本来说，新增加的可变成本是由全部产品分摊的；而就边际成本来说，新增加的可变成本是由最后一单位产品承担的。所以，边际成本先于平均成本由递减转为递增。若边际成本小于平均成本，则平均成本必然随产量的增加而降低；若边际成本大于平均成本，则平均成本必然随产量的增加而升高。所以，只有当平均成本处于由下降至上升的转折点时，边际成本才与平均成本相等。

平均固定成本、平均可变成本、平均成本和边际成本在短期内随产量变化的规律，如表21-1和图21-1所示。

表21-1 短期成本表

产量	固定成本	可变成本	总成本	边际成本	平均成本	平均固定成本	平均可变成本
0	20	0	20	—	—	—	—
1	20	30	50	30	50	20	30
2	20	56	76	26	38	10	28
3	20	75	95	19	31.7	6.7	25
4	20	80	100	5	25	5	20
5	20	105	125	25	25	4	21
6	20	132	152	27	25.3	3.3	22
7	20	182	202	50	28.9	2.9	26
8	20	320	340	138	42.5	2.5	40

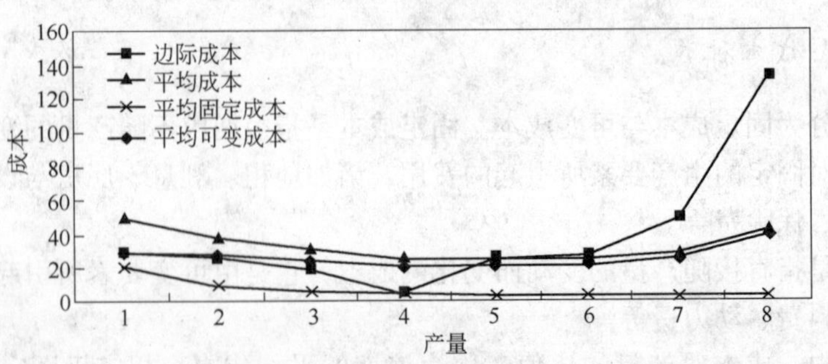

图21-1 短期成本曲线

21.1.3.3 长期成本规律

在长期内，不存在所谓的固定成本，一切成本项目都是可变的。

长期成本取决于生产技术条件、生产要素价格和产量三个主要因素。若假定生产技术和要素价格不变，则长期平均成本随产量的变化规律即长期平均成本曲线可以由短期平均成本曲线而得到。将不同生产规模的短期平均成本曲线绘制于同一成本——产量坐标系中，这些曲线的包络线就是长期平均成本曲线。该曲线上的任一点表示相应产量的最低可能平均成本。

一般地说，长期平均成本曲线像短期平均成本曲线一样，也是一条最初随产量增加而递减，继而平缓，最后转为上升的下凹曲线。

21.2 矿产资源耗竭、矿业生产规模与品位参数

21.2.1 矿产资源耗竭

矿产资源耗竭是矿业生产中的一个特殊问题。L. C. Grey 指出：由于预期矿产资源耗竭，矿山经营者会在初期限产以满足未来的需求。后来，H. Hotelling 对资源耗竭问题进行了定量分析，形成了资源耗竭理论。

传统的矿产资源耗竭理论认为：矿产成本与非矿产成本相比，具有明显的特殊性。它不仅包括劳动与资本成本，而且包括资源使用成本，即因矿产资源的开发而使生产者失去了以后开发该资源的机会。这一特点是由矿产资源的有限性与不可再生性所决定的。所以，矿业厂商会因对资源耗竭的预期而推迟生产，以满足未来的需求。推迟生产的原因有：

(1) 因为人们对资源耗竭的预期，产量会减少，购买愿望会加强。所以，矿产的未来价格会高于当前价格。

(2) 随着资源的耗竭，开采条件变差，矿产边际成本随产量的增加而上升。减少产量可以降低边际成本，相应地可以提高单位产品的利润。

(3) 储量的有限性，使得开发投资和生产能力限制在一定的水平之内。生产能力过大，分摊在单位资源量上的资金成本就会过高。通过缩小生产规模、延长生产期而推迟生产，可以降低资金成本。

(4) 推迟生产可以起到保护资源的作用，相对地提高了未来资源的质量。技术的进步，会使这些推迟开采的资源得以更有效地生产。

当石油危机和许多矿产价格上涨时，资源耗竭理论的研究得以复苏，并且引起了对矿产资源稀缺的普遍性问题进行广泛地探讨。研究得出的基本结论有：

1) 现值原理支配厂商的生产行为。当前收入比未来收入具有更高的价值，因为现金能通过获取利息而增值。所以，未来生产的收入必须弥补因生产推迟而带来的利息损失。若未来生产的边际利润现值大于当前生产的边际利润，则会有生产推迟行为发生。

2) 只要对某种矿产的需求长期持续，以致该矿产的供给减少，价格上升，便会有替代品市场产生，从而改变矿业生产结构，使得该矿产的产量降低。

有关研究还表明：矿产市场上出现了传统资源耗竭理论所预期的资源耗竭与价格部分

上涨现象，但未见有厂商将产量维持在使利润最大的水平之下，以获取未来利润。所以，虽然矿产资源是有限的，但此限度仍远离现实。就长期而言，矿产勘查与技术进步在矿产供给中起着重要的作用。新矿床的发现，会使资源存量得以不断地补充；技术的进步，会使难采及低品位矿床得以有效地开采、矿产加工利用效率得以提高、更多的矿产替代品得以产生。

21.2.2 矿业生产规模

生产规模影响厂商的生产成本和利润。增大生产规模既可以引起边际成本下降，也可能导致边际成本上升。

一般认为，当生产规模较小时，产量提高的速率会大于成本上升的速率。这种产量提高速率大于总成本上升速率的情况，称为规模收益递增或者规模经济。规模经济的产生是由于较大的生产规模，利于充分发挥技术装备的效能，便于专业化协作的发展，能够降低单位产品的销售、管理等成本。

然而，规模经济并非是无限的。当生产规模过大时，成本上升的速率则会大于产量提高的速率。这种产量提高速率小于总成本上升速率的情况，称为规模收益递减或者规模不经济。造成规模不经济的主要原因有管理效率的降低，设备搬运、安装与维护困难增大，资源供应不足，故障影响显著等。

规模收益由递增向递减过渡时的生产规模，称为最小有效规模。竞争理论指出：厂商只有在等于或者大于最小有效规模的水平上生产，才能盈利。因此，最小有效规模产量占某矿产总销量（供给）的比例对该矿产市场的结构及竞争程度有着重要的影响。

对于矿业厂商来说，矿床的质与量对生产能力与规模经济有着特殊的影响作用。譬如，大规模开采会因工艺选别性差或矿床平均品位低而导致矿物加工成本过高；再如，储量丰富的大规模矿床的地理位置常常偏远、工业基础设施条件不足，等等。这些皆为矿业生产所特有的规模不经济因素。

当然，对于特定的矿床，存在最佳生产规模及生产年限问题。此问题的关键，在于矿床开采所需的固定资产投资量。对于特定的基建投资，生产规模越大，资源实现利润越早，总现值也就越高。但是，生产规模的增加一般是以投资为代价的。过大的生产规模，会使资金成本超过利润所带来的效益。此外，在某些情况下，技术因素也制约生产规模。譬如，油田的开采，常有一个技术上允许的最大生产规模。超过此生产速率，石油的总回收率便会下降。

21.2.3 矿床品位参数

边界品位是指生产过程中的各个阶段，为将矿岩物料进行分别处理而确定的矿岩物料中的有用矿产的边界含量。

研究边界品位的意义是明显的：边界品位过高，则矿石储量或可回收有用矿产的量减少；而边界品位过低，则产品的有用矿产含量下降，进一步加工及处理的费用增加。两者均会导致矿业生产的经济效益不佳。

边界品位理论一般将矿岩的处理过程划分为三个阶段，即采矿、选矿和冶炼。对于每一个阶段，都存在一个品位，其使可回收矿产的提取成本恰好等于此矿产的销售收入，这个品位称为盈亏品位。

如果矿岩处理能力仅受一个阶段的制约，则该阶段的盈亏品位便是最佳边界品位。然而，若生产能力受一个以上阶段的制约，那么最佳边界品位未必等于盈亏品位。此时，需要考察两个阶段的平衡品位。

所谓平衡品位，是指能使两个制约阶段同时达到最大生产能力的品位。譬如，采选平衡品位是指能使采场和选厂同时达到最大生产能力的品位。同理，还可以定义选冶和采冶平衡品位。平衡品位仅涉及各有关阶段的生产能力，而不考察价格和成本的影响。所以，平衡品位可以直接由矿体的品位分布求得。

已经证明，若生产能力同时受两个阶段制约，则此两阶段的平衡品位即是最佳边界品位。

在矿业生产实践中，确定最佳边界品位时，还需要考虑机会成本，品位依赖成本、生产年限、价格波动等因素。

所谓机会成本，是指在利用一定资源获得某种收入的同时所必须放弃的另一种可能更高的收入。在计算边界品位的过程中，需要考虑的主要机会成本是为开采较低品位的矿体所导致的较高品位资源的收入的推迟。任何时刻的边界品位都须产生足够的利润以补偿这种推迟所造成的成本。

随着矿山生产的继续，此种机会成本趋于减小，因为矿山剩余储量的价值在降低。由此可以得到推论：为使矿床开采的净现值最大，边界品位一般须随矿山生产的继续而降低。也就是说，常定边界品位与矿床开采现值最大是不相容的。另一种机会成本源于生产设施随生产的延续而不断损耗。所以，推迟开采高品位矿体还会导致这些矿体的开采、加工处理效率降低，矿床价值减小。

品位依赖成本是指随边界品位的变化而变化的成本。譬如，可变成本可能随边界品位的减小而降低，因为较低的边界品位允许采用低选别、大强度的采矿工艺方法。再如，某些矿体或者矿块开采的推迟，可能导致其矿产回收率的降低或者开采成本的上升。边界品位的变化还可能引起矿石可选性的变化，因而导致选矿成本的变化。

将高品位资源推迟至矿产市场价格较高时生产，有利于使矿山现值最大。但是，这种推迟必须保证价格上升的幅度足以使预期的未来边际收入现值大于不推迟开采时的边际收入。

最后，随着矿山生产的延续，边界品位应逐渐减小，生产能力可以有所扩大，以此增加储量，降低可变成本，提高矿山的现值。对于固定成本比例较高的矿山，尤应如此，以便获得规模经济。

在我国，多年来的地质勘查和矿床开采工作一般把对矿床品位的要求列入矿床工业指标，作为圈定矿体、计算储量的依据，也是区分符合工业要求的工业储量和不符合目前工业要求而暂时不能利用的储量以及划分矿石和废石的标准。工业指标的确定，直接关系到矿体圈定及储量多少，进而影响到矿床经济价值、生产规模、开采工艺、经济效果及资源的利用程度，是矿床勘查和开采中的一项重要的技术经济工作。

我国对矿床的品位确定一般采用双指标制，即边界品位和最低工业品位（最低可采品位）等两个指标。少数矿床采用单指标制，即边界品位。还有矿床采用多指标制（如金矿采用边界品位、块段最低工业品位和矿床最低工业品位三个指标）。边界品位是衡量单个样品的品位是否达到工业利用的要求，是区分单个样品为矿石、废石的临界值。从技术上看，凡是达到边界品位的矿石，都应该是通过选冶可以回收利用的矿产资源；从经济上看，边界品位应该是盈亏平衡品位。双指标制中的最低工业品位，一般是指块段的最低可采品位。在勘探中，块段通常是指两个勘探剖面间的一个单元；而在开采中，块段往往是指矿块、采场等开采单元。最低工业品位是划分工业储量（表内储量）与非工业储量（表外储量）的标准，其值要保证相应开采单元的矿产资源在开发后的所得不仅能够补偿各种费用（直接的和摊销的），而且可以获取合理水平的利润。

边界品位和最低工业品位的确定是一个复杂的技术经济问题，往往需要针对具体的矿床进行专门研究和多方案比较分析才能够得到合理解决。进而，关于矿床工业指标，除了品位之外，还有最小可采厚度、夹石剔除厚度、极薄金矿脉的 g/t 值等，都是影响矿体圈定和储量计算的重要因素。

21.3　需求与消费

21.3.1　需求及需求规律

需求是指消费者在特定时刻、每一价格水平上愿意并且能够购买的某种商品或者劳务的各种数量。

单个消费者对某种商品或者劳务的需求，称为个体需求；某种商品或者劳务的所有消费者的需求，称为该商品或者劳务的市场需求。

商品的需求量与价格相互影响。一般而言，需求量随价格的上升或者下降而相应地减少或者增加。即是说，当价格上升时，需求量减少；而当价格下降时，需求量增加。另一方面，价格随需求量的增加或者减少而相应地上升或者下降。即是说，当需求量增加时，价格上升；而当需求量减少时，价格下降。商品的需求量与价格间的这种相互作用规律，称为需求规律。

21.3.2　需求函数

需求量对价格的依赖关系称为需求函数。若以 Q_d 表示需求量，以 P 表示价格，以 D 表示需求函数，则有：

$$Q_d = D(P) \tag{21-4}$$

需求量对价格的依赖关系也可以用一表列来表示，称该表列为需求表。需求表亦有个体需求表与市场需求表之分。表 21-2 为一需求表。

表 21-2　需求表

价 格	需 求 量	价 格	需 求 量
6	8	3	12
5	9	2	15
4	10	1	20

需求函数常常以曲线来表示，称此曲线为需求曲线。需求曲线可以根据需求表绘制，并且在需求曲线图中，一般以横坐标表示需求量，以纵坐标表示价格。图 21-2 是与表 21-2 相对应的需求曲线。

商品或者劳务的需求量不仅受市场价格这一重要因素的影响，而且与下列因素有关：

(1) 消费者的收入水平，包括国民收入水平及国民收入在消费者之间的分配。

譬如，消费者收入的增加一般会使优质商品的需求量增加，而使劣质商品的需求量减少。

(2) 替代品的价格。某商品的替代品价格的升降，会导致该商品在价格不变的情况下，需求量按照替代品价格变化的相同方向变化。譬如，20 世纪 70 年代，煤炭的需求量因其替代品石油的价格上升而增加。

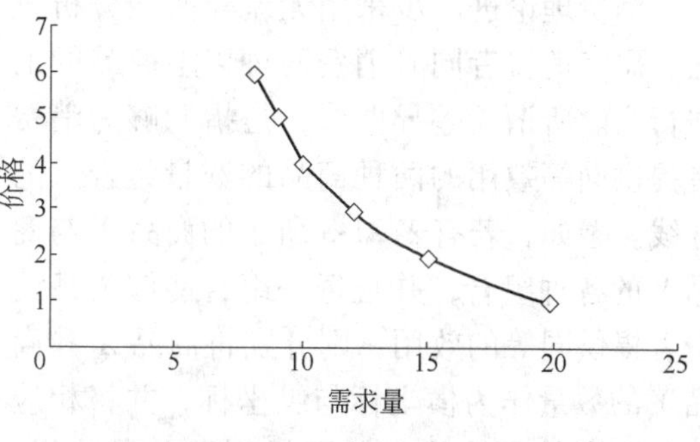

图 21-2　需求曲线

(3) 互补品的价格。某商品的互补品价格的变化，会导致该商品在价格一定的情况下，需求量发生变化。譬如，高油耗或者低油耗汽车的需求量会因其互补品汽油的价格上升而相应地减少或者增加。

(4) 消费者的心理因素，诸如偏好和价格预期、人口数量及结构、广告宣传等因素也影响商品的需求。

当商品自身的价格不变，而上述各影响因素的一个或者几个发生变动时，该商品的需求水平则发生变化。在需求曲线图上，这种变化表现为需求曲线的右移或左移，即需求量的增加或减少。譬如，收入的增加、替代品价格的上升等皆导致需求曲线右移。

21.3.3　消费理论

消费者在商品市场上的购买决策和购买活动，称为消费行为，它决定商品的需求规律。

在经济学中，消费行为对需求的影响是通过边际效用分析方法来研究的。所谓商品的效用，是指消费者从该商品的消费中获得的满足程度，而边际效用则是消费者每增加一单位消费品所引起的总效用的变化。

消费行为理论的基本假设有：

(1) 效用最大假设，即消费者的目标是以有限的资源，通过抉择获得最大的满足；

(2) 有理性行为假设，即消费者总是做出使效用最大的抉择；

(3) 无饱和状态假设，即消费者对获得商品的欲望是无止境的。

消费行为理论认为，随着消费者购买的某商品数量的增大，其从每一单位该商品所得到的追加效用减小。也就是说，消费者从消费最初一个单位的该商品中得到的效用最大，以后逐渐增加的各单位商品所提供的效用会依次减小。简言之，随着某种商品消费数量的增加，该商品的边际效用趋于减小，这被称为边际效用递减规律。

运用此规律，可以解释需求量随价格呈相反方向变化这一现象。具体地说，消费者购买和消费某种商品的数量越大，所得到的追加效用越小。依据效用最大假设，该消费者对多购买此商品所愿意付出的价格也就越低。所以，价格越高，需求量越小；价格越低，需求量越大。

消费理论进一步采用无差异曲线分析方法，研究消费者同时消费两种以上商品的消费行为。所谓无差异曲线，是指能够为消费者提供同等效用的两种商品的数量组合点的连线。譬如，若有表21-3所示的商品 X 与商品 Y 的各种组合，并且每一组合能够为某消费者提供同等的效用，则分别将商品 X 和商品 Y 的数量作为横坐标与纵坐标，并将相应于各组合的点连线，便可得到无差异曲线，亦称为效用等值线，如图21-3所示。

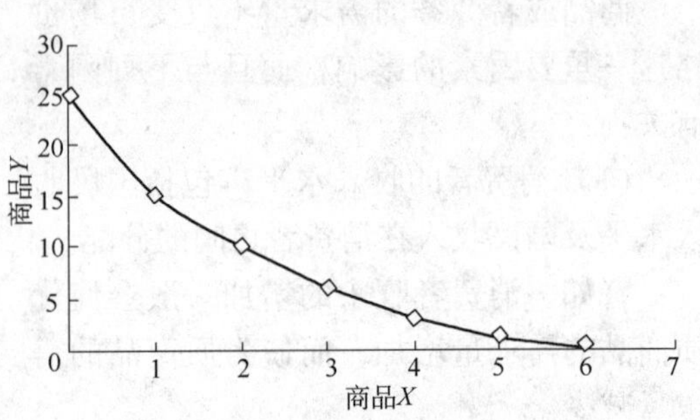

图21-3 效用无差异曲线

表21-3 效用无差异表

总效用	U						
商品 X	0	1	2	3	4	5	6
商品 Y	25	15	10	6	3	1	0

无差异曲线上任一点的斜率，称为该点处商品的边际替代率。边际替代率表示消费者在维持同等满足的条件下，为获得一单位的某种商品而必须将另一种商品减少的数量。

一般地说，无差异曲线为凸向坐标原点的曲线，离坐标原点越远，无差异曲线离坐标轴越近。这表明，在同等满足的条件下，消费者所获得的一种商品的数量越多，其为增加单位该商品所愿意减少的另一种商品的数量越少，此规律称为边际替代率递减规律。

无差异曲线是对一定的效用而言的。若效用或者消费者的满足水平不同，便可以得到不同的无差异曲线。与消费者各个满足水平相应的无差异曲线系列，称为无差异曲线群。

消费者所能够达到的满足水平与其收入水平及物价水平有关。若令消费者的收入为 I，其一种商品的购买量为 X，价格为 P_x；另一种商品的购买量为 Y，价格为 P_y，则有：

$$XP_x + YP_y = I \tag{21-5}$$

此式称为预算方程或者预算线，表示消费者全部收入的可行消费组合。按照效用最大假设，消费者将会这样分配其全部收入来购买商品，以使其获得的效用最大。这个使效用最大的最佳购买量即是与预算线和无差异曲线的切点相对应的商品量，称此切点为消费均衡点。

21.3.4 矿产需求——中间需求

以上讨论了最终产品或者非生产过程消费品需求的一般规律性。可是，矿产一般不属于最终产品，而是用作生产最终产品的投入。这类产品的需求称为中间需求或者导出需求。

中间需求与最终需求之间的联系是显而易见的。但是，最终需求的一般规律并不足以解释中间需求，因为中间需求不仅受最终需求的影响因素制约，而且在很大程度上依赖于生产工艺技术以及互补投入要素的可用性。

中间需求与生产有密切关系。产出与投入间的关系称为生产函数，它表示在一定的技术水平下，从投入要素的各种可能组合所获得的最大产量。单位投入要素所引起的产量的变化，称为边际产量。边际产量与产品价格的乘积称为边际产值，它表示单位可变要素的变化所引起的总收入的变化。表21-4给出了竞争条件下某生产者的单位可变要素生产函数、边际产量、产品价格和边际产值，相应的生产函数曲线、边际产量曲线和边际产值曲线如图21-4所示。

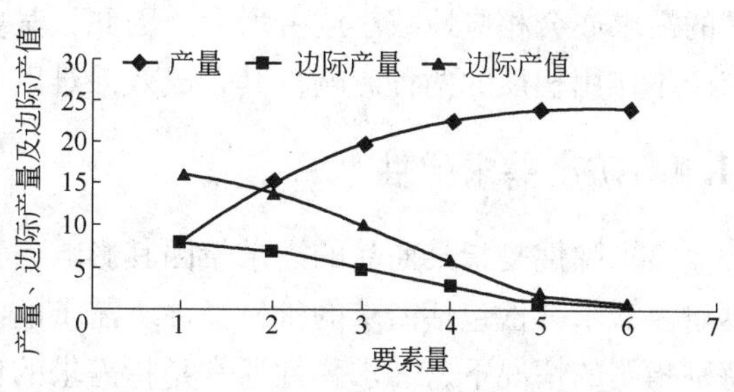

图21-4　生产函数、产量与产值曲线

表21-4　生产函数、产量与产值

要素量	产　量	边际产量	价　格	边际产值
0	0	—	—	—
1	8	8	2	16
2	15	7	2	14
3	20	5	2	10
4	23	3	2	6
5	24	1	2	2
6	24.5	0.5	2	1

从表21-4和图21-4中可以看出，在技术水平与其他生产要素的投入量不变的情况下，随着可变要素投入量的增加，单位可变要素所引起的产量变化趋于减小。这种边际产量随可变要素投入量的增大而减小的现象，称为收益递减规律。

生产者为使净收入最大，将会这样使用投入要素，以使要素的边际成本等于所获取的边际收入。这是因为，若要素成本低于边际收入，生产者会继续投入要素以获得收入；若要素成本高于边际收入，生产者会减少投入要素以避免损失。在竞争条件下，投入要素的边际成本等于要素的价格，因为在此种条件下投入要素的增加并不改变要素价格。进一步，边际收入即是表21-4中的边际产值。所以表21-4与图21-4中的要素投入量与边际产值间的关系，也就是投入要素需求量与要素价格的关系，即中间产品的需求函数。

中间需求不仅受最终需求的各种制约因素的影响，而且与下列因素有关：

（1）最终需求。与某中间产品有关的最终产品需求的增减，会相应地引起该中间产品需求的增减。

（2）生产技术。技术的变化，对中间需求有较大影响。当生产技术使某投入要素或者其互补要素的生产率得到改善时，该要素的需求增加；而当生产技术使某投入要素的替代要素生产率得到提高时，该要素的需求则减小。

（3）投入要素比例。当某要素对其他投入要素的比例增减时，生产成本亦增减，产量会随之减少或增加，该要素的需求也就相应地减小或者增大。

（4）其他要素的价格。某投入要素的互补要素价格的升降，会引起该要素需求的减小或者增大。某投入要素的替代要素价格的升降，会引起该要素需求的增减；另一方面，替代要素价格的升降，同时会使生产成本相应地升降，产量随之减少或者增加。所以，该要素的需求亦会相应地减小或者增大。因此，某要素的替代要素价格的变化，对该要素的需求产生作用相反的两种影响，其合成效果难以一般而定。

21.4 矿产需求弹性

需求弹性是指某商品的需求量因其影响因素变化而变化的程度，它以需求弹性系数来度量。需求弹性包括需求的价格弹性、需求的收入弹性和需求的交叉弹性。但是，在没有特别指明的情况下，需求弹性通常是指需求的价格弹性；相应地，需求弹性系数是指需求的价格弹性系数。

需求的价格弹性系数定义为商品需求量的相对变化与引起该变化的该商品价格的相对变化之比。若以 E_d 表示需求弹性系数，P 表示商品价格，Q_d 表示商品需求量，ΔP 表示价格的变化，ΔQ_d 表示需求量的变化，则有：

$$E_d = (\Delta Q_d / Q_d)/(\Delta P / P) = (\Delta Q_d / \Delta P)/(P/Q) \tag{21-6}$$

若 E_d 的绝对值大于1，则称需求富于弹性；若 E_d 的绝对值等于1，则称需求为单一弹性；若 E_d 的绝对值小于1，则称需求缺乏弹性。譬如，生活必需品多缺乏弹性，而奢侈品则多富于弹性。

21.4.1 矿产需求的价格弹性

矿产作为中间产品，其需求弹性受矿产占最终产品成本的比例、最终产品的需求弹性以及矿产的可替代程度等因素的影响。若某矿产占最终产品总成本的比例大，则该矿产的需求趋向富于弹性。反之，若某矿产占最终产品总成本的比例小，则该矿产的需求趋于缺乏弹性。

中间产品的价格变化，会对最终产品的价格有着直接的影响，而最终产品的价格又影响最终产品的需求，进而影响中间产品的需求。所以，最终产品的弹性越大，有关的中间产品的需求弹性也越大。但是，最终产品的需求弹性对中间产品的需求弹性的影响程度取决于中间产品占最终产品总成本的比例。

中间产品的可替代性对其需求弹性亦有较大影响。某中间产品的替代品越多，则该中间产品的需求弹性越大；反之，某中间产品的替代品越少，则该中间产品的需求弹性越小。中间产品的可替代性又取决于生产工艺技术、生产成本、技术规程、政策等诸多因素。

矿产需求弹性还与所论时间期限的长短有关。短期是指在此期间内，某些市场条件诸如生产能力、地租契约、劳工合同等可以视为不变；而长期则是指在此期间内，经济与技术条件都可能发生变化。

就短期而言，矿产的需求弹性由两个主要因素决定，即矿产成本占最终产品总成本的比例和矿产替代的可能性。一般地说，作为初级产品，矿产的成本占最终产品总成本的比例较小。例如，镍占喷气发动机总成本的比例和铜占电动机总成本的比例皆较小。矿产的替代一般比较困难，因为它们常常要求特定的加工工艺。所以，替代某种矿产意味着有关的最终产品的生产系统的改变，而这种改变在短期内一般不易实现。所以，在短期内，矿产的需求趋于缺乏弹性。

就长期而言，生产设施、经济合同以及工艺技术等皆可能发生变化。所以，矿产在长期内的需求弹性要比其在短期内的需求弹性大。然而，研究矿产长期需求弹性的目的不仅仅在于其大小，更重要的是矿产需求随长期价格趋势的调整方式以及这种调整能够满足人类社会对不可再生资源需求的程度。为此，首先需要考察矿产资源开发利用与保护问题。

矿产资源保护是一个典型的规范经济学问题。由于对矿产资源开发与利用的价值判断准则不同，可以对矿产资源保护赋予各种不同的意义，诸如矿产资源使用水平的绝对降低、永恒使用、浪费量最小、有效地利用等。

矿业经济学认为，矿产的价值在于其能够使最终产品具有消费者所期望的某些特性。所以，从经济学的角度看，人类社会将试图从其所拥有的矿产资源中获取最大的价值。为此，矿产资源保护的主要目标应该是人类社会从矿产资源的利用中，获得最大的社会经济效益，即有效地利用矿产资源，而不是矿产资源的自身可供使用性。由于矿产资源使用水平的绝对降低、永恒使用、浪费量最小等皆不能充分反映社会需求与经济条件的变化，故不适于作为矿产资源保护的准则。实现矿产资源有效利用的可能方式之一是通过市场调节。在此，一个重要的假设是市场价格能够准确地反映供求的实际状况。这种条件下，长期价格趋势会导致原料替代和技术变化，以便需求适应供给成本的变化。具体地说，当矿产长期价格上升时，表明需求大于供给，该矿产的消费者将寻求廉价替代品以抑制生产成本的升高。替代方式主要有：

（1）以不同的原料生产现有产品，如在高压传输线中以廉价的铝替代价格较贵的铜；

（2）以不同的产品替代现有产品，如以通讯卫星替代远程有线电话；

（3）减少现有产品中矿产的使用量，如通过改变合金结构来减少永久磁铁中镍的使用量。

替代使某矿产的需求减少，从而使该矿产得以更多地用于满足难以替代、高价值的需求。所以，若价格信号准确，市场调节将导致矿产的有效利用。若价格继续上升，该矿产最终将被完全替代，没有需求，如同资源耗尽，此种状况称为经济耗竭。

在理想的市场调节情况下，矿产资源保护得以自动实现，人们不必担心资源耗竭。若社会用尽某种矿产，则是因为社会已经从该矿产的使用中获得了最大效益，而有新的可用选择出现了。但是，市场价格并非总能准确地反映矿产供求状况。所以，在市场失灵的情况下，需要靠政府政策的调控来保证矿产资源的有效利用。

矿产市场失灵的主要原因是由价格机制造成的成本与效益信息的扭曲。譬如，管制价格无法响应市场状况，造成资源利用与可供使用情况以及成本与效益信息的扭曲。再如，操纵价格使矿产的利用趋于偏离最佳，社会效益下降。还如，有关未来市场供求、技术变化、社会经济等方面信息的不确定性也可能造成市场失灵。

此外，外部成本，例如环境侵害对社会造成的成本，也难以通过市场价格得到反映。这可能导致矿产价格趋低，社会需求趋高。

21.4.2 矿产需求的交叉价格弹性

如前所述，矿产需求的价格弹性，表示矿产自身价格的变化对该矿产需求量的影响。而矿产需求的交叉价格弹性，则表示另一矿产价格的变化对某一矿产需求量的影响，简称为需求的交叉弹性。

需求交叉弹性以交叉弹性系数来表示。若以 $E_d(x, y)$ 表示需求的交叉弹性系数，P_y 表示矿产 Y 的价格，ΔP_y 表示矿产 Y 的价格变化，Q_x 表示矿产 X 的需求量，ΔQ_x 表示矿产 X 的需求量的变化，则交叉弹性系数定义为：

$$E_d(x,y) = (\Delta Q_x/Q_x)/(\Delta P_y/P_y) = (\Delta Q_x/\Delta P_y)/(P_y/Q_x) \tag{21-7}$$

当矿产 X 对矿产 Y 的需求交叉弹性系数为正值时，表明 X 的需求量与 Y 的价格呈同方向变化或者与 Y 的需求量呈反方向变化。所以，此两种矿产互为替代品。例如，铜和铝互为替代品。当矿产 X 对矿产 Y 的需求交叉弹性系数为负值时，表明 X 的需求量与 Y 的价格呈反方向变化或者与 Y 的需求量呈同方向变化。所以，此两种矿产为互补品。例如，钢材与水泥为互补品。若交叉弹性系数为零，则所论两种矿产在消费中互不相关。

21.4.3　矿产需求的收入弹性

经济活动水平的升降交替称为经济周期，它对矿产的需求有着重要的影响。矿产需求对经济活动变化的响应称为矿产需求的收入弹性。之所以如此定义，是因为经济活动依赖于消费水平，而消费水平又取决于收入水平。

矿产需求的收入弹性用收入弹性系数表示。若以 E_i 表示收入弹性系数，I 表示收入，ΔI 表示收入的变化，Q_d 表示需求量，ΔQ_d 表示需求量的变化，则有：

$$E_i = (\Delta Q_d/Q_d)/(\Delta I/I) = (\Delta Q_d/\Delta I)/(I/Q_d) \tag{21-8}$$

由于需求与收入一般呈同方向变化，需求的收入弹性系数通常为正值。

一般地说，生活必需品的收入弹性比较小，而奢侈品的收入弹性比较大。所以，随着人们收入的增加，用于购买生活必需品的支出比重下降，而用于购买奢侈品的支出比重上升。

在矿业经济中，收入弹性大的矿产，其需求随经济周期的波动大；而收入弹性小的矿产，其需求随经济周期的波动小。

矿产需求的收入弹性还与所考察的时间范围有关。在短期内，决定矿产需求收入弹性的主要因素是使用矿产的产业类型。矿产需求与某些特定产业及产品有关，当这些产业部门的生产随消费水平的变化而变化时，便对作为其生产资料的矿产需求产生直接影响。以矿产、特别是金属矿产作为生产资料的产业部门主要有运输业、建筑业、耐用消费品以及生产工具与设备制造业这些产业部门的共同特点是，其需求的收入弹性大，这是由其最终产品的性质决定的。这些产品，诸如汽车、房地产、电冰箱、电视机等多为高档消费品，当经济萧条时，它们的需求趋于下降，消费者收入的大部分会用于购买生活必需品；而当经济活动高涨时，消费者不仅将收入用于购买生活必需品，还有能力将收入用于高档消费品的需求，耐用消费品的需求会增加。这种周期效应会传递到有关产品所需求的矿产上，使这些矿产的需求亦表现出较高的收入弹性。

当然，并非所有矿产对经济活动的响应皆表现如此。某些矿产、特别是工业矿物，主要用于经济活动相对平稳的产业部门，其需求的收入弹性则相对较小。典型的例子是农用化肥原料，由于农产品的需求相对稳定，相应的化肥原料矿产的需求收入弹性亦趋低。

矿产的长期需求收入弹性是一个引人注意的问题。所以如此，是因为它与矿产需求预测密切相关。人们担心，由于矿产资源的不可再生性，其不断消耗会导致矿产稀缺，最终妨碍预期的经济增长。因此，需要对矿产需求进行长期预测，以研究人类社会发展所需矿产的充足程度。

预测矿产需求的主要因素之一是国民生产总值，即一国经济在一定时期内所生产的最终产品与劳务价值的总和。为恰当地利用国民生产总值这一指标进行矿产需求的长期预测，需要研究矿产长期需求与收入的定量关系。这一关系有时被称为矿产需求规律，以有别于一般商品的需求规律，即需求量与价格间的关系。在进行自然资源可用性研究时，常假设矿产需求随收入成比例增长。例如，Meadows 假设矿产需求随收入呈指数增长，再考虑到矿产供给的有限性，Meadows 得出矿产资源最终会耗竭，进而妨碍社会经济增长的结论。所以，需要采取矿产资源保护措施，降低其开发与利用水平，以防止因矿产资源稀缺而造成经济灾难。但是，此类研究大多没有考虑价格与市场的调节作用，也忽略了因技术进步而引起替代的可能性。

Malenbaum 引入矿产使用强度的概念，以解释矿产长期需求对收入变化的响应行为，认为社会的矿产需求量（例如每年人均使用矿产重量）与人均收入呈“∩”形变化。理论地说，导致矿产需求与收入间这种作用规律的主要原因可能有三个：

（1）国民经济的性质随人均收入的增加而发生变化。不发达的经济主体从农业向制造业发展，因而矿产的使用强度在人均收入较低的情况下，随人均收入的提高而增大。当人均收入达到某一水平时，工业增长减缓，矿产需求相对平稳。之后，当人均收入较高、社会富裕时，国民经济主体便从制造业向服务业、信息业发展，此时的矿产需求随人均收入增加而减小。

（2）由于价差的相对变化，其他材料对矿产的替代增加，可能导致矿产需求在人均收入高时，随人均收入增加而减小。

（3）生产工艺技术的变化亦可以促进矿产需求与收入的这种关系的形成。

Malenbaum 假说的重要性在于：若其正确性得到证实，则它表明基于矿产需求量与收入呈指数增长关系对矿产需求的预测值，将随收入的提高而趋于过大。此假说还表明，随着人均收入的增加，矿产资源保护会自动得以实现。

当然，服务型经济与知识经济对矿产的需求少于制造型经济与工业经济对矿产的需求这一假说未必真实。此外，需求与技术的变化还可能导致这种“∩”形关系的循环出现。

21.5 矿产供给理论及矿产资源评估

21.5.1 矿产供给理论

供给在经济学中是与需求相对应的概念，它指生产者在某一时刻、在各种可能的价格水平上，对某种商品或者劳务愿意并且能够出售的各种数量。

供给量对价格的依赖关系称为供给函数。若以 Q_s 表示供给量，以 P 表示价格，以 S 表示供给函数，则有：

$$Q_s = S(P) \tag{21-9}$$

供给量对价格的依赖关系也可以用一个表列来表示，称该表列为供给表。供给表亦有个体供给表与市场供给表之分。表 21-5 为一示意性的供给表。

表 21-5 供给表

价格	5	4	3	2	1
供给量	18	16	12	7	0

供给量对价格的依赖关系还常常以曲线来表示，称为供给曲线。供给曲线根据供给表绘制，并且在供给曲线图中，一般以横坐标表示供给量，以纵坐标表示价格。图 21-5 为与表 21-5 相对应的供给曲线。

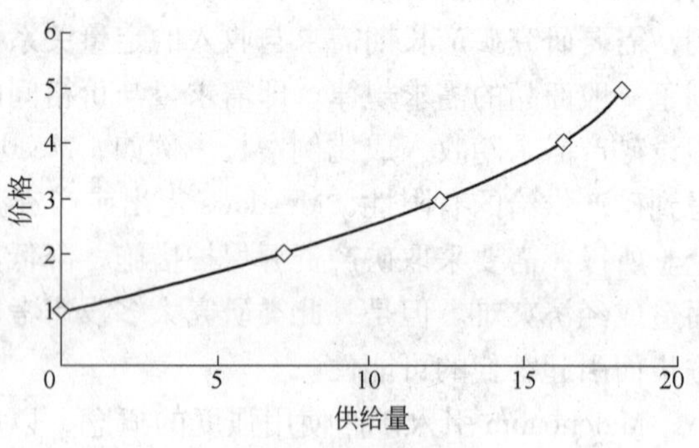

图 21-5 供给曲线

矿产资源的有限性，使得矿产供给理论在矿业经济学中占有重要地位，亦使其比一般商品供给理论具有更为广泛的内涵。矿产供给理论不仅考察矿产供给与价格之间的关系，而且研究矿产资源赋存量与可用性的评估等矿产供给的独特方面。

矿产供给是因矿业对矿产需求的响应引起的。可供矿业实现这种响应的时间长短，对矿产供给有较大影响。在短期内（比如说 3 年时间内），矿业的采选冶能力不会超过已有的生产能力。在中期内（比如说 3 ~ 10 年时间内），矿业的生产能力可以通过对已知矿床建设新矿山而得到提高；在长期内（比如说 10 年以上的时间内），矿业的生产能力还可以通过开发新勘查项目所发现的矿床而得到扩大。在短期内，矿产供给具有低价时弹性大、高价时弹性小的特点。当矿产供给达到矿业生产能力时，供给接近于完全缺乏弹性。对于能够废旧利用并且具有较大二次市场的某些金属矿产，上述规律性不复存在，因为废旧利用趋于使矿产价格下降。

在长期内，矿产供给是累计产量的函数。随着累计产量的增大，资源可能变得稀缺，由此导致矿产供给减少，矿产价格上升。另一方面，地质勘查与技术进步对长期矿产供给的影响作用却恰好相反。矿产价格的上升，趋于使地质勘查工作加强，资源存量得到补充，产量增加；技术的进步，会使矿产利用率提高，矿产替代品增多，对矿产的需求量减少。所以，矿产地质勘查工作与技术进步，趋于导致矿产价格下降。

21.5.2 矿产资源分类

矿产资源分类是矿产资源量评估的基础，是矿产供给研究的重要内容之一。但是，迄今为止，尚无普遍可以遵循的矿产资源分类标准，资源分类往往依矿产资源评估目的与范围的不同而异。所以，地质勘查、采矿工程、经济分析、管理决策等有关方面的工作者对矿产资源的分类常常有不同的概念。

我国于 2002 年 8 月颁布了《固体矿产地质勘查规范总则》（GB/T 13908—2002）。据此，固体矿产资源/储量可分为储量、基础储量、资源量三大类十六种类型。如表 21-6 所示。

表 21-6 固体矿产资源/储量分类表

地质可靠程度 / 类别类型 / 经济意义	查明矿产资源			潜在矿产资源
	探明的	控制的	推断的	预测的
经济的	可采储量（111）			
	基础储量（111b）			
	预可采储量（121）	预可采储量（122）		
	基础储量（121b）	基础储量（122b）		
边际经济的	基础储量（2M11）			
	基础储量（2M21）	基础储量（2M22）		
次边际经济的	资源量（2S11）			
	资源量（2S21）	资源量（2S22）		
内蕴经济的	资源量（331）	资源量（332）	资源量（333）	资源量（334）?

注：表中所用编码（111～334），第1位数表示经济意义，即1=经济的，2M=边际经济的，2S=次边际经济的，3=内蕴经济的，?=经济意义未定的；第2位数表示可行性评价阶段，即1=可行性研究，2=预可行性研究，3=概略研究；第3位数表示地质可靠程度，即1=探明的，2=控制的，3=推断的，4=预测的，b=未扣除设计、采矿损失的可采储量。

对标准中的主要类别和类型定义如下：

储量是指基础储量中的经济可采部分。在预可行性研究、可行性研究或编制年度采掘计划时，经过对经济、开采、选冶、环境、法律、市场等诸因素的研究及相应修改，结果表明在当时是经济可采或已经开采的部分，用扣除了设计、采矿损失的可实际开采数量表述。依据地质可靠程度和可行性研究阶段不同，又可分为可采储量和预可采储量。其中可采储量指按勘探阶段要求在三维空间上详细圈定了矿体，肯定了矿体的连续性，详细查明了矿床地质特征、矿石质量和开采技术条件，并有相应的矿石加工选冶试验成果，已进行了可行性研究，证实其在计算的当时开采是经济的。计算的可采储量及可行性评价结果，可信度高。可采储量的编码为（111）。预可采储量分为两个类型，其中以编码（121）表示的预可采储量，在地质可靠程度的要求上与可采储量（111）相同，但是只进行了预可行性研究；以编码（122）表示的预可采储量，是指控制的经济基础储量的可采部分。在地质可靠程度上只达到了详查阶段的要求，在可行性研究方面只进行了预可行研究。

基础储量是查明矿产资源的一部分。它能满足现行采矿和生产所需的指标要求（包括品位、质量、厚度、开采技术条件等），是经详查、勘探所获控制的、探明的并通过可行性研究、预可行性研究认为属于经济的、边际经济的部分，用未扣除设计、采矿损失的数量表述。基础储量按照经济意义、可行性评价阶段和地质可靠程度分为探明的（可研）经济基础储量（111b）等六种类型。

资源量是指查明矿产资源的一部分和潜在矿产资源，包括经可行性研究或预可行性研究证实为次边际经济的矿产资源、经过勘查而未进行可行性研究或预可行性研究的内蕴经济的矿产资源，以及经过预查后预测的矿产资源，分为探明的（可研）次边际经济资源量

(2S11) 等七个类型。

上述标准中，对每一类型都按经济含义、可行性评价阶段和地质可靠程度进行编码，其中经济意义分为：经济的、边际经济的、次边际经济的、内蕴经济的四种。

经济的：其数量和质量是依据符合市场价格确定的生产指标计算的。在可行性研究或预可行性研究当时的市场条件下开采，技术上可行，经济上合理，环境等其他条件允许，即每年开采矿产品的平均价值能满足投资回报的要求，或在政府补贴或其他扶持措施下，开发是可能的。

边际经济的：在可行性研究或预可行性研究当时，其开采是不经济的，但接近于盈亏边界，只有在将来由于技术、经济、环境等条件的改善或政府给予其他扶持条件下，可变成经济的。

次边际经济的：在可行性研究或预可行性研究当时，开采是不经济的或技术上不可行的，需大幅度提高矿产品价格或技术进步使成本降低后方能变为经济的。

内蕴经济的：仅通过概略研究做了相应的投资机会评价，未做可行性研究或预可行性研究。由于不确定因素多、无法区分其是经济的、边际经济的，还是次边际经济的。

21.5.3 矿产资源评估

矿产资源评估一般是指矿产资源的定量描述。但是，其具体内涵却因评估的目的、采用的方法以及所考虑的因素不同而异。

首先，随着世界政治经济形势的发展与变化，各国政府不时需要对本国的矿产资源进行全面评估和预测，目的在于考察未来的资源充足程度，制定长期的矿产资源开发与利用政策。此类评估可以称为矿产资源的宏观评估或者远景评估，亦即所谓的矿产资源形势分析。矿产资源的宏观评估是一种十分复杂的工作，它既要明确矿产资源的信息结构，又要分析未来的经济形势，还要考察国家安全等政治问题以及科学技术的变化对矿产需求的影响等因素。

其次，矿产资源的开发与其他非矿产自然资源的利用或者基础工业设施的建设密切相关。为使资源开发或者建设项目取得最佳的社会效益，国家或者地方政府部门也需要对有关区域的矿产资源进行评估，可以称其为中观评估。美国地质调查所为规划各种自然资源的综合利用而于 1978 年完成的阿拉斯加州的矿产资源评估，可以视为中观评估的实例。

最后，矿产资源所有者、矿山经营者、金融机构、资产管理机构经常需要对矿业投资项目或者生产矿山进行评估，借以进行投资决策、融资、税收、转让、生产规划等经济、管理活动。此类矿产资源评估称为微观评估或者项目评价。随着我国经济体制的改革，矿业权的流转问题日益突出，有关的评估理论与方法即是面向微观评估。

虽然宏观评估、中观评估和微观评估所采用的方法和所考虑的因素及其重要性不尽相同，它们皆包括矿产资源的技术、经济与社会评价三个基本方面。技术评价是对矿产资源质量与数量的描述，经济评价是对矿产资源价值的描述，而社会评价则是对矿产资源开发的社会制约因素诸如法律、环境、国防等因素的描述。宏观评估和中观评估强调矿产资源的社会效益方面，其主要方法是各种评估模型；微观评估则强调矿产资源的技术条件与经济价值，其主要方法是以社会经济因素为约束条件、以矿产资源技术评价为基础的资源开发现金流分析。

22 矿产市场及价格

22.1 矿产市场及其结构、组织

22.1.1 矿产市场概念

矿产市场是一个某种矿产的买卖双方聚会以确定该矿产价格的抽象场所，它是生产资料市场。由于矿产规格简单、谈判容易，矿产市场具有较强的国际性。

严格地说，某种矿产的市场可以存在于该矿产生产过程中的各个阶段。譬如，铜市场可以分为区域性的铜矿市场、全国性的铜精矿市场、作为冶炼产品的粗铜市场和作为精炼产品的电解铜市场，而后者又可以细分为盘条铜、阴极铜等市场。再如，石油市场可以分为轻油市场（34°~40°API）、重油市场（27°~31°API）、低硫油市场、高硫油市场等。尽管如此，矿产市场一般是指那些具有标准贸易规格，并且在世界贸易中拥有重要地位的矿产市场。例如，含铜量不低于99.9%的电解铜市场。

应该指出，矿产品的重要性是不断变化的。随着石油出口国经济的发展和加工能力的提高，在国际贸易中，原油正在为石油产品所替代。20世纪50年代，锡精矿在国际贸易中占有重要地位，而今天锡贸易则基本局限于精锡。铁、铝矿贸易以原矿为主，而锑、钨贸易则以精矿为主。

22.1.2 矿产市场结构

市场结构是构成市场的买主之间、卖主之间以及买主与卖主之间诸关系的因素及其特征，它是由产品的供求特点决定的。决定市场结构的主要因素有：

（1）集中程度。包括买主与卖主的集中。市场集中是厂商追求规模经济和产品市场规模有限所共同作用的结果。矿业具有较大的利用规模经济的可能性，又是基础产业，拥有较大的市场，所以，矿业的市场集中程度相对较高。

（2）产品异化。它是指厂商在形成其产品实体的要素上或者在提供产品过程的诸条件上，造成与其他同类产品相比足以引诱买主的特殊性，降低同类产品对该厂商产品的替代性，并以此在争夺市场的竞争中占据有利地位。造成产品异化的主要手段有改善产品质量和外观、降低产品成本、宣传广告等。矿产品大都已经标准化，因此，矿产品的异化不是矿产市场结构的主要因素。

（3）进入壁垒。进入是指某产业中新卖主的出现，进入壁垒则指新卖主与原有卖主竞争中的阻碍新卖主进入的因素。规模经济是造成进入壁垒的重要因素，矿业厂商的最小有效规模同市场规模相比常占有很大的比重，市场集中与垄断程度较高，造成进入困难。成本、法律、制度等因素也会导致进入壁垒，譬如，环境保护法是矿业市场进入的重要壁垒。

（4）价格弹性。即需求量随产品价格而变动的幅度。譬如，生活必需品的价格弹性较小，而奢侈品的价格弹性较大；替代品少的产品价格弹性较小，而替代品多的产品价格弹性较大；用途多的产品比用途少的产品需求弹性大。矿产品的需求弹性一般较小，这是因为，矿产品作为中间产品，占与其有关的最终产品生产成本的比例小以及由于工艺技术等方面的原因而使矿产品具有较小的可替代性。

市场理论一般按照市场的集中程度而将市场结构划分为若干形式，以综合反映影响竞争与价格的诸因素，这样划分的市场结构形式主要有：

（1）完全竞争市场。它是西方经济学中的一种理想化市场形式，其主要特征是：买卖双方皆由众多的买主和卖主构成，每一买主或者卖主都没有力量影响市场上的产品价格；各厂商的产品没有差别化，买主或者卖主心目中皆无特定的卖主或者买主；各类资源的投入都不是固定的，而是按照市场的变化情况自由地流动；决策条件是确定的，厂商知道自己的销售收入和成本函数，也知道其他厂商的销售收入和成本函数。完全竞争型市场是一种经济上最有效、但却极不稳定的市场结构。与此种形式类似、但是更接近实际的市场形式是纯粹竞争市场，在该种市场条件下，每一厂商对价格的影响都很小，可以忽略。

（2）完全垄断市场。它的主要特征是：一定的市场范围内，只存在该市场产品的单一供给者。因此，产品价格常受该垄断者的重大影响。形成完全垄断市场的主要条件是：存在明显的规模经济效益，存在市场的有限性和某种特殊的优越条件，如政府政策等。完全垄断市场，对邮电、铁路等固定成本大的公用事业及基础设施，能够取得较好的规模经济效益。

（3）寡头垄断市场。它的主要特征是：市场上只有少数几家厂商供给该行业的大部分产品，其产量在市场中占有较大的份额；市场价格并非由市场供求关系决定，而主要由少数寡头通过协议或者默契来制定，形成操纵价格或者管制价格。矿产市场一般具有较明显的寡头垄断特征。

市场结构分析的关键问题是研究影响市场及价格的市场份额，它取决于竞争条件与替代可能性。就短期行为而言，矿产供给多缺乏价格弹性。这意味着价格的变化仅能引起小于线性比例的产量变化，也意味着相对小的市场份额就足以支配市场。因此，产量占总供给量30%～40%的较大生产者即可导致垄断市场的形成。

当前，世界矿产市场结构的主要特征是其国际性。西方一些较大的石油公司或者采矿公司已经将其经营活动扩展到国际范围内，并且在矿产市场上积聚实力，导致矿产市场竞争程度的降低和寡头或者垄断市场的形成。锡和铅的供给市场为寡头市场，主要的大卖主都不足10家。黄金市场亦是垄断市场，但是，由于黄金作为硬货币这一特殊性，其供给与价格并不完全由生产垄断者支配，因为国际货币基金组织、各国政府的政策及金融机构的黄金储备与出售对黄金的价格有较大影响。

22.1.3 矿产市场组织

市场组织是指为对矿产市场施加影响而在一定范围内达成的各种协定。在第二次世界大战以前，这样的协定多由厂商达成，而其后则主要由各国政府签订有关协议。

市场组织按照其行为目标可以分为以下几种主要类型：

（1）生产者卡特尔，旨在调控竞争和对产品价格施加影响；

（2）一般生产者组织，旨在互通信息、发展公共关系以及在联合国贸发大会中维护成员利益等；

（3）国际研究机构，旨在探讨生产者与消费者之间的有效合作；

（4）国际矿产协定，旨在调解生产者与消费者之间的贸易市场。

22.1.3.1 生产者卡特尔

该类组织的主要目的是控制矿产价格，以维护生产者的利益。矿产卡特尔的形成受矿产市场结构、矿产地理因素、矿产应用领域等因素的影响。其形成的主要条件有：

（1）矿产出口国的经济必须在很大程度上独立于该矿产的进口国；

（2）矿产的供给必须集中在较少的生产国，以避免非卡特尔生产者的干扰；

（3）出口国必须有较强的经济实力，以抵抗矿产进口国的经济制裁；

（4）不会因价格提高而导致非卡特尔生产者大规模地开发有关矿产资源；

（5）所论矿产的再利用技术有限；

（6）所论矿产的替代品有限。

由于这些条件的制约，仅有少数的矿产市场受到卡特尔的影响。具有代表性的矿产卡特尔有：

（1）石油输出国组织（OPEC），简称欧佩克。它是亚、非、拉主要石油生产国为协调成员国石油政策、维护共同的经济利益而建立的国际性组织。欧佩克于1960年9月在巴格达成立，总部设在维也纳，初始成员国包括伊拉克、伊朗、沙特阿拉伯、科威特、委内瑞拉、卡塔尔、印度尼西亚、利比亚、阿拉伯联合酋长国、阿尔及利亚、尼日利亚、加蓬和厄瓜多尔（于1993年退出该组织），这些国家拥有世界已证实石油蕴藏量的75%。欧佩克的宗旨是统一和协调成员国的石油政策，保护石油资源和发展民族经济。它通过生产定额、最低限价、税收政策等措施，有效地控制了石油价格，增加了成员国收入。另一方面，该组织的行动使石油进口国的国际收支平衡以及经济发展受到了不利影响，其垄断地位趋于削弱。

（2）铜出口国政府间委员会（CIPEC）。该组织于1968年5月在巴黎正式成立，初始成员国包括智利、秘鲁、扎伊尔、赞比亚、印度尼西亚、澳大利亚、巴布亚新几内亚和前南斯拉夫。该组织的宗旨是协调成员国的铜生产及销售政策；预测铜业发展前景，采取共同行动，维护国际铜市场的稳定；在不损害消费者利益的前提下，促进铜生产国经济和社会的发展。

（3）国际铝土协会（IBA）。该组织于1974年3月在几内亚首都科纳克里成立，初始成员国包括澳大利亚、几内亚、圭亚那、牙买加、前南斯拉夫、塞拉利昂、苏里南、多米尼加、加纳、印度尼西亚、印度和海地（于1982年退出该组织），这些成员国铝土产量占西方国家总产量的85%。该组织的宗旨是保护成员国的铝土资源，并从其开发中得到公平合理的经济效益；促进成员国的经济增长和发展；对跨国公司实行参与股权和国有化政策；对跨国公司征收新的铝土矿生产税；为成员国制定铝土和矾土参考等级标准及合理价格；加强同其他发展中国家的经济联系与合作。

22.1.3.2 一般生产者组织

该类组织的主要目的是互通信息，在有关的国际贸易谈判中保护成员国利益。

铁矿输出国联盟（APEF）可以看作是这类市场组织的例子。该组织于1975年正式成立，总部设在日内瓦，初始成员国包括阿尔及利亚、澳大利亚、印度、利比里亚、毛里塔尼亚、秘鲁、塞拉利昂、瑞典和委内瑞拉。该组织成员国的铁矿出口占世界铁矿贸易总量的50%。该组织的宗旨是保证铁矿出口贸易稳定发展；维护铁矿开采、加工和销售的合理收益；促进各成员国之间的密切合作。

22.1.3.3 国际研究机构

该类组织旨在探讨矿产生产者与消费者之间的有效合作，而不试图垄断矿产价格。因此，国际研究机构可以包括矿产生产者，也可以包括矿产消费者。

国际铀研究所（UI）是这类组织的典型实例。它于1975年6月在伦敦成立，成员国包括来自18个国家与地区以及欧洲共同体的69个私营企业与政府机构。该组织的日常活动包括市场研究与预测、核能利用的环境问题研究、公共关系研究以及提供核能技术与项目投资专家咨询等服务。

22.1.3.4 国际矿产协定

国际矿产协定是为调解国际矿产市场而在矿产生产者与消费者之间达成的，它是买卖双方相互妥协的结果，常伴随有国际发展援助。矿产出口国多是发展中国家，以获得高而稳定的矿产价格为主要目的；矿产进口国多为工业化国家，以获得最低价格并维持稳定的供给为目标。

国际锡协定（ITA）便是国际矿产协定的典型范例。该协定起始于1956年7月1日，它通常以5年为期不断调整和继续，协定的执行机构为国际锡理事会（ITC）。国际锡协定的成员国共有20余个，其中，锡出口国有澳大利亚、印度尼西亚、马来西亚、尼日利亚、泰国和扎伊尔等国家（玻利维亚于1982年退出该协定）；锡进口国有西欧、东欧、北美的一些国家和日本。到1987年，该协定已签署6期，并有两次扩充协定。国际锡协定的主要目标是：加强锡生产国与消费国之间的密切合作；通过储备与限额等措施，保持锡的产销平衡和稳定的国际市场价格；促进成员国经济的发展。

22.2 矿产价格

22.2.1 均衡价格

经济学认为，商品的价格主要是由其需求量与供给量来决定的。

如前所述，商品的需求与供给对价格的影响作用是相反的。在完全竞争市场条件下，若供给量超过需求量或称供给过剩，则供给者之间的竞争会将价格压低；而价格下降，则促使供给量减少，需求量增加。若需求量超过供给量或称需求过剩，则需求者之间的竞争会将价格抬高；而价格上升，则导致需求量减少，供给量增加。这样，商品的需求、供给与价格相互影响，此消彼长，直至最终需求与供给两者对价格的作用均等，需求量与供给量达成一致，商品的价格水平趋于稳定。此时的市场称为处于均衡状态，相应的商品价格称为均衡价格，相应的商品供求量称为均衡量。

在供求曲线图上，均衡状态对应于需求曲线与供给曲线的交点，其纵坐标与横坐标即分别是均衡价格与均衡量。若表 21-2 和表 21-5 分别为同一商品的需求表和供给表，则将其中的价格与供求量数据，如表 22-1 所示，绘制于价格——供求量坐标系中，便可以得到该商品市场的均衡价格为 3 和均衡量为 12，如图 22-1 所示。

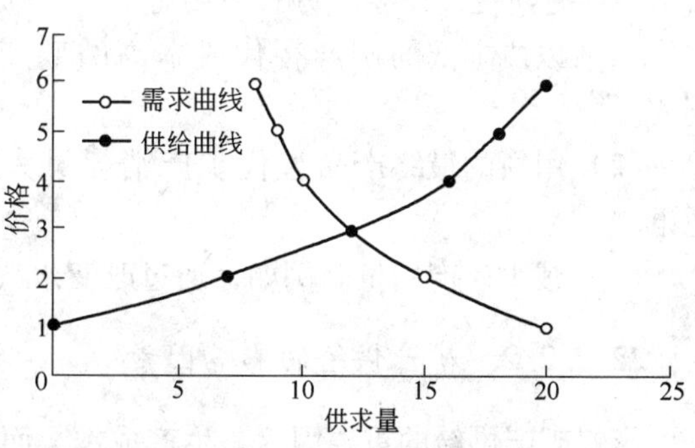

图 22-1 均衡价格与均衡量

表 22-1 供求表

价 格	6	5	4	3	2	1
需求量	8	9	10	12	15	20
供给量	20	18	16	12	7	0

22.2.2 矿产供求的影响因素

矿产价格是当矿产在市场上交换时确定的。矿产定价的基本形式有：

（1）市场竞争定价，即根据市场供求状况，达成买卖双方皆满意的价格，或者由生产者与消费者双方通过谈判制定价格；

（2）生产者定价，即由矿产生产的垄断者或者寡头按照其自己的效益目标制定价格。无论哪种形式的定价，都受矿产市场供求关系的制约，只是影响程度的不同而已。因此，为分析矿产价格，首先需要分析矿产需求与供给的变动规律。

22.2.2.1 矿产需求的影响因素

矿产品作为生产资料，其需求与工业生产密切相关。因此，人们常以国民生产总值或者工业生产总值预测矿产需求。此外，矿产需求的变动还有如下规律性：

（1）矿产新应用领域的研究成果，例如新合金的研制，趋于增加对有关矿产的需求。

（2）加工工艺技术的改进，趋于降低有关矿产的比消耗。例如，电镀较热镀减少锡的比消耗。因此，技术变化减少对有关矿产的需求。

（3）替代品影响矿产的消费。

（4）消费者的消费习惯对某些矿产的需求有影响。例如，随着化妆品消费量的增加，对铋的需求量亦相应地增长。

（5）法律、政策等影响对某些矿产的需求。例如，环境保护政策要求使用无铅汽油，因而减少对铅的需求；对燃煤排放二氧化硫、粉尘的限制，影响对煤、石油及天然气的需求量。

矿产作为中间产品，缺乏短期需求弹性。这是因为，矿产占与其有关的最终产品生产成本的比例小以及由于工艺技术等方面的原因而使矿产缺乏可替代性。但就长期而言，上述约束不复存在。矿产可替代性的增强和技术的进步，趋于使矿产的长期需求弹性较短期需求弹性有所提高。替代方式主要有：

（1）以成本低的矿产替代成本高的矿产。例如，在高压输电工程中，以铝线替代铜线。

（2）用新的最终产品替代矿产消耗量大的最终产品。例如，以卫星通讯替代有线通讯。

（3）减少矿产用量。例如，通过改变永久磁铁的构成，可以降低钴的使用量。

22.2.2.2 矿产供给的影响因素

影响矿产供给的重要因素是生产成本，而矿产成本又受地质、技术和经济等方面因素的制约。地质因素有储量、矿床产状、赋存深度、规模、地质构造、矿岩力学性能、矿石品位及选冶性质、矿产共生情况等。技术因素包括采选技术水平、效率、技术密集程度、生产能力等。经济因素包括资金来源、矿区基础设施、法律政策以及政治经济形势等。

影响矿产供给的另一个重要因素是矿产储备，包括商业储备和战略储备。商业储备可以处于生产与交换的各个阶段。在采选企业，常有精矿储备；在冶炼厂，可能储备精矿亦可能储备金属，或者兼而有之；在加工制造工厂，一般有一定量的金属储备。商业储备的原因，可以是生产对原料的需求，也可以是运力不足，还可以是为了等待有利的市场行情。

另一种重要的商业储备场所是矿产交易市场，这样的储备对矿产市场起着重要的调节与稳定作用。矿产储备量受货币利率的影响，高利率趋于减少矿产储备。当然，对于特定的矿产生产与销售环节，常有一个技术要求的最小储备量。只有超过这个最小量的储备，才对矿产市场及价格产生影响。

战略储备是国家政府出于政治、国防等因素的考虑而实施的储备。主要的战略储备矿产有铬、锰、镁、锡、钨、锑、钴、石油等。美国是实施战略储备政策最早、储备矿产品种最多、数量最大的国家。战略储备对矿产市场及价格亦有一定程度的影响。

矿产废旧利用水平亦是影响矿产市场及价格的因素。废旧利用有以下效应：

（1）增加矿产供给；

（2）消减世界贸易量，因为废旧利用主要在矿产消费国进行；

（3）保护矿产资源；

（4）减轻环境污染；

（5）节约能源消耗。

废旧利用源包括矿浆、炉渣、粉尘、加工碎料、废旧包装、废旧车辆、设备与器械等。废旧利用水平依赖于所论矿产的应用领域和消费增量。例如，铅可以方便地从蓄电池中得到回收，而镀锡则较难以回收。再如，铝的需求量日益增长，所以其回收量占总消费量的比例相对较小。

22.2.2.3 矿产竞争价格

矿产尤其是金属矿产的规格通常是标准化的，以便于在市场上进行交易。矿产交易所是重要的矿产市场之一，它的矿产价格属于竞争价格。世界矿产市场上的重要交易所包括：

（1）伦敦金属交易所（LME）。该交易所成立于1876年，交易的主要矿产有精铜条和电解铜 Cu + Ag 的质量分数为99.90%；标准锡板和锡锭 Sn 的质量分数为99.75%；高级锡板和锡锭 Sn 的质量分数为99.85%；铅锭 Pb 的质量分数为99.9%；标准锌条 Zn 的质量分数为98.00%；纯银条 Ag 的质量分数为99.90%；纯铝锭 Al 的质量分数为99.50%；纯镍（电解镍）Ni 的质量分数为99.80%。

伦敦金属交易所的矿产交易是通过标准合同实现的。交易的形式有两种，即现货交易和期货交易。前者当时付款，即时交货；而后者则是签订合同3个月或者6个月之后付款交货。

（2）纽约金属交易所（COMEX）。该交易所成立于1933年7月，主要服务于美国的矿产生产者与消费者。交易的矿产有铜、金、锌和银，以期货交易为主，合同期可以长达14个月。

此外，还有吉隆坡金属交易所（KLCE）、温尼伯金属交易所（WCE）、悉尼期货交易所（SFE）、新加坡黄金交易所（GES）、香港金属交易所（HCE）等矿产交易市场。

随着中国市场经济体制的建立，近年也先后成立了若干矿产交易市场，包括深圳有色金属交易所、上海金属交易所、上海煤炭交易所、秦皇岛煤炭交易所、大庆石油交易所等。

矿产交易市场不但能够提供一种竞争价格，而且可以起到稳定矿产价格的作用。一般认为，期货价格稍低于现货价格是市场稳定的标志。

22.2.3 垄断价格

垄断价格主要是指生产者价格，它是由垄断生产者或者寡头生产者出于谋取高利而确定的价格，一般高于竞争价格。虽然如此，消费者也可能由于生产者价格相对稳定以及购货合同期限较长而获益。但是，过高的生产者价格则趋于导致消费者寻求替代品，减少对有关矿产的需求。

生产者价格受矿产质量的影响较大。例如，利比亚的低硫石油的生产者价格会高于委内瑞拉的高硫石油的生产者价格。再如，南非的铬精矿价格可能不同于原苏联的同类矿产价格，因为两者的纯度通常存在差异。

22.3 矿产市场预测

矿产市场预测是矿业经济决策过程中的一个重要步骤。预测的目的在于分析矿产市场经济变量间的相互关系及影响因素、评估因素的变化对市场的潜在作用以及预测矿产市场的未来状态。矿产厂商或者金融机构在进行投资决策时，需要预测有关矿产的未来需求、成本和价格；政府部门在制定矿产储备、矿产开发与利用以及资源与环境保护等方面的政策时，需要分析这样的政策对矿业经济系统运行的影响与作用。

市场预测方法大致可以分为三类。

第一类预测方法是统计分析法。它是通过分析价格、产量、消费等市场变量的历史数据，得出未来的发展趋势。统计分析法的形式很多，简单的有线性回归，复杂的有博克斯-詹金斯技术等。统计分析法的特点是便于实施，预测费用低。此类方法可用于短期预测，但难以预测价格、需求及供给等市场属性值的突变。

第二类预测方法是因果分析法。这类方法可以识别市场发展变化的因果关系，因而能够较好地预测未来情况，尤其是预测可能的突变点。典型的因果分析模型有经济计量模型和工程过程模型，利用这些模型预测市场，较统计分析法耗时多、费用高。

第三类预测方法是主观推断法。它基本上是一类定性分析方法，主要依靠专家经验对未来市场进行预测。此类方法的特点是可以较好地考虑法律、政策、技术变化等因素对市场行为的影响，但是缺乏定量方法的严密性。

应该指出，经济自身是一个受政治、法律、社会、技术等多因素影响的复杂系统。因此，对其行为的精确预测是相当困难的，即使是综合采用各种预测方法，也未必十分奏效。尽管如此，无论是厂商还是政府机构的决策者，在进行决策时，都必须利用某种方法进行预测，别无选择。

23 矿产资源资产与矿业权评估

23.1 概述

23.1.1 矿产资源资产与矿业权

(1) 资产。资产是会计学中的概念，在经济学中资产被定义为资本、财富，在法学中资产被表达为财产权。

资产指可以用货币计量，能够在社会经济运营中为其所有者、控制者带来收益的经济资源。按资产存在的形态，可分为有形资产和无形资产。

有形资产包括资源资产（如土地、矿藏、森林、湖海等）、固定资产（如厂房、机器、设施、车辆等）、流动资产（如原材料、在产品、产成品、现金、银行存款等）、专项资产和在建资产等。

无形资产包括专利权、著作权、商标权、租赁权、土地使用权和特许权等。

(2) 矿产资源资产。矿产资源资产是一种资源性资产，属有形资产。矿产资源资产与矿产资源有所区别。

“矿产资源是指一切非生物、非再生的自然资源，包括矿物燃料、金属和非金属矿物”（据：南极条约特别会议，新西兰，1988 年 6 月 2 日）。这里对矿产资源的经济属性并未给予限定。而矿产资源资产则是经过地质勘查并达到工业开发利用要求的矿产资源。这部分矿产资源可以作为生产要素投入到矿业生产经营活动中，实现增值，为其所有者和投资者带来收益。从矿产勘查的角度看，矿产资源资产是探明储量中的可供开发利用的那一部分，即可采储量。

(3) 矿产资源资产的特点。与其他资产相比，矿产资源资产具有以下显著的特点。

1) 自然属性的不可改变性。矿产资源是地球上各种矿物物质在几十亿年漫长的历史时期中经过各种地质作用而形成的。它的形成不依附于人类的出现和人类的活动。对于作为“资产”的矿产资源，虽然对其投入了地质勘查劳动与试验研究，并取得了系统的资料以圈定出具有开发利用价值的那一部分，但并未改变矿产资源本身的自然属性。人类只能认识它，开发利用它，不能改变其自然属性，并且在开采加工过程中往往造成质量的下降（岩石混入产生贫化）和数量的丢失（采矿损失，选矿、冶炼中有用成分的流失）。

2) 不可再生性和耗竭性。矿产资源是一种自然资源，但它不像森林、鱼类自然资源那样，采伐、捕捞之后可以自然再生，可以人工种植、养殖，矿产资源开采后不能再生。矿产资源也不像土地资源那样，使用之后可以恢复，可以永续使用，矿产资源采完之后即不复存在。矿产资源的这种不可再生性和耗竭性，使得矿产资源成为有限的、稀缺的资源，从而对其价值评估发生影响。

3) 不确定性和风险性。矿产资源资产虽然是经过地质勘查达到了工业开发利用要求的资源，但对其数量、质量、产状和相关因素的认识，仍然具有相当程度的不确定性，这种不确定性使得矿产资源资产投入生产经营具有较大风险性。不确定性和风险性给矿产资源资产评估工作增加了困难，并影响评估结果的可靠性。

4）价值的差异性和相关因素的复杂性。各种矿产资源资产因矿种不同，价值相差很大，即使同一矿种，因其质量（品位）不同，价值也有很大差别。矿产资源资产的价值，不仅取决于本身的自然属性，而且还取决于围岩的性质、相关的地质构造、矿产所在地的地形、供水供电、交通运输和矿区经济条件等十分复杂的众多因素。这些因素都影响矿产开发投入的多少和生产成本的高低，从而影响收益的大小，因而使得资产评估工作甚为复杂。

5）国家所有性。我国和许多国家在宪法或相关法律中都规定，矿产资源属全民或国家所有。这一性质决定矿产资源资产本身不能以实物形式进行交易，即任何单位或个人都不能出售、购买矿产资源。为了实现矿产资源的勘查、开采，国家依法和有偿授予某些单位（或个人）以矿产资源使用权，即授予矿业权人以探矿权、采矿权，并允许矿业权依法流转。

（4）矿业权的资产属性及其特点。矿业权是指依法赋予矿业权人在规定范围内对矿产资源进行矿产勘查和采矿的权利。在我国矿业权分为探矿权和采矿权。探矿权是指在依法取得的勘查许可证规定范围内进行矿产资源勘查的权利。获得此权利的单位或个人称为探矿权人。采矿权是指在依法取得的采矿许可证规定范围内，开采矿产资源和获得所开采的矿产品的权利。获得此权利的单位或个人称为采矿权人。矿业权是矿产资源所有权派生出的他物权。一般认为，矿业权应属无形资产的范畴，并以矿业权所属范围内的矿产资源为依托。在我国，矿产资源归国家所有，矿业权赋予矿业权人的是矿产资源的使用权而非所有权，矿业权的转让也只是矿产资源使用权的转让。

矿业权资产的特点是必须依托于相应的矿产资源，矿业权的价值主要取决于使用该矿产资源可能获得的收益。矿业权的评估，特别是采矿权和高精度勘查阶段探矿权的评估，与矿产资源资产评估在原理和方法上基本上是一致的，而低精度勘查阶段探矿权的评估，由于已取得的地质信息量较少，其所依托的矿产资源实体介于“有、无”之间、“大、小”不定的状态，主观推断多、勘查风险大，因而评估基础薄弱，难度大。

23.1.2 矿产资源资产与矿业权评估

我国在计划经济时期，没有必要进行矿产资源和矿业权价值评估。改革开放以来，相继提出矿产资源有偿使用、矿产资源资产化管理和矿业权流转问题。1996 年修订的《矿产资源法》规定：“国家实行探矿权、采矿权有偿取得制度”，并规定探矿权、采矿权可以依法流转。这种新的矿业运行机制和我国社会主义市场经济体制必然要求对矿产资源和矿业权进行价值评估。

矿产资源资产评估，就是由依法取得矿产资源资产评估资格的机构对经过矿产勘查并达到工业开发利用要求的矿产资源的价值进行科学评定和估算。矿产资源资产评估是矿产开发、规划、核算和管理中一项重要的基础工作。

矿产资源资产评估的主要目的在于：为了维护国家对矿产资源所有权的权益；为了推行和完善矿产资源有偿使用制度，为了给资源补偿费与矿产资源税的征收和公平税负提供依据；为了将矿产资源的拥有量和消耗量纳入国民经济统计核算体系，将矿产资源的实物量转换为货币形态的价值量，这样才能从国民经济统计核算体系中反映经济增长与矿产资源消耗的数量关系，并反映国家拥有的矿产资源数量和经济潜力；为了对矿产资源实行资产化管理，以及满足对矿产资源的开发利用进行宏观管理的各种需要等。

矿业权评估是指由依法取得矿业权评估资格的评估机构，依照国家有关法律和规定，对矿业权的价值进行评价估算。对国家出资形成的矿业权的评估结果，必须由国务院地质矿产主管部门对其进行审查和确认。矿业权评估的主要目的在于：为国家有偿出让矿业权提供价值依据；为矿业权转让方和受让方提供矿业权价格依据；当矿业企业（矿山、矿业公司、地勘公司等）发生重组、兼并、分设、收购、合作经营、合资经营等市场行为时，必须对有关各方涉及的矿业权进行评估，为各方与矿业权有关的权益得到公平合理的体现与保护提供价值依据；当矿业公司以矿业权为依托在证券交易所上市时，必须对涉及的矿业权进行评估，这是公司法、证券交易上市条例等有关规定所要求的，否则，矿业公司无法上市。在上市以后，若矿产地有重要发现或矿业权有重要变更，需要对矿业权重新评估；当矿业企业以矿业权为抵押向银行或其他金融机构申请贷款时，必须对作为抵押物的矿业权进行评估；矿业权评估可以为矿业企业的发展规划、投资决策和经营管理提供依据，为政府对矿业权市场的调控和矿业政策的制定提供参考。

23.2 矿产资源资产与矿业权评估理论和方法

矿产资源资产和矿业权评估理论，包括对矿产资源和矿业权价值的认识，对矿产资源与矿业权价值影响因素的分析和对其价值的估算方法。因而评估理论与方法常常是联系在一起阐述的。

23.2.1 国内有关矿产资源资产和矿业权评估的理论与方法

我国有关矿产资源资产和矿业权评估的理论研究，起步较晚，但进展甚快。谈到矿产资源资产和矿业权评估理论，首先涉及到矿产资源有没有价值的问题。在这一问题上，国内存在着不同的观点。陶树人教授归纳出五种观点：（1）矿产资源既无价值，也无价格；（2）矿产资源本身无价值，只有处于开采状态并使之变为商品时才有价值；（3）矿产资源没有价值，但有价格；（4）矿产资源既有价值又有价格；（5）矿产资源的价值是由矿产资源本身的价值和人类劳动投入产生的价值两部分组成。

李祥仪教授等认为：矿产资源是在远远先于人类历史的漫长的地质年代中由地球的地质作用形成的，处于原始状态的矿产资源不具有劳动价值学说中所谓的由人类劳动所创造的价值，但是，当人类社会发展到一定阶段时，当人类掌握了某些矿产开发利用的技术和知识时，这些矿产就具有了潜在的使用价值。之所以要在使用价值之前加上潜在的限定词，是因为矿产不具有拿来就用的性质，必须经过勘查、开采、加工等生产过程才能为人类所用。例如金属矿产资源，经过勘查、开采和冶炼之后，才能成为可用的金属材料。这样，经过人类的劳动，把矿产的潜在的使用价值，变成了现实的使用价值。矿产资源的这种潜在的使用价值是怎样产生的？在地球的地质运动中，由于能量的转换和某些成分的富集，形成了矿产，如煤、石油的生成，归根结底是太阳能的能量转换和地球地质作用的结果。但地质运动只形成了矿产物质本身，只赋予了矿产以物质属性（如矿物成分、品位、物理性质、化学性质等)，而没有赋予它价值或使用价值这些经济属性，使它具有使用价值这种经济属性的，是发展到一定经济水平的人类社会，是建立在一定的经济、科学技术水平之上的矿产开发利用知识和技术，以及社会对矿产的需求。

对于经过勘查的矿产资源，或对于经过勘查并达到工业开发利用要求的作为“资产”的矿产资源，一般都认为具有价值，但对于这种价值的涵义、内容、影响因素和估算方法等，存在着不同的观点。吴鉴认为：“每一个矿床——矿产资源在其从‘自在之物’转变成‘为我之物’——被找到时，它的价值就等于劳动的投入量。新中国成立以来我们找到的所有矿床的资产价值就是历年来国家在地勘工作中的全部投入之和”。李万亨等认为，矿产资源“有矿产资源物质和矿产资源资本之分，矿产资源物质是自然的产物……矿产资源资本是固定在矿产资源上的地勘劳动”。他把矿产资源资产评估分为“矿产资源物质评估”和“矿产资源资本评估”，前者是以矿产资源地租的测定来进行评估，并提出了岩金矿产资源地租的计算公式：

$$y_n = 1.4288(1 + 0.028)^n \tag{23-1}$$

式中 y_n——岩金矿产资源地租；

n——资源等级。

矿产资源资本评估与一般资产评估类似。王四光等提出，矿产资源资产含有三个层次上的价值。一是矿产资源自身的价值；二是资源资产的权益价值；三是由地质勘查劳动投入产生的价值。何贤杰等提出“马克思的地租理论和现代会计计价理论是矿产资源资产评估的理论基础”，并认为“用于矿租的计算方法，即矿产资源资产价值评估方法，可归纳成两大类：第一类是以成本为基础的正算法，如成本法、综合成本法等。第二类是以收益为基础的逆算法，如收益现值法、净价格法等”。李静认为：“矿产资源资产的评估，由于其资产的构成包括以实物形态反映的矿产资源本身和以无形资产反映的追加劳动的成果报告两个部分，其评估标准宜采用以资产足额补偿为目的的重置成本标准、收益现值标准以及现行市价标准的结合运用”。陶树人提出：矿产资源价值由两部分构成，其表达式为：

$$V_{R0} = V_{R01} + V_{R02} \tag{23-2}$$

式中 V_{R0}——某种矿产资源自身的价值，亦称资源转让费；

V_{R01}——同种矿产资源在市场供需均衡条件下还能获得最低可接受利润的劣等资源的价值或劣等资源转让费；

V_{R02}——该矿产资源与劣等资源相比较单位资源的级差收益。

王广成提出：“矿产资源价值由地质勘查劳动价值、潜在收益价值和环境价值构成。”并给出了矿产资源价值的一般模型。刘朝马应用现代资产定价技术研究了矿业权估价理论和方法。

实际上，矿产资源对于人类之所以有价值，是由于矿产资源的有用性、稀缺性及对其占有的排他性。某一矿产资源的价值量，是由该矿产资源的数量、质量、自然丰度和社会丰度等因素所决定的，应该是一个可以由相关参数构成的模型进行估算的大体相对确定的量。而依托于该矿产资源的矿业权在某一时刻的市场价格，则是以该价值量为基础并受供求关系等市场因素影响而变动的量。在评估中，应该加以区别。

近些年来，特别是1996年修订的《矿产资源法》提出矿业权可以依法流转以来，有关矿产资源资产和矿业权评估的理论研究与实际工作，有了进一步的发展。1998 年 2 月 12 日，国务院发布了《探矿权采矿权转让管理办法》；1999 年 3 月，国土资源部颁布了《探矿权采矿权评估管理暂行办法》；1998 年，王四光等编著出版了《矿产资源资产与矿业权评估——原理、规则、案例》，1999 年，国土资源经济研究院编写出版了《探矿权采矿权评估方法指南》。这些行政条例和相关著作的出版，标志着我国矿产资源资产和矿业权的评估由理论探讨进入了实际操作的阶段。但是，这些方面的研究工作并未停顿下来，新的评估理论和方法不断发表，新的学术著作不断出现。可以认为，适合我国社会主义市场经济和我国矿业实际的矿产资源资产和矿业权评估理论、方法与实际操作系统，将会逐步形成和不断完善。

23.2.2 收益现值法

收益现值法是进行矿产资源资产和采矿权评估的适宜方法。收益现值法又叫贴现现金流量（DCF）法。综观国内外有关矿产资源资产和矿业权评估的文献资料，收益现值法是进行矿产资源资产和采矿权评估较为合适的方法。这是根据矿产资源资产的特点，并在比较了各种评估方法优缺点的基础上得出的结论。

由矿产资源资产的特点可知，在估算其价值大小时，不能像加工业、制造业那样主要以投入其中的劳动量多少为基础进行测度。在矿业生产中，由于矿产资源的矿产种类、矿石品位、赋存条件和外部环境等相关因素的千差万别，等量劳动投入得不到等量产出，这是一个普遍存在的无可争议的事实，这种情况不仅出现在矿产勘查中，而且也出现在矿产开采中，甚至也发生在选矿中。因而，应用以矿业生产中投入的物化劳动和活劳动为基础的各种成本法进行矿产资源资产评估是不合适的。事实上，往往是相同质量的单位矿产品劳动消耗越高的矿产资源，其单位资源的价值越低。

当我们对矿产资源资产进行评估时，这些“资产”仍然是埋藏在地下的矿产资源，只有当这些矿产资源未来被采出（多数还要进行加工）并被作为商品售出后，其价值才能最终实现和准确算出。这个最终实现的价值，应该是我们评估时追求的、逼近的目标，尽管我们还不能准确无误地求出它。为此，首先需要对作为评估对象的矿产资源资产进行实物评估（地质评估、技术评估），并在此基础上，模拟被评估对象未来开发利用的生产过程，预测全期间的投入产出和相关的主要经济参数，估算开发与生产期间各年的支出和收入，并以选定的折现率将其分别折现到规定的基准日，求得净现值，以该净现值作为被评估的矿产资源资产和采矿权的评估值。这就是收益现值法。

应用收益现值法进行矿产资源资产评估，与评价投资项目经济效果的净现值法类似。但在实际应用中有以下几个特殊问题需要讨论。

（1）矿产储量。矿产储量是评估对象（矿产资源资产和采矿权）的重要参数，是确定生产规模、服务年限及总收益的依据。在进行评估时，已有经过国家经济贸易委员会批准的储量和地质报告，可以作为评估的依据，但储量中可以作为资产运营的应是符合工业开发利用要求的可采储量。另外，对于那些储量随工业指标而变化的矿床（如浸染状矿床），在评估时根据需要可以对原来的工业指标进行修改，在指标优化的基础上重新圈定矿体和计算储量，并进行多方案的“工业指标——储量——资产价值”评估，按照资源最优利用原则确定评估值。

（2）生产规模。生产规模涉及到建设投资的大小、生产成本的高低和服务年限的长短，从而影响总收益的水平。矿业生产规模不是可以任意确定的，应在市场预测的基础上，根据矿产储量大小和有关的技术经济参数确定。从经济角度确定的合理生产规模，还要根据矿床空间分布状态和有关参数，考虑采矿工作面和运输系统的合理布置，开采运输设备的能力等考察技术上的可行性。另外还要注意到，当矿床工业指标改变时，储量也将随之变化，若储量变化较大，相应的生产规模也需要改变。若有必要，可以作多种生产规模方案的资产评估，提出最优生产规模的评估值。

（3）收益分配。矿产资源开发的收益，是由于投入的资金、技术、管理等因素与矿产资源相结合而取得的，不能把全部收益都当作是矿产资源本身的贡献，因而，在应用收益现值法进行评估时，需要把非矿产资源因素对收益所做的贡献扣除。但在实际操作中如何进行这种扣除，目前存在着不同的观点和方法。

从一般意义上说，矿山企业出售矿产品所得的收入，在减去经营成本和有关税费之后，即得利润。对这些利润做出贡献的有：作为劳动对象的矿产资源，作为劳动手段而投入的资金和作为劳动者的工人与管理人员。因而，参与利润分配的应该是相应的三方：一是作为矿产资源所有者的国家，获得产权收益；二是作为投资者的银行、股票持有者等，获得投资收益；三是作为生产经营者的矿山企业，获得企业利润（工人和管理者的工资已在经营成本中反映）。其中国家作为矿产资源所有者获得的产权收益，即为该矿产资源资产或采矿权的评估值。该评估值一般是用反算法求得，即从资源开发总收益中扣除非矿权收益之后所得的值，作为该资产的评估值。中国国土资源经济研究院编写的《探矿权采矿权评估方法指南》推荐如下计算公式：

$$W_P = \sum_{i=1}^{n} \left[(W_{ai} - W_{bi}) \cdot (1 + r)^{-i} \right] \tag{23-3}$$

式中 W_P——采矿权或矿产资源资产评估值；

W_{ai}——年利润额（$W_{ai} = E_{pi} - S_{ji} - Y_{bi} - Y_{si} - Y_{qi}$，其中 E_{pi} 为年销售收入；S_{ji} 为年经营成本；Y_{bi} 为年资源补偿费；Y_{si} 为资源税；Y_{qi} 为其他税）；

W_{bi}——社会平均收益额（$W_{bi} = E_{pi}\delta$，δ 为社会销售收入平均利润率）；

r——货币贴现率；

i——评估年限（$i = 1, 2, 3, \cdots, n$）。

该方法是以矿山企业的年利润额扣除按社会平均销售利润率计算的收益额，以适当的折现率进行折现，并累积求和，作为资产的评估值。其中，扣除额 W_{bi} 也可以考虑按行业平均利润率或部门平均利润率进行计算。总之，在应用收益现值法进行矿产资源资产和采矿权评估时，如何合理地进行收益分配以扣除非矿产资源因素对收益的贡献，在理论上和实际操作上都有待继续深入研究。对上式也有若干值得商榷之处。

（4）折现率。应用收益现值法进行资产评估时，合理确定折现率是一项十分重要而又非常复杂的工作。确定折现率的实质是对拟投入评估项目资金成本水平、项目风险水平和收益水平的合理预测，因而折现率的值与项目的资金结构、利率水平、项目风险、通货膨胀等众多因素有关。当选用的折现率过高时，将会降低项目的评估值，反之亦然。由于在矿业权评估中必须从项目总收益中扣除非矿权因素的收益，因而在确定折现率时，要有不同的考虑。如果在评估计算式中，在折现之前从利润额中进行了某种扣除，如式（23-3），则这时的折现率一般取安全利率加风险报酬率之和。如果在评估计算式中，在对每年的利润额进行折现时不进行扣除，如式（23-4），则这时的折现率除包括安全利率和风险报酬率之外，还要加上投资收益率或社会平均收益率。

$$W_P = \sum_{i=1}^{n} [W_{ai} \cdot (1+r)^{-i}] \tag{23-4}$$

式中各符号意义同前。

在市场经济发达国家，20 世纪 60 年代以后，广泛应用资本资产定价模型（CAPM）预测资产的收益率，此时：

$$E(R_j) = R_f + \beta_j [E(R_m) - R_f] \tag{23-5}$$

式中　$E(R_j)$——资产 j 的期望收益率；

R_f——无风险收益率，一般取国债利率；

β_j——资产 j 的风险系数，由相关的统计资料取得；

$E(R_m)$——市场预期收益率，由证券市场的统计资料取得。

用该式求得的 $E(R_j)$，可以作为确定折现率的依据。但这种方法的应用，要求有规范的证券市场和充分的、可靠的资料。

总的说来，在应用收益现值法进行矿产资源资产或采矿权评估时，对于评估计算中所采用的折现率的实质及其确定方法，目前还存在着较多的不同观点，有待从理论上进一步研究，在方法上也有待通过评估实践加以改进和完善。

应用收益现值法进行矿产资源资产和采矿权评估，其实质是对作为评估对象的矿产资源的未来开发利用过程进行模拟，并在对相关的众多技术、经济参数进行预测的基础上，计算全部评估期内各年矿产资源净收益的现值，这是一项专业性很强的、极其复杂的工作。为了完成这项工作，要求评估人员除具有评估专业知识之外，还需要具有相当程度的地质、采矿、矿物加工等方面的专业知识，往往是一两个人难以胜任的。评估工作的质量和评估结果的合理性、可靠性，一方面取决于对所评估的矿产资源未来开发利用方案（采选工艺、生产规模等）拟定的合理性，另一方面取决于对各相关经济参数（产品价格、建设投资、生产成本、折现率等）预测的正确性。由于矿业生产过程复杂，相关参数众多，许多因素具有不确定性，评估期限长等原因，在评估工作的实际操作中，任何一个重要生产环节的拟定不当，或任何一个重要参数的预测失误，都会影响评估结果的合理性和可靠性。因而，寻求更为科学合理、简便实用的矿产资源资产和采矿权评估方法，仍是有待继续研究的课题。

23.2.3　其他评估方法

收益现值法主要适用于矿产资源资产评估、采矿权评估和高精度勘查阶段探矿权评估。除此之外，目前在实际工作中试行应用的和在研究探讨的评估方法还有很多。国土资源部在《探矿权采矿权评估管理暂行办法》中，提出探矿权评估可视地质勘查程度选用约当投资——贴现现金流量法、地勘加和法、重置成本法、地质要素评序法、联合风险勘查协议法和粗估法。对采矿权的评估提出贴现现金流量法和可比销售法。

（1）地质要素评序法。此方法是由加拿大证券委员会及多伦多股票交易所顾问 L. C.

基尔伯思1990年提出的地质工程法经改进而成的。适用于探矿权的评估。其基本原理是，以矿产地购置成本乘以地质要素价值影响系数来评估探矿权 P。

$$P = CR \cdot \alpha \tag{23-6}$$

式中 CR——基础购置成本；

α——各项价值影响系数的乘积。

基础购置成本 CR 包括探矿权使用费和探矿权人承诺履行的地质基本支出。根据《矿产资源勘查区块登记管理办法》的规定，探矿权使用费，第一勘查年度至第三勘查年度，每平方公里每年缴纳100元，从第四勘查年度起，每平方公里每年增加100元，但是最高不得超过每平方公里500元。探矿权人承诺履行的基本支出，包括按规定完成的最低勘查投入、按上述管理办法，探矿权人自领取勘查许可证之日起，第一个勘查年度应完成的最低勘查投入为每平方公里2000元，第二、第三个勘查年度分别为每平方公里5000元、每平方公里10000元。影响探矿权价值的地质要素主要有：成矿显示、异常显示、品位显示、成因显示、蕴藏规模显示和前景显示。每一种显示又分为若干级别，由地质专家分别赋予其一定的价值系数，即可求得这些系数的乘积 α。向永生博士根据金矿资源的找矿标志和金矿找矿方法手段，在已有的地质要素评序分类及对应价值系数的基础上，提出了我国金矿资源地质要素评序法分类及对应价值系数表，在实际应用中得到较为满意的结果。

这种评估方法有比较规范的评估程序和参数选取，便于操作。但是对于地质要素价值系数的确定具有相当的主观性，各种要素的选取有时不能很好地反映矿产地的特征，目前的评估计算中，没有反映矿产品价格等有关经济参数。

（2）重置成本法。利用资产评估的重置原理，在模拟现行技术条件下，按原勘探规范要求实施各种勘探手段。依据新的工业指标，将所投入的有效实物工作量，按新的价格和费用标准，重置与被评估矿产地的探矿权的全价，扣除技术性贬值，以得到探矿权的评估值。其一般的计算式为：

$$\begin{aligned} P &= P_b(1+F)\cdot(1-\xi) \\ &= \sum_{i=1}^{n} U_{bi}\cdot P_{ui}\cdot(1+\varepsilon)\cdot(1+F)\cdot(1-\xi) \end{aligned} \tag{23-7}$$

式中 P——探矿权评估值；

P_b——探矿权资产重置全价；

U_{bi}——各类地质勘查实物工作量；

P_{ui}——相对应的各类地质勘查实物工作量现行价格；

ε——其他地质工作、综合研究及编写报告、岩矿实验、工地建筑四项费用分摊系数；

F——地勘风险系数；

ξ——技术性贬值系数；

n——地质勘查实物工作量项数。

由上式知，探矿权评估值是由相应的地勘实物工作量重置全价扣除技术性贬值后，再考虑地勘风险收益而求得的。因而，评估值的可靠性取决于上述这些参数确定的合理性。一般说来，这些参数的确定相当复杂。重置成本法可用于探矿权的评估，尤其是适用于保本转让的探矿权评估。但是，从理论上说，以矿权地中蕴含的资源为依托的探矿权价值与该矿权地上投入的勘查费用两者之间并无严格的、内在的、必然的联系，因而，以勘查费用为基础计算得出的评估值，有时不能正确反映探矿权的真实价值。

（3）可比销售法。此方法也称类比估价法，是以最近发生的具有类似环境和类似地质特征的矿业权交易为参考，通过比较和适当修正相关参数进行评估的方法。这种方法的理论根据是，在当时或近期市场交易中发生的类似环境和类似地质特征的矿业权应该具有类似的价格。类比可以是整个项目的，或是矿量单价的类比，或者是其他有关经济参数的类比。在类比和参数调整的基础上，求得评估值。其一般的计算式为：

$$P = P_0 \cdot t \cdot q \cdot r \cdot k \cdot m \cdot n \cdot e \tag{23-8}$$

式中 P——矿业权评估值；

P_0——类比对象的矿业权市场成交价格；

t——产品价格调整系数；

q，r——储量、品位调整系数；

k，m，n——开采条件、选冶条件、区位条件调整系数；

e——其他参量调整系数。

可比销售法的主要特点是具有强烈的市场特性，一方面，以类比和系数调整为主要内容的全部评估工作均以市场为依据和出发点，另一方面，评估结果的有效性和合理性要受到市场的检验和认可，即以市场为归宿。这对于以服务于矿业权交易为目的的矿业权评估来说，从根本上体现了合理性。与其他评估方法相比，这种评估方法不需要模拟矿业权的价值具体形成和计算过程，而只是采用了可能为买主接受或市场认可的结果，因而相对简单、快捷、有效。由于可比销售法具有强烈的市场特性，因而这种方法的应用要求有比较发育的矿业权交易市场和充分的交易信息。而这些正是我国目前所不具备的。即使建立了矿业权交易市场，但一般来说，矿业权的交易数目较少，矿业权和反映其特征的许多参数之间的可比性较差，以及矿业权交易中的隐蔽性、信息的模糊性等，都限制了可比销售法的实际应用。

24 矿业投资决策与风险分析

24.1 矿业投资特点

矿业投资是指以一定的资金或者实物直接或者间接地从事矿产资源开发并预期未来获得利益的行为。

按照投资主体的性质，可以分为政府投资与厂商投资两大类。政府的矿业投资是国家或者地方政府基于对未来特定时期内，世界、国家或者地区范围内的矿产资源赋存、开发以及利用状况的分析与预测，为实施政府的矿业政策目标与国民经济或者地方经济发展计划，进而获得社会经济效益而进行的矿业投资。厂商的矿业投资则指厂商特别是矿业生产者，基于政府矿业政策和自身的长远发展规划，为维持其市场份额或者扩大再生产，进而获得微观经济效益而进行的矿业投资。

矿业投资环境与其他工业投资环境相比，有着显著的特点。

(1) 矿产供求关系的特点决定了矿产价格的波动性强。矿产在低价时，供给弹性大；而在高价时，供给弹性小。这是因为矿业的新增生产能力形成周期长。另一方面，矿产的需求弹性小，这是因为矿产的替代性差。但是，矿业作为基础产业，其产品的需求多为中间需求，受国民经济活动水平的影响较大。所以，当经济繁荣时，矿产需求量大，矿产价格高。而当经济萧条时，矿产需求量小，价格低。

(2) 矿产资源为不可再生资源。矿产开发的经济效益，是在资源即矿体的不断消耗过程中实现的，为此，矿业税收政策通常对此有特别规定。矿产资源的有限性，还意味着矿床勘探是矿业生产的重要组成部分，必须持续不断地进行。

(3) 矿业是资本密集型产业，而且矿业投资时滞长，投资的经济效果受市场价格变动和通货膨胀水平的影响大。此外，矿业生产对象即矿体的属性复杂多变，不确定性强。因此，矿业投资的市场与技术风险高。

(4) 矿产资源开发常常对生态环境，包括空气、水体、土质、植被、地形地貌和自然景观等造成不同程度的污染或者破坏，具有较强的外部不经济效应。因此，矿业生产外部成本高。

(5) 矿床勘探是矿床地质信息不断完备的过程，是矿业生产中的经常性活动，其费用是矿产成本的主要组成部分。另外，矿业生产活动多在山区和边远地区进行，工业基础设施条件特别是交通运输条件差。因此，矿业生产的交易费用诸如信息、运输、购销等方面的费用较高。

(6) 金属矿产大多数可以废旧利用。因此，矿产存在较大的二次市场。工业化程度越高，矿产废旧利用占矿产供给的比例越大。

24.2 矿业项目经济评价方法

矿业项目的经济评价是指矿床或者矿山的货币价值的评估，以便进行矿床或者矿山的买卖、经营课税、资金筹措等经济活动。

矿业项目经济评价是一个反复的迭代过程。在此过程中，需要确定矿床储量、边界品位、生产成本和生产规模等关键技术经济参数。这些参数相互作用，共同影响投资决策。譬如，储量是影响生产规模的重要因素，而生产规模因其规模经济效应对生产成本又有影响，生产成本又制约边界品位，进而边界品位决定矿床储量。因此，在矿床或者矿山经济评价过程中，须反复分析这些参数对项目投资效果的影响，才能做出正确的投资决策。

矿业项目经济评价的主要方法包括成本法、市场法和收益法等。其中，收益法是矿业项目经济评价的普遍适用方法，它通过逐年计算所考察矿床或者矿山的净收益并将其折现而求得矿床或者矿山的价值。

24.2.1 收益法基础

收益法的基础是投资与成本的估算、市场及价格的预测、现金流分析、成本——效益分析和风险分析。

24.2.1.1 投资与成本估算

矿业开发项目的投资与经营成本的估算需以地质、采矿、矿物加工等方面诸因素的技术评价为基础。估算方法及精度因估算的目的不同而异。譬如，概略估算方法一般适用于项目的可行性研究，其误差可以高达20% ~40%；而详细估算方法则一般适用于项目的工程承包等方面，其误差可以小至3% ~5%。项目投资与经营成本估算的主要方法包括如下三大类。

（1）参数法。参数法是一种概略估算方法，它通过确立投资或者成本与其主要影响因素间的函数关系来估算投资或者成本。

O'Hara 将矿业项目投资和经营成本与矿床开采方式、矿山生产能力、开拓运输方式等主要变量联系起来。美国内务部矿山局曾采用参数法估算非燃料矿山采选系统的项目投资与经营成本，以评估某些矿产资源开发的经济性，特别是分析导致这些矿产资源开发的最低市场价格。

美国能源部能源信息局也曾采用参数法估算煤矿开发项目的投资与经营成本，以建立全国煤炭长期供给模型，考虑的主要参数有煤层厚度、赋存深度和矿山生产能力。

在我国，通常所说的单位指标法，亦称扩大指标法（包括单位生产能力法和单位产品成本法）和投资估算的生产规模指数法，也属于参数法的范畴，它们皆将项目投资看作是项目生产能力或者经营成本看作是单位产品成本的函数。

具体地说，单位生产能力法认为项目投资额与生产能力在一定范围内成线性关系，即：

$$I = I_u Q + I_f \tag{24-1}$$

式中 I——拟建设项目的投资额；

I_u——项目的单位生产能力投资额，根据矿床地质条件、矿山生产规模范围、基础设施条件、采选生产工艺以及技术装备水平等方面相类似的项目确定，还可以通过实际投资资料的统计分析来确定；

I_f——不随生产能力而变化的固定投资额，其确定方法与 I_u 的确定方法相同；

Q——拟建设项目的设计生产能力。

与此相似，单位产品成本法则认为项目经营成本与单位产品成本在一定范围内成线性关系。

生产规模指数法亦称为0.6指数法，它将项目投资看作是生产能力的幂函数，即：

$$I = I_0 (Q/Q_0)^n \tag{24-2}$$

式中 I——拟建设项目的投资额；

I_0——已知同类项目的投资额；

Q——拟投资项目的设计生产能力；

Q_0——已知同类项目的设计生产能力；

n——投资项目能力指数。当项目的设备功效对生产能力的影响较大时，n 取值为0.6～0.7；当项目的设备数量对生产能力的影响较大时，n 取值则为0.8～1.0。

对于矿业项目而言，工业基础设施的建设投资占总投资的比重较大，而这部分投资量与生产能力关系甚小。因此，生产规模指数法在矿业项目投资估算中应用范围很有限。

（2）系数法。系数法也可以看作是一种概略估算方法，但其估算精度一般比参数法的估算精度高。

系数法将投资或者成本分为若干组成部分。首先，根据设备或者材料的数量与价格，计算相应的投资或者费用；再以此为基础，通过分析同类项目投资或者同类产品成本而确定有关系数；最后，利用这些系数估算有关部分的投资或者费用。通常所说的分项类比法即属于系数法范畴。

具体地说，对于项目投资估算，常分为设备投资、建筑投资和其他投资（包括土地购置、居民迁移、工程设计、施工管理、人员培训等方面的投资）。首先，根据拟采用设备的种类、数量、价格以及运输安装等因素，计算设备投资；然后，利用从已知同类项目获得的系数，计算建筑投资和其他投资；最后，求三者之和。即：

$$I = (I_m + I_b + I_r)(1 + K) = \left\{ \sum_{i=1}^{n} [Q_i P_i (1 + K_i)] + K_b I_m + K_r I_m \right\} (1 + K) \tag{24-3}$$

式中 I——项目的固定资产投资额；

I_m——设备投资额；

I_b——建筑物投资额；

I_r——其他投资；

K——应急费用系数，可以在0.10～0.15之间取值；

Q_i——第 i 种设备的数量；

P_i——第 i 种设备的价格；

K_i——已知同类项目第 i 种设备的运输安装费用系数；

n——设备的种数；

K_b——已知同类项目的建筑物投资占设备投资的比例系数；

K_r——已知同类项目的其他投资占设备投资的比例系数。

对于经营成本估算，常分为材料费和加工费等两个部分。前者包括原材料、燃料和动力费，后者包括工人工资及附加费、车间经费和企业管理费等。估算成本时，首先，根据材料种类、数量和单价，计算材料费用；然后，利用从已知同类产品获得的系数计算加工费用；最后，求两者之和。即：

$$C = C_m(1 + K_f) = \sum_{i=1}^{n} [Q_i P_i (1 + K_f)] \tag{24-4}$$

式中　C——经营成本的估算值；

C_m——材料费用的估算值；

K_f——从已知同类产品获得的加工费占材料费的比例系数；

Q_i——第 i 种材料的数量；

P_i——第 i 种材料的单价。

此外，流动资金投资亦常用系数法估算，即以已知同类项目的经营成本、固定资产投资、年销售收入或者百万元产值乘以相应的流动资金率。

（3）累加法。分项工程投资累加法，是一种项目投资的详细估算方法。它首先计算各个单项工程的投资，然后，累加计算总投资。该法所需基础数据多、计算量大，但误差小、精度高，可以用于工程承包合同的投资估算。

24.2.1.2　市场分析及价格预测

矿产市场分析及价格预测，对矿业投资决策具有重要的意义。一个矿业项目的投资效果如何，在很大程度上取决于矿产价格的预测是否准确。

市场分析的主要问题包括：市场规模及增长率、矿产市场的地理分布、成本与价格分析等。市场分析的重要目的是预测矿产的价格，为投资决策分析中的收益估算提供基础。

价格预测的主要方法包括：（1）分析价格的历史数据，以研究价格与供给、需求和存量间的关系，再结合对未来经济形势的分析，便可以对未来的矿产价格形成判断；（2）分析生产者成本并考虑最低投资收益及供需形势，从而预测引发矿业投资所要求的合理价格水平；（3）利用经济计量模型，定量研究供给、需求、存量、技术因素以及预期价格间的相互关系，得出对矿产价格的预测。

24.2.1.3　现金流分析

（1）净现值法。矿业投资项目经济评价收益法的实质是现金流分析，即通过计算与比较项目开发过程中的现金流出与现金流入，确定投资项目的经济可行性。现金流出包括勘探费、基建费、工资、材料费、动力费、土地租用费、税金、利息等；而现金流入则主要包括矿产销售收入和设备残值等。净现值法是矿业投资项目经济评价的基本方法。

（2）收益率法。内部收益率法是一种常用的矿业项目投资分析方法。内部收益率（*IRR*）是使现金流净现值为零的折现率或者称为收益率。

（3）其他方法。投资项目分析的一种简便方法是投资回收期法。投资回收期是通过项目的收益而使初期投资得以回收的最小年数。回收期越短，表明项目投资见效越快，经济上越合理。

24.2.1.4 成本效益分析

成本效益分析是一种适合于政府机构、国有企业和国际组织投资决策的分析方法。它与净现值法相类似，亦包括成本与效益折现这一基本的投资决策分析的步骤。但是，与净现值法相比，成本效益分析有两个主要不同点。

(1) 在成本效益分析中，成本与效益的涵义更为广泛。它们不仅包括与矿业项目投资直接相关的财务成本与效益，而且包括投资项目对社会的影响因素，诸如促进区域经济发展、矿产出口创汇、提供就业、引进技术以及环境污染等因素。由于这些因素不具有市场价格，因而不易于定量描述，使得成本效益分析较净现值分析更为困难。

(2) 在成本效益分析中，所采用的折现率要比厂商投资所采用的折现率低。这是因为，政府部门或者国有企业比私有企业更应该重视长期的经济效果。因此，采用较低的折现率，可以提高未来成本与效益在决策分析中的重要性。此外，政府机构或者国有企业较私有企业更容易筹措资金，资金成本更低，因为向政府机构或者国有企业投资的风险要比向私有企业投资的风险小。

24.2.2 我国对矿业项目的经济评价方法

我国对矿业建设项目的经济评价，特别是对大中型和限额以上项目的经济评价，主要是按照国家发改委和建设部于2006年颁布的《建设项目经济评价方法与参数》(第三版)中规定的方法进行。该方法是在总结我国几十年来投资效果评价的实践经验和理论研究的基础上，并借鉴了国外、特别是联合国工业发展组织和世界银行的有关方法，结合我国实际而制定的。它不仅是各规划设计单位、工程咨询公司进行投资项目经济评价和评估的规范性方法，而且也是各级计划部门审批项目建议书和可行性报告、各级金融机构审批项目贷款的重要依据。

《建设项目经济评价方法与参数》将建设项目评价分为财务评价和国民经济评价。财务评价与国民经济评价结论均为可行的项目，应该予以通过；国民经济评价结论为不可行的项目，一般应予否定。

24.2.2.1 财务评价

财务评价是从投资项目的角度，根据国家现行的财税制度和价格，分析计算项目发生的直接效益和费用，编制财务报表，计算评价指标，考察项目的盈利能力、清偿能力和外汇平衡等财务状况，据以判别项目的财务可行性。

盈利能力的评价指标包括：财务内部收益率（*FIRR*）、投资回收期（*T*）、财务净现值（*FNPV*）、投资利润率等。财务内部收益率是考察项目盈利能力的主要动态评价指标，当其值大于或等于行业基准收益率或设定的折现率时，表明项目的盈利能力可以达到行业基准要求或决策者设定的收益率要求，因此，在财务上认为项目是可行的。当项目的投资回收期小于或等于行业的基准投资回收期或决策者设定的投资回收期时，表明项目投资能够在规定的时间内收回。财务净现值是项目评价中常用的动态评价指标，它是按照行业基准收益率或设定的折现率将项目各年净现金流量折算到建设期初的现值之和，当其值大于或等于零时，项目是可以考虑接受的。为了反映净现值与投资现值的关系，有时还要计算净现值率（*NPVR*）。投资利润率为静态评价指标，用以将计算所得到的指标与行业平均水平或决策者设定的标准相比较，以确定项目的可行性。

清偿能力评价指标包括：资产负债率、固定资产投资国内借债偿还期、流动比率、速动比率等。

涉及外汇收支的项目，应进行外汇平衡分析，考察各年外汇余缺程度。

财务评价是对项目盈利水平和生存能力的分析，对于任何投资项目都是必不可少的，在矿业项目的经济评价中广为应用。

24.2.2.2 国民经济评价

国民经济评价是根据国家资源合理配置的原则，从国家的角度考察项目的效益和费用，用影子价格、影子工资、影子汇率和社会折现率等参数分析计算项目对国民经济的净贡献，评价项目的经济合理性。

国民经济评价与财务评价的主要区别在于：

(1) 评价角度不同。财务评价是从项目的利益出发，系统的边界仅包括项目本身。而国民经济评价则是从国民经济整体利益出发，系统的边界包括整个国家。

(2) 效益与费用的含义及范围不同。财务评价是根据项目的实际收支确定其效益和费用，只计算直接效益和直接费用。而国民经济评价则视项目对国家的贡献为效益，国家为项目付出的代价为费用，不仅要计算项目的直接效益和直接费用，还要对间接效益和间接费用进行分析计算。

(3) 采用的价格不同。财务评价采用以现行价格为基础进行预测的财务价格，而国民经济评价则采用根据机会成本和供求关系确定的影子价格。

国民经济评价包括国民经济盈利能力分析和外汇效果分析，评价指标有经济内部收益率（*EIRR*）和经济净现值（*ENPV*）。产品出口及替代进口的，还要计算经济外汇净现值、经济换汇成本或经济节汇成本。对于难以量化的外部效果，应进行定性分析。若计算得到的经济内部收益率大于或等于社会折现率，则表明该项目对国民经济的净贡献水平达到了要求。经济净现值是以社会折现率将项目各年的净效益流量折算到项目建设期初的现值之和，当其值大于或等于零时，认为项目是可以考虑接受的。经济外汇净现值是用社会折现率计算的项目对国家外汇的净贡献，若其值大于或等于零，则项目符合要求。经济换汇成本是用影子价格、影子工资和社会折现率计算的为生产出口产品投入的国内资源现值（以人民币表示）与生产出口产品的经济外汇净现值（常用美元表示）之比，即换取1美元外汇所需要的人民币金额，是分析项目的产品出口竞争力的重要指标。同样，可以计算替代进口项目的经济节汇成本。当经济换汇成本或经济节汇成本（元/美元）小于或等于影子汇率时，表明该项目的产品出口或替代进口是有利的。影子汇率即外汇的影子价格，体现着从国家的角度对外汇价值的估量，用国家外汇牌价乘以影子汇率换算系数求得。影子汇率换算系数由国家发改委发布，目前规定为1.08。

国民经济评价过程中最关键、且较为复杂的问题是费用与效益的识别和影子价格的确定。因而，国民经济评价在实际应用中还不广泛。对于投资额较小、投入与产出基本不涉及进出口的项目，若财务评价结果能够满足投资决策的需要，可以不进行国民经济评价。

财务评价和国民经济评价不仅包括上述一般内容，还包括不确定性分析、方案比较分析和改扩建项目经济评价特点分析等特殊问题。

由于矿业生产和运营的一些特殊性，使得矿业项目经济评价具有若干特点。譬如，新建矿山项目的建设周期一般较长，而且从投产到达产又往往需要若干年，因而，投资回收期一般较长，如果只用投资回收期指标将矿业项目与其他行业的项目进行对比选择，矿业项目往往要被排除。又如，我国矿山的经济效益历来较差，加之目前矿产品价格偏低，矿业投资项目的财务评价盈利性指标一般较低，如果不进行国民经济评价而只根据财务评价结果进行决策，矿业项目很难被通过，还有，在矿业项目的经济评价中进行国民经济评价尤为重要。此外，由于矿业生产中存在着较多的不确定性因素，在矿业项目的评价中进行不确定性分析和风险分析十分必要。在对矿业项目进行经济评价时，如何考虑矿产资源的充分回收与合理利用，并与财务效益和经济效益目标结合起来，也是需要研究解决的问题。

24.3　矿床技术经济评价

矿床技术经济评价是矿业项目经济评价的一个重要方面，它为矿床勘察、矿山设计、矿业权流转等决策提供依据。

24.3.1　矿床技术评价

矿床技术评价是经济评价的基础，它指矿床物理、化学以及工程特性和采选工艺、设备以及辅助设施等生产条件的分析与确定。矿床的主要特征包括矿产种类、矿床品位及分布、储量、矿体产状、赋存深度、矿岩体工程地质条件、地层水文地质条件以及矿石选冶加工性质等。

矿床特性的物理分析方法包括：（1）磁性法可以测定岩石类型；（2）电磁法、电阻率法和诱导极化法可以测定金属矿床中的硫化物和含油砂岩中的泥岩；（3）γ 射线法可以测定铀、钍、钾的存在；（4）中子活化法可以测定铜、铅、锌、金、银等的富集体。

矿床特征的化学分析方法包括：（1）比色法可以定性和半定量分析铜、铅、锌、钼等元素；（2）发射光谱法可以半定量地同时分析 30 余种元素，快捷、经济；（3）原子吸收光谱法（AAS）可以迅速、可靠且经济地同时定量或者半定量分析数种元素；（4）X 射线荧光法（XRF）可以用于主元素分析，但在微量元素的分析中应用不广泛；（5）ICP 法可以迅速、准确且方便地同时测定多种元素的含量，但设备投资较大；（6）火法可以测定贵金属；（7）辐射法可以分析铀。

矿床特性的数理分析法主要用于计算矿床的品位和储量。该类方法包括：（1）几何法，诸如三角形法、多边形法、剖面法等；（2）数理统计法；（3）距离反比加权法；（4）地质统计学法，诸如常规克里格法、对数克里格法、指示克里格法等；（5）人工神经网络法。

矿岩特性的工程分析法可以用来对矿岩体的工程力学性能进行评估，包括：（1）RQD 岩体分类法；（2）CSIR 岩体地质力学分类法；（3）Laubscher 岩体地质力学分类法。

此外，经验类比分析法可以用来确定采选工艺、设备以及辅助设施的设计与规划。

24.3.2 矿床经济评价

矿床勘查是一个动态的信息收集与完备过程，在此过程中，勘查者不断获取有关矿床的地质与工程技术信息。矿床经济评价可以看作是对此过程中各个阶段工作成果的总结，它决定此过程的发展方向。因此，矿床经济评价的方法与地质勘查阶段密切相关，其形式与内容亦因可供使用的地质与工程技术信息的不同而异。

24.3.2.1 矿产普查与经济潜力评估

矿产普查是在大面积范围内进行的区域地质、地球化学和地球物理勘查，其目的是确定详查区域。

在普查阶段，与勘查项目有关的潜在收支很难确定，现金流分析或者成本效益分析方法也不能用来确定项目的经济潜力。所以，在此阶段，一般利用反映地质环境与矿床类型之间经验关系或者成矿关系的地质模型来确定详查区域。也就是说，若普查的某一区域表现出与某已知矿区相似的地质特征，并且经济、政策等方面的条件较为有利，则该区域即可以选定为详查区域。

因此，在矿产普查阶段，项目的经济潜力一般是通过经验类比方法来评估的，也不要求正式的风险分析。

24.3.2.2 区域详查与预可行性研究

经过矿产普查和经济潜力评估并选定详查区域之后，便可以对详查目标进行更为细致的地质、地球化学和地球物理勘查。并且以此为基础，进行必要的地质钻探工作。进而，确定矿床的范围并对其经济潜力进行初步评价，即所谓的预可行性研究。

预可行性研究包括对矿床地质与选冶特性、储量、采选工艺与设备、基础设施和项目收支的初步评价。

24.4 矿业投资项目融资

矿业投资项目的融资是矿业投资决策的一个重要方面。

资金的来源可以分为内部资金、贷款、证券和其他资金四类。企业预留资金是内部资金的主要部分，它是企业扣除成本、税收和股东分红之后的剩余利润。资产折旧和资源消耗即设备与资源残值的减少，也可以看作是内部资金来源，因为它们可以显著地减少纳税。

贷款是一种重要的外部资金来源，它包括银行贷款、债券、出口信贷、世界银行贷款等。发行股票是另一种外部资金筹集方式，在市场经济条件下，它对投资项目的筹资起着重要作用。在某些情况下，政府和国际援助也是矿产开发项目的重要资金来源。

各种资金来源在矿业投资项目中的作用，往往因投资项目的性质、矿产或者矿床的类型、国内外政治经济形势的不同而异。地质勘查项目的资金一般主要来源于投资者内部，勘查项目的高度风险性和勘查信息的机密性，使得贷款筹资方式在勘查项目融资中的作用受到很大限制。在某些国家，例如加拿大的一些专门从事矿产勘查的公司，常采用发行股票的方式筹集勘查资金。另一方面，矿山建设项目的资金来源要比勘查项目的资金来源更广泛，包括银行贷款、内部资金、出口信贷、股票、政府贷款及援助等各种来源。

在20世纪60年代以前，市场经济发达国家的矿业投资项目的资金来源以内部资金为主。而后，随着矿山生产规模及投资额的增大和贷款形式的灵活多样化，贷款逐渐成为矿产开发项目的重要融资方式。

随着全球经济的发展和国际贸易的加强，发展中国家的矿业投资项目，常常通过多边援助组织筹措资金。比方说，联合国自然资源勘查循环基金和联合国开发计划署。不仅支持矿产资源勘查项目，而且为矿山建设项目提供资金援助。此外，这些组织对地质勘查方面的科学研究与教育设施亦予以支持。

多边投资正在成为一种日益广泛采用的矿产开发融资与合作方式。它的主要特点是：

（1）分担风险。包括项目建设、矿床地质、生产销售、政治等方面的风险。

（2）促进融资。多方投资不仅广开财源，而且可以提高筹资信誉，因而易于得到金融机构的支持。

典型的多边投资项目是巴布亚新几内亚的OK Tedi铜金矿床开发项目。此项目的勘查投资主要由澳大利亚、美国和德国的三家公司的资本构成，分别拥有37.5%、37.5%和25%的股份。矿床经营由澳大利亚的BHP公司、美国的Amoco公司、德国的发展中国家投资金融公司（DEG）与金属协会（MG）联合体和巴布亚新几内亚政府四方合作，分别占有30%、30%、20%和20%的股份，其出资占基建投资总额8.55亿美元的30%。另外70%则为各种贷款，提供贷款的金融机构包括德国建设银行（KfW）、澳大利亚出口金融与投资公司（EFIC）、加拿大出口开发公司（EDC）、奥地利海外投资银行（OKB）、美国花旗银行（Citibank）、英国劳埃德斯（Lloyds）国际银行与出口信贷保险局（ECGD）、美国海外私人投资公司（OPIC）等。

24.5 投资风险分析

在成本效益分析或者现金流分析中，一般假设预期的未来资金收支是确定性的。对于矿业投资项目而言，这一假设常具有较大的偏差。这主要因为矿业投资项目的建设期限长、投资见效慢以及矿业生产对象的不确定性强。因此，矿业投资风险大。

所谓投资风险，是指投资项目的预期收支的变化及其可能性的量度。例如，投资购买政府债券，收益是以固定的利率决定的，这在投资时就完全确定了。除非发生重大的政治动荡，此项投资几乎没有什么风险而言。但是，若将等量资金投入到矿产资源开发的项目中，情况便全然不同了。由于很难在投资时准确预测有关的技术、经济以及政策等方面的未来状况，该项投资的收入很可能在较大的范围内变化。即是说，该项投资具有较高的风险。

矿业投资的风险因素可以分为三大类，即技术性风险、经济性风险和政策性风险。各类风险因素及其影响方面如表24-1所示。

技术性风险包括三个主要方面。矿床技术条件诸如品位与储量、矿石可选性的变化会导致产量和采选成本的变化，工程条件诸如矿床水文地质、矿岩力学性能的变化会导致施工费用的增加、工程进度的延迟以及工程设计的修改，生产条件诸如采选工艺设备与流程的适应性和管理水平的变化，会直接影响生产能力与成本。技术性风险可以通过有效的控制措施而使其降至最小。

表 24-1　矿业项目投资主要风险因素及其影响方面

类　别	风险类型及因素	影 响 方 面
技术性	矿床技术条件	产量和成本
	工程技术条件	产量和成本
	生产技术条件	产量和成本
经济性	矿产价格	销售收入与利润
	矿产需求	产量与利润
	外汇汇率	销售收入与成本
	通货膨胀	投资效果
政策性	货币政策	销售收入与成本
	环保政策	成　本
	税收政策	成　本
	进出口政策	销售收入与成本

经济性或者称为市场性或者商业性风险是矿业项目投资风险的一个重要方面。矿产实际销售价格对预期价格的变化，会影响项目投资的收入与利润。实际需求量对预期需求量的变化，会影响矿山的产量和收入。外汇汇率的变化，会影响国际矿业公司的销售收入和进口设备以及劳务成本。通货膨胀会影响投资效果。

矿产生产者可以利用期货市场而对市场性风险因素诸如价格、销量和货币汇率等实现一定程度的控制。但是，并非各种矿产皆有期货市场。此外，通过期货市场，一般仅能控制一年以内的短期市场风险的影响。

政策性风险主要包括货币及外汇政策、环境保护政策、税收政策和进出口政策等方面的变化。矿业投资政策性风险仅能通过矿业厂商与组织对政府决策施加有限的影响而得到一定程度的控制。

在矿业投资决策分析中，考虑风险因素的常规方法有：（1）提高折现率；（2）调整现金流；（3）敏感性分析。

提高折现率是考虑通货膨胀影响的最为简便的方法，提高的幅度取决于项目的风险程度和投资者的风险意识及抗风险能力。

调整现金流是将未来具有风险的收入降低或者支出提高到无风险的等价收入或者支出，再以无风险折现率计算调整后的现金流的净现值。

敏感性分析是一种常用的风险分析方法，它通过分析各决策因素的变化对决策目标的影响程度来确定影响决策目标的关键因素。敏感性分析的一种最简单形式是，分别以各有关变量的最可能值、最乐观值和最悲观值三种情况来分析投资项目的经济可行性。若依据三者所得出的结论相同，则决策是明显可靠的。否则，需要做进一步分析，并由决策者主观确定项目的经济可行性。

决策树分析和随机模拟分析是矿业项目投资风险分析的两种新方法，已经广泛地应用于石油工业中。

决策树的基本原理可以通过一个简单的例子予以说明。假定某一石油勘探项目的费用为36.3万美元。找不到油气的概率为0.80，发现价值为110.4万美元油气藏的概率为

0.08，发现价值为250万美元油气藏的概率为0.08，发现价值为500万美元油气藏的概率为0.02，发现价值为700万美元油气藏的概率为0.02。对此情况，有两种决策可供选择。

一是实施该项勘探计划，则其利润的期望值E为：

$$E = -36.3 \times 0.8 + 110.4 \times 0.08 + 250 \times 0.08 + 500 \times 0.02 + 700 \times 0.02$$

$$= 23.8 \text{ 万美元}$$

二是放弃该项勘探计划，则其利润的期望值为零。由于实施该项勘探计划的利润期望值大于零，可以认为此项目是可行的。

决策树分析法的应用难点在于，尚没有成熟的方法来确定某一可能结果的概率及其可靠性。

随机模拟分析，又称为蒙特卡罗方法，也是一种决策风险分析的概率方法。该法以项目投资的可能利润（净现值）的概率分布表达投资的风险程度。随机模拟分析过程包括三个主要步骤：

（1）将项目投资的利润表达为与项目收支有关的各个因素的函数，诸如品位、储量、价格、资金成本、工资、税率等因素的函数；

（2）确定影响项目利润的各个因素的概率分布，即每一个因素的可能值及其概率；

（3）利用各个影响因素的可能值的各种组合，计算利润的可能值及其概率分布。

若项目利润分布的期望值大于零，则可以认为投资项目在经济上是可行的。

随机模拟分析法的特点在于，所有影响投资效果的因素在其可能取值范围内的任何值及其任何组合对项目投资效果的影响皆能得到分析。但是，描述各影响因素的概率分布一般需要主观确定。

25 矿业与环境

25.1 矿业生产的环境效应

25.1.1 矿业生产对土地的扰动、污染和破坏作用

矿业生产是从地壳中开挖、提取和加工矿产资源的经济活动。在采矿生产中，不论是露天开采或地下开采，都不可避免地要扰动原有土地，改变原有的地形地貌和植被，降低或破坏原有土地的生产能力。目前我国由于采矿而被破坏的耕地面积约相当于全国可耕地面积的1.04%。据研究，在我国，矿业是除农业以外扰动土地最多的行业（表25-1），因矿业生产活动平均每年在陆地表面搬动运移的岩土量为32.5亿吨。

表25-1 中国每年扰动的土壤和岩石数量

行　业	农　业	矿　业	牧　业	基础设施	林　业	城市建设
扰动量/亿吨	326.0	32.5	16.5	3.6	2.0	1.1
比重/%	85.4	8.5	4.3	1.0	0.5	0.3

矿业生产对土地的扰动、污染和破坏作用，主要有以下几个方面：地下开采引起土地变形、移动和塌陷；露天开采挖损和破坏土地；矿山废弃物压占和污染土地。

25.1.1.1 地下开采引起土地变形、移动和塌陷

在地下开采过程中形成的巷道和采空区，破坏了原岩的应力平衡，引起顶板和围岩的变形、移动和崩落，并向上部扩展。随着采空区的扩大，在一定条件下，这种过程发展至地表，形成地面土地的移动和陷落。根据对煤炭地下开采引起塌陷的研究，按塌陷的形态和破坏程度分为两类：一类是开采浅部急倾斜煤层或厚煤层形成的漏斗状塌陷坑和台阶状断裂，这类塌陷可突然发生，其范围内的种植物和建筑物均遭破坏，但一般范围较小；另一类塌陷是开采深部急倾斜煤层或倾角小于450煤层引发的大范围平缓下沉盆地。后一类塌陷的形成过程是渐进的，塌陷面积约为煤层开采面积的1.2倍，塌陷最大深度可达煤层开采厚度的70%~80%。当塌陷深度超过潜水位时，造成常年积水，使原有农田不能耕种；若季节性积水，会减少种植茬数和导致农作物减产。我国煤炭地下开采历年形成塌陷区累计已达40万公顷，地下开采每采出万吨煤形成土地塌陷约0.2hm^2，每年形成塌陷土地1.5~2.0万公顷，其中耕地占30%。抚顺市因地下采煤引起的地面沉陷已达22.5km^2，占市区总面积的21%。最大下沉值28m。沉陷区内多家企业厂房倒塌，机器断裂，被迫搬迁。受沉陷影响的耕地4351亩，其中形成水面的达1350亩，不能用于耕种。我国应用地下开采的大型有色金属矿山，有些已经发生了严重的地面塌陷，如广东省凡口铅锌矿，地面塌陷岩土550万立方米，面积12750亩，毁田1000多亩，70hm^{2}建筑受损。安徽省铜官

山铜矿地面塌陷面积达730亩。江西省盘古山钨矿1967年发生大规模岩层移动，地表出现开裂和塌陷，裂缝最大宽度0.8m，塌陷面积8万平方米。

25.1.1.2 露天开采挖损和破坏土地

露天开采时，必须先将矿体上方和周围的表土与岩层进行剥离，因此对土地及其上植被的破坏是毁灭性的。开采埋藏较深的急倾斜矿床时，采后形成深凹型露天坑；开采埋藏浅的缓倾斜和水平矿床时，采后形成凹陷型露天坑。露天开采不仅对开采境界内的土地进行挖损和破坏，而且波及周围土地，降低地下水位，造成表土缺水，影响植物生长，重则导致土地沙化、荒漠化。我国煤炭露天开采每生产万吨煤炭要挖损土地0.02～0.18hm^2，平均为0.08hm^2。至1994年底，全国露天采煤挖损土地总面积约为8000hm^2。

25.1.1.3 矿山废弃物压占和污染土地

矿山企业在生产矿产品的同时，也产出了大量固体废弃物。这些废弃物包括：露天开采剥离的岩、土；地下开采排出的岩石（矸石）；选矿厂尾矿；矿区冶炼厂、加工厂、制造厂排放的工业垃圾；矿区居民生活垃圾等。其中前三项是主要的。全世界每年采出固体矿产100亿吨以上，产生的废石和尾矿约400亿吨。

（1）露天开采剥离物及其对土地的危害。露天开采时要剥离大量的岩、土，这些岩土的堆放方式，除少数矿山采用内排土方式外，大部分为外排土堆放，因而要压占大量土地。据对我国露天煤矿的测算，露天开采外排土压占的土地，约是挖损土地的1.5～2.5倍；露天矿正常生产后，每采万吨煤，排土场平均压占土地0.16hm^2；我国铁矿开采以露采为主，剥采比多在2～4之间，因此剥离量很大，历年排土量累计约在100亿吨以上，每年以5亿吨的速度增加。排土场占地一般为矿山用地的40%～55%。

露天开采排土不仅压占大量土地，而且随着排土堆的升高，潜伏着失稳和滑坡的隐患。我国铁矿排土场曾多次出现滑坡、泥石流等事故。当剥离物中含有硫化物及其他有害物质时，排土场受雨淋后，将渗流出酸性水或其他污水，污染周围土地及水系。如我国马鞍山钢铁公司南山矿，剥离岩石中含硫5%～6%，堆放后经风化和雨水淋蚀，产生pH值为2.8的酸性水，每年达80万～100万吨。每到雨季，酸性水污染的区域约11个行政村，面积23.74km^2，耕地1400hm^2。我国的永平铜矿、云浮硫铁矿的剥离岩土中，由于含有5%～8%的黄铁矿，岩土酸化严重，排土场排出的污水pH值小于4.5，污染下游水系和农田。

（2）地下开采排出的岩石（矸石）的危害。地下开采排出的岩石，以煤矿的排出量最大，危害也较严重。我国重点煤矿至1994年底累计堆存的矸石量约为30亿吨，形成1000座矸石山，占地约5500hm^2。预计今后每年排放矸石量1.5亿～2.0亿吨，增加占地300～400hm^2。矸石山不仅压占土地，而且有些矸石含硫化物或其他有害物质，经雨水淋蚀后产生酸性水，污染周围土地。在铀矿开采中，产生大量的放射性废石、废渣，对周围产生放射性污染。

（3）尾矿的危害。尾矿的数量巨大，全世界每年排放尾矿约50亿吨。有色金属矿山堆存尾矿累计美国达80亿吨，原苏联为41亿立方米。我国每年产生的尾矿约为5亿吨，金属矿山堆存的尾矿已达40亿吨。这些尾矿的堆存，不仅占用大量土地，而且尾矿中残存的选矿药剂和含有的重金属或其他有害成分，经雨淋、风化或其他方式流入土壤，将危害植物生长，或潜入生物链而危及人身健康。干旱地区堆放的岩土和尾矿，对周围土地具有沙化、荒漠化危害。

25.1.2 矿业生产造成的水污染和对水系的破坏作用

25.1.2.1 矿井水及其污染

采矿生产中的废水主要是矿井水。全国煤矿外排矿井水每年约22亿吨。煤矿矿井水的性质主要取决于成煤的地质环境和煤系地层的矿物成分，普遍含有以煤粉和岩粉为主的悬浮物，以及可溶的无机盐类。我国西部高原、黄淮地区的多数煤矿的矿井水矿化度较高，水中总离子含量大于1000mg/L；南方一些含硫高的煤矿，矿井水呈酸性，并溶解煤及围岩中的铁、锰等金属元素。在冶金、化工矿山，矿岩中常含有硫化物，因而形成酸性矿井水。根据矿岩成分的不同，矿井水中还可能含有汞、铜、铝、铬、氰、氰化物等有害物质。因而，矿井水一般不能直接饮用或用作农田灌溉。外排的矿井水若流入当地的河流、湖泊，则将污染物带入这些水系，造成更大范围的水污染。我国水资源匮乏，特别是西北地区尤甚，矿区用水及造成的水污染，加剧了这一问题的严重性。我国86个重点煤矿矿区，有71%的矿区缺水，其中40%的矿区严重缺水。矿业生产大量用水及对水的污染，使缺水更加严重，已成为制约当地经济发展和影响人民生活的重要问题。

25.1.2.2 选矿废水及其污染

选矿生产要消耗大量的水，浮选厂每吨原矿耗水量一般为3.5~4.5t，浮选—磁选厂每吨原矿耗水6~9t。选矿废水中含有矿石微粒、金属元素和选矿药剂。黄金矿山采用氰化法提金时，排放的废水中含有剧毒物质氰化物。我国黄金矿山每年外排氰化废水2533万立方米，其中氰化物为18.24t。我国南方有些金矿中含砷，在选矿过程中产生的工业废水可含有亚砷酸盐、砷酸盐和砷的氧化物等剧毒物质。在一些用混汞法提金的矿山，排放出含汞的废水。我国鞍钢弓长岭铁矿选厂的尾矿水，于1979年、1990年两次流入附近的汤河，造成其下游10km长、50~60m宽的河道淤积，河水污浊、鱼虾绝迹、农田淹没、粮菜减产、沿河人民饮水困难。河北省宽城县每年向河道排放选矿污水500万吨，其中含尾砂50万吨，全县14条河流中有8条被污染；唐山市每年向河道排放尾矿768万吨，造成河水污染，河道淤塞。

25.1.2.3 废石场、尾矿堆产生的水污染

矿业生产中形成的废石场（矸石）和泥矿堆，在风化、淋溶、渗漏、溢流等各种作用下，其中的有害物质进入地表或地下水系，形成污染。如：江西省德兴铜矿的废石和尾矿，在淋溶和渗滤作用下，曾经造成对附近乐安江中下游水质的重金属污染，波及100多公里以外的鄱阳湖。抚顺煤矿露天开采剥离的煤矸石，露天堆放，经长期风化、淋滤作用，生成大量可溶性无机盐类污染物，随淋滤水进入地下含水层，使地下水的类型由H-Ca型转化为S-Na型，造成严重污染，失去饮用价值。铀矿山的水冶厂及溶浸生产场地，产生大量尾矿和废渣，其中含有尚未回收的铀、镭等放射性物质和加工过程中添加的化学药

剂，它们通过降雨渗滤，流入当地水系，增加其中的核元素含量。据湖南721矿的调查，该矿附近30多个池塘中，有15个含铀浓度平均值达到0.988mg/L，造成水质严重污染。

25.1.2.4　矿床疏干使地下水位下降

在水文地质条件复杂的矿山，为了防止地下水突然涌出而淹没矿井或露天矿场，必须进行矿床疏干，降低预定开采地段的地下水位。根据矿床赋存深度，地下水位在疏干后可下降上百米至数百米，形成大面积疏干漏斗，使地表水和地下水平衡系统破坏，可能导致当地水源枯竭或取水困难。如山西省因采煤造成18个县28万人饮水困难，450万亩水田变成旱地。山西省长治市煤矿日排放矿井水5万立方米，引起水文地质条件恶化，煤系地层地下水位大幅度下降，民用浅水井干枯，地面水溪流量衰减或断流，造成矿区42个乡（镇）210个行政村农田灌溉和人畜饮水困难。

25.1.3　矿业生产对大气的污染

25.1.3.1　煤炭开采排放 CH_4 对大气的污染

在煤炭开采过程中，以吸附或游离状态赋存于煤层或围岩中的 CH_4 被排放出来。据测算，全世界每年因采煤而排放的 CH_4 达数千万吨，约占人类活动所造成 CH_4 散发量的1/5。我国每年由煤炭开采而排放的 CH_4 占全国排放总量（自然系统排放和人类活动排放）的30%左右。CH_4 是重要的温室效应气体，CH_4 的温室效应比 CO_2 大20倍以上。大气中 CH_4 浓度的增加还导致对臭氧层的破坏。

25.1.3.2　煤矿矸石山自燃对大气的污染

煤矸石含有煤、硫化物等，在堆积存放状态下，易发生氧化作用而在矸石堆内部聚积热量，导致自燃，释放出大量 SO_2、H_2S 和 CO 等有害气体。据实测，每 $1m^3$ 自燃矸石山一昼夜可排放 CO 10.8kg，SO_2 6.5kg，H_2S 和 NO_2 2kg 等。我国目前尚有125座矸石山自燃，其排放的有毒有害气体严重污染大气。

25.1.3.3　矿山粉尘对大气的污染

矿山粉尘是指在矿业生产中产生的矿石或岩石微细颗粒，粒径为0.2～40μm，其中粒径为0.2～0.5μm的微尘悬浮于空气中，容易吸入肺中并储集，引起矽肺病而危害人身健康。矿业生产中的凿岩、爆破、装卸、破碎、运输等各个环节，都会产生粉尘。在露天矿山，这些粉尘直接排放到大气中；在地下矿山，由通风并排放到大气中。此外，矿山废石场、尾矿库等，在风力作用下也会产生大量粉尘。矿山粉尘排入大气，增加了大气中TSP（总悬浮颗粒）的含量。

25.1.3.4　矿区燃煤对大气的污染

矿区生产与生活应用大量的中小型工业锅炉燃烧煤炭，向大气排放 SO_2、NO_x 等有害气体和烟尘。我国煤矿矿区有工业锅炉3万多台，年燃煤4050万吨，年平均向大气排放

SO_2 约56万吨，烟尘37万吨。据煤炭部环境监测总站1991年对33个矿务局中心居住区大气质量调查统计，SO_2 超标率为39.4%。SO_2 是导致酸雨的直接原因之一，在一些高硫煤矿区，如铜川市，SO_2 年均值为0.236mg/m^3，已形成了以西安为中心，咸阳、商州和铜川为顶点的三角形酸雨区。非煤矿山的工业锅炉、冶炼厂、铸造厂、加工厂等燃煤，同样也排放各种有害气体和烟尘、造成对大气的污染。

25.1.4 矿业生产引起的其他环境污染和灾害

25.1.4.1 山体开裂和滑坡

赋存于山区的矿床开采之后，由于采空区之上的岩体变形、沉降，使山体开裂，在风吹雨淋的作用下，可引发岩体滑坡，造成灾害。1980年宜昌地区远安县盐池河磷矿，因大面积采空区未处理而引起石灰岩陡峭山崖开裂，在一次大雨后，失稳的岩体发生滑移，约10万立方米岩体突然从陡崖倾泻而下，将山坡下约6万平方米建筑物掩埋，堆积乱石面积约6000平方米，造成严重的矿毁人亡灾害。又如在长江三峡链子崖下采煤，形成12万立方米采空区，致使其山体发生58条裂缝，形成352万立方米的危岩体，威胁长江航道安全。

25.1.4.2 泥石流

露天矿排土场堆积的大量松散岩土，或堆积在陡峭山坡（30°~60°）的松散岩土，当充水饱和时，在山洪携带下可形成泥石流，酿成灾害。我国的一些矿山多次发生泥石流灾害。海南铁矿排土场1973年8月6日发生30多万立方米大滑坡和大规模的泥石流。云浮硫铁矿三个排土场累计排土2000多万立方米，先后形成6条泥石流沟，1972年11月因台风和暴雨引发大规模泥石流，淹没水田151hm^2，旱地43hm^2。1975年6月再次发生泥石流，冲毁铁路、桥梁、厂房，1334hm^2 农田受灾。开阳磷矿1995年6月23日发生山体滑坡和泥石流，冲毁厂房、民宅11606m^2，人员伤亡30多人，稻田、林地被毁，矿山生产瘫痪，直接经济损失1.36亿元。

25.1.4.3 矿山噪声

矿山噪声污染源主要来自凿岩机、压气机、挖掘机、破碎机、球磨机等矿山机械，特别是在井下，由于工作面狭窄，反射面大，马达声在巷道表面多次反射形成混响声，使相同设备在井下开动比在地面开动声级高出5~6dB(A)。各种矿山机械的声级在95~110dB(A)之间，超过了国家颁布的《工业企业噪声卫生标准》中的有关规定。除矿山机械噪声外，尚有爆破产生的脉冲噪声。矿山噪声污染主要危害作业面工人和相关范围内人员的听觉，引起心情烦躁、反应迟钝，严重的可导致神经系统、心血管系统疾病。

25.1.4.4 石油生产与运输对海洋的污染

沿海及海上油田的钻探、开采发生的井喷、溢出和各种事故泄漏，特别是海上石油运输事故的泄漏，严重污染海洋。据美国科学院的资料，每年排放到海洋中的石油量为491万吨。如自2010年4月22日起的英国石油公司在墨西哥湾的重大漏油事件。由开采石油发生的井漏、井喷等排放入海洋的石油，每年超过100万吨。大量石油流入海洋，将会破坏海洋生态系统。

25.1.4.5 尾矿库溃坝

尾矿库指筑坝拦截谷口或围地构成的，用以堆存选矿作业的尾矿。尾矿库的安全管理工作始终是不能掉以轻心的。2008年9月8日，山西省襄汾县新塔矿业有限公司尾矿库发生特别重大溃坝事故，造成重大人员伤亡，在社会上造成了特别恶劣的影响。

25.2 矿业生产中环境污染的防治

由上述可知，矿业生产对矿区土地、水体和大气等造成了严重污染。这些污染，不仅危害本区，而且波及四周；不仅祸及当代，而且贻害未来。矿业生产对环境的污染已成为制约经济发展和影响人民生活的重要社会问题，必须采取经济的、技术的、行政的、法律的各种措施治理污染，保护环境，造福人民。我国的矿山环境保护工作必须贯彻国家的《环境保护法》及有关的法律、法规、条例和标准等；在矿山设计与建设中必须进行“环境影响评价”和执行“三同时”原则，即防治污染措施必须与主体工程同时设计、同时施工、同时投产。在矿山生产中，要把环境保护作为一项重要的日常工作纳入企业管理，并贯彻始终。矿山环境保护作为一项专门技术，已有相关的专著，本节略述其主要方面。

25.2.1 矿山复垦

对在矿产开发过程中污染和破坏的土地采取整治措施，使其恢复到可利用状态并加以利用的工作叫矿山复垦。鉴于矿业生产中对土地污染和破坏的普遍性与严重性，矿山复垦受到各矿业大国的普遍重视，矿山复垦技术发展迅速，复垦率不断提高。美国于1918年在印第安纳州首先进行了复垦试验，此后逐步推广应用。美国全国矿山占地850万英亩，已经复垦面积占85%，英国矿区复垦超过100万英亩（1英亩 = 4046.86m^2）。1977年美国政府颁布了《露天采矿管理和复垦法》，将矿山复垦纳入了法制化管理。

我国人口众多、耕地面积少，人均耕地不到世界平均水平的30%，人均林地不到世界平均水平的14%。而我国矿业开发对土地的占用、污染和破坏数量庞大，因而矿山复垦对我国尤为重要。我国从50年代在海南田独铁矿开始矿山复垦，几十年来已取得显著进展，特别是1989年国务院颁布《土地复垦规定》以后，矿山复垦有了进一步的发展。据对煤炭工业的调查统计，至1994年底，井下开采复垦面积占已塌陷面积的8%，露天开采复垦率为7%。1995年煤矿塌陷区复垦占当年塌陷面积的22%，露天煤矿排土场复垦占当年形成量的33%。全国各类矿山已累计复垦土地400万亩，复垦率为6%。

按照复垦对象的不同，矿山复垦分为以下几种。露天矿采空区复垦、排土场复垦、尾矿库复垦、塌陷区复垦、矿山绿化。

（1）露天矿采空区复垦。露天矿开采初期就要考虑将来的采区复垦工作，若矿床之上的表土层较为肥沃，在剥离时应将表层土单独堆放，尽可能保持原有土壤结构。在采空区回填时，将大块废石或有害岩土置于矿坑底层，表层铺上原来的表层土，或另取适宜耕作的新土铺上，经平整后选择合适的植物进行栽种，或作他用。有的露天坑可用于蓄水养殖（如海南田独铁矿）。

（2）排土场复垦。排土场（废石场）本身就是矿区的重要污染源，除压占大量土地外，还会对大气、水体产生污染，有时还引发滑坡、泥石流等灾害。排土场复垦就是整治废石堆场，恢复土地，进行种植，控制或消除废石场对周围环境的污染。排土场在设计时就应考虑未来的复垦工作，在剥岩时要将表土层与废石分别采集和堆放。在复垦时要根据排土场的位置、形状、废石性质和水文气象条件，因地制宜地确定复垦方案。有的排土场可推平，在其上覆盖表土，进行种植；有的排土场可整治成一定坡度和高度，在废石堆顶部平台覆盖表土，进行种植。山西平朔安太堡露天煤矿设计和应用了多层台阶排土场，台阶高15m、宽80m，边坡角35°，平台上复土厚度1.5m。采用多平盘、多点扇形推进，分段分期同步复垦。边坡上开挖鱼鳞坑、矩形坑种树和草，平台上种农作物和药材。排土场复垦后，植被覆盖率比原来提高1～2倍，土壤侵蚀量减少77%，农作物产量比原有农田提高50%～120%。

（3）尾矿库复垦。尾矿库在停止使用后，由于水分的蒸发和排泄，表面干涸而暴露在空气中，形成一层不透气的外壳，整个尾矿库类似一个沼泽地，承载能力很低。因此，尾矿库的复垦工作首先要处理和改善其表面结构，提高其承载能力。一般的复垦步骤是：挖松表面的坚硬外壳；表层挖松后用碎石充填，对酸性尾矿用石灰石中和其酸性，对碱性尾矿用白云石中和其碱性；平整尾矿堆表面，铺垫表土并掺入中和药剂和肥料；进行种植或作他用。当尾矿及残留药剂中含有毒物质时，要研究这些有害物质的危害及其防治措施。铜陵有色金属公司的一尾矿库，三面是城市，一面是菜地。从1967年至1991年向库内排放了1000万m^3的尾矿，变成了一片沙漠。大风季节，库区和半个铜陵市都被笼罩在灰蒙蒙的粉尘之中，风停之后，农作物和建筑物上飘落一层粉尘，破坏了当地的生态平衡，影响居民健康。闭库3～5年后，采取建筑复垦方式，首先是地基处理，用混凝土预制桩或碎石打地基，然后在其上建学校、工厂和住宅，建筑占地30余万平方米，既缓解了城市用地紧张，又有效地解决了尾矿库粉尘污染大气问题。

（4）塌陷区复垦。地下开采引起的塌陷区，因其所在地区的地势地貌、水文气象等条件的不同，对土地的破坏程度和复垦方法均有所不同。对于山地和丘陵地带，只要将局部的塌陷漏斗或塌陷坑、裂缝进行填堵并加以平整，即可恢复原来的地形地貌。对于平原地区，若潜水位较低，地区降雨较少，塌陷区不会常年积水，复垦时只需进行回填和铺垫表土，即可进行种植或作他用。若潜水位较高，或降雨较多，塌陷区会常年积水，复垦时需排除积水，或整治水面及周围环境，用于养殖及游览。

辽宁抚顺老虎台矿和龙凤矿在开采特厚倾斜煤层时，虽然用水砂充填采空区，仍然发生地面沉降，沉降值为12～17m，总面积95.3hm^2。从1991年至1993年进行塌陷区的复垦造田，采用专用设备和铺设电气化铁路，利用西露天矿剥离的岩石，把排岩和塌陷区回填结合起来，四年共剥离与回填矸石409.7万立方米，回填之后覆盖0.6m厚土壤，然后进行种植。四年共复垦32.93hm^2，投资882.12万元，经济效益3810.33万元，综合效益5430.48万元。

（5）矿山绿化。在矿山复垦区或矿区其他土地上，根据地形、土壤、气候、水文等条件，有计划、有选择地广泛种植树木或其他植物，形成绿化区（带）。这些绿化区具有吸灰防尘、净化空间、调节温湿、减弱噪声、美化环境等多种功能，对于矿区防治污染、保护环境具有重要作用。据研究资料，1hm^2阔叶林在生长季节一天可吸收CO_2 1t，放出O_2

0.73t；1hm^2 柳杉每年可吸收 SO_2 720kg；4.4m 宽枝叶浓密的林带可减低噪声6db；夏季高温季节，绿地气温比非绿地低3～5℃，相对湿度高10%～20%；林区雨量比非林区平均多7.4%。

25.2.2 排污控制与末端治理

对矿业生产过程各环节的排污量采用各种技术和其他措施进行控制，对产生的“三废”进行治理、以减少排污量，降低其污染和危害程度。

25.2.2.1 矿山粉尘、烟气控制和治理

矿山粉尘、烟气中含有大量有害、有毒物质，污染工作场所及矿区大气。为了减少矿山粉尘、烟气的产生，广泛应用各种除尘消烟技术和措施，如湿式凿岩、洒水喷雾、通风稀释、使用除尘装置和空气净化装置等。对燃煤的工业锅炉，除采用除尘装置，还要采取脱硫措施，以减少燃煤排放的 SO_2 含量。对原煤进行洗选，可以排矸降灰脱硫，在煤的洗选过程中，最高可去除75%的硫。对于自燃的煤矸石堆，可以采用覆盖法（用黄土等惰性物质覆盖燃烧区）、浇灌法（向燃烧区喷洒石灰乳或其他灭火浆液）、注浆法（将灭火材料制成浆液用机械注入矸石堆内部，通过“降温”和“隔氧”达到灭火目的）等措施，控制自燃和减少污染。

25.2.2.2 矿山污水治理

矿山污水主要来源是矿井外排的矿坑水和选矿（洗煤）厂排放的污水。污水净化方法有物理法、化学法和生物法。各种方法的原理都是将污水中有害物质分离出来，或者将其转化为无害物质。物理法应用沉淀、过滤、离心分离等技术，去除污水中的悬浮物。化学法是向污水中加入化学药剂，通过化学反应去除有害物质，或将有害物质变为无害物质，例如用酸碱中和法处理酸性矿坑水，中和剂采用石灰或石灰石。生物法是通过微生物的代谢作用，使污水中的有机污染物转化为稳定的无害物质。目前在矿山应用较广的是沉淀、过滤、中和等方法；许多选矿（洗煤）厂采用闭路循环技术，不外排污水，使其在系统内得到处理，重复使用。

我国70%煤矿矿区都是缺水地区，因此将矿坑水进行资源化处理，使之达到民用和工业用标准，使选矿厂（洗煤厂）的工业用水循环使用，具有特别重要的意义。据研究，矿井水处理成本约是自来水的50%。就矿井水与地下水供水工程相比，既节省了地下水资源费与提升费，又节省了超标排污费，具有明显的环境效益和经济效益。

25.2.2.3 矿山废尾治理和利用

矿业生产中产生大量固体废弃物，主要是采矿排弃的废石（矸石）和选矿排放的尾矿。对矿山废尾的治理，最主要的措施是复垦，此外尚有一些其他措施。这些措施有：在废尾堆表面喷水，或用泥土、岩块、草帘等覆盖，以减少粉尘、尾矿的飞扬；在废尾堆表面喷洒化学药剂，形成一层固结硬壳，起到抗风和防水作用。对具有放射性的废石、尾矿采用挖坑深埋，或者回填矿井等。浙江遂昌金矿在建矿之初开采黄铁矿期间，曾排弃了数百万吨贫硫铁矿和含硫废碴，在风化和降水作用下，产生含多种重金属的酸性水，严重污

染周围土地和水系。经多年研究，采用电石碴覆盖含硫废石堆，形成一层坚固的碳酸钙外壳，封闭了污染源。而电石碴本身又是该矿生产中的废弃物。用它作为覆盖层，起到了“以废治废”的良好效果。

除上述各种措施之外，对矿山废石、尾矿的综合利用，是减少污染、变废为宝的最有效途径。矿山废尾的综合利用，一般有两种方式：一是从废尾中进一步回收有用成分。随着选矿技术的进步，过去不能回收或不易回收的成分，现在已可以回收，使得原来作为废石处理的低品位矿石和尾矿得以利用，共伴生矿中的共伴生组分得以回收。这样就减少了废尾总量。一般认为，尾矿的再加工利用，在经济上是可取的。因为在获得精矿的选矿流程中，破碎与磨矿费用约占全部费用的一半。当然在具体条件下，要通过技术经济计算以确定对尾矿再加工利用的合理性。对矿山废尾综合利用的第二种方式是以废尾为原料制造新的物质，如用做水泥、玻璃、砖瓦等建筑材料。我国煤矿利用煤矸石制砖、发电、回填采空区等。

25.2.3 清洁生产技术

“清洁生产”是联合国环境规划署工业与环境规划活动中心在1989年首先提出的，其定义为：“清洁生产是指将综合预防的环境策略持续地应用于生产过程和产品中，以便减少对人类和环境的风险性。对生产过程而言，清洁生产包括节约原材料和能源，淘汰有毒原材料并在全部排放物和废物离开生产过程以前减少它们的数量和毒性。”清洁生产包括清洁生产过程和清洁产品两个方面。

简言之，清洁生产技术是指采用的生产技术和工艺本身在生产过程中不排放或甚少排放污染物，不危害或甚少危害环境。这是一种将生产技术与环境保护统筹考虑和一体化实施的新技术观。矿业方面的清洁生产技术，大多处于开发研究和试验之中，比较成熟和重要的有以下几种。

（1）保护地表不塌陷或减缓塌陷的开采工艺。土地塌陷是地下采矿产生的重要环境问题。为了保护地表不发生塌陷或减缓塌陷，目前较为广泛采用的有效技术是充填采矿方法。这种采矿方法边采矿边充填，用充填体支撑围岩，控制采场地压，减轻、延缓和阻止采空区围岩的破坏与移动，从而保护地表。如湖南湘西金矿用胶结充填采矿法安全地回采了河床下的金矿体，采区与河床的最小距离为28m，未引起河床塌陷、断裂而使河水流入矿井。美国硼酸盐公司应用分层充填法，成功地回采了位于国家公园纪念馆之下的比利硼矿。波兰茨塞别翁卡铅锌矿应用分条充填法和房柱充填法，回采了位于铁路、公路和村镇之下的矿床，成功地保护了地面及其上的建筑物。充填采矿法的缺点是生产工艺较复杂，开采成本较高，生产率较低。除充填法之外，为了保护地面和减缓地表沉降，尚有留保护矿柱的开采工艺，如留护顶矿柱，分条带开采，房柱采矿法等，但这些方法都降低了资源的回收率，是其主要缺点。

（2）废石（矸石）不出坑或少出坑的开采工艺。废石是矿业生产中排放的一种主要污染物。地下开采中为了减少废石出坑量，最有效的办法是将废石充填采空区或作为充填采矿法的充填料。在极薄矿脉开采中应用的削壁充填采矿法，就是把超脉开挖的废石就地作为充填料而使用，内蒙古赤峰红花沟金矿、湖南省桃江锰矿等在开采0.6m以下的极薄矿脉时，都使用了削壁充填采矿法，大大减少了废石出坑的数量。而在用混采方法开采极薄矿脉时，废石是混在矿石中被运出坑的。除削壁充填法之外，废石干式充填采矿法、废石胶结充填采矿法也大量使用了井下废石。这些采矿法既减少了废石出坑量，又可就地取材，作为充填材料，具有经济与环境双重效益。但废石作为充填材料时，其物理和化学性质应满足对充填材料的要求。除把废石用做充填采矿法的充填料之外，也可将其排放在采空区或废弃巷道中，以减少其出坑数量。

（3）露天开采的内排土工艺。露天开采剥离岩石的堆放，既占用大量土地，又形成重要的污染源。如果采用内排土工艺，将剥离岩石堆放在露天采场内，既省去了排土场占地，又免除了排土场污染。但不是所有的矿床都适合内排土工艺，一般对于缓倾斜薄矿体及一些铝土矿、砂矿，可以应用内排土。对于长度大的倾斜、急倾斜厚矿体或一个矿区有几个采场的矿山，通过采掘计划的安排，可以先强化开采部分采场或分区开采，将先采完的空区作为内部排土场。

河南省义马矿务局北露天矿于20世纪90年代开始应用内排土工艺，节省征地费及迁赔费，以及因排土运距减少8.5km而节省运费，有明显的经济效益。

（4）煤矿开采中的瓦斯抽放技术。煤矿向大气排放的瓦斯（CH_4），是污染空气的重要有害物质。在煤矿开采时预先抽放煤层中的瓦斯并作为能源加以利用，可以有效地减少生产中的瓦斯涌出量，不仅有利井下安全，减少对大气的污染，而且可以变废为宝。井下瓦斯抽放技术已应用数十年，根据不同条件已有多种抽放方法，如开采煤层抽放，邻近层抽放和采空区抽放，钻孔抽放，巷道抽放和综合抽放等。我国有高瓦斯和瓦斯矿井290对，抽放瓦斯矿井112对，年抽放瓦斯4.58亿立方米，其中利用4亿立方米。

（5）溶浸采矿技术。利用化学溶液（有时还要应用微生物进行催化）溶解、浸出和回收矿石中有用组分的采矿技术。分为堆浸和原地浸出。这种技术融常规采矿、选矿与湿法冶金于一体，直接从矿石中提取金属，从而从根本上改变了现有的采、选、冶工艺，简化了工艺流程，大幅度减少了采、选、冶工艺流程中产生的各种污染物。特别是原地浸出技术，矿石基本不出地面，无废石，占地少，是理想的清洁开采技术。溶浸采矿技术目前在开采低品位金矿、铜矿、铀矿中已得到应用。

（6）煤炭地下气化技术。煤炭地下气化是将煤炭在原位直接进行热化学反应使之转化为可燃气体的技术。分为有井式地下气化法和无井式地下气化法，前者是采用井巷通到煤层进行气化的方法，后者是采用地表钻孔通到煤层进行气化的方法。2009年，内蒙古新奥煤炭地下气化项目成功实现煤炭地下气化燃烧发电。按照规划，到2012年前，利用煤炭地下气化技术还将建成年产2万吨优质甲醇生产线。这种技术的成功，将是采煤工业的革命。不仅生产安全，而且消除了传统采煤工艺中排放的“三废”，同时可以充分开发利用煤炭资源，是一种理想的清洁生产技术。

25.3 矿产开发、环境保护与经济发展相互关系和协调准则

25.3.1 矿产开发、环境保护与经济发展的相互关系

资源是人类生活的物质基础，环境是人类生存的空间场所。人类开发利用自然资源，促进了经济的发展，同时也污染了环境；而经济的发展又为合理开发利用资源与改善环境提供了技术和物质基础。因而，资源、环境与经济三者具有紧密的相互依存、相互影响的

复杂关系，既有相互促进、协同发展的正向关系，又有相互矛盾、相互制约的负向关系。在矿产资源的开发利用中，三者这种复杂的关系得到了明显的体现。人类对矿产资源的开发利用，特别是工业革命以来对矿产资源的大规模开发和利用，极大地促进了经济的发展、保证了人类物质文明生活对矿产品的需要。但在人类开发利用矿产资源发展经济的同时，也付出了沉重的代价，产生了严重的环境污染问题。特别是近代大规模开发矿产和广泛利用化石燃料等矿产品以来，环境污染加剧，生态破坏严重，不仅造成了巨大的经济损失，而且使人类生存和发展的空间受到了严重威胁。有关矿产品加工和使用造成的环境污染，范围更广、危害更大。以钢铁生产而言，据估算，每生产1000吨钢产生大气污染物质121吨，水污染物质67.5吨，废渣967吨，相关采矿废物量2828吨。以此为基数，按年产1亿吨钢计算，每年因钢铁生产（从采矿至炼钢全过程）而产生的大气污染物为1210万吨，水污染物675万吨，废渣9670万吨，采矿废物2.828亿吨。由此可见，人类在开发利用矿产资源生产“所需品”之时，伴随着也产生了大量的“非需品”，而后者的数量是前者的数倍之多。煤炭和石油在开采利用中造成的污染，涉及到温室效应、酸雨、臭氧层破坏等一系列全球性环境污染问题。大气中CO_2浓度增加主要是燃用化石燃料造成的。据2008年中国环境状况公报，我国全年SO_2排放量2321万吨，绝大部分为燃煤产生。

大量的事实和数据，尖锐地反映了矿产资源开发利用与环境保护、经济发展三者之间相互制约、相互矛盾的负向关系。在一些发达的工业化国家，严格的环境保护标准和有关规定，已成为影响其矿产开发的制约因素。一个国家或地区，如果只考虑当前经济的发展而过度地开发资源，忽视环境保护，将会使三者之间的矛盾激化，最后可能导致资源枯竭、生态恶化和经济停滞的严重后果。但是，也不应为了保护资源和环境而舍弃对矿产资源的开发利用，这样将不能满足人类生活和工农业生产对矿产品的巨大需求（目前人类所需的大多数矿产品是不可替代的），将导致现代人类生活的瘫痪和经济发展的停滞，后果同样是十分严重的。

25.3.2 矿产开发、环境保护和经济发展相互协调的基本准则——可持续发展

1992年在巴西召开的“联合国环境与发展大会”通过的《关于环境与发展的里约热内卢宣言》，标志着可持续发展思想已被世界各国普遍承认和接受。我国在1994年公布了《中国21世纪议程》，把可持续发展作为指导我国经济与社会发展的基本国策。

有关可持续发展的概念和定义很多，其中影响较大和广为引用的是前挪威首相布伦特兰夫人领导的委员会在《我们共同的未来》报告中提出的概念，即可持续发展是“既满足当代人的需要，又不对后代人满足自身需求能力构成危害的发展”；并提出公平性、持续性和共同性三项原则；主张资源的公平分配、兼顾当代与后代的需要；建立保护地球自然系统基础上的持续经济增长，达到人与自然的和谐相处。因而可持续发展是将资源开发、环境保护与经济发展结合起来并协调它们之间相互关系的基本准则。

根据可持续发展原则，结合我国矿业发展的实际，在矿产资源开发利用中，应注意解决好以下几个问题。

（1）要高度重视和认真解决矿产资源开发利用中的环境污染问题。由于矿产资源的开发利用，产生了一系列严重的环境污染问题。这些问题不加以解决，不仅脱离了可持续发

展的轨道，而且将严重危害人类的生存条件和生活质量。因而，解决好矿产资源开发利用中的环境污染问题，已成为矿业生产和消费中最紧迫的任务，是实施可持续发展战略的一项重大课题。为此，首先要转变观念，在对待矿业生产与环境保护两者的关系上，必须抛弃“只抓生产、不注意环境保护”的错误观念和“先污染、后治理”的旧观念。要把环境保护贯彻在矿业生产的全过程，从矿产资源的开发评价和可行性研究，到矿山设计建设、生产直至闭矿，都要十分注意环境保护问题。

在国内外提出的“洁净煤技术”，具有特别重要的意义。该项技术的提出，是基于煤炭生产和利用中造成的严重污染引起了国际社会的高度关注。美国于80年代率先提出一个国家级的计划——洁净煤技术研究、开发与示范计划，以求使煤炭成为一种洁净、高效的能源。我国政府也将洁净煤技术纳入《中国21世纪议程》。目前该项技术已成为解决环境污染、实施可持续发展战略的一项主导技术。洁净煤技术与煤炭生产中的清洁生产技术有所区别，前者的范围更广，不仅包括煤炭开采中的污染控制，而且还包括煤炭加工、煤炭燃烧和煤炭转化中减少污染与提高效率的一系列技术。

（2）在矿业生产中要注意合理开发、综合利用与保护资源。矿产资源是不可再生资源，人类对矿产资源大规模的连续不断的开采，最终将导致矿产资源的枯竭。因而，必须十分珍惜和悉心保护矿产资源。主要包括：

1）制止各种掠夺式、毁灭性、破坏性的开采；对重要矿产和大型矿床，要进行统筹规划，做到合理布局、合理开发；对稀有矿产、贵重矿产、战略资源矿产和特种矿产要严格管理、严格监督，实行保护性开采。

2）改变矿业生产的粗放型经营模式，在革新工艺和改进技术装备的基础上，努力提高资源的采矿回采率和选矿回收率。

3）大力开展对共生矿、伴生矿、尾矿和废石中各种有用成分综合回收利用的研究。对暂时不能利用的，应妥为堆存，以备将来开发利用。对矿床的开发应做到综合勘探、综合评价、综合开采和综合回收利用。

（3）按矿业生产规律精心组织生产，使矿业生产健康发展、持续进行。矿业生产过程复杂，不确定因素众多，生产周期长。为了使矿业生产均衡、稳定而持续地进行，必须按照矿业生产规律，精心组织生产。为此，要处理好矿业生产中的几个重要关系：

1）采掘（剥）关系。要根据“采掘（剥）并举，掘进（剥离）先行”的原则，结合本矿的矿床条件和工艺技术条件，合理确定掘进（剥离）对采矿的超前关系。我国一般用“三级矿量”（露天开采用“二级矿量”）的方法来反映这种关系，几十年的生产实践证明，它对于协调采掘（剥）关系，保证矿山持续稳定生产，具有重要意义。

2）采选（冶）关系。对于采选（冶）联合企业，要做好采、选生产的衔接与平衡，使采、选生产系统都能在最佳生产能力状态下运行。对于有多品种矿石，或多品位、多品级矿石的矿山，要做好配矿工作，合理利用资源，使生产达到稳定、高效。

3）探采关系。在矿业生产中，探明的矿产储量逐渐减少，特别是能投入生产的高级储量，在不断消失。因而，为了增加新的储量和使原有的低级储量升级为可采的高级储量，矿业生产中必须边生产边探矿。要根据矿床地质条件和开采技术条件，合理确定探矿对采矿的超前关系，使采矿生产在具有可靠的资源保证的基础上持续而有效地进行。

（4）增加矿业投入，提高企业效益，为实现资源、环境与矿业生产的良性循环和矿业的持续发展提供经济实力。提高矿山企业效益，要从改革矿业体制、改变建矿模式、革新工艺、提高技术和管理水平等各个方面进行工作。政府和有关部门要为矿业的生存和发展提供必要的条件，增加投入，减轻负担，维护矿业秩序和矿山企业的合法权益，为实现矿业生产、资源开发和环境保护的良性循环提供政策保证。

（5）以可持续发展观点对矿产资源的开发利用进行评价。“人口膨胀、资源短缺与环境污染”已成为当今世界发展中面临的三大难题，解决这些问题的正确选择是实施可持续发展战略。由于矿业涉及其中的资源与环境两大问题，因而，必须从可持续发展的观点对矿产的开发利用进行审视和评价。

1）矿产资源利用的代际公平性问题。可持续发展把公平性、持续性和共同性作为发展的三项基本原则。其中公平性包括当代人之间、代际之间、不同国家与地区之间的公平。由于矿产资源是不可再生的自然资源，如果当代人过分地、不合理地消耗矿产资源，那么就减少了下代人公平利用矿产资源的可能性。所谓矿产资源利用的代际公平性，就是要根据可持续发展原则，在统筹考虑各类矿产资源的储存数量、质量、用途、需求量、替代资源（品）状况等相关因素的基础上，科学合理地规划各类矿产资源的耗竭速度，使矿产资源的开发利用规模既能满足当代人的需要，又不对后代人满足其需要的能力构成危害。一方面要防止为当前的、局部的利益而过分消耗和浪费矿产资源，另一方面，代际公平也不意味着放弃对矿产资源的积极开发利用，从而影响经济发展与当代人的生活需求。

但是，由于矿产资源是不可再生的自然资源，各类矿产或迟或早会有耗尽之日。所谓矿产资源利用的代际公平性，只能是在矿产耗尽之前的历史阶段内的相对公平性。随着某种矿产的耗竭和替代资源（或替代品）的出现，经济发展和人类生活对该种矿产的依赖和需求程度逐渐降低，以至最终完全为替代资源（替代品）所取代，此时对该种矿产利用的代际公平性将不存在（或转移到新的资源上）。矿产资源开发利用的代际公平性原则是一个新的概念，目前处于刚刚开始研究的阶段，从理论探讨到实际操作都有许多问题有待进一步研究。

2）矿产资源枯竭与替代资源（品）开发问题。由于矿产资源的稀缺性和不可再生性，随着其被开发利用的进程，资源蕴藏量逐渐减少。特别是近一个世纪以来大规模、高速度的开发，已使许多矿产资源的新增储量低于消耗储量，这样下去，终将有资源枯竭之日。因而，从可持续发展观点看，为了避免因某种矿产枯竭而影响经济的持续增长和人们的生活需求，必须未雨绸缪，预先研究开发各种矿产资源的替代资源（品）。例如，利用太阳能、风能代替矿物能源，用人造材料代替某些金属材料等。为此，必须将开发利用矿产资源所获利益的一部分，用于替代资源（替代品）的研究、开发与生产。一旦新的替代资源（品）在功能、效率、成本和对环境的影响等方面，在总体上不低于或更优于某种矿产时，这种矿产的开发利用便可能渐渐终止。替代资源（品）的开发研究费用，可以由矿产生产及消费者合理承担，以税或费的形式由国家集中管理和专项使用。

3）矿产资源使用的社会成本和合理定价问题。我国长期以来实行的“资源无价”、“资源低价”政策，是造成资源浪费、乱采滥挖、矿山效益低下和环境污染严重等问题的重要原因。从可持续发展观点看，资源短缺是人类社会发展面临的一大难题，对不可再生的矿产资源，这种短缺问题尤为严重。因而，必须全面认识矿产资源的价值并使其在社会生活中得到充分体现。

鉴于开发矿产资源造成一系列环境污染问题，在确定矿产品价格时，应该将相应的环境污染防治费用计入其中，由矿产品的使用者承担。在对矿产资源和矿产品的定价中考虑环境因素，涉及环境经济学，是一个有待研究的新课题。矿产品的使用也产生了严重的环境污染，如锅炉燃煤产生的大气污染，汽车用油排放尾气造成的污染等，相应的防治费用也应该由矿产品使用者承担，以税或费的形式由国家集中管理，作为有关的环境污染防治工作的资金来源。矿产资源和矿产品的定价问题，除考虑矿产开发和使用中的环境污染防治费用之外，还应考虑因资源耗减而必须进行的接续资源的勘查费用，和因未来资源枯竭而必须预先进行的替代资源（替代品）的研究开发费用。

综上所述，站在可持续发展观点来考虑的矿产品价格，除包括一般的产品成本、合理利润和一般税费之外，还应该包含：开发矿产资源相关的环境污染防治费用，使用该种矿产品产生环境污染的防治费（或税），该种矿产资源耗竭的补偿费，该种矿产资源替代资源（替代品）的开发研究费（税）。这样的矿产品价格才能充分体现资源使用的社会成本，并为防治矿产资源开发的环境污染提供资金来源，同时，可以调节对矿产品的供需关系，防止因矿产品价格过低而产生的对矿产品的过度消费，因此，能够促进资源开发、环境保护与经济发展的良性循环。

参考文献

[1] 古德生，李夕兵，等．现代金属矿床开采科学技术［M］．北京：冶金工业出版社，2009.

[2] 赵奎，袁海平．矿山地压监测［M］．北京：化学工业出版社，2009.

[3] 王运敏．中国采矿设备手册（上下册）［M］．北京：科学出版社，2007.

[4] 涂建平．矿床地下开采［M］．北京：化学工业出版社，2009.

[5] 徐忠义，杜前进．采矿知识问答［M］．北京：冶金工业出版社，2008.

[6] 钟春晖．矿山运输与提升［M］．北京：化学工业出版社，2009.

[7] 浑宝炬，郭立稳．矿井通风与除尘［M］．北京：冶金工业出版社，2008.

[8] 陈国山．采矿概论［M］．北京：冶金工业出版社，2008.

[9] 李德成．采矿概论［M］．北京：冶金工业出版社，2007.

[10] 邓飞．矿山工程爆破［M］．北京：化学工业出版社，2009.

[11] 杨国春．矿床露天开采［M］．北京：化学工业出版社，2009.

[12] 陈国山．露天采矿技术［M］．北京：冶金工业出版社，2008.

[13] 李德成．采矿概论［M］．北京：冶金工业出版社，2007.

[14] 张强．选矿概论［M］．北京：冶金工业出版社，2006.

[15] 胡岳华，冯其明．矿物资源加工技术与设备［M］．北京：科学出版社，2006.

[16] 胡岳华，冯其明．资源加工学［M］．北京：科学出版社，2006.

[17] 黄礼煌．化学选矿［M］．北京：冶金工业出版社，1990.

[18] 郭秉文，肖云．矿物原料选矿与深加工［M］．北京：地质出版社，1998.

[19] 张立德．超微粉体制备与应用技术［M］．北京：中国石化出版社，2001.

[20] 唐春凯．现代安全管理中的几个问题［J］．安全管理，2004，6：11 ~ 12.

[21] 罗云．现代安全管理［M］．北京：化学工业出版社，2004.

[22] 彭冬芝，郑霞忠．现代企业安全管理［M］．北京：中国电力出版社，2004.

[23] 许开立．安全管理学［M］．北京：煤炭工业出版社，2002.

[24]《金属非金属矿山安全》编委会．金属非金属矿山安全［M］．武汉：湖北科学技术出版社，2003.

[25] 中国安全生产科学研究院．金属非金属矿山安全培训教程［M］．北京：化学工业出版社，2006.

[26]《矿山采矿手册》编委会，矿山采矿手册［M］．北京：冶金工业出版社，2006.

[27] 毛海峰．现代安全管理理论与实务［M］．北京：首都经济贸易大学出版社，2000.

[28] 周心权，吴兵．矿井火灾救灾理论与实践［M］．北京：煤炭工业出版社，2001.

[29] 王英敏．矿井通风与安全［M］．北京：冶金工业出版社，1993.

[30] 王志荣，石明生．矿山地下水害与防治［M］．郑州：黄河水利出版社，2003.

[31] 国家质量技术监督局．GB 16423—2006 金属非金属矿山安全技术规程［M］．北京：中国标准出版社，2006.

[32] 国家质量技术监督局．GB 6722—2003 爆破安全规程［M］．北京：中国标准出版社，2003.

[33] 王玉杰．爆破安全技术［M］．北京：冶金工业出版社，2005.

[34] 于亚伦．工程爆破理论与技术［M］．北京：冶金工业出版社，2004.

[35] 祝玉学，戚国庆，等．尾矿库工程分析与管理［M］．北京：冶金工业出版社，1999.

[36] 彭承英．尾矿库事故及预防措施［J］．有色矿山，1996，38 ~ 40.

[37] 中华人民共和国国家经济贸易委员会．尾矿库安全管理规定，2000.

[38] 国家安全生产监督管理总局．尾矿库安全监督管理规定（第 6 号令）．2006.

[39] 国家安全生产监督管理总局．AQ 2006—2005 尾矿库安全技术规程［M］．北京：煤炭工业出版社，2006.

[40] 李书涛，余宏明．尾矿坝排渗方法对比分析 [J]．金属矿山，1998，(12)：38～39.
[41] 刘少明．大型尾矿库坝排渗工程技术 [J]．矿业快报，2002，4(7)：6～8.
[42] 杨春和，张超．尾矿坝安全评价与隐患治理 [M]．武汉：湖北人民出版社，2006.
[43] 李祥仪，李仲学．矿业经济学 [M]．北京：冶金工业出版社，2001.
[44] 宫元娟，等．技术经济学 [M]．北京：中国农业大学出版社，2002.
[45] 刘振坤，张世晴．现代西方经济学基础原理 [M]．天津：南开大学出版社，1986.
[46] 世界经济年鉴编辑委员会．世界经济年鉴 2009～2010.
[47] 中国经济年鉴编辑委员会．中国经济年鉴 2009.

冶金工业出版社部分图书推荐

书名	作者	定价(元)
矿用药剂	张泾生　阙煊兰	249.00
选矿厂辅助设备与设施	周晓四　陈　斌	22.00
矿浆电解原理	杨显万	36.00
铁矿选矿新技术与新设备	印万忠　丁亚卓	28.00
钼矿选矿	马　晶　张文钲　李枢本	28.00
现代选矿技术手册(第2册)浮选与化学选矿	张泾生	96.00
现代选矿技术手册(第7册)选矿厂设计	黄　丹	65.00
矿物加工技术(第7版)	印万忠　等译	65.00
安全科学及工程专业英语	唐敏康	36.00
矿物加工实验方法	于福家　等	33.00
软岩控制理论与应用	郭健卿	29.00
碎矿与磨矿技术问答	肖庆飞	29.00
尾矿的综合利用与尾矿库的管理	印万忠　李丽匣	28.00
泡沫浮选	龚明光	30.00
选矿原理与工艺	于春梅　闻红军	28.00
浮游选矿技术	王　资	36.00
磁电选矿技术	陈　斌	29.00
重力选矿技术	周晓四	40.00
磁电选矿	王常任	35.00
碎矿与磨矿技术	杨家文	35.00
选矿知识问答	杨顺梁　等	22.00
选矿设计手册	编委会	199.00
生物技术在矿物加工中的应用	魏德洲	22.00
金属矿山尾矿综合利用与资源化	张锦瑞　等	16.00
矿石及有色金属分析手册	北京矿冶研究总院	47.80
硫化铜矿的生物冶金	李宏煦	56.00
现代金银分析	成都印钞	118.00
硫化锌精矿加压酸浸技术及产业化	王吉坤	25.00
原地浸出采铀井场工艺	王海峰　等	25.80
金属及矿产品深加工	戴永年	68.00
有色金属矿石及其选冶产品分析	林大泽　张永德　吴　敏	22.00
中国非金属矿开发与应用	刘伯元	49.00
非金属矿深加工	孙宝岐　等	38.00
非金属矿加工技术与应用手册	郑水林	119.00
矿产经济学	刘保顺　李克庆　袁怀雨	25.00